广东省水稻玉米新品种试验

——2021年度广东省水稻玉米区试品种报告

广东省农业技术推广中心　编

中国农业出版社
北　京

图书在版编目（CIP）数据

广东省水稻玉米新品种试验．2021年度广东省水稻玉米区试品种报告／广东省农业技术推广中心编．—北京：中国农业出版社，2023.7
ISBN 978-7-109-30844-2

Ⅰ．①广…　Ⅱ．①广…　Ⅲ．①玉米—品种试验—试验报告—广东—2021②水稻—品种试验—试验报告—广东—2021　Ⅳ．①S513.037②S511.037

中国国家版本馆CIP数据核字（2023）第118479号

中国农业出版社出版
地址：北京市朝阳区麦子店街18号楼
邮编：100125
责任编辑：魏兆猛
版式设计：王　晨　　责任校对：周丽芳
印刷：中农印务有限公司
版次：2023年7月第1版
印次：2023年7月北京第1次印刷
发行：新华书店北京发行所
开本：787mm×1092mm　1/16
印张：17.5
字数：420千字
定价：100.00元

《广东省水稻玉米新品种试验——2021年度广东省水稻玉米区试品种报告》编辑委员会

主　　编　周继勇　熊　婷　任小平

编写人员（按姓氏笔画排序）

王　蒙　王秋燕　王俊杰　王福春　文　飞　方文江　邓仙娇　邓沛飞　叶汉权　叶贤荣　田耀加　丘勇平　付爱民　邝作祥　冯立榜　冯恩友　朱西光　朱江敏　伍尚信　华娟香　李启标　杨丕生　杨钦浩　吴　晓　吴　辉　吴贵崇　何志劲　邹优永　张梁深　陈　杰　陈永宏　陈杏扬　陈国洪　陈俊霖　陈雪瑜　林建勇　罗春苑　孟　醒　赵海丽　钟　韬　钟亦正　黄思敏　黄健超　黄愉光　黄德文　梁思维　梁炳荣　童小荣　曾建鑫　温建威　赖添奎　慕容耀明

前言

FOREWORD

根据《广东省农作物品种试验办法》的有关规定，2021 年度广东省主要农作物早造（春植）、晚造（秋植）品种试验顺利开展。本书记载了新选育主要农作物品种在广东省各生态区的丰产性、适应性、稳定性、抗性、品质及其他重要特征特性表现，将广东省主要农作物的试验情况进行详细描述并做出结论分析为广东省品种审定提供科学依据。

本书主要介绍了 2021 年广东省主要农作物品种试验组织开展情况，包括：早造常规中迟熟水稻、早造常规迟熟水稻、早造杂交中早熟水稻、早造杂交中迟熟水稻、早造杂交迟熟水稻、早造特用稻，晚造常规感温中熟水稻、晚造常规感温迟熟水稻、晚造香稻、晚造杂交感温中熟水稻、晚造杂交感温迟熟水稻、晚造杂交弱感光水稻、晚造特用稻、粤北单季稻，春植甜玉米、春植糯玉米、春植普通玉米以及秋植甜玉米共 18 个类型。来自广州、南雄、梅州、清远、佛山、云浮、韶关、乐昌、英德、河源、罗定、肇庆、潮州、惠州、揭阳、江门、阳江、高州、茂名、雷州等 20 个市、县（市、区）的 32 个农业科研、良种繁育、种子管理和种子企业单位承担试验。2021 年度广东省主要农作物品种试验在广东省农作物品种审定委员会的悉心指导下，在有关市、县（市、区）种子管理部门的大力支持下，经过各承试单位的共同努力，圆满完成了全年的试验任务，取得显著成效。

试验内容包括多点试验和特性鉴定两部分。多点试验着重评价参试品种的生物学特性、丰产性、稳产性、适应性及其他重要农艺性状表现；特性鉴定即由专业机构鉴定参试品种的抗病性、抗逆性和品质等重要特性表现。由广东省农业科学院植物保护研究所鉴定参试水稻品种的抗病性（稻瘟病、白叶枯病），由广东省农业科学院作物研究所鉴定参试玉米品种的抗病性（纹枯病、茎腐病、大斑病、小斑病等），由华南农业大学农学院采用人工气候室模拟鉴定复试水稻品种的耐寒性，由农业农村部稻米及制品质量监督检验测试中心（杭州）鉴定稻米品质，由华南农业大学农学院采用气相质谱联用仪测定香稻品种的2-乙酰-1-吡咯啉（2-AP）含量。在试验管理方面，为确保试验的公正性，2021年度继续实施统一供种、统一编号，试验全程封闭管理。为了提高试验的规范化水平和工作效率，广东省农业技术推广中心会同广东省农作物品种审定委员会定期开展品种试验考察，对区域试验（以下简称区试）、生产试验、抗性鉴定进行现场考评，并及时召开品种试验总结会议；为了加强对试验的监督检查和对品种有更全面的了解，广东省农业技术推广中心组织相关专家对试验的实施情况和品种的表现情况进行现场考察，对试验人员进行多种形式的技术培训。为提高试验的规范化水平和工作效率，2021年度试验全面应用“广东省农作物品种试验数据管理平台”，基本实现试验数据网上填报。在试验评价方面，广东省农业技术推广中心依据《广东省农作物品种试验办法》，以及试验实地考察情况、各试验点工作台账记录，对试验及鉴定结果的可靠性、有效性、准确性进行分析评估，确保试验质量。在品种评价方面，为科学、公正、及时地审定、评定农作物品种，依据新出台的《广东省农业农村厅农作物品种审定与评定办法》，按照高产稳产、绿色优质、特殊类型对参试品种进行分类评价，选拔出符合绿色发展需要、市场潜力较大的优良品种。经过对试验资料的分析总结和区试年会讨论，黄广绿占等品种经过两年区试和一年生产试验，顺利完成了试验程序，推荐省品种审定；黄丰广占等品种经过一年区试表现突出，2022年继续区试并同步进行生产试验。区试工作对于进一步优化广东省农作物品种结构和品质、增强农产品市场竞争力、满足农业现代化对种业发展的新要求、促进乡村产业振兴具有十分重要的意义。

本书按类型、熟期及分组概述了试验基本情况，着重分析了参试品种的丰产性、适应性、稳产性、抗病性、抗逆性、稻米品质及其他重要性状表现，并对各参试品种逐一做了综合评述。现将2021年广东省各地组织开展的区试试验数据结果进行汇编，供各地参考。

由于试验、鉴定年份与地点的局限性，本试验、鉴定结果不一定完全准确表达品种的真实情况，各地在引种时应根据实际情况进一步做好试验、鉴定工作。同时，由于汇编内容比较多，本书疏漏之处在所难免，敬请读者批评指正。

编　者

2023年3月

目录

CONTENTS

第一章　广东省 2021 年早造常规水稻品种区域试验总结

一、试验概况

（一）参试品种

2021 年早造安排参试的新品种 30 个，加上复试品种 23 个，参试品种共 53 个（不含 CK，下同）。试验分中迟熟组、迟熟组、特用稻组共 3 个组，中迟熟组有 22 个，以玉香油占作对照；迟熟组有 22 个，以合丰丝苗作对照；特用稻组有 9 个，以粤红宝作对照（表 1－1）。

表 1－1　参试品种

序号	常规中迟熟 A 组	常规中迟熟 B 组	常规迟熟 A 组	常规迟熟 B 组	特用稻组
1	黄广绿占（复试）	凤立丝苗 2 号（复试）	中政华占 699（复试）	南惠 1 号（复试）	粤糯 2 号（复试）
2	粤珠占（复试）	合莉早占（复试）	野源占 2 号（复试）	南桂新占（复试）	玉晶两优红晶占（复试）
3	清农占（复试）	莉农占（复试）	南秀美占（复试）	黄广粳占（复试）	合红占（复试）
4	黄粤莉占（复试）	粤晶占	黄广泰占（复试）	奇新丝苗（复试）	贡糯 1 号（复试）
5	凤野丝苗	广禾丝苗 1 号	广源占 151 号（复试）	丰晶占 7 号（复试）	三红占 2 号
6	广晶龙占	华航 83 号	白粤丝苗（复试）	中深 2 号（复试）	福糯 1 号
7	禾丰占 3 号	合秀占 1 号	广良软粘	中番 4 号	南红 9 号
8	广良油占	粤晶占 2 号	新粤华占	源苗占	航软黑占
9	航籼软占	禾莉丝苗 6 号	广惠丝苗	台丰丝苗	丰黑 1 号
10	黄丰广占	春油占 10	华标 8 号	中泰丝苗	粤红宝（CK）
11	南禾晶占	星七丝苗	华航 82 号	绿晶占	
12	玉香油占（CK）	玉香油占（CK）	合丰丝苗（CK）	合丰丝苗（CK）	

生产试验有 26 个，其中中迟熟组有 8 个、迟熟组有 13 个、特用稻组有 5 个。

（二）承试单位

1. 中迟熟组（A、B 组）

承试单位 15 个，分别是梅州市农业科学院、肇庆市农业科学研究所、南雄市农业科学研究所、江门市新会区农业农村综合服务中心、韶关市农业科技推广中心、高州市良种场、清远市农业科技推广服务中心、广州市农业科学研究院、罗定市农业技术推广试验场、湛江市农业科学研究院、潮州市农业科技发展中心、阳江市农业科学研究所、龙川县农业科学研究所、惠来县农业科学研究所、惠州市农业科学研究所。

2. 迟熟组（A、B组）

承试单位12个，分别是肇庆市农业科学研究所、江门市新会区农业农村综合服务中心、高州市良种场、清远市农业科技推广服务中心、广州市农业科学研究院、罗定市农业技术推广试验场、湛江市农业科学研究院、潮州市农业科技发展中心、阳江市农业科学研究所、龙川县农业科学研究所、惠来县农业科学研究所、惠州市农业科学研究所。

3. 特用稻组

承试单位5个，分别是湛江市农业科学研究院、肇庆市农业科学研究所、潮州市农业科技发展中心、阳江市农业科学研究所、江门市新会区农业农村综合服务中心。

4. 生产试验

中迟熟组承试单位9个，分别是广东天之源农业科技有限公司、雷州市农业技术推广中心、云浮市农业综合服务中心、茂名市农业科技推广中心、潮安区农业工作总站、乐昌市农业科学研究所、江门市新会区农业农村综合服务中心、惠州市农业科学研究所、韶关市农业科技推广中心；迟熟组承试单位7个，分别是广东天之源农业科技有限公司、雷州市农业技术推广中心、云浮市农业综合服务中心、茂名市农业科技推广中心、潮安区农业工作总站、江门市新会区农业农村综合服务中心、惠州市农业科学研究所；特用稻组承试单位5个，分别是湛江市农业科学研究院、肇庆市农业科学研究所、潮州市农业科技发展中心、阳江市农业科学研究所、江门市新会区农业农村综合服务中心。

（三）试验方法

各试点统一按《广东省农作物品种试验办法》进行试验和记载。区域试验采用随机区组排列，小区面积0.02亩*，长方形，3次重复，同组试验安排在同一田块进行，统一种植规格。生产试验采用大区随机排列，不设重复，大区面积不少于0.5亩。栽培管理按当地的生产水平进行，试验期间防虫不防病，在各个生育阶段对品种的生长特征、经济性状进行田间调查记载和室内考种。区域试验产量联合方差分析采用试点效应随机模型，品种间差异多重比较采用最小显著差数法（LSD法），品种动态稳产性分析采用Shukla互作方差分解法。

（四）米质分析

稻米品质检验委托农业农村部稻米及制品质量监督检验测试中心依据NY/T 593—2013《食用稻品种品质》标准（以下简称部标）进行鉴定，样品为当造收获的种子，由新会区农业农村综合服务中心采集，经广东省农业技术推广中心统一编号标识后提供。

---

* 亩为非法定计量单位，1亩=1/15公顷。——编者注

（五）抗性鉴定

参试品种稻瘟病和白叶枯病抗性由广东省农业科学院植物保护研究所进行鉴定。样品由广东省农业技术推广中心统一编号标识。鉴定采用人工接菌与病区自然诱发相结合的方法。

（六）耐寒鉴定

复试品种耐寒性委托华南农业大学农学院采用人工气候室模拟鉴定。样品由广东省农业技术推广中心统一编号标识。

二、试验结果

（一）产量

对产量进行联合方差分析表明，各熟组品种间 F 值均达极显著水平，说明各熟组品种间产量存在极显著差异（表 1－2 至表 1－6）。

表 1－2　常规中迟熟 A 组产量方差分析

变异来源	*df*	*SS*	*MS*	*F*
地点内区组	30	5.357 9	0.178 6	1.733 3
地点	14	703.490 5	50.249 3	54.836 6**
品种	11	41.528 5	3.775 3	4.12**
品种×地点	154	141.117 5	0.916 3	8.893 3**
试验误差	330	34.002 5	0.103 0	
总变异	539	925.496 9		

表 1－3　常规中迟熟 B 组产量方差分析

变异来源	*df*	*SS*	*MS*	*F*
地点内区组	30	5.384 4	0.179 5	1.620 1
地点	14	636.811 1	45.486 5	51.948 3**
品种	11	127.863 4	11.623 9	13.275 2**
品种×地点	154	134.844 1	0.875 6	7.903 8**
试验误差	330	36.558 5	0.110 8	
总变异	539	941.461 4		

表 1－4　常规迟熟 A 组产量方差分析

变异来源	*df*	*SS*	*MS*	*F*
地点内区组	24	1.831 6	0.076 3	1.008 6
地点	11	692.980 9	62.998 3	49.618 9**
品种	11	166.716 8	15.156 1	11.937 3**

（续）

变异来源	*df*	*SS*	*MS*	*F*
品种×地点	121	153.626 7	1.269 6	16.779 2**
试验误差	264	19.976 2	0.075 7	
总变异	431	1 035.132 2		

表1-5 常规迟熟B组产量方差分析

变异来源	*df*	*SS*	*MS*	*F*
地点内区组	24	3.425 8	0.142 7	1.540 5
地点	11	671.294	61.026 7	64.266 3**
品种	11	83.702 7	7.609 3	8.013 3**
品种×地点	121	114.900 5	0.949 6	10.248**
试验误差	264	24.462 6	0.092 7	
总变异	431	897.785 6		

表1-6 特用稻组产量方差分析

变异来源	*df*	*SS*	*MS*	*F*
地点内区组	10	0.854 0	0.085 4	1.106 7
地点	4	128.663 9	32.166 0	37.001 8**
品种	9	53.374 8	5.930 5	6.822 1**
品种×地点	36	31.295 1	0.869 3	11.265**
试验误差	90	6.945 2	0.077 2	
总变异	149	221.132 9		

1. 中迟熟A组

该组品种亩产为480.87～522.10公斤，对照种玉香油占（CK）亩产490.27公斤。除禾丰占3号、广良油占比对照种减产1.70%、1.92%外，其余品种均比对照种增产，增幅名列前三位的黄广绿占、粤珠占、黄丰广占分别比对照增产6.49%、5.90%、5.63%（表1-7、表1-8）。

表1-7 常规中迟熟A组参试品种产量情况

品种名称	小区平均产量（公斤）	折合平均亩产（公斤）	比CK±（%）	比组平均±（%）	差异显著性		产量名次	比CK增产试点比例（%）	日产量（公斤）
					0.05	0.01			
黄广绿占（复试）	10.442 0	522.10	6.49	3.70	a	A	1	73.33	4.24
粤珠占（复试）	10.384 2	519.21	5.90	3.13	a	AB	2	80.00	4.22
黄丰广占	10.357 1	517.86	5.63	2.86	ab	AB	3	86.67	4.24

（续）

品种名称	小区平均产量（公斤）	折合平均亩产（公斤）	比CK±（%）	比组平均±（%）	差异显著性		产量名次	比CK增产试点比例（%）	日产量（公斤）
					0.05	0.01			
黄粤莉占（复试）	10.353 1	517.66	5.59	2.82	ab	AB	4	80.00	4.24
南禾晶占	10.206 0	510.30	4.09	1.36	abc	ABC	5	73.33	4.18
凤野丝苗	10.099 6	504.98	3.00	0.30	abcd	ABCD	6	86.67	4.11
清农占（复试）	10.067 6	503.38	2.67	−0.01	abcd	ABCD	7	73.33	4.06
广晶龙占	9.965 8	498.29	1.64	−1.02	bcde	ABCD	8	53.33	3.99
航籼软占	9.891 3	494.57	0.88	−1.76	cde	BCD	9	46.67	3.99
玉香油占（CK）	9.805 3	490.27	—	−2.62	de	CD	10	—	4.02
禾丰占3号	9.638 7	481.93	−1.70	−4.27	e	D	11	40.00	3.89
广良油占	9.617 3	480.87	−1.92	−4.49	e	D	12	26.67	3.85

表1-8　常规中迟熟A组各品种Shukla方差及其显著性检验（F测验）

品　　种	Shukla方差	df	F值	P值	互作方差	品种均值	Shukla变异系数	差异显著性	
								0.05	0.01
黄丰广占	0.471 5	14	13.728 4	0	0.034 2	10.357 1	6.629 9	a	A
黄广绿占（复试）	0.406 1	14	11.824 4	0	0.028 3	10.442 0	6.103 0	ab	A
清农占（复试）	0.379 1	14	11.038 8	0	0.023 8	10.067 6	6.116 1	ab	A
玉香油占（CK）	0.333 6	14	9.711 7	0	0.020 3	9.805 3	5.890 1	ab	A
凤野丝苗	0.323 5	14	9.419 8	0	0.018 6	10.099 6	5.631 9	ab	A
粤珠占（复试）	0.314 9	14	9.167 6	0	0.020 6	10.384 2	5.403 7	ab	A
广晶龙占	0.298 7	14	8.696 8	0	0.004 2	9.965 8	5.484 1	ab	A
航籼软占	0.267 2	14	7.778 8	0	0.019 2	9.891 3	5.225 7	ab	A
黄粤莉占（复试）	0.267 1	14	7.778 2	0	0.017 3	10.353 1	4.992 4	ab	A
禾丰占3号	0.236 6	14	6.889 5	0	0.013 5	9.638 7	5.046 8	ab	A
南禾晶占	0.199 5	14	5.808 8	0	0.014 6	10.206 0	4.376 5	ab	A
广良油占	0.167 5	14	4.876 8	0	0.012 3	9.617 3	4.255 5	b	A

注：Bartlett卡方检验 $P=0.841\,26$，各品种稳定性差异不显著。

2. 中迟熟B组

该组品种亩产为427.97～509.42公斤，对照种玉香油占（CK）亩产481.42公斤。除莉农占、合秀占1号、华航83号、春油占10、星七丝苗比对照种减产1.19%、1.71%、4.60%、10.75%、11.10%外，其余品种均比对照种增产，增幅名列前三位的广禾丝苗1号、凤立丝苗2号、粤晶占2号分别比对照增产5.82%、3.65%、1.97%（表1-9、表1-10）。

表 1-9　常规中迟熟 B 组参试品种产量情况

品种名称	小区平均产量（公斤）	折合平均亩产（公斤）	比 CK ±（%）	比组平均±（%）	差异显著性		产量名次	比 CK 增产试点比例（%）	日产量（公斤）
					0.05	0.01			
广禾丝苗 1 号	10.188 4	509.42	5.82	7.04	a	A	1	80.00	4.21
凤立丝苗 2 号（复试）	9.980 2	499.01	3.65	4.85	ab	AB	2	80.00	4.02
粤晶占 2 号	9.818 4	490.92	1.97	3.15	abc	ABC	3	66.67	3.99
禾莉丝苗 6 号	9.810 7	490.53	1.89	3.07	abc	ABC	4	66.67	4.02
粤晶占	9.791 1	489.56	1.69	2.87	bc	ABC	5	60.00	3.98
合莉早占（复试）	9.684 7	484.23	0.58	1.75	bc	ABCD	6	60.00	3.97
玉香油占（CK）	9.628 4	481.42	—	1.16	bc	BCD	7	—	3.95
莉农占（复试）	9.513 6	475.68	−1.19	−0.05	cd	BCD	8	46.67	3.87
合秀占 1 号	9.464 2	473.21	−1.71	−0.57	cd	CD	9	46.67	3.79
华航 83 号	9.185 1	459.26	−4.60	−3.50	d	D	10	33.33	3.70
春油占 10	8.593 3	429.67	−10.75	−9.72	e	E	11	13.33	3.49
星七丝苗	8.559 3	427.97	−11.10	−10.07	e	E	12	6.67	3.45

表 1-10　常规中迟熟 B 组各品种 Shukla 方差及其显著性检验（*F* 测验）

品　　种	Shukla 方差	*df*	*F* 值	*P* 值	互作方差	品种均值	Shukla 变异系数	差异显著性	
								0.05	0.01
粤晶占	0.625 3	14	16.934 4	0	0.043 6	9.791 1	8.076 6	a	A
华航 83 号	0.527 5	14	14.284 6	0	0.029 3	9.185 1	7.907 3	ab	AB
合秀占 1 号	0.521 9	14	14.133	0	0.036 2	9.464 2	7.633 2	ab	AB
禾莉丝苗 6 号	0.302 7	14	8.196 9	0	0.021 7	9.810 7	5.607 9	abc	AB
春油占 10	0.248 9	14	6.740 9	0	0.016 6	8.593 3	5.805 9	bc	AB
莉农占（复试）	0.238 3	14	6.451 9	0	0.013 6	9.513 6	5.130 7	bc	AB
玉香油占（CK）	0.203 9	14	5.522 2	0	0.014 1	9.628 4	4.690 1	c	AB
合莉早占（复试）	0.190 9	14	5.169 6	0	0.012 5	9.684 7	4.511 5	c	AB
广禾丝苗 1 号	0.179 8	14	4.868 7	0	0.012 4	10.188 4	4.161 8	c	AB
粤晶占 2 号	0.168 5	14	4.563 1	0	0.011 9	9.818 4	4.180 9	c	B
凤立丝苗 2 号（复试）	0.152 0	14	4.116 3	0	0.008 9	9.980 2	3.906 5	c	B
星七丝苗	0.142 7	14	3.864 1	0	0.010 3	8.559 3	4.413 3	c	B

注：Bartlett 卡方检验 P=0.023 92，各品种稳定性差异显著。

3. 迟熟 A 组

该组品种亩产为 420.11～520.39 公斤，对照种合丰丝苗（CK）亩产 470.47 公斤。除中政华占 699、野源占 2 号、华标 8 号、广良软粘比对照种减产 1.38%、2.53%、

10.14%、10.70%外，其余品种均比对照种增产，增幅名列前三位的新粤华占、广源占151号、广惠丝苗分别比对照增产10.61%、9.53%、7.26%（表1-11、表1-12）。

表1-11　常规迟熟A组参试品种产量情况

品种名称	小区平均产量（公斤）	折合平均亩产（公斤）	比CK±（%）	比组平均±（%）	差异显著性		产量名次	比CK增产试点比例（%）	日产量（公斤）
					0.05	0.01			
新粤华占	10.4078	520.39	10.61	8.94	a	A	1	100.00	4.16
广源占151号（复试）	10.3058	515.29	9.53	7.87	ab	AB	2	91.67	4.16
广惠丝苗	10.0928	504.64	7.26	5.64	abc	ABC	3	83.33	4.01
黄广泰占（复试）	9.9489	497.44	5.73	4.13	abc	ABCD	4	75.00	3.98
南秀美占（复试）	9.8586	492.93	4.77	3.19	bcd	ABCDE	5	75.00	3.91
华航82号	9.6589	482.94	2.65	1.10	cde	BCDE	6	75.00	3.89
白粤丝苗（复试）	9.6578	482.89	2.64	1.09	cde	BCDE	7	66.67	3.93
合丰丝苗（CK）	9.4094	470.47	—	−1.51	de	CDE	8	—	3.76
中政华占699（复试）	9.2794	463.97	−1.38	−2.87	e	DE	9	41.67	3.71
野源占2号（复试）	9.1711	458.56	−2.53	−4.01	e	E	10	33.33	3.73
华标8号	8.4556	422.78	−10.14	−11.50	f	F	11	0.00	3.30
广良软粘	8.4022	420.11	−10.70	−12.06	f	F	12	0.00	3.31

表1-12　常规迟熟A组各品种Shukla方差及其显著性检验（*F*测验）

品　　种	Shukla方差	*df*	*F*值	*P*值	互作方差	品种均值	Shukla变异系数	差异显著性	
								0.05	0.01
广良软粘	1.0548	11	41.8184	0	0.0965	8.4022	12.2232	a	A
华标8号	0.7931	11	31.4453	0	0.0686	8.4556	10.5325	ab	AB
南秀美占（复试）	0.7412	11	29.3846	0	0.0605	9.8586	8.7325	ab	AB
野源占2号（复试）	0.5609	11	22.2382	0	0.0450	9.1711	8.1662	abc	ABC
广惠丝苗	0.4530	11	17.9607	0	0.0350	10.0928	6.6688	abc	ABCD
黄广泰占（复试）	0.3851	11	15.2669	0	0.0288	9.9489	6.2373	abcd	ABCD
中政华占699（复试）	0.3169	11	12.5626	0	0.0256	9.2794	6.0661	bcd	ABCDE
白粤丝苗（复试）	0.2376	11	9.4191	0	0.0202	9.6578	5.0469	cde	ABCDE
华航82号	0.2185	11	8.6619	0	0.0168	9.6589	4.8392	cde	BCDE
合丰丝苗（CK）	0.1382	11	5.4775	0	0.0108	9.4094	3.9502	def	CDE
新粤华占	0.1036	11	4.1089	0	0.0090	10.4078	3.0931	ef	DE
广源占151号（复试）	0.0758	11	3.0065	0.0009	0.0073	10.3058	2.6720	f	E

注：Bartlett卡方检验 $P=0.00009$，各品种稳定性差异极显著。

4. 迟熟B组

该组品种亩产为431.93～508.96公斤，对照种合丰丝苗（CK）亩产453.96公斤。除南桂新占、台丰丝苗比对照种减产2.52%、4.85%外，其余品种均比对照种增产，增幅名列前三位的黄广粳占、丰晶占7号、中深2号分别比对照增产12.12%、9.70%、8.25%（表1-13、表1-14）。

表1-13 常规迟熟B组参试品种产量情况

品种名称	小区平均产量（公斤）	折合平均亩产（公斤）	比CK±（%）	比组平均±（%）	差异显著性		产量名次	比CK增产试点比例（%）	日产量（公斤）
					0.05	0.01			
黄广粳占（复试）	10.1792	508.96	12.12	8.22	a	A	1	91.67	4.04
丰晶占7号（复试）	9.9594	497.97	9.70	5.88	ab	A	2	100.00	3.98
中深2号（复试）	9.8286	491.43	8.25	4.49	ab	AB	3	66.67	3.93
南惠1号（复试）	9.6583	482.92	6.38	2.68	bc	ABC	4	75.00	3.83
奇新丝苗（复试）	9.6442	482.21	6.22	2.53	bcd	ABC	5	91.67	3.92
中番4号	9.3561	467.81	3.05	−0.53	cde	BCD	6	66.67	3.71
绿晶占	9.3319	466.60	2.78	−0.79	cde	BCD	7	75.00	3.73
源苗占	9.1922	459.61	1.25	−2.27	def	CDE	8	50.00	3.65
中泰丝苗	9.1522	457.61	0.80	−2.70	ef	CDE	9	58.33	3.63
合丰丝苗（CK）	9.0792	453.96	—	−3.47	efg	CDE	10	—	3.63
南桂新占（复试）	8.8508	442.54	−2.52	−5.90	fg	DE	11	50.00	3.51
台丰丝苗	8.6386	431.93	−4.85	−8.16	g	E	12	16.67	3.43

表1-14 常规迟熟B组各品种Shukla方差及其显著性检验（*F*测验）

品种	Shukla方差	*df*	*F*值	*P*值	互作方差	品种均值	Shukla变异系数	差异显著性	
								0.05	0.01
绿晶占	0.6666	11	21.5830	0	0.0507	9.3319	8.7493	a	A
南惠1号（复试）	0.5666	11	18.3432	0	0.0375	9.6583	7.7933	ab	AB
中泰丝苗	0.4496	11	14.5574	0	0.0417	9.1522	7.3266	abc	AB
黄广粳占（复试）	0.4439	11	14.3716	0	0.0337	10.1792	6.5453	abc	AB
中深2号（复试）	0.2666	11	8.6318	0	0.0218	9.8286	5.2535	abcd	AB
南桂新占（复试）	0.2660	11	8.6130	0	0.0194	8.8508	5.8275	abcd	AB
丰晶占7号（复试）	0.2421	11	7.8389	0	0.0120	9.9594	4.9406	abcd	AB
奇新丝苗（复试）	0.2012	11	6.5148	0	0.0080	9.6442	4.6513	bcd	AB
中番4号	0.1988	11	6.4362	0	0.0168	9.3561	4.7655	cd	AB
合丰丝苗（CK）	0.1959	11	6.3439	0	0.0184	9.0792	4.8755	cd	AB
台丰丝苗	0.1695	11	5.4875	0	0.0160	8.6386	4.7658	cd	AB
源苗占	0.1314	11	4.2544	0	0.0121	9.1922	3.9436	d	B

注：Bartlett卡方检验 $P=0.12404$，各品种稳定性差异不显著。

5. 特用稻组

该组品种亩产为383.60～485.50公斤，对照种粤红宝（CK）亩产420.07公斤。除航软黑占、合红占、贡糯1号、福糯1号、丰黑1号比对照种减产0.31%、1.61%、4.17%、5.51%、8.68%外，其余品种均比对照种增产，增幅名列前三位的三红占2号、南红9号、粤糯2号分别比对照增产15.58%、9.73%、7.67%（表1-15、表1-16）。

表1-15　特用稻组参试品产量情况

品种名称	小区产量（公斤）	折合亩产（公斤）	比CK ±（%）	比组平均±（%）	差异显著性		名次	比CK增产试点比例（%）	日产量（公斤）
					0.05	0.01			
三红占2号	9.7100	485.50	15.58	13.94	a	A	1	100.00	3.98
南红9号	9.2187	460.93	9.73	8.17	ab	AB	2	100.00	3.75
粤糯2号（复试）	9.0460	452.30	7.67	6.14	abc	ABC	3	80.00	3.68
玉晶两优红晶占（复试）	8.5447	427.23	1.71	0.26	bcd	BCD	4	40.00	3.50
粤红宝（CK）	8.4013	420.07	—	−1.42	cd	BCD	5	—	3.42
航软黑占	8.3753	418.77	−0.31	−1.72	cd	BCD	6	20.00	3.40
合红占（复试）	8.2660	413.30	−1.61	−3.01	de	CD	7	40.00	3.31
贡糯1号（复试）	8.0507	402.53	−4.17	−5.54	de	D	8	40.00	3.30
福糯1号	7.9387	396.93	−5.51	−6.85	de	D	9	20.00	3.20
丰黑1号	7.6720	383.60	−8.68	−9.98	e	D	10	40.00	3.12

表1-16　特用稻组各品种Shukla方差及其显著性检验（F测验）

品　　种	Shukla方差	df	F值	P值	互作方差	品种均值	Shukla变异系数	差异显著性	
								0.05	0.01
贡糯1号（复试）	0.6337	4	24.6357	0	0.1252	8.0507	9.8881	a	A
丰黑1号	0.5155	4	20.0401	0	0.1373	7.6720	9.3584	a	AB
玉晶两优红晶占（复试）	0.3787	4	14.7235	0	0.0828	8.5447	7.2023	a	AB
航软黑占	0.3163	4	12.2960	0	0.0819	8.3753	6.7149	a	AB
合红占（复试）	0.2658	4	10.3341	0	0.0720	8.2660	6.2374	a	AB
粤红宝（CK）	0.2568	4	9.9846	0	0.0459	8.4013	6.0322	a	AB
三红占2号	0.2068	4	8.0383	0	0.0556	9.7100	4.6830	ab	AB
粤糯2号（复试）	0.1801	4	7.0022	0.0001	0.0362	9.0460	4.6916	ab	AB
福糯1号	0.1090	4	4.2386	0.0034	0.0244	7.9387	4.1593	ab	AB
南红9号	0.0349	4	1.3568	0.2553	0.0102	9.2187	2.0265	b	B

注：Bartlett卡方检验P=0.38382，各品种稳定性差异不显著。

（二）米质

早造常规水稻品种各组稻米米质检测*结果见表1-17至表1-21。

* 米质检测为两年数据从优鉴定，表格中只列出当年的检测情况，往年检测情况可参考《2020年度广东省水稻玉米区试品种报告》，下同。

表1-17　常规中迟熟A组品种稻米米质检测结果

品种名称	NY/T 593—2013	糙米率（%）	整精米率（%）	垩白度（%）	透明度（级）	碱消值（级）	胶稠度（毫米）	直链淀粉（干基）（%）	粒型（长宽比）
黄丰广占	2	79.5	67.8	0.4	2	6.7	77	14.4	3.0
南禾晶占	—	80.8	57.0	0.8	2	7.0	49	28.1	3.2
禾丰占3号	3	78.8	60.0	1.1	1	6.7	74	13.9	3.1
广良油占	2	79.3	58.8	1.0	2	6.6	72	13.7	3.3
航籼软占	3	78.5	58.0	1.1	2	6.5	78	15.5	3.2
黄广绿占（复试）	2	79.5	57.9	0.4	1	6.5	79	15.8	3.1
粤珠占（复试）	2	79.0	59.3	0.2	2	6.6	74	14.3	3.0
清农占（复试）	2	79.8	61.2	1.2	1	6.6	71	16.8	3.1
黄粤莉占（复试）	2	79.7	56.3	0.9	1	6.5	75	16.9	3.2
凤野丝苗	2	79.7	61.8	0.4	2	6.5	68	15.8	3.0
广晶龙占	2	79.3	63.3	0.7	1	6.5	79	15.9	3.0
玉香油占（CK）	—	81.2	52.6	3.3	2	7.0	62	25.4	3.1

表1-18　常规中迟熟B组品种稻米米质检测结果

品种名称	NY/T 593—2013	糙米率（%）	整精米率（%）	垩白度（%）	透明度（级）	碱消值（级）	胶稠度（毫米）	直链淀粉（干基）（%）	粒型（长宽比）
粤晶占	3	78.8	57.6	1.2	2	6.7	74	15.6	3.2
广禾丝苗1号	2	80.0	63.5	1.2	2	6.7	80	16.7	3.1
华航83号	2	79.3	64.0	1.3	2	6.8	68	17.8	3.2
凤立丝苗2号（复试）	2	79.0	60.4	1.0	2	6.7	76	15.8	3.0
合莉早占（复试）	2	79.0	61.5	0.4	2	6.7	70	15.2	3.0
莉农占（复试）	3	77.0	62.0	0.5	2	6.6	72	14.7	3.2
合秀占1号	2	80.2	62.0	1.2	1	6.4	74	14.6	3.4
粤晶占2号	3	78.7	58.1	1.4	2	6.6	76	17.4	3.1
禾莉丝苗6号	2	79.6	64.5	1.4	2	6.7	77	14.6	3.3
春油占10	0	78.2	46.2	0.5	1	6.6	58	15.9	4.2
星七丝苗	—	78.2	41.1	1.3	2	6.8	33	19.7	4.0
玉香油占（CK）	—	81.2	52.6	3.3	2	7.0	62	25.4	3.1

表 1-19　常规迟熟 A 组品种稻米米质检测结果

品种名称	NY/T 593—2013	糙米率（%）	整精米率（%）	垩白度（%）	透明度（级）	碱消值（级）	胶稠度（毫米）	直链淀粉（干基）（%）	粒型（长宽比）
黄广泰占（复试）	3	78.9	65.0	0.4	2	6.8	78	14.5	3.1
广源占151号（复试）	2	79.4	60.9	1.0	2	6.7	74	17.5	3.3
白粤丝苗（复试）	2	79.2	65.5	0.4	2	6.6	77	15.4	3.0
广良软粘	—	78.1	45.4	0.2	1	6.7	69	16.6	4.2
新粤华占	2	79.7	62.6	0.1	2	6.6	78	14.7	3.2
广惠丝苗	3	78.9	60.5	0.2	1	6.8	78	17.0	3.3
华标8号	3	78.5	54.7	0.6	1	6.7	82	15.6	3.6
华航82号	2	80.9	66.9	0.6	2	6.7	80	15.3	3.2
中政华占699（复试）	2	79.3	60.3	0.1	1	6.7	82	14.4	3.4
野源占2号（复试）	3	78.3	60.6	1.2	2	6.7	76	15.1	3.2
南秀美占（复试）	2	79.0	61.7	0.5	1	6.5	81	15.5	2.9
合丰丝苗（CK）	3	79.3	58.1	4.7	2	7.0	62	20.8	3.3

表 1-20　常规迟熟 B 组品种稻米米质检测结果

品种名称	NY/T 593—2013	糙米率（%）	整精米率（%）	垩白度（%）	透明度（级）	碱消值（级）	胶稠度（毫米）	直链淀粉（干基）（%）	粒型（长宽比）
台丰丝苗	3	78.1	59.8	1.0	1	6.5	79	14.8	3.4
中泰丝苗	—	78.8	45.0	2.2	2	6.5	72	15.9	4.1
绿晶占	3	78.2	60.5	1.4	1	6.5	76	16.1	3.1
南惠1号（复试）	2	79.3	62.2	0.9	2	6.5	72	15.5	3.0
南桂新占（复试）	3	78.1	52.8	1.8	1	6.5	69	14.5	2.9
黄广粳占（复试）	—	80.2	60.8	0.7	2	7.0	44	25.0	2.7
奇新丝苗（复试）	2	79.7	61.9	0.3	1	6.8	77	15.5	3.4
丰晶占7号（复试）	—	80.0	60.9	1.5	1	7.0	50	24.1	3.1
中深2号（复试）	3	78.4	61.8	0.6	1	6.7	76	15.7	3.2
中番4号	3	78.6	57.8	0.7	1	6.7	77	16.5	3.4
源苗占	2	79.7	61.5	0.4	1	6.7	73	16.3	3.5
合丰丝苗（CK）	3	79.3	58.1	4.7	2	7.0	62	20.8	3.3

表1-21 特用稻组品种稻米米质检测结果

品种名称	NY/T 593—2013	糙米率（%）	整精米率（%）	垩白度（%）	透明度（级）	碱消值（级）	胶稠度（毫米）	直链淀粉（干基）（%）	粒型（长宽比）
三红占2号	2	81.0	60.0	0.5	2	6.7	73	16.2	3.2
福糯1号	3	77.7	55.9	—	—	6.3	100	0.7	3.5
南红9号	3	78.9	52.2	0.8	2	6.3	72	15.7	3.2
航软黑占	3	78.9	57.6	0.7	2	6.7	75	15.4	3.1
粤糯2号（复试）	—	78.4	52.6	—	—	4.0	93	1.2	2.6
玉晶两优红晶占（复试）	3	78.9	57.4	0.6	2	6.7	78	13.4	3.5
合红占（复试）	—	78.9	50.1	2.0	2	7.0	55	28.1	3.2
贡糯1号（复试）	2	79.0	61.0	—	—	6.6	96	0.7	3.2
丰黑1号	—	78.6	49.2	—	—	4.2	98	1.2	2.9
粤红宝（CK）	3	77.6	52.7	0.2	2	6.7	76	14.1	3.4

1. 复试品种

根据两年鉴定结果，按米质从优原则，黄广绿占、粤珠占、清农占、黄粤莉占、凤立丝苗2号、合莉早占、莉农占、黄广泰占、广源占151号、白粤丝苗、中政华占699、南秀美占、南惠1号、奇新丝苗、贡糯1号达到部标2级，野源占2号、南桂新占、中深2号、玉晶两优红晶占达到部标3级，其余品种均未达优质等级。

2. 新参试品种

首次鉴定结果显示，黄丰广占、广良油占、凤野丝苗、广晶龙占、广禾丝苗1号、华航83号、合秀占1号、禾莉丝苗6号、新粤华占、华航82号、源苗占、三红占2号达到部标2级，禾丰占3号、航籼软占、粤晶占、粤晶占2号、广惠丝苗、华标8号、台丰丝苗、绿晶占、中番4号、福糯1号、南红9号、航软黑占达到部标3级，其余品种均未达优质等级。

（三）抗病性

早造常规水稻品种抗病性鉴定结果见表1-22至表1-26。

表1-22 常规中迟熟A组品种抗病性鉴定结果

品种名称	稻瘟病					白叶枯病	
	总抗性频率（%）	叶、穗瘟病级（级）			综合评价	Ⅸ型菌（级）	抗性评价
		叶瘟	穗瘟	穗瘟最高级			
黄丰广占	80.0	1.8	2	3	抗	7	感
南禾晶占	77.1	1.8	3	3	中抗	5	中感

（续）

品种名称	稻瘟病					白叶枯病	
	总抗性频率（%）	叶、穗瘟病级（级）			综合评价	Ⅸ型菌（级）	抗性评价
		叶瘟	穗瘟	穗瘟最高级			
禾丰占3号	68.6	1.8	3	3	中感	5	中感
广良油占	80.0	1.3	2	3	抗	7	感
航籼软占	80.0	1.3	1.5	3	抗	7	感
黄广绿占（复试）	80.0	1.8	1.5	3	抗	5	中感
粤珠占（复试）	80.0	1.8	2.5	3	抗	7	感
清农占（复试）	80.0	1.3	1	1	抗	5	中感
黄粤莉占（复试）	82.9	1.8	1.5	3	抗	5	中感
凤野丝苗	82.9	1.5	2	3	抗	7	感
广晶龙占	77.1	1.8	2.5	5	抗	7	感
玉香油占（CK）	71.4	1.5	6.5	7	感	9	高感

注：试验数据为从化、阳江、信宜、龙川、韶关病圃2021年早造病圃病级平均数；抗性水平排序为高抗、抗、中抗、中感、感、高感。下同。

表1-23　常规中迟熟B组品种抗病性鉴定结果

品种名称	稻瘟病					白叶枯病	
	总抗性频率（%）	叶、穗瘟病级（级）			综合评价	Ⅸ型菌（级）	抗性评价
		叶瘟	穗瘟	穗瘟最高级			
粤晶占	77.1	1.3	2.5	3	抗	1	抗
广禾丝苗1号	82.9	1	2	3	抗	7	感
华航83号	77.1	1.3	2	3	抗	7	感
凤立丝苗2号（复试）	77.1	2	2.5	3	抗	7	感
合莉早占（复试）	77.1	1.3	2	3	抗	9	高感
莉农占（复试）	85.7	1.8	2.5	3	抗	5	中感
合秀占1号	85.7	1.3	4.5	7	中抗	7	感
粤晶占2号	77.1	1.3	3	5	中抗	1	抗
禾莉丝苗6号	82.9	1.3	2.5	3	抗	7	感
春油占10	80.0	2	5	7	中抗	9	高感
星七丝苗	65.7	2.3	7.5	9	高感	7	感
玉香油占（CK）	71.4	1.5	6.5	7	感	9	高感

表1－24 常规迟熟A组品种抗病性鉴定结果

品种名称	稻瘟病					白叶枯病	
	总抗性频率（%）	叶、穗瘟病级（级）			综合评价	Ⅸ型菌（级）	抗性评价
		叶瘟	穗瘟	穗瘟最高级			
黄广泰占（复试）	80.0	1.5	1.5	3	抗	7	感
广源占151号（复试）	94.3	1.3	3.5	5	抗	7	感
白粤丝苗（复试）	88.6	1.3	3.5	5	抗	1	抗
广良软粘	74.3	1.8	7	7	高感	1	抗
新粤华占	80.0	1.8	2	3	抗	1	抗
广惠丝苗	80.0	1	2	3	抗	7	感
华标8号	45.7	2.3	7	7	高感	7	感
华航82号	88.6	1.8	2	3	抗	9	高感
中政华占699（复试）	74.3	1.8	1.5	3	抗	5	中感
野源占2号（复试）	82.9	1.8	2	3	抗	7	感
南秀美占（复试）	77.1	1.5	1.5	3	抗	5	中感
合丰丝苗（CK）	85.7	3	5.5	7	中抗	9	高感

表1－25 常规迟熟B组品种抗病性鉴定结果

品种名称	稻瘟病					白叶枯病	
	总抗性频率（%）	叶、穗瘟病级（级）			综合评价	Ⅸ型菌（级）	抗性评价
		叶瘟	穗瘟	穗瘟最高级			
台丰丝苗	77.1	2	2.5	3	抗	5	中感
中泰丝苗	68.6	1	3	3	中感	7	感
绿晶占	71.4	2.3	3.5	5	中抗	1	抗
南惠1号（复试）	74.3	1.8	3.5	5	中抗	7	感
南桂新占（复试）	77.1	1	1	1	抗	5	中感
黄广粳占（复试）	88.6	1	2.5	5	抗	7	感
奇新丝苗（复试）	85.7	1	3.5	5	抗	7	感
丰晶占7号（复试）	88.6	1.5	2	3	抗	7	感
中深2号（复试）	85.7	2.3	2	3	抗	5	中感
中番4号	71.4	1.5	2.5	3	抗	5	中感
源苗占	85.7	1.5	2.5	3	抗	7	感
合丰丝苗（CK）	85.7	3	5.5	7	中抗	9	高感

表1-26　特用稻熟组品种抗病性鉴定结果

品种名称	稻瘟病					白叶枯病	
	总抗性频率（%）	叶、穗瘟病级（级）			综合评价	Ⅸ型菌（级）	抗性评价
		叶瘟	穗瘟	穗瘟最高级			
三红占2号	74.3	1.3	2	3	抗	5	中感
福糯1号	80.0	1.5	2	3	抗	5	中感
南红9号	77.1	1.3	2.5	3	抗	5	中感
航软黑占	65.7	4.3	7	7	高感	5	中感
粤糯2号（复试）	80.0	1.3	3.5	7	抗	7	感
玉晶两优红晶占（复试）	97.1	1.8	5.5	9	中抗	9	高感
合红占（复试）	80.0	1.5	2	3	抗	7	感
贡糯1号（复试）	77.1	1.8	2	3	抗	7	感
丰黑1号	82.9	1.3	5.5	7	中抗	9	高感
粤红宝（CK）	88.6	2	3.5	7	抗	7	感

1. 稻瘟病抗性

复试品种：根据两年鉴定结果，按抗病性从差原则，黄广绿占、粤珠占、清农占、黄粤莉占、合莉早占、莉农占、黄广泰占、广源占151号、白粤丝苗、中政华占699、野源占2号、南秀美占、南桂新占、黄广粳占、奇新丝苗、丰晶占7号、中深2号、粤糯2号、合红占、贡糯1号为抗，凤立丝苗2号、南惠1号、玉晶两优红晶占为中抗。

新参试品种：首次鉴定结果，黄丰广占、广良油占、航籼软占、凤野丝苗、广晶龙占、粤晶占、广禾丝苗1号、华航83号、禾莉丝苗6号、新粤华占、广惠丝苗、华航82号、台丰丝苗、中番4号、源苗占、三红占2号、福糯1号、南红9号为抗，南禾晶占、合秀占1号、粤晶占2号、春油占10、绿晶占、丰黑1号为中抗，禾丰占3号、中泰丝苗为中感，星七丝苗、广良软粘、华标8号、航软黑占为高感。

2. 白叶枯病抗性

复试品种：根据两年鉴定结果，按抗病性从差原则，白粤丝苗为抗，黄广绿占、黄粤莉占、南秀美占为中感，粤珠占、清农占、凤立丝苗2号、莉农占、黄广泰占、广源占151号、中政华占699、野源占2号、南惠1号、南桂新占、黄广粳占、奇新丝苗、丰晶占7号、中深2号、粤糯2号、合红占、贡糯1号为感，合莉早占、玉晶两优红晶占为高感。

新参试品种：粤晶占、粤晶占2号、广良软粘、新粤华占、绿晶占为抗，南禾晶占、禾丰占3号、台丰丝苗、中番4号、三红占2号、福糯1号、南红9号、航软黑占为中感，黄丰广占、广良油占、航籼软占、凤野丝苗、广晶龙占、广禾丝苗1号、华航83号、合秀占1号、禾莉丝苗6号、星七丝苗、广惠丝苗、华标8号、中泰丝苗、源苗占为感，春油占10、华航82号、丰黑1号为高感。

（四）耐寒性

人工气候室模拟耐寒性鉴定结果见表1-27：粤糯2号为强，黄广绿占、粤珠占、清农占、莉农占、合红占、贡糯1号为中强，黄粤莉占、凤立丝苗2号、合莉早占、黄广泰占、广源占151号、白粤丝苗、中政华占699、野源占2号、南秀美占、南惠1号、南桂新占、黄广粳占、奇新丝苗、丰晶占7号、玉晶两优红晶占为中，中深2号为中弱。

表1-27　耐寒性鉴定结果

品种名称	孕穗期低温结实率降低值（百分点）	开花期低温结实率降低值（百分点）	孕穗期抗寒性	开花期抗寒性
黄广绿占（复试）	−6.1	−7.5	中强	中强
粤珠占（复试）	−7.4	−6.2	中强	中强
清农占（复试）	−6.8	−7.4	中强	中强
黄粤莉占（复试）	−11.3	−12.6	中	中
凤立丝苗2号（复试）	−15.5	−16.2	中	中
合莉早占（复试）	−13.1	−14.7	中	中
莉农占（复试）	−8.4	−8.9	中强	中强
玉香油占（CK）	−13.8	−14.5	中	中
黄广泰占（复试）	−16.7	−18.8	中	中
广源占151号（复试）	−12.5	−13.1	中	中
白粤丝苗（复试）	−17.1	−18.6	中	中
中政华占699（复试）	−15.4	−18.7	中	中
野源占2号（复试）	−12.8	−13.6	中	中
南秀美占（复试）	−13.2	−14.3	中	中
南惠1号（复试）	−11.7	−10.9	中	中
南桂新占（复试）	−17.4	−18.9	中	中
黄广粳占（复试）	−16.7	−18.4	中	中
奇新丝苗（复试）	−15.9	−17.1	中	中
丰晶占7号（复试）	−18.4	−18.7	中	中
中深2号（复试）	−18.1	−20.6	中	中弱
合丰丝苗（CK）	−16.2	−17.8	中	中
粤糯2号（复试）	−3.7	−2.8	强	强
玉晶两优红晶占（复试）	−11.3	−10.4	中	中
合红占（复试）	−6.7	−6.1	中强	中强
贡糯1号（复试）	−5.1	−7.3	中强	中强
粤红宝（CK）	−10.9	−12.4	中	中

（五）其他主要农艺性状

详见表1-28至表1-32。

表1-28　常规中迟熟A组品种主要农艺性状综合表

品种名称	全生育期（天）	基本苗（万苗/亩）	最高苗（万苗/亩）	分蘖率（%）	有效穗（万穗/亩）	成穗率（%）	科高*（厘米）	穗长（厘米）	总粒数（粒/穗）	实粒数（粒/穗）	结实率（%）	千粒重（克）	抗倒情况（个，试点数）		
													直	斜	倒
黄丰广占	122.0	6.8	24.7	259.3	17.4	66.7	103.1	19.9	150.0	132.0	82.3	19.6	14	0	1
南禾晶占	122.0	7.5	30.2	324.8	18.9	63.4	112.4	23.5	151.0	131.0	86.7	22.1	15	0	0
禾丰占3号	124.0	6.8	29.0	344.6	19.2	67.6	107.6	22.6	154.0	128.0	83.0	22.0	15	0	0
广良油占	125.0	6.8	30.6	377.0	19.3	63.8	104.3	24.6	139.0	120.0	86.4	22.6	15	0	0
航籼软占	124.0	7.0	28.4	325.6	18.8	67.3	108.7	21.9	151.0	130.0	86.1	21.9	15	0	0
黄广绿占（复试）	123.0	6.8	29.3	353.8	18.1	62.7	111.7	23.2	160.0	138.0	86.5	23.5	13	1	1
粤珠占（复试）	123.0	7.2	29.5	324.9	18.5	63.8	105.4	22.6	156.0	137.0	87.4	21.9	15	0	0
清农占（复试）	124.0	7.3	30.8	347.6	19.5	64.0	109.0	21.5	149.0	130.0	87.6	22.2	15	0	0
黄粤莉占（复试）	122.0	7.1	28.8	325.1	18.3	64.8	114.7	24.0	160.0	136.0	85.2	22.9	15	0	0
凤野丝苗	123.0	7.1	28.8	327.0	17.8	62.7	111.7	22.9	158.0	133.0	84.2	22.6	14	0	1
广晶龙占	125.0	6.7	26.0	301.8	17.2	67.6	106.2	24.6	159.0	137.0	86.0	23.1	14	0	1
玉香油占（CK）	122.0	6.9	28.2	324.2	18.1	65.5	113.6	22.3	165.0	142.0	86.3	22.0	15	0	0

表1-29　常规中迟熟B组品种主要农艺性状综合表

品种名称	全生育期（天）	基本苗（万苗/亩）	最高苗（万苗/亩）	分蘖率（%）	有效穗（万穗/亩）	成穗率（%）	科高（厘米）	穗长（厘米）	总粒数（粒/穗）	实粒数（粒/穗）	结实率（%）	千粒重（克）	抗倒情况（个，试点数）		
													直	斜	倒
粤晶占	123.0	7.3	30.6	332.3	18.8	62.2	114.5	22.6	139.0	122.0	87.6	23.3	13	0	2
广禾丝苗1号	121.0	7.2	27.6	300.8	18.0	66.4	106.0	23.2	145.0	129.0	88.8	23.9	15	0	0
华航83号	124.0	7.1	28.1	308.2	18.4	66.2	102.7	22.6	145.0	123.0	84.6	21.9	15	0	0
凤立丝苗2号（复试）	124.0	7.0	28.9	324.8	18.0	63.1	114.0	23.3	160.0	133.0	83.0	22.6	15	0	0
合莉早占（复试）	122.0	6.6	28.3	347.6	18.4	65.9	107.4	22.6	135.0	121.0	90.0	23.7	15	0	0
莉农占（复试）	123.0	6.8	28.2	331.7	17.6	63.3	103.7	22.8	142.0	123.0	86.6	23.7	15	0	0
合秀占1号	125.0	6.5	26.8	327.0	16.0	60.8	112.5	23.8	185.0	160.0	86.7	20.6	15	0	0
粤晶占2号	123.0	7.4	28.7	306.8	18.4	64.9	108.5	22.4	153.0	132.0	86.0	21.9	15	0	0
禾莉丝苗6号	122.0	7.2	29.2	322.1	17.9	62.4	106.8	23.5	156.0	138.0	87.8	21.2	15	0	0
春油占10	123.0	6.8	28.4	329.7	17.7	63.1	109.3	25.4	157.0	126.0	80.9	19.8	14	0	1
星七丝苗	124.0	6.9	26.6	303.3	16.9	64.3	110.3	24.8	158.0	131.0	83.1	20.4	15	0	0
玉香油占（CK）	122.0	7.0	29.5	335.8	17.7	61.0	120.8	22.2	161.0	137.0	85.5	22.2	13	1	1

* 广东当地习惯用法，科高指水稻株高。——编者注

表1-30　常规迟熟A组品种主要农艺性状综合表

品种名称	全生育期（天）	基本苗（万苗/亩）	最高苗（万苗/亩）	分蘖率（%）	有效穗（万穗/亩）	成穗率（%）	科高（厘米）	穗长（厘米）	总粒数（粒/穗）	实粒数（粒/穗）	结实率（%）	千粒重（克）	抗倒情况（个，试点数）		
													直	斜	倒
黄广泰占（复试）	125.0	6.3	27.2	340.3	17.0	63.3	111.1	23.3	156.0	133.0	85.1	24.2	12	0	0
广源占151号（复试）	124.0	6.8	30.2	350.8	18.8	62.5	118.3	24.4	149.0	130.0	86.7	23.2	12	0	0
白粤丝苗（复试）	123.0	6.9	30.0	345.0	18.3	61.7	105.0	21.9	149.0	131.0	87.5	22.2	12	0	0
广良软粘	127.0	6.9	31.3	369.2	18.4	59.0	111.6	25.5	154.0	121.0	79.0	19.9	10	1	1
新粤华占	125.0	6.9	27.3	302.4	16.5	61.4	119.0	23.1	163.0	140.0	85.4	24.3	11	0	1
广惠丝苗	126.0	6.7	29.3	343.6	18.2	62.9	116.0	22.8	143.0	122.0	85.3	24.4	11	1	0
华标8号	128.0	6.8	35.1	423.8	19.2	55.1	115.8	23.7	125.0	104.0	84.3	23.3	6	5	1
华航82号	124.0	6.7	29.9	353.1	17.6	59.4	119.2	24.3	161.0	144.0	89.4	19.6	11	0	1
中政华占699（复试）	125.0	6.8	30.5	362.0	18.0	59.1	116.9	23.9	153.0	131.0	85.8	21.7	11	1	0
野源占2号（复试）	123.0	6.8	31.7	372.7	18.7	59.5	107.4	23.6	153.0	132.0	86.2	20.0	11	1	0
南秀美占（复试）	126.0	6.9	28.1	323.9	17.6	63.2	116.0	23.4	154.0	125.0	81.5	23.9	12	0	0
合丰丝苗（CK）	125.0	6.8	28.8	332.9	17.3	60.6	122.6	24.3	156.0	131.0	84.4	23.5	11	1	0

表1-31　常规迟熟B组品种主要农艺性状综合表

品种名称	全生育期（天）	基本苗（万苗/亩）	最高苗（万苗/亩）	分蘖率（%）	有效穗（万穗/亩）	成穗率（%）	科高（厘米）	穗长（厘米）	总粒数（粒/穗）	实粒数（粒/穗）	结实率（%）	千粒重（克）	抗倒情况（个，试点数）		
													直	斜	倒
台丰丝苗	126.0	6.6	28.5	337.4	17.5	62.1	117.2	25.9	153.0	129.0	84.5	21.0	11	0	1
中泰丝苗	126.0	6.9	29.7	343.7	17.2	58.4	117.0	24.5	167.0	138.0	83.0	20.7	8	4	0
绿晶占	125.0	6.5	30.1	376.6	18.0	60.0	107.8	21.8	156.0	131.0	83.9	21.8	12	0	0
南惠1号（复试）	126.0	6.7	29.8	360.5	18.1	61.5	113.3	22.9	152.0	125.0	82.1	22.9	12	0	0
南桂新占（复试）	126.0	6.6	28.9	345.1	17.8	62.3	113.7	21.8	148.0	116.0	78.2	23.4	12	0	0
黄广粳占（复试）	126.0	6.8	27.5	320.0	16.5	61.2	127.3	23.7	161.0	135.0	84.2	24.5	11	0	1
奇新丝苗（复试）	123.0	7.2	29.3	323.8	17.5	60.4	120.0	24.5	167.0	144.0	86.5	21.0	11	0	1
丰晶占7号（复试）	125.0	6.5	29.9	364.6	17.9	60.2	114.9	22.9	165.0	137.0	83.4	21.8	12	0	0
中深2号（复试）	125.0	6.6	30.0	368.8	19.4	64.8	111.9	23.2	153.0	129.0	84.5	20.8	12	0	0
中番4号	126.0	6.7	28.3	338.9	16.8	59.3	120.5	23.1	165.0	138.0	83.7	21.0	10	2	0
源苗占	126.0	6.9	30.3	352.4	17.4	58.3	116.2	23.2	164.0	140.0	85.5	20.5	12	0	0
合丰丝苗（CK）	125.0	6.3	28.8	363.3	17.1	60.2	122.5	24.5	152.0	125.0	82.1	23.6	12	0	0

表1-32　特用稻组品种主要农艺性状综合表

品种名称	全生育期（天）	基本苗（万苗/亩）	最高苗（万苗/亩）	分蘖率（%）	有效穗（万穗/亩）	成穗率（%）	科高（厘米）	穗长（厘米）	总粒数（粒/穗）	实粒数（粒/穗）	结实率（%）	千粒重（克）	抗倒情况（个，试点数）		
													直	斜	倒
三红占2号	122.0	6.5	27.7	342.6	17.6	64.2	112.6	22.7	145.0	123.0	84.7	22.4	5	0	0
福糯1号	124.0	6.7	28.4	336.0	16.7	59.3	121.5	24.3	131.0	114.0	86.6	21.5	5	0	0
南红9号	123.0	6.6	26.3	306.2	16.6	63.9	115.4	23.4	145.0	123.0	85.2	21.8	5	0	0
航软黑占	123.0	6.5	27.6	342.7	16.3	59.5	115.4	21.6	160.0	133.0	82.2	19.7	5	0	0
粤糯2号（复试）	123.0	6.3	28.0	352.8	17.6	63.2	117.9	22.1	139.0	119.0	86.1	21.8	5	0	0
玉晶两优红晶占（复试）	122.0	6.4	27.1	336.1	17.6	66.3	114.4	23.7	145.0	118.0	82.2	20.5	3	2	0
合红占（复试）	125.0	6.6	26.6	307.3	14.8	56.1	120.9	24.4	151.0	125.0	82.8	24.2	5	0	0
贡糯1号（复试）	122.0	6.9	29.0	343.5	16.9	58.5	127.0	23.7	142.0	121.0	84.7	19.8	5	0	0
丰黑1号	123.0	6.1	27.5	354.1	17.5	64.6	111.6	21.6	127.0	109.0	85.8	20.8	4	0	1
粤红宝（CK）	123.0	6.3	25.4	322.7	16.4	65.2	110.7	23.8	168.0	139.0	81.9	19.6	4	0	1

三、品种评述

（一）复试品种*

1. 中迟熟组

（1）黄广绿占　全生育期123～129天，比对照种玉香油占长1天。株型中集，分蘖力中等，株高适中，抗倒力中等，耐寒性中强。科高111.7～113.4厘米，亩有效穗18.1万～18.6万，穗长22.3～23.2厘米，每穗总粒数141～160粒，结实率85.7%～86.5%，千粒重23.5～23.8克。抗稻瘟病，全群抗性频率80.0%～94.1%，病圃鉴定叶瘟1.3～1.8级、穗瘟1.5～3.5级（单点最高7级）；中感白叶枯病（Ⅸ型菌5级）。米质鉴定达部标优质2级，糙米率79.5%～80.1%，整精米率53.0%～57.9%，垩白度0.3%～0.4%，透明度1.0～2.0级，碱消值6.5～6.7级，胶稠度75.0～79.0毫米，直链淀粉15.5%～15.8%，粒型（长宽比）3.1～3.2。2020年早造参加省区试，平均亩产为514.97公斤，比对照种玉香油占增产10.67%，增产达极显著水平。2021年早造参加省区试，平均亩产为522.10公斤，比对照种玉香油占增产6.49%，增产达极显著水平。2021年早造生产试验平均亩产560.61公斤，比玉香油占增产11.45%。日产量3.99～4.24公斤。

该品种经过两年区试和一年生产试验，表现丰产性好，米质达部标优质2级，抗稻瘟病，中感白叶枯病，耐寒性中强。建议粤北以外稻作区早、晚造种植。栽培上注意防治白叶枯病。推荐省品种审定。

（2）粤珠占　全生育期123～129天，比对照种玉香油占长1天。株型中集，分蘖力中等，株高适中，抗倒力强，耐寒性中强。科高105.4厘米，亩有效穗18.3万～18.5

* 复试品种全生育期等指标数据为两年区试和年生产试验数据，往年数据可参考《2020年度广东省水稻玉米区试品种报告》，下同。

万，穗长21.5～22.6厘米，每穗总粒数138～156粒，结实率87.4%～90.6%，千粒重21.9～22.9克。抗稻瘟病，全群抗性频率80.0%～88.2%，病圃鉴定叶瘟1.3～1.8级、穗瘟2.0～2.5级（单点最高3级）；感白叶枯病（Ⅸ型菌7级）。米质鉴定达部标优质2级，糙米率79.0%～79.4%，整精米率56.8%～59.3%，垩白度0.0%～0.2%，透明度2.0级，碱消值6.6～6.7级，胶稠度74.0～76.0毫米，直链淀粉14.3%～14.4%，粒型（长宽比）3.0。2020年早造参加省区试，平均亩产为497.96公斤，比对照种玉香油占增产7.02%，增产达极显著水平。2021年早造参加省区试，平均亩产为519.21公斤，比对照种玉香油占增产5.90%，增产达显著水平。2021年早造生产试验平均亩产554.55公斤，比玉香油占增产10.24%。日产量3.86～4.22公斤。

该品种经过两年区试和一年生产试验，表现丰产性好，米质达部标优质2级，抗稻瘟病，感白叶枯病，耐寒性中强。建议粤北以外稻作区早、晚造种植。栽培上注意防治白叶枯病。推荐省品种审定。

（3）黄粤莉占　全生育期122～127天，比对照种玉香油占短0～1天。株型中集，分蘖力中等，株高适中，抗倒力中强，耐寒性中等。科高114.7～115.8厘米，亩有效穗17.5万～18.3万，穗长23.1～24.0厘米，每穗总粒数142～160粒，结实率85.2%～87.7%，千粒重22.9～23.7克。抗稻瘟病，全群抗性频率82.9%～88.2%，病圃鉴定叶瘟1.3～1.8级、穗瘟1.5～2.5级（单点最高3级）；中感白叶枯病（Ⅸ型菌5级）。米质鉴定达部标优质2级，糙米率79.7%～81.0%，整精米率54.9%～56.3%，垩白度0.2%～0.9%，透明度1.0～2.0级，碱消值6.5～7.0级，胶稠度73.0～75.0毫米，直链淀粉15.4%～16.9%，粒型（长宽比）3.2～3.3。2020年早造参加省区试，平均亩产为492.97公斤，比对照种玉香油占增产5.95%，增产达极显著水平。2021年早造参加省区试，平均亩产为517.66公斤，比对照种玉香油占增产5.59%，增产达显著水平。2021年早造生产试验平均亩产551.52公斤，比玉香油占增产9.64%。日产量3.88～4.24公斤。

该品种经过两年区试和一年生产试验，表现丰产性好，米质达部标优质2级，抗稻瘟病，中感白叶枯病，耐寒性中等。建议粤北以外稻作区早、晚造种植。推荐省品种审定。

（4）清农占　全生育期124～129天，比对照种玉香油占长1～2天。株型中集，分蘖力中等，株高适中，抗倒力强，耐寒性中强。科高106.4～109.0厘米，亩有效穗18.8万～19.5万，穗长21.4～21.5厘米，每穗总粒数149粒，结实率87.1%～87.6%，千粒重21.9～22.2克。抗稻瘟病，全群抗性频率80.0%～82.4%，病圃鉴定叶瘟1.3级、穗瘟1.0～2.0级（单点最高3级）；感白叶枯病（Ⅸ型菌5～7级）。米质鉴定达部标优质2级，糙米率79.8%～80.9%，整精米率56.9%～61.2%，垩白度0.4%～1.2%，透明度1.0～2.0级，碱消值6.6～6.8级，胶稠度70.0～71.0毫米，直链淀粉15.8%～16.8%，粒型（长宽比）3.1～3.2。2020年早造参加省区试，平均亩产为497.9公斤，比对照种玉香油占增产7.01%，增产达极显著水平。2021年早造参加省区试，平均亩产为503.38公斤，比对照种玉香油占增产2.67%，增产未达显著水平。2021年早造生产试验平均亩产530.31公斤，比玉香油占增产5.42%。日产量3.86～4.06公斤。

该品种经过两年区试和一年生产试验，表现丰产性较好，米质达部标优质2级，抗稻瘟病，感白叶枯病，耐寒性中强。建议粤北以外稻作区早、晚造种植。栽培上注意防治白叶枯病。推荐省品种审定。

（5）凤立丝苗2号　全生育期124～129天，比对照种玉香油占长1～2天。株型中集，分蘖力中等，株高适中，抗倒力强，耐寒性中等。科高113.2～114.0厘米，亩有效穗17.3万～18.0万，穗长21.9～23.3厘米，每穗总粒数144～160粒，结实率83.0%～86.6%，千粒重22.6～23.5克。中抗稻瘟病，全群抗性频率77.1%～88.2%，病圃鉴定叶瘟1.3～2.0级、穗瘟2.5～4.5级（单点最高7级）；感白叶枯病（Ⅸ型菌5～7级）。米质鉴定达部标优质2级，糙米率79.0%～80.5%，整精米率56.2%～60.4%，垩白度0.3%～1.0%，透明度2.0级，碱消值6.7～6.8级，胶稠度74.0～76.0毫米，直链淀粉15.8%～16.2%，粒型（长宽比）3.0～3.1。2020年早造参加省区试，平均亩产为480.93公斤，比对照种玉香油占增产3.36%，增产未达显著水平。2021年早造参加省区试，平均亩产为499.01公斤，比对照种玉香油占增产3.65%，增产未达显著水平。2021年早造生产试验平均亩产518.18公斤，比玉香油占增产3.01%。日产量3.73～4.02公斤。

该品种经过两年区试和一年生产试验，表现产量与对照相当，米质达部标优质2级，中抗稻瘟病，感白叶枯病，耐寒性中等。建议粤北以外稻作区早、晚造种植。栽培上注意防治稻瘟病和白叶枯病。推荐省品种审定。

（6）合莉早占　全生育期122～127天，比对照种玉香油占短0～1天。株型中集，分蘖力中等，株高适中，抗倒力中强，耐寒性中等。科高107.4～107.7厘米，亩有效穗18.4万～18.8万，穗长22.0～22.6厘米，每穗总粒数122～135粒，结实率89.3%～90.0%，千粒重23.7～23.9克。抗稻瘟病，全群抗性频率77.1%～82.4%，病圃鉴定叶瘟1.0～1.3级、穗瘟2.0～2.5级（单点最高3级）；高感白叶枯病（Ⅸ型菌7～9级）。米质鉴定达部标优质2级，糙米率79.0%～80.5%，整精米率61.4%～61.5%，垩白度0.1%～0.4%，透明度2.0级，碱消值6.7～6.9级，胶稠度70.0～73.0毫米，直链淀粉15.2%～16.0%，粒型（长宽比）3.0。2020年早造参加省区试，平均亩产为458.5公斤，比对照种玉香油占减产1.46%，减产未达显著水平。2021年早造参加省区试，平均亩产为484.23公斤，比对照种玉香油占增产0.58%，增产未达显著水平。2021年早造生产试验平均亩产545.46公斤，比玉香油占增产8.43%。日产量3.61～3.97公斤。

该品种经过两年区试和一年生产试验，表现产量与对照相当，米质达部标优质2级，抗稻瘟病，高感白叶枯病，耐寒性中等。建议粤北以外稻作区早、晚造种植。栽培上特别注意防治白叶枯病。推荐省品种审定。

（7）莉农占　全生育期123～129天，比对照种玉香油占长1天。株型中集，分蘖力中等，株高适中，抗倒力强，耐寒性中强。科高103.1～103.7厘米，亩有效穗17.6万～17.9万，穗长22.5～22.8厘米，每穗总粒数125～142粒，结实率86.6%～88.2%，千粒重23.7～24.5克。抗稻瘟病，全群抗性频率85.7%～88.2%，病圃鉴定叶瘟1.3～1.8级、穗瘟2.0～2.5级（单点最高3级）；感白叶枯病（Ⅸ型菌5～7级）。米质鉴定达部标优质2级，糙米率77.0%～80.7%，整精米率59.8%～62.0%，垩白度0.5%～0.8%，透明度2.0级，碱消值6.6～6.8级，胶稠度72.0～74.0毫米，直链淀粉14.7%～15.4%，粒型（长宽比）3.0～3.2。2020年早造参加省区试，平均亩产为445.18公斤，比对照种玉香油占减产4.32%，减产达显著水平。2021年早造参加省区试，平均亩产为

475.68公斤，比对照种玉香油占减产1.19%，减产未达显著水平。2021年早造生产试验平均亩产542.43公斤，比玉香油占增产7.83%。日产量3.45～3.87公斤。

该品种经过两年区试和一年生产试验，表现丰产性一般，米质达部标优质2级，抗稻瘟病，感白叶枯病，耐寒性中强。建议粤北以外稻作区早、晚造种植。栽培上注意防治白叶枯病。推荐省品种审定。

2. 迟熟组

（1）广源占151号　全生育期124～129天，比对照种合丰丝苗短0～1天。株型中集，分蘖力中等，株高适中，抗倒力强，耐寒性中等。科高113.7～118.3厘米，亩有效穗18.1万～18.8万，穗长23.6～24.4厘米，每穗总粒数143～149粒，结实率86.7%～86.8%，千粒重23.2～24.4克。抗稻瘟病，全群抗性频率94.1%～94.3%，病圃鉴定叶瘟1.0～1.3级、穗瘟1.5～3.5级（单点最高5级）；感白叶枯病（Ⅸ型菌7级）。米质鉴定达部标优质2级，糙米率76.8%～79.4%，整精米率39.9%～60.9%，垩白度0.4%～1.0%，透明度1.0～2.0级，碱消值6.7～6.8级，胶稠度66.0～74.0毫米，直链淀粉16.3%～17.5%，粒型（长宽比）3.3～3.4。2020年早造参加省区试，平均亩产为483.51公斤，比对照种合丰丝苗增产9.02%，增产达极显著水平。2021年早造参加省区试，平均亩产为515.29公斤，比对照种合丰丝苗增产9.53%，增产达极显著水平。2021年早造生产试验平均亩产557.58公斤，比合丰丝苗增产12.20%。日产量3.75～4.16公斤。

该品种经过两年区试和一年生产试验，表现丰产性好，米质达部标优质2级，抗稻瘟病，感白叶枯病，耐寒性中等。建议粤北以外稻作区早、晚造种植。栽培上注意防治白叶枯病。推荐省品种审定。

（2）黄广泰占　全生育期125～129天，与对照种合丰丝苗相当。株型中集，分蘖力中等，株高适中，抗倒力强，耐寒性中等。科高110.5～111.1厘米，亩有效穗16.7万～17.0万，穗长21.1～23.3厘米，每穗总粒数143～156粒，结实率84.2%～85.1%，千粒重24.2～24.8克。抗稻瘟病，全群抗性频率80.0%～94.1%，病圃鉴定叶瘟1.5级、穗瘟1.0～1.5级（单点最高3级）；感白叶枯病（Ⅸ型菌7级）。米质鉴定达部标优质2级，糙米率78.9%～79.4%，整精米率59.7%～65.0%，垩白度0.4%～0.6%，透明度2.0级，碱消值6.8级，胶稠度72.0～78.0毫米，直链淀粉14.5%～15.8%，粒型（长宽比）3.1。2020年早造参加省区试，平均亩产为453.61公斤，比对照种合丰丝苗增产2.28%，增产未达显著水平。2021年早造参加省区试，平均亩产为497.44公斤，比对照种合丰丝苗增产5.73%，增产达显著水平。2021年早造生产试验平均亩产503.03公斤，比合丰丝苗增产1.22%。日产量3.52～3.98公斤。

该品种经过两年区试和一年生产试验，表现丰产性较好，米质达部标优质2级，抗稻瘟病，感白叶枯病，耐寒性中等。建议粤北以外稻作区早、晚造种植。栽培上注意防治白叶枯病。推荐省品种审定。

（3）南秀美占　全生育期126～130天，比对照种合丰丝苗长1天。株型中集，分蘖力中等，株高适中，抗倒力中强，耐寒性中等。科高116.0～117.8厘米，亩有效穗16.4万～17.6万，穗长22.1～23.4厘米，每穗总粒数154～156粒，结实率81.5%～83.7%，千粒重23.9～25.0克。抗稻瘟病，全群抗性频率77.1%～88.2%，病圃鉴定叶瘟1.0～

1.5级、穗瘟1.0～1.5级（单点最高3级）；中感白叶枯病（Ⅸ型菌5级）。米质鉴定达部标优质2级，糙米率78.5%～79.0%，整精米率53.1%～61.7%，垩白度0.2%～0.5%，透明度1.0～2.0级，碱消值6.5～6.7级，胶稠度66.0～81.0毫米，直链淀粉15.5%～16.3%，粒型（长宽比）2.9。2020年早造参加省区试，平均亩产为499.43公斤，比对照种合丰丝苗增产12.61%，增产达极显著水平。2021年早造参加省区试，平均亩产为492.93公斤，比对照种合丰丝苗增产4.77%，增产未达显著水平。2021年早造生产试验平均亩产487.88公斤，比合丰丝苗减产1.83%。日产量3.84～3.91公斤。

该品种经过两年区试和一年生产试验，表现丰产性较好，米质达部标优质2级，抗稻瘟病，中感白叶枯病，耐寒性中等。建议粤北以外稻作区早、晚造种植。栽培上注意防治白叶枯病。推荐省品种审定。

（4）白粤丝苗　全生育期123～128天，比对照种合丰丝苗短1～2天。株型中集，分蘖力中等，株高适中，抗倒力强，耐寒性中等。科高104.0～105.0厘米，亩有效穗18.3万～18.5万，穗长20.5～21.9厘米，每穗总粒数135～149粒，结实率87.5%～89.6%，千粒重22.2～22.9克。抗稻瘟病，全群抗性频率88.6%～100.0%，病圃鉴定叶瘟1.0～1.3级、穗瘟1.5～3.5级（单点最高5级）；抗白叶枯病（Ⅸ型菌1级）。米质鉴定达部标优质2级，糙米率79.2%～79.8%，整精米率64.2%～65.5%，垩白度0.3%～0.4%，透明度2.0级，碱消值6.6～6.7级，胶稠度76.0～77.0毫米，直链淀粉15.3%～15.4%，粒型（长宽比）3.0。2020年早造参加省区试，平均亩产为470.29公斤，比对照种合丰丝苗增产5.85%，增产达显著水平。2021年早造参加省区试，平均亩产为482.89公斤，比对照种合丰丝苗增产2.64%，增产未达显著水平。2021年早造生产试验平均亩产512.12公斤，比合丰丝苗增产3.05%。日产量3.67～3.93公斤。

该品种经过两年区试和一年生产试验，表现丰产性较好，米质达部标优质2级，抗稻瘟病，抗白叶枯病，耐寒性中等。建议粤北以外稻作区早、晚造种植。推荐省品种审定。

（5）中政华占699　全生育期125～129天，与对照种合丰丝苗相当。株型中集，分蘖力中等，株高适中，抗倒力中强，耐寒性中等。科高116.5～116.9厘米，亩有效穗17.6万～18.0万，穗长22.8～23.9厘米，每穗总粒数139～153粒，结实率85.8%～88.9%，千粒重21.7～22.6克。抗稻瘟病，全群抗性频率74.3%～94.1%，病圃鉴定叶瘟1.5～1.8级、穗瘟1.0～1.5级（单点最高3级）；感白叶枯病（Ⅸ型菌5～7级）。米质鉴定达部标优质2级，糙米率79.3%～79.5%，整精米率58.7%～60.3%，垩白度0.1%～0.2%，透明度1.0～2.0级，碱消值6.7～6.9级，胶稠度76.0～82.0毫米，直链淀粉14.4%～15.4%，粒型（长宽比）3.4。2020年早造参加省区试，平均亩产为450.36公斤，比对照种合丰丝苗增产1.55%，增产未达显著水平。2021年早造参加省区试，平均亩产为463.97公斤，比对照种合丰丝苗减产1.38%，减产未达显著水平。2021年早造生产试验平均亩产481.82公斤，比合丰丝苗减产3.05%。日产量3.49～3.71公斤。

该品种经过两年区试和一年生产试验，表现产量与对照相当，米质达部标优质2级，抗稻瘟病，感白叶枯病，耐寒性中等。建议粤北以外稻作区早、晚造种植。栽培上注意防治白叶枯病。推荐省品种审定。

（6）野源占2号　全生育期123～129天，比对照种合丰丝苗短0～2天。株型中集，分蘖力中等，株高适中，抗倒力中强，耐寒性中等。科高106.1～107.4厘米，亩有效穗18.7万～19.2万，穗长22.1～23.6厘米，每穗总粒数136～153粒，结实率86.2%～87.3%，千粒重20.0～20.4克。抗稻瘟病，全群抗性频率82.9%～88.2%，病圃鉴定叶瘟1.5～1.8级、穗瘟2.0～2.5级（单点最高3级）；感白叶枯病（Ⅸ型菌7级）。米质鉴定达部标优质3级，糙米率78.1%～78.3%，整精米率56.2%～60.6%，垩白度0.1%～1.2%，透明度2.0级，碱消值6.7～6.8级，胶稠度74.0～76.0毫米，直链淀粉15.1%～15.3%，粒型（长宽比）3.2。2020年早造参加省区试，平均亩产为460.67公斤，比对照种合丰丝苗增产3.68%，增产未达显著水平。2021年早造参加省区试，平均亩产为458.56公斤，比对照种合丰丝苗减产2.53%，减产未达显著水平。2021年早造生产试验平均亩产560.61公斤，比合丰丝苗增产12.81%。日产量3.57～3.73公斤。

该品种经过两年区试和一年生产试验，表现产量与对照相当，米质达部标优质3级，抗稻瘟病，感白叶枯病，耐寒性中等。建议粤北以外稻作区早、晚造种植。栽培上注意防治白叶枯病。推荐省品种审定。

（7）黄广粳占　全生育期126～130天，比对照种合丰丝苗长1天。株型中集，分蘖力中等，植株较高，抗倒力中等，耐寒性中等。科高126.0～126.9厘米，亩有效穗16.5万～17.0万，穗长23.3～23.7厘米，每穗总粒数152～161粒，结实率84.2%～85.4%，千粒重24.5～25.7克。抗稻瘟病，全群抗性频率76.5%～88.6%，病圃鉴定叶瘟1.0～1.3级、穗瘟2.0～2.5级（单点最高5级）；感白叶枯病（Ⅸ型菌7级）。米质鉴定未达部标优质等级，糙米率80.2%～80.6%，整精米率47.0%～60.8%，垩白度0.3%～0.7%，透明度2.0级，碱消值7.0级，胶稠度44.0～63.0毫米，直链淀粉25.0%～27.2%，粒型（长宽比）2.7～2.8。2020年早造参加省区试，平均亩产为527.99公斤，比对照种合丰丝苗增产19.05%，增产达极显著水平。2021年早造参加省区试，平均亩产为508.96公斤，比对照种合丰丝苗增产12.12%，增产达极显著水平。2021年早造生产试验平均亩产536.37公斤，比合丰丝苗增产7.93%。日产量4.04～4.06公斤。

该品种经过两年区试和一年生产试验，表现丰产性好，米质未达部标优质等级，抗稻瘟病，感白叶枯病，耐寒性中等。建议粤北以外稻作区早、晚造种植。栽培上注意防治白叶枯病。推荐省品种审定。

（8）丰晶占7号　全生育期125～129天，与对照种合丰丝苗相当。株型中集，分蘖力中等，株高适中，抗倒力强，耐寒性中等。科高111.9～114.9厘米，亩有效穗17.9万～18.8万，穗长21.0～22.9厘米，每穗总粒数136～165粒，结实率81.6%～83.4%，千粒重21.8～22.2克。抗稻瘟病，全群抗性频率88.6%～94.1%，病圃鉴定叶瘟1.3～1.5级、穗瘟2.0级（单点最高3级）；感白叶枯病（Ⅸ型菌7级）。米质鉴定未达部标优质等级，糙米率79.8%～80.0%，整精米率55.1%～60.9%，垩白度1.3%～1.5%，透明度1.0～2.0级，碱消值7.0级，胶稠度50.0～54.0毫米，直链淀粉24.1%～26.9%，粒型（长宽比）3.1～3.2。2020年早造参加省区试，平均亩产为447.17公斤，比对照种合丰丝苗增产0.83%，增产未达显著水平。2021年早造参加省区试，平均亩产为497.97公斤，比对照种合丰丝苗增产9.70%，增产达极显著水平。2021年早造生产试验平均亩产506.06公斤，比合丰丝苗增产1.83%。日产量3.47～3.98公斤。

该品种经过两年区试和一年生产试验，表现丰产性较好，米质未达部标优质等级，抗稻瘟病，感白叶枯病，耐寒性中等。建议粤北以外稻作区早、晚造种植。栽培上注意防治白叶枯病。推荐省品种审定。

（9）中深2号　全生育期125～129天，与对照种合丰丝苗相当。株型中集，分蘖力中等，株高适中，抗倒力强，耐寒性中弱。科高111.0～111.9厘米，亩有效穗19.2万～19.4万，穗长21.7～23.2厘米，每穗总粒数137～153粒，结实率84.5%～86.3%，千粒重20.8～21.3克。抗稻瘟病，全群抗性频率85.7%～88.2%，病圃鉴定叶瘟1.0～2.3级、穗瘟1.5～2.0级（单点最高3级）；感白叶枯病（Ⅸ型菌5～7级）。米质鉴定达部标优质3级，糙米率75.1%～78.4%，整精米率45.6%～61.8%，垩白度0.3%～0.6%，透明度1.0～2.0级，碱消值6.7级，胶稠度74.0～76.0毫米，直链淀粉15.7%～16.4%，粒型（长宽比）3.2。2020年早造参加省区试，平均亩产为472.86公斤，比对照种合丰丝苗增产6.62%，增产达显著水平。2021年早造参加省区试，平均亩产为491.43公斤，比对照种合丰丝苗增产8.25%，增产达极显著水平。2021年早造生产试验平均亩产506.06公斤，比合丰丝苗增产1.83%。日产量3.67～3.93公斤。

该品种经过两年区试和一年生产试验，表现丰产性好，米质达部标优质3级，抗稻瘟病，感白叶枯病，耐寒性中弱。建议广东省中南和西南稻作区早、晚造种植。栽培上注意防治白叶枯病。推荐省品种审定。

（10）南惠1号　全生育期126～130天，比对照种合丰丝苗长1天。株型中集，分蘖力中等，株高适中，抗倒力强，耐寒性中等。科高113.3～113.7厘米，亩有效穗18.1万～18.3万，穗长21.0～22.9厘米，每穗总粒数141～152粒，结实率82.1%～85.4%，千粒重22.9～23.6克。中抗稻瘟病，全群抗性频率74.3%～82.4%，病圃鉴定叶瘟1.3～1.8级、穗瘟1.5～3.5级（单点最高5级）；感白叶枯病（Ⅸ型菌7级）。米质鉴定达部标优质2级，糙米率78.4%～79.3%，整精米率54.5%～62.2%，垩白度0.1%～0.9%，透明度2.0级，碱消值6.5～6.8级，胶稠度62.0～72.0毫米，直链淀粉15.5%～16.5%，粒型（长宽比）3.0～3.1。2020年早造参加省区试，平均亩产为488.56公斤，比对照种合丰丝苗增产10.16%，增产达极显著水平。2021年早造参加省区试，平均亩产为482.92公斤，比对照种合丰丝苗增产6.38%，增产达显著水平。2021年早造生产试验平均亩产548.49公斤，比合丰丝苗增产10.37%。日产量3.76～3.83公斤。

该品种经过两年区试和一年生产试验，表现丰产性好，米质达部标优质2级，中抗稻瘟病，感白叶枯病，耐寒性中等。建议粤北以外稻作区早、晚造种植。栽培上注意防治稻瘟病和白叶枯病。推荐省品种审定。

（11）奇新丝苗　全生育期123～129天，比对照种合丰丝苗短0～2天。株型中集，分蘖力中等，植株较高，抗倒力中等，耐寒性中等。科高117.9～120.0厘米，亩有效穗17.2万～17.5万，穗长23.3～24.5厘米，每穗总粒数153～167粒，结实率85.5%～86.5%，千粒重21.0～21.8克。抗稻瘟病，全群抗性频率82.4%～85.7%，病圃鉴定叶瘟1.0级、穗瘟2.0～3.5级（单点最高5级）；感白叶枯病（Ⅸ型菌7级）。米质鉴定达部标优质2级，糙米率79.5%～79.7%，整精米率57.3%～61.9%，垩白度0.2%～0.3%，透明度1.0～2.0级，碱消值6.8～7.0级，胶稠度69.0～77.0毫米，直链淀粉

15.5%～16.9%，粒型（长宽比）3.4。2020年早造参加省区试，平均亩产为458.64公斤，比对照种合丰丝苗增产3.42%，增产未达显著水平。2021年早造参加省区试，平均亩产为482.21公斤，比对照种合丰丝苗增产6.22%，增产达显著水平。2021年早造生产试验平均亩产554.55公斤，比合丰丝苗增产11.59%。日产量3.56～3.92公斤。

该品种经过两年区试和一年生产试验，表现丰产性较好，米质达部标优质2级，抗稻瘟病，感白叶枯病，耐寒性中等。建议粤北以外稻作区早、晚造种植。栽培上注意防治白叶枯病。推荐省品种审定。

（12）南桂新占　全生育期126～129天，比对照种合丰丝苗长0～1天。株型中集，分蘖力中等，株高适中，抗倒力强，耐寒性中等。科高112.7～113.7厘米，亩有效穗17.1万～17.8万，穗长21.6～21.8厘米，每穗总粒数136～148粒，结实率78.2%～85.6%，千粒重23.4～25.4克。抗稻瘟病，全群抗性频率77.1%～94.1%，病圃鉴定叶瘟1.0级、穗瘟1.0～2.0级（单点最高3级）；感白叶枯病（Ⅸ型菌5～7级）。米质鉴定达部标优质3级，糙米率78.1%～79.7%，整精米率52.8%～54.2%，垩白度0.4%～1.8%，透明度1.0～2.0级，碱消值6.5～6.8级，胶稠度69.0～77.0毫米，直链淀粉14.5%～16.6%，粒型（长宽比）2.9～3.0。2020年早造参加省区试，平均亩产为485.92公斤，比对照种合丰丝苗增产9.57%，增产达极显著水平。2021年早造参加省区试，平均亩产为442.54公斤，比对照种合丰丝苗减产2.52%，减产未达显著水平。2021年早造生产试验平均亩产560.61公斤，比合丰丝苗增产12.81%。日产量3.51～3.77公斤。

该品种经过两年区试和一年生产试验，表现产量与对照相当，米质达部标优质3级，抗稻瘟病，感白叶枯病，耐寒性中等。建议粤北以外稻作区早、晚造种植。栽培上注意防治白叶枯病。推荐省品种审定。

3. 特用稻

（1）粤糯2号　全生育期123～126天，比对照种粤红宝短0～1天。株型中集，分蘖力中等，株高适中，抗倒力强，耐寒性强。科高117.1～117.9厘米，亩有效穗17.3万～17.6万，穗长20.5～22.1厘米，每穗总粒数137～139粒，结实率86.1%～91.8%，千粒重21.8～22.9克。抗稻瘟病，全群抗性频率80.0%～82.4%，病圃鉴定叶瘟1.3级、穗瘟3.5级（单点最高7级）；感白叶枯病（Ⅸ型菌7级）。米质鉴定未达部标优质等级，糙米率78.4%～81.2%，整精米率52.6%～63.8%，碱消值3.0～4.0级，胶稠度93.0～100.0毫米，直链淀粉1.2%～3.4%，粒型（长宽比）2.6。2020年早造参加省区试，平均亩产为459.6公斤，比对照种粤红宝增产10.18%，增产未达显著水平。2021年早造参加省区试，平均亩产为452.3公斤，比对照种粤红宝增产7.67%，增产达显著水平。2021年早造生产试验平均亩产477.435公斤，比粤红宝增产1.34%。日产量3.65～3.68公斤。

该品种经过两年区试和一年生产试验，表现丰产性好，糯米，抗稻瘟病，感白叶枯病，耐寒性强。建议粤北以外稻作区早、晚造种植。栽培上注意防治白叶枯病。推荐省品种审定。

（2）玉晶两优红晶占　全生育期122～127天，比对照种粤红宝短0～1天。株型中集，分蘖力中等，株高适中，抗倒力中等，耐寒性中等。科高113.4～114.4厘米，亩有效穗17.6万，穗长23.7～24.7厘米，每穗总粒数145～152粒，结实率82.2%～

85.4%，千粒重20.5～21.2克。中抗稻瘟病，全群抗性频率94.1%～97.1%，病圃鉴定叶瘟1.3～1.8级、穗瘟4.5～5.5级（单点最高9级）；高感白叶枯病（Ⅸ型菌9级）。米质鉴定达部标优质3级，糙米率78.8%～78.9%，整精米率56.1%～57.4%，垩白度0.5%～0.6%，透明度2.0级，碱消值6.7级，胶稠度59.0～78.0毫米，直链淀粉13.4%～13.9%，粒型（长宽比）3.4～3.5。2020年早造参加省区试，平均亩产为449.87公斤，比对照种粤红宝增产7.85%，增产未达显著水平。2021年早造参加省区试，平均亩产为427.23公斤，比对照种粤红宝增产1.71%，增产未达显著水平。2021年早造生产试验平均亩产512.92公斤，比粤红宝增产8.87%。日产量3.50～3.54公斤。

该品种经过两年区试和一年生产试验，表现产量与对照相当，红米，米质达部标优质3级，中抗稻瘟病（单点最高9级），高感白叶枯病，耐寒性中等。建议粤北以外稻作区早、晚造种植。栽培上特别注意防治稻瘟病和白叶枯病。

（3）合红占　全生育期125～129天，比对照种粤红宝长2天。株型中集，分蘖力中等，植株较高，抗倒力强，耐寒性中强。科高113.9～120.9厘米，亩有效穗14.8万～15.3万，穗长23.4～24.4厘米，每穗总粒数141～151粒，结实率82.8%～87.4%，千粒重24.2～24.9克。抗稻瘟病，全群抗性频率80.0%～82.4%，病圃鉴定叶瘟1.3～1.5级、穗瘟2.0～3.0级（单点最高5级）；感白叶枯病（Ⅸ型菌7级）。米质鉴定未达部标优质等级，糙米率78.9%～80.0%，整精米率50.1%～50.8%，垩白度0.2%～2.0%，透明度1.0～2.0级，碱消值7.0级，胶稠度39.0～55.0毫米，直链淀粉25.5%～28.1%，粒型（长宽比）3.1～3.2。2020年早造参加省区试，平均亩产为425.8公斤，比对照种粤红宝增产2.08%，增产未达显著水平。2021年早造参加省区试，平均亩产为413.3公斤，比对照种粤红宝减产1.61%，减产未达显著水平。2021年早造生产试验平均亩产468.49公斤，比粤红宝减产0.56%。日产量3.30～3.31公斤。

该品种经过两年区试和一年生产试验，表现产量与对照相当，红米，抗稻瘟病，感白叶枯病，耐寒性中强。建议粤北以外稻作区早、晚造种植。栽培上注意防治白叶枯病。推荐省品种审定。

（4）贡糯1号　全生育期122～125天，比对照种粤红宝短1～2天。株型中集，分蘖力中等，植株较高，抗倒力中强，耐寒性中强。科高121.6～127.0厘米，亩有效穗16.1万～16.9万，穗长21.3～23.7厘米，每穗总粒数138～142粒，结实率84.7%～90.0%，千粒重19.8～21.0克。抗稻瘟病，全群抗性频率76.5%～77.1%，病圃鉴定叶瘟1.0～1.8级、穗瘟2.0～2.5级（单点最高3级）；感白叶枯病（Ⅸ型菌7级）。米质鉴定达部标优质2级，糙米率79.0%～80.1%，整精米率61.0%～63.3%，碱消值6.6～6.7级，胶稠度96.0～100.0毫米，直链淀粉0.7%～2.9%，粒型（长宽比）3.2。2020年早造参加省区试，平均亩产为380.73公斤，比对照种粤红宝减产8.73%，减产未达显著水平。2021年早造参加省区试，平均亩产为402.53公斤，比对照种粤红宝减产4.17%，减产未达显著水平。2021年早造生产试验平均亩产423.11公斤，比粤红宝减产10.19%。日产量3.05～3.30公斤。

该品种经过两年区试和一年生产试验，表现产量与对照相当，糯米，米质达部标优质2级，抗稻瘟病，感白叶枯病，耐寒性中强。建议粤北以外稻作区早、晚造种植。栽培上注意防治白叶枯病。推荐省品种审定。

（二）初试品种

1. 中迟熟组

（1）黄丰广占　全生育期122天，与对照种玉香油占相当。株型中集，分蘖力中等，株高适中，抗倒力中等。科高103.1厘米，亩有效穗17.4万，穗长19.9厘米，每穗总粒数150粒，结实率82.3%，千粒重19.6克。米质鉴定达部标优质2级，糙米率79.5%，整精米率67.8%，垩白度0.4%，透明度2.0级，碱消值6.7级，胶稠度77毫米，直链淀粉14.4%，粒型（长宽比）3.0。抗稻瘟病，全群抗性频率80.0%，病圃鉴定叶瘟1.8级、穗瘟2.0级（单点最高3级）；感白叶枯病（Ⅸ型菌7级）。2021年早造参加省区试，平均亩产517.86公斤，比对照种玉香油占增产5.63%，增产达显著水平。日产量4.24公斤。该品种丰产性好，米质达部标优质2级，抗稻瘟病，2022年安排复试并进行生产试验。

（2）凤野丝苗　全生育期123天，比对照种玉香油占长1天。株型中集，分蘖力中等，株高适中，抗倒力中等。科高111.7厘米，亩有效穗17.8万，穗长22.9厘米，每穗总粒数158粒，结实率84.2%，千粒重22.6克。米质鉴定达部标优质2级，糙米率79.7%，整精米率61.8%，垩白度0.4%，透明度2.0级，碱消值6.5级，胶稠度68毫米，直链淀粉15.8%，粒型（长宽比）3.0。抗稻瘟病，全群抗性频率82.9%，病圃鉴定叶瘟1.5级、穗瘟2.0级（单点最高3级）；感白叶枯病（Ⅸ型菌7级）。2021年早造参加省区试，平均亩产504.98公斤，比对照种玉香油占增产3.00%，增产未达显著水平。日产量4.11公斤。该品种产量与对照相当，米质达部标优质2级，抗稻瘟病，2022年安排复试并进行生产试验。

（3）广晶龙占　全生育期125天，比对照种玉香油占长3天。株型中集，分蘖力中等，株高适中，抗倒力中等。科高106.2厘米，亩有效穗17.2万，穗长24.6厘米，每穗总粒数159粒，结实率86.0%，千粒重23.1克。米质鉴定达部标优质2级，糙米率79.3%，整精米率63.3%，垩白度0.7%，透明度1.0级，碱消值6.5级，胶稠度79毫米，直链淀粉15.9%，粒型（长宽比）3.0。抗稻瘟病，全群抗性频率77.1%，病圃鉴定叶瘟1.8级、穗瘟2.5级（单点最高5级）；感白叶枯病（Ⅸ型菌7级）。2021年早造参加省区试，平均亩产498.29公斤，比对照种玉香油占增产1.64%，增产未达显著水平。日产量3.99公斤。该品种产量与对照相当，米质达部标优质2级，抗稻瘟病，2022年安排复试并进行生产试验。

（4）航籼软占　全生育期124天，比对照种玉香油占长2天。株型中集，分蘖力中等，株高适中，抗倒力强。科高108.7厘米，亩有效穗18.8万，穗长21.9厘米，每穗总粒数151粒，结实率86.1%，千粒重21.9克。米质鉴定达部标优质3级，糙米率78.5%，整精米率58.0%，垩白度1.1%，透明度2.0级，碱消值6.5级，胶稠度78毫米，直链淀粉15.5%，粒型（长宽比）3.2。抗稻瘟病，全群抗性频率80.0%，病圃鉴定叶瘟1.3级、穗瘟1.5级（单点最高3级）；感白叶枯病（Ⅸ型菌7级）。2021年早造参加省区试，平均亩产494.57公斤，比对照种玉香油占增产0.88%，增产未达显著水平。日产量3.99公斤。该品种产量与对照相当，米质达部标优质3级，抗稻瘟病，2022年安排复试并进行生产试验。

（5）广良油占　全生育期125天，比对照种玉香油占长3天。株型中集，分蘖力中等，株高适中，抗倒力强。科高104.3厘米，亩有效穗19.3万，穗长24.6厘米，每穗总粒数139粒，结实率86.4%，千粒重22.6克。米质鉴定达部标优质2级，糙米率79.3%，整精米率58.8%，垩白度1.0%，透明度2.0级，碱消值6.6级，胶稠度72毫米，直链淀粉13.7%，粒型（长宽比）3.3。抗稻瘟病，全群抗性频率80.0%，病圃鉴定叶瘟1.3级、穗瘟2.0级（单点最高3级）；感白叶枯病（Ⅸ型菌7级）。2021年早造参加省区试，平均亩产480.87公斤，比对照种玉香油占减产1.92%，减产未达显著水平。日产量3.85公斤。该品种产量与对照相当，米质达部标优质2级，抗稻瘟病，2022年安排复试并进行生产试验。

（6）广禾丝苗1号　全生育期121天，比对照种玉香油占短1天。株型中集，分蘖力中等，株高适中，抗倒力强。科高106.0厘米，亩有效穗18.0万，穗长23.2厘米，每穗总粒数145粒，结实率88.8%，千粒重23.9克。米质鉴定达部标优质2级，糙米率80.0%，整精米率63.5%，垩白度1.2%，透明度2.0级，碱消值6.7级，胶稠度80毫米，直链淀粉16.7%，粒型（长宽比）3.1。抗稻瘟病，全群抗性频率82.9%，病圃鉴定叶瘟1.0级、穗瘟2.0级（单点最高3级）；感白叶枯病（Ⅸ型菌7级）。2021年早造参加省区试，平均亩产509.42公斤，比对照种玉香油占增产5.82%，增产达极显著水平。日产量4.21公斤。该品种丰产性好，米质达部标优质2级，抗稻瘟病，2022年安排复试并进行生产试验。

（7）禾莉丝苗6号　全生育期122天，与对照种玉香油占相当。株型中集，分蘖力中等，株高适中，抗倒力强。科高106.8厘米，亩有效穗17.9万，穗长23.5厘米，每穗总粒数156粒，结实率87.8%，千粒重21.2克。米质鉴定达部标优质2级，糙米率79.6%，整精米率64.5%，垩白度1.4%，透明度2.0级，碱消值6.7级，胶稠度77毫米，直链淀粉14.6%，粒型（长宽比）3.3。抗稻瘟病，全群抗性频率82.9%，病圃鉴定叶瘟1.3级、穗瘟2.5级（单点最高3级）；感白叶枯病（Ⅸ型菌7级）。2021年早造参加省区试，平均亩产490.53公斤，比对照种玉香油占增产1.89%，增产未达显著水平。日产量4.02公斤。该品种产量与对照相当，米质达部标优质2级，抗稻瘟病，2022年安排复试并进行生产试验。

（8）粤晶占　全生育期123天，比对照种玉香油占长1天。株型中集，分蘖力中等，株高适中，抗倒力中等。科高114.5厘米，亩有效穗18.8万，穗长22.6厘米，每穗总粒数139粒，结实率87.6%，千粒重23.3克。米质鉴定达部标优质3级，糙米率78.8%，整精米率57.6%，垩白度1.2%，透明度2.0级，碱消值6.7级，胶稠度74毫米，直链淀粉15.6%，粒型（长宽比）3.2。抗稻瘟病，全群抗性频率77.1%，病圃鉴定叶瘟1.3级、穗瘟2.5级（单点最高3级）；抗白叶枯病（Ⅸ型菌1级）。2021年早造参加省区试，平均亩产489.56公斤，比对照种玉香油占增产1.69%，增产未达显著水平。日产量3.98公斤。该品种产量与对照相当，米质达部标优质3级，抗稻瘟病，抗白叶枯病，2022年安排复试并进行生产试验。

（9）合秀占1号　全生育期125天，比对照种玉香油占长3天。株型中集，分蘖力中等，株高适中，抗倒力强。科高112.5厘米，亩有效穗16.0万，穗长23.8厘米，每穗总粒数185粒，结实率86.7%，千粒重20.6克。米质鉴定达部标优质2级，糙米率80.2%，整精米率62.0%，垩白度1.2%，透明度1.0级，碱消值6.4级，胶稠度74毫米，直链淀粉14.6%，粒型（长宽比）3.4。中抗稻瘟病，全群抗性频率85.7%，病圃鉴定叶瘟1.3级、穗瘟4.5级（单点最高7级）；感白叶枯病（Ⅸ型菌7级）。2021年早造参加省区试，平均亩产473.21公斤，比对照种玉香油占减产1.71%，减产未达显著水平。日产量3.79公斤。该品种产量与对照相当，米质达部标优质2级，中抗稻瘟病，2022年安排复试并进行生产试验。

（10）华航83号　全生育期124天，比对照种玉香油占长2天。株型中集，分蘖力中等，株高适中，抗倒力强。科高102.7厘米，亩有效穗18.4万，穗长22.6厘米，每穗总粒数145粒，结实率84.6%，千粒重21.9克。米质鉴定达部标优质2级，糙米率79.3%，整精米率64.0%，垩白度1.3%，透明度2.0级，碱消值6.8级，胶稠度68毫米，直链淀粉17.8%，粒型（长宽比）3.2。抗稻瘟病，全群抗性频率77.1%，病圃鉴定叶瘟1.3级、穗瘟2.0级（单点最高3级）；感白叶枯病（Ⅸ型菌7级）。2021年早造参加省区试，平均亩产459.26公斤，比对照种玉香油占减产4.6%，减产达显著水平。日产量3.70公斤。该品种丰产性差，建议终止试验。

（11）南禾晶占　全生育期122天，与对照种玉香油占相当。株型中集，分蘖力中等，株高适中，抗倒力强。科高112.4厘米，亩有效穗18.9万，穗长23.5厘米，每穗总粒数151粒，结实率86.7%，千粒重22.1克。米质鉴定未达部标优质等级，糙米率80.8%，整精米率57.0%，垩白度0.8%，透明度2.0级，碱消值7.0级，胶稠度49毫米，直链淀粉28.1%，粒型（长宽比）3.2。中抗稻瘟病，全群抗性频率77.1%，病圃鉴定叶瘟1.8级、穗瘟3.0级（单点最高3级）；中感白叶枯病（Ⅸ型菌5级）。2021年早造参加省区试，平均亩产510.3公斤，比对照种玉香油占增产4.09%，增产未达显著水平。日产量4.18公斤。该品种产量与对照相当，米质未达部标优质等级，中抗稻瘟病，中感白叶枯病，建议终止试验。

（12）禾丰占3号　全生育期124天，比对照种玉香油占长2天。株型中集，分蘖力中等，株高适中，抗倒力强。科高107.6厘米，亩有效穗19.2万，穗长22.6厘米，每穗总粒数154粒，结实率83.0%，千粒重22.0克。米质鉴定达部标优质3级，糙米率78.8%，整精米率60.0%，垩白度1.1%，透明度1.0级，碱消值6.7级，胶稠度74毫米，直链淀粉13.9%，粒型（长宽比）3.1。中感稻瘟病，全群抗性频率68.6%，病圃鉴定叶瘟1.8级、穗瘟3.0级（单点最高3级）；中感白叶枯病（Ⅸ型菌5级）。2021年早造参加省区试，平均亩产481.93公斤，比对照种玉香油占减产1.7%，减产未达显著水平。日产量3.89公斤。该品种产量与对照相当，米质达部标优质3级，中感稻瘟病，中感白叶枯病，建议终止试验。

（13）粤晶占2号　全生育期123天，比对照种玉香油占长1天。株型中集，分蘖力中等，株高适中，抗倒力强。科高108.5厘米，亩有效穗18.4万，穗长22.4厘米，每穗总粒数153粒，结实率86.0%，千粒重21.9克。米质鉴定达部标优质3级，糙米率78.7%，整精米率58.1%，垩白度1.4%，透明度2.0级，碱消值6.6级，胶稠度76毫米，直链淀粉17.4%，粒型（长宽比）3.1。中抗稻瘟病，全群抗性频率77.1%，病圃鉴定叶瘟1.3级、穗瘟3.0级（单点最高5级）；抗白叶枯病（Ⅸ型菌1级）。2021年早造参加省区试，平均亩产490.92公斤，比对照种玉香油占增产1.97%，增产未达显著水平。日产量3.99公斤。该品种产量与对照相当，米质达部标优质3级，中抗稻瘟病，抗白叶枯病，建议终止试验。

（14）春油占10　全生育期123天，比对照种玉香油占长1天。株型中集，分蘖力中等，株高适中，抗倒力中等。科高109.3厘米，亩有效穗17.7万，穗长25.4厘米，每穗总粒数157粒，结实率80.9%，千粒重19.8克。米质鉴定未达部标优质等级，糙米率78.2%，整精米率46.2%，垩白度0.5%，透明度1.0级，碱消值6.6级，胶稠度58毫米，直链淀粉15.9%，粒型（长宽比）4.2。中抗稻瘟病，全群抗性频率80.0%，病圃鉴定叶瘟2.0级、穗瘟5.0级（单点最高7级）；高感白叶枯病（Ⅸ型菌9级）。2021年早造参加省区试，平均亩产429.67公斤，比对照种玉香油占减产10.75%，减产达极显著水平。日产量3.49公斤。该品种丰产性差，米质未达部标优质等级，中抗稻瘟病，高感白叶枯病，建议终止试验。

（15）星七丝苗　全生育期124天，比对照种玉香油占长2天。株型中集，分蘖力中等，株高适中，抗倒力强。科高110.3厘米，亩有效穗16.9万，穗长24.8厘米，每穗总粒数158粒，结实率83.1%，千粒重20.4克。米质鉴定未达部标优质等级，糙米率78.2%，整精米率41.1%，垩白度1.3%，透明度2.0级，碱消值6.8级，胶稠度33毫米，直链淀粉19.7%，粒型（长宽比）4.0。高感稻瘟病，全群抗性频率65.7%，病圃鉴定叶瘟2.3级、穗瘟7.5级（单点最高9级）；感白叶枯病（Ⅸ型菌7级）。2021年早造参加省区试，平均亩产427.97公斤，比对照种玉香油占减产11.1%，减产达极显著水平。日产量3.45公斤。该品种丰产性差，米质未达部标优质等级，高感稻瘟病，单点最高9级，感白叶枯病，建议终止试验。

2. 迟熟组

（1）新粤华占　全生育期125天，与对照种合丰丝苗相当。株型中集，分蘖力中等，植株较高，抗倒力中等。科高119.0厘米，亩有效穗16.5万，穗长23.1厘米，每穗总粒数163粒，结实率85.4%，千粒重24.3克。米质鉴定达部标优质2级，糙米率79.7%，整精米率62.6%，垩白度0.1%，透明度2.0级，碱消值6.6级，胶稠度78毫米，直链淀粉14.7%，粒型（长宽比）3.2。抗稻瘟病，全群抗性频率80.0%，病圃鉴定叶瘟1.8级、穗瘟2.0级（单点最高3级）；抗白叶枯病（Ⅸ型菌1级）。2021年早造参加省区试，平均亩产520.39公斤，比对照种合丰丝苗增产10.61%，增产达极显著水平。日产量4.16公斤。该品种丰产性好，米质达部标优质2级，抗稻瘟病，抗白叶枯病，2022年安排复试并进行生产试验。

（2）广惠丝苗　全生育期126天，比对照种合丰丝苗长1天。株型中集，分蘖力中等，株高适中，抗倒力中强。科高116.0厘米，亩有效穗18.2万，穗长22.8厘米，每穗总粒数143粒，结实率85.3%，千粒重24.4克。米质鉴定达部标优质3级，糙米率78.9%，整精米率60.5%，垩白度0.2%，透明度1.0级，碱消值6.8级，胶稠度78毫米，直链淀粉17.0%，粒型（长宽比）3.3。抗稻瘟病，全群抗性频率80.0%，病圃鉴定叶瘟1.0级、穗瘟2.0级（单点最高3级）；感白叶枯病（Ⅸ型菌7级）。2021年早造参加省区试，平均亩产504.64公斤，比对照种合丰丝苗增产7.26%，增产达显著水平。日产量4.01公斤。该品种丰产性好，米质达部标优质3级，抗稻瘟病，2022年安排复试并进行生产试验。

（3）华航82号　全生育期124天，比对照种合丰丝苗短1天。株型中集，分蘖力中等，植株较高，抗倒力中等。科高119.2厘米，亩有效穗17.6万，穗长24.3厘米，每穗总粒数161粒，结实率89.4%，千粒重19.6克。米质鉴定达部标优质2级，糙米率80.9%，整精米率66.9%，垩白度0.6%，透明度2.0级，碱消值6.7级，胶稠度80毫米，直链淀粉15.3%，粒型（长宽比）3.2。抗稻瘟病，全群抗性频率88.6%，病圃鉴定叶瘟1.8级、穗瘟2.0级（单点最高3级）；高感白叶枯病（Ⅸ型菌9级）。2021年早造参加省区试，平均亩产482.94公斤，比对照种合丰丝苗增产2.65%，增产未达显著水平。日产量3.89公斤。该品种产量与对照相当，米质达部标优质2级，抗稻瘟病，2022年安排复试并进行生产试验。

（4）中番4号　全生育期126天，比对照种合丰丝苗长1天。株型中集，分蘖力中等，植株较高，抗倒力中等。科高120.5厘米，亩有效穗16.8万，穗长23.1厘米，每穗总粒数165粒，结实率83.7%，千粒重21.0克。米质鉴定达部标优质3级，糙米率78.6%，整精米率57.8%，垩白度0.7%，透明度1.0级，碱消值6.7级，胶稠度77毫米，直链淀粉16.5%，粒型（长宽比）3.4。抗稻瘟病，全群抗性频率71.4%，病圃鉴定叶瘟1.5级、穗瘟2.5级（单点最高3级）；中感白叶枯病（Ⅸ型菌5级）。2021年早造参加省区试，平均亩产467.81公斤，比对照种合丰丝苗增产3.05%，增产未达显著水平。日产量3.71公斤。该品种产量与对照相当，米质达部标优质3级，抗稻瘟病，2022年安排复试并进行生产试验。

（5）源苗占　全生育期126天，比对照种合丰丝苗长1天。株型中集，分蘖力中等，株高适中，抗倒力强。科高116.2厘米，亩有效穗17.4万，穗长23.2厘米，每穗总粒数164粒，结实率85.5%，千粒重20.5克。米质鉴定达部标优质2级，糙米率79.7%，整精米率61.5%，垩白度0.4%，透明度1.0级，碱消值6.7级，胶稠度73毫米，直链淀粉16.3%，粒型（长宽比）3.5。抗稻瘟病，全群抗性频率85.7%，病圃鉴定叶瘟1.5级、穗瘟2.5级（单点最高3级）；感白叶枯病（Ⅸ型菌7级）。2021年早造参加省区试，平均亩产459.61公斤，比对照种合丰丝苗增产1.25%，增产未达显著水平。日产量3.65公斤。该品种产量与对照相当，米质达部标优质2级，抗稻瘟病，2022年安排复试并进行生产试验。

（6）台丰丝苗　全生育期126天，比对照种合丰丝苗长1天。株型中集，分蘖力中等，株高适中，抗倒力中等。科高117.2厘米，亩有效穗17.5万，穗长25.9厘米，每穗总粒数153粒，结实率84.5%，千粒重21.0克。米质鉴定达部标优质3级，糙米率78.1%，整精米率59.8%，垩白度1.0%，透明度1.0级，碱消值6.5级，胶稠度79毫米，直链淀粉14.8%，粒型（长宽比）3.4。抗稻瘟病，全群抗性频率77.1%，病圃鉴定叶瘟2.0级、穗瘟2.5级（单点最高3级）；中感白叶枯病（Ⅸ型菌5级）。2021年早造参加省区试，平均亩产431.93公斤，比对照种合丰丝苗减产4.85%，减产未达显著水平。日产量3.43公斤。该品种产量与对照相当，米质达部标优质3级，抗稻瘟病，2022

年安排复试并进行生产试验。

（7）中泰丝苗　全生育期126天，比对照种合丰丝苗长1天。株型中集，分蘖力中等，株高适中，抗倒力中弱。科高117.0厘米，亩有效穗17.2万，穗长24.5厘米，每穗总粒数167粒，结实率83.0%，千粒重20.7克。米质鉴定未达部标优质等级，糙米率78.8%，整精米率45.0%，垩白度2.2%，透明度2.0级，碱消值6.5级，胶稠度72毫米，直链淀粉15.9%，粒型（长宽比）4.1。中感稻瘟病，全群抗性频率68.6%，病圃鉴定叶瘟1.0级、穗瘟3.0级（单点最高3级）；感白叶枯病（Ⅸ型菌7级）。2021年早造参加省区试，平均亩产457.61公斤，比对照种合丰丝苗增产0.80%，增产未达显著水平。日产量3.63公斤。该品种产量与对照相当，主要米质指标优，2022年安排复试并进行生产试验。

（8）华标8号　全生育期128天，比对照种合丰丝苗长3天。株型中集，分蘖力中等，株高适中，抗倒力弱。科高115.8厘米，亩有效穗19.2万，穗长23.7厘米，每穗总粒数125粒，结实率84.3%，千粒重23.3克。米质鉴定达部标优质3级，糙米率78.5%，整精米率54.7%，垩白度0.6%，透明度1.0级，碱消值6.7级，胶稠度82毫米，直链淀粉15.6%，粒型（长宽比）3.6。高感稻瘟病，全群抗性频率45.7%，病圃鉴定叶瘟2.3级、穗瘟7.0级（单点最高7级）；感白叶枯病（Ⅸ型菌7级）。2021年早造参加省区试，平均亩产422.78公斤，比对照种合丰丝苗减产10.14%，减产达极显著水平。日产量3.30公斤。该品种丰产性差，米质达部标优质3级，高感稻瘟病，感白叶枯病，建议终止试验。

（9）广良软粘　全生育期127天，比对照种合丰丝苗长2天。株型中集，分蘖力中等，株高适中，抗倒力中等。科高111.6厘米，亩有效穗18.4万，穗长25.5厘米，每穗总粒数154粒，结实率79.0%，千粒重19.9克。米质鉴定未达部标优质等级，糙米率78.1%，整精米率45.4%，垩白度0.2%，透明度1.0级，碱消值6.7级，胶稠度69毫米，直链淀粉16.6%，粒型（长宽比）4.2。高感稻瘟病，全群抗性频率74.3%，病圃鉴定叶瘟1.8级、穗瘟7.0级（单点最高7级）；抗白叶枯病（Ⅸ型菌1级）。2021年早造参加省区试，平均亩产420.11公斤，比对照种合丰丝苗减产10.7%，减产达极显著水平。日产量3.31公斤。该品种丰产性差，米质未达部标优质等级，高感稻瘟病，建议终止试验。

（10）绿晶占　全生育期125天，与对照种合丰丝苗相当。株型中集，分蘖力中等，株高适中，抗倒力强。科高107.8厘米，亩有效穗18.0万，穗长21.8厘米，每穗总粒数156粒，结实率83.9%，千粒重21.8克。米质鉴定达部标优质3级，糙米率78.2%，整精米率60.5%，垩白度1.4%，透明度1.0级，碱消值6.5级，胶稠度76毫米，直链淀粉16.1%，粒型（长宽比）3.1。中抗稻瘟病，全群抗性频率71.4%，病圃鉴定叶瘟2.3级、穗瘟3.5级（单点最高5级）；抗白叶枯病（Ⅸ型菌1级）。2021年早造参加省区试，平均亩产466.6公斤，比对照种合丰丝苗增产2.78%，增产未达显著水平。日产量3.73公斤。该品种产量与对照相当，米质达部标优质3级，中抗稻瘟病，建议终止试验。

3. 特用稻

（1）三红占2号　全生育期122天，比对照种粤红宝短1天。株型中集，分蘖力中等，株高适中，抗倒力强。科高112.6厘米，亩有效穗17.6万，穗长22.7厘米，每穗总粒数145粒，结实率84.7%，千粒重22.4克。米质鉴定达部标优质2级，糙米率81.0%，整精米率60.0%，垩白度0.5%，透明度2.0级，碱消值6.7级，胶稠度73毫米，直链淀粉16.2%，粒型（长宽比）3.2。抗稻瘟病，全群抗性频率74.3%，病圃鉴定叶瘟1.3级、穗瘟2.0级（单点最高3级）；中感白叶枯病（Ⅸ型菌5级）。2021年早造参加省区试，平均亩产485.5公斤，比对照种粤红宝增产15.58%，增产达极显著水平。日产量3.98公斤。该品种丰产性好，红米，米质达部标优质2级，抗稻瘟病，2022年安排复试并进行生产试验。

（2）南红9号　全生育期123天，与对照种粤红宝相当。株型中集，分蘖力中等，株高适中，抗倒力强。科高115.4厘米，亩有效穗16.6万，穗长23.4厘米，每穗总粒数145粒，结实率85.2%，千粒重21.8克。米质鉴定达部标优质3级，糙米率78.9%，整精米率52.2%，垩白度0.8%，透明度2.0级，碱消值6.3级，胶稠度72毫米，直链淀粉15.7%，粒型（长宽比）3.2。抗稻瘟病，全群抗性频率77.1%，病圃鉴定叶瘟1.3级、穗瘟2.5级（单点最高3级）；中感白叶枯病（Ⅸ型菌5级）。2021年早造参加省区试，平均亩产460.93公斤，比对照种粤红宝增产9.73%，增产达显著水平。日产量3.75公斤。该品种丰产性好，红米，米质达部标优质3级，抗稻瘟病，2022年安排复试并进行生产试验。

（3）福糯1号　全生育期124天，比对照种粤红宝长1天。株型中集，分蘖力中等，植株较高，抗倒力强。科高121.5厘米，亩有效穗16.7万，穗长24.3厘米，每穗总粒数131粒，结实率86.6%，千粒重21.5克。米质鉴定达部标优质3级，糙米率77.7%，整精米率55.9%，碱消值6.3级，胶稠度100毫米，直链淀粉0.7%，粒型（长宽比）3.5。抗稻瘟病，全群抗性频率80.0%，病圃鉴定叶瘟1.5级、穗瘟2.0级（单点最高3级）；中感白叶枯病（Ⅸ型菌5级）。2021年早造参加省区试，平均亩产396.93公斤，比对照种粤红宝减产5.51%，减产未达显著水平。日产量3.20公斤。该品种产量与对照相当，糯米，米质达部标优质3级，抗稻瘟病，2022年安排复试并进行生产试验。

（4）航软黑占　全生育期123天，与对照种粤红宝相当。株型中集，分蘖力中等，株高适中，抗倒力强。科高115.4厘米，亩有效穗16.3万，穗长21.6厘米，每穗总粒数160粒，结实率82.2%，千粒重19.7克。米质鉴定达部标优质3级，糙米率78.9%，整精米率57.6%，垩白度0.7%，透明度2.0级，碱消值6.7级，胶稠度75毫米，直链淀粉15.4%，粒型（长宽比）3.1。高感稻瘟病，全群抗性频率65.7%，病圃鉴定叶瘟4.3级、穗瘟7.0级（单点最高7级）；中感白叶枯病（Ⅸ型菌5级）。2021年早造参加省区试，平均亩产418.77公斤，比对照种粤红宝减产0.31%，减产未达显著水平。日产量3.40公斤。该品种产量与对照相当，黑米，米质达部标优质3级，高感稻瘟病，中感白叶枯病，建议终止试验。

（5）丰黑1号　全生育期123天，与对照种粤红宝相当。株型中集，分蘖力中等，株高适中，抗倒力中等。科高111.6厘米，亩有效穗17.5万，穗长21.6厘米，每穗总粒数127粒，结实率85.8%，千粒重20.8克。米质鉴定未达部标优质等级，糙米率78.6%，整精米率49.2%，碱消值4.2级，胶稠度98毫米，直链淀粉1.2%，粒型（长宽比）2.9。中抗稻瘟病，全群抗性频率82.9%，病圃鉴定叶瘟1.3级、穗瘟5.5级（单点最高7级）；高感白叶枯病（Ⅸ型菌9级）。2021年早造参加省区试，平均亩产383.6公斤，比对照种粤红宝减产8.68%，减产达显著水平。日产量3.12公斤。该品种丰产性差，黑糯米，中抗稻瘟病，高感白叶枯病，建议终止试验。

早造常规水稻各试点小区平均产量及生产试验产量见表1-33至表1-38。

表1-33　常规中迟熟A组品种各试点小区平均产量（公斤）

品种名称	潮州	高州	广州	惠来	惠州	江门	龙川	罗定	梅州	南雄	清远	韶关	阳江	湛江	肇庆	平均
黄丰广占	12.3267	10.1867	8.2767	12.5400	10.3700	11.3533	11.3767	10.7800	11.3000	10.6667	9.8667	7.9333	9.6933	8.7367	9.9500	10.3571
南禾晶占	11.9600	9.7767	8.0967	12.2000	9.7733	11.1467	11.6033	10.7367	10.9333	10.4333	9.9000	10.2000	7.9067	8.9967	9.4267	10.2060
禾丰占3号	10.3267	10.5667	8.1100	11.1667	9.5433	10.4400	11.0333	10.1500	10.5500	9.6333	8.6500	8.2533	8.3567	8.4333	9.3667	9.6387
广良油占	11.0533	10.1600	7.3833	11.2867	10.1333	10.0267	11.4300	10.5800	9.8333	9.6000	9.2333	8.0500	7.7400	8.3233	9.4267	9.6173
航籼软占	10.7267	9.8700	7.6100	11.6400	10.7100	10.4533	11.7333	11.3933	9.8000	9.5667	9.5833	10.0500	7.4700	8.0633	9.7000	9.8913
黄广绿占（复试）	10.8000	9.7667	9.0733	12.5067	10.5333	10.8367	12.5333	11.5433	11.1333	11.3333	9.2833	8.8000	9.1900	9.8800	9.4167	10.4420
粤珠占（复试）	10.6633	10.9233	7.9800	12.9067	10.5967	10.9933	11.6833	12.5067	10.8500	10.1667	9.9167	10.3833	7.8233	9.1200	9.2500	10.3842
清农占（复试）	11.2367	10.5667	7.7667	13.1000	10.4267	10.9900	10.6100	10.7400	11.4500	10.7000	8.6833	8.1667	8.1400	8.8033	9.6333	10.0676
黄粤莉占（复试）	11.2533	9.0800	9.0233	12.2667	10.7400	11.1067	11.4633	11.4933	11.0333	10.3667	9.0833	10.4833	8.5300	9.3067	10.0667	10.3531
凤野丝苗	10.6933	9.6567	7.7133	12.2133	10.5733	10.7633	10.2833	10.6133	10.8667	10.0000	10.2833	10.3167	9.0900	8.5600	9.8667	10.0995
广晶龙占	11.1800	10.2467	6.9967	12.6267	10.3467	10.9800	11.7200	11.6700	10.9000	9.5000	9.6167	8.9167	7.4300	7.7667	9.5900	9.9658
玉香油占（CK）	10.4100	9.1533	8.0100	11.5533	10.1667	9.6700	10.2167	11.6733	10.7167	9.6000	9.7333	10.1600	8.1100	8.4533	9.4533	9.8053

表1-34　常规中迟熟B组品种各试点小区平均产量（公斤）

品种名称	潮州	高州	广州	惠来	惠州	江门	龙川	罗定	梅州	南雄	清远	韶关	阳江	湛江	肇庆	平均
粤晶占	10.3367	8.8233	9.2033	12.6400	9.6167	10.0167	9.5800	10.3167	11.1667	10.0000	8.5167	10.6167	7.2167	9.5000	9.3167	9.7911
广禾丝苗1号	11.3767	10.5233	9.2367	12.6133	10.2033	10.5533	9.5967	10.6467	10.7833	10.9000	9.7167	10.6500	6.9533	8.7400	10.3333	10.1884
华航83号	11.1167	10.9867	7.7800	11.7667	8.4700	9.6900	8.3000	8.6700	10.5500	9.5667	9.9833	7.8833	6.0167	7.6500	9.3467	9.1851
凤立丝苗2号（复试）	11.4833	9.9367	9.3567	12.1200	9.6267	10.1933	9.6867	9.2967	11.1000	10.3667	10.1333	9.6333	8.0533	8.7167	10.0000	9.9802
合莉早占（复试）	10.8433	10.7233	8.0733	11.3533	9.5800	10.3767	10.0167	9.9400	10.5000	10.3333	8.7667	8.8833	7.5800	8.7833	9.5167	9.6847
莉农占（复试）	10.7467	10.2067	7.9167	11.9200	9.5000	9.4867	10.2500	10.1267	11.0000	9.7333	8.5500	9.4000	6.3200	7.8967	9.6500	9.5136
合秀占1号	11.2300	10.3733	8.8600	11.5867	10.4333	9.3700	8.5167	10.5600	9.5667	9.3333	8.8000	7.6833	7.7567	8.2267	9.6667	9.4642

（续）

品种名称	潮州	高州	广州	惠来	惠州	江门	龙川	罗定	梅州	南雄	清远	韶关	阳江	湛江	肇庆	平均
粤晶占2号	11.3467	9.7933	9.1100	11.6067	9.5867	11.0167	9.9333	10.2300	11.0500	9.6667	9.3667	9.4667	6.9367	7.8267	10.3400	9.8185
禾莉丝苗6号	11.1900	10.7267	9.1033	12.0267	9.2333	11.0467	9.9200	9.4367	10.7333	9.9333	9.6333	7.8167	7.5033	8.3733	10.4833	9.8107
春油占10	9.2767	9.1133	8.6133	10.7200	8.2700	8.8200	9.0133	8.5500	9.2167	8.4667	7.8667	7.6667	6.0767	7.3633	9.8667	8.5933
星七丝苗	10.2567	9.3867	8.5633	10.5933	8.5800	9.1167	7.8800	8.2333	9.8167	8.4000	8.2500	7.6367	5.6133	7.4633	8.6000	8.5593
玉香油占（CK）	10.8300	9.7500	8.1367	11.9867	10.2667	9.3833	9.4667	9.7633	10.8000	9.4000	9.3333	9.9000	7.3533	8.6067	9.4500	9.6284

表1-35　常规迟熟A组品种各试点小区平均产量（公斤）

品种名称	潮州	高州	广州	惠来	惠州	江门	龙川	罗定	清远	阳江	湛江	肇庆	平均
黄广泰占（复试）	9.9867	9.3500	8.7700	12.3067	9.4367	11.2600	11.2633	10.8733	9.3167	8.5967	9.5567	8.6700	9.9489
广源占151号（复试）	9.6500	10.5100	9.5300	13.4867	9.7000	10.9733	11.6300	11.0800	9.3333	8.4033	9.9400	9.4333	10.3058
白粤丝苗（复试）	8.2267	10.5233	8.2867	11.7533	9.7333	10.5867	11.2333	10.2667	8.4000	7.7667	9.5500	9.5667	9.6578
广良软粘	7.4300	9.6567	6.9700	11.5867	9.2533	9.3067	6.9500	9.5133	8.4333	4.9867	8.4133	8.3267	8.4022
新粤华占	9.5100	10.5500	8.7600	13.4367	10.6767	11.1467	11.3200	11.4933	10.3167	7.7467	10.3700	9.5667	10.4078
广惠丝苗	7.7367	10.6800	9.4433	13.3733	10.4833	10.8933	11.7833	11.5133	8.7333	8.2233	9.8667	8.3833	10.0928
华标8号	6.9367	9.1967	8.3700	10.7667	8.3900	9.4367	10.6833	9.3800	7.8500	4.3167	8.0400	8.1000	8.4556
华航82号	8.8033	9.9733	8.8867	11.7967	10.4200	11.2633	9.9833	10.5900	8.7667	7.6033	9.1367	8.6833	9.6589
中政华占699（复试）	9.2500	10.2467	7.5800	11.8067	8.4367	9.7733	10.5767	9.7067	8.4833	7.6600	9.4633	8.3700	9.2795
野源占2号（复试）	8.1333	9.8033	8.7400	11.6667	8.4367	10.2900	9.3667	10.7467	7.1500	8.4367	8.9167	8.3667	9.1711
南秀美占（复试）	9.4433	10.2233	7.5700	14.5867	9.4800	10.4233	9.9533	10.7267	9.9333	8.0567	9.2233	8.6833	9.8586
合丰丝苗（CK）	8.0867	9.9300	8.4633	12.3533	9.3167	9.6200	10.7833	11.2633	8.7167	6.8400	9.0767	8.4633	9.4094

表 1-36　常规迟熟 B 组品种各试点小区平均产量（公斤）

品种名称	潮州	高州	广州	惠来	惠州	江门	龙川	罗定	清远	阳江	湛江	肇庆	平均
台丰丝苗	7.783 3	10.210 0	7.676 7	11.406 7	8.570 0	9.526 7	8.936 7	9.586 7	7.883 3	6.700 0	7.050 0	8.333 3	8.638 6
中泰丝苗	7.473 3	10.683 3	8.290 0	11.806 7	8.323 3	10.406 7	9.993 3	9.743 3	8.133 3	6.776 7	9.713 3	8.483 3	9.152 2
绿晶占	8.156 7	10.873 3	8.776 7	12.113 3	9.763 3	11.100 0	9.340 0	9.503 3	9.066 7	5.000 0	9.170 0	9.120 0	9.331 9
南惠 1 号（复试）	8.656 7	10.350 0	7.916 7	13.606 7	8.603 3	10.786 7	10.483 3	9.853 3	10.266 7	6.846 7	8.063 3	10.466 7	9.658 3
南桂新占（复试）	8.210 0	9.246 7	7.506 7	12.490 0	8.373 3	10.570 0	9.513 3	8.613 3	9.116 7	6.246 7	7.573 3	8.750 0	8.850 8
黄广粳占（复试）	9.656 7	10.133 3	8.536 7	12.600 0	10.596 7	11.140 0	11.033 3	11.233 3	9.633 3	9.083 3	8.736 7	9.766 7	10.179 2
奇新丝苗（复试）	9.000 0	10.570 0	8.320 0	11.940 0	9.496 7	10.323 3	9.950 0	10.293 3	8.900 0	8.370 0	9.316 7	9.250 0	9.644 2
丰晶占 7 号（复试）	9.360 0	10.980 0	8.380 0	11.703 3	10.546 7	11.133 3	10.220 0	10.273 3	9.900 0	8.336 7	9.263 3	9.416 7	9.959 4
中深 2 号（复试）	9.030 0	10.656 7	7.980 0	13.360 0	9.613 3	11.130 0	10.013 3	9.350 0	10.183 3	7.416 7	8.900 0	10.310 0	9.828 6
中番 4 号	8.290 0	9.880 0	8.706 7	12.353 3	9.353 3	10.253 3	9.166 7	10.046 7	8.966 7	7.723 3	7.950 0	9.583 3	9.356 1
源苗占	8.183 3	10.903 3	8.146 7	11.750 0	9.383 3	9.766 7	9.783 3	9.260 0	9.016 7	6.896 7	8.750 0	8.466 7	9.192 2
合丰丝苗（CK）	7.796 7	9.956 7	8.273 3	11.600 0	9.406 7	9.713 3	10.120 0	9.676 7	8.700 0	6.170 0	8.980 0	8.556 7	9.079 2

表 1-37　特用稻组品种各试点小区平均产量（公斤）

品种名称	潮州	江门	阳江	湛江	肇庆	平均
三红占 2 号	10.486 7	10.843 3	7.853 3	9.933 3	9.433 3	9.710 0
福糯 1 号	8.260 0	9.033 3	6.050 0	7.513 3	8.836 7	7.938 7
南红 9 号	9.800 0	10.416 7	7.653 3	9.073 3	9.150 0	9.218 7
航软黑占	8.846 7	9.040 0	6.140 0	8.800 0	9.050 0	8.375 3
粤糯 2 号（复试）	9.350 0	9.720 0	7.686 7	8.576 7	9.896 7	9.046 0
玉晶两优红晶占（复试）	8.623 3	10.123 3	7.633 3	8.226 7	8.116 7	8.544 7
合红占（复试）	9.063 3	9.433 3	6.480 0	8.503 3	7.850 0	8.266 0
贡糯 1 号（复试）	7.850 0	9.870 0	6.103 3	7.146 7	9.283 3	8.050 7
丰黑 1 号	7.213 3	9.433 3	6.320 0	6.843 3	8.550 0	7.672 0
粤红宝（CK）	8.913 3	9.043 3	6.943 3	8.840 0	8.266 7	8.401 3

表1-38　生产试验产量

组别	品种名称	平均亩产（公斤）	比CK±（%）
中迟熟组	黄广绿占	560.61	11.45
	粤珠占	554.55	10.24
	黄粤莉占	551.52	9.64
	合莉早占	545.46	8.43
	莉农占	542.43	7.83
	清农占	530.31	5.42
	凤立丝苗2号	518.18	3.01
	玉香油占（CK）	503.03	—
迟熟组	野源占2号	560.61	12.81
	南桂新占	560.61	12.81
	广源占151号	557.58	12.20
	奇新丝苗	554.55	11.59
	南惠1号	548.49	10.37
	黄广粳占	536.37	7.93
	白粤丝苗	512.12	3.05
	中深2号	506.06	1.83
	丰晶占7号	506.06	1.83
	黄广泰占	503.03	1.22
	合丰丝苗（CK）	496.97	—
	南秀美占	487.88	−1.83
	中政华占699	481.82	−3.05
特用稻	玉晶两优红晶占	512.92	8.87
	粤糯2号	477.435	1.34
	粤红宝（CK）	471.14	—
	合红占	468.49	−0.56
	贡糯1号	423.11	−10.19

第二章　广东省2021年晚造常规水稻品种区域试验总结

一、试验概况

（一）参试品种

2021年晚造安排参试的新品种54个，加上复试品种32个，参试品种共86个（不含CK）。试验分中熟组、迟熟组、特用稻组、香稻组共4个组，中熟组有11个，以华航31号作对照；迟熟组有22个，以粤晶丝苗2号作对照；特用稻组有9个，以粤红宝作对照；香稻组有44个品种，以美香占2号作对照（表2-1）。

生产试验有36个，其中中熟组有6个、迟熟组有7个、特用稻组有5个、香稻组有18个。

（二）承试单位

（1）中熟组　承试单位15个，分别是梅州市农林科学院、肇庆市农业科学研究所、南雄市农业科学研究所、江门市新会区农业农村综合服务中心、韶关市农业科技推广中心、高州市良种繁育场、清远市农业科技推广服务中心、罗定市农业技术推广试验场、广州市农业科学研究院、湛江市农业科学研究院、潮州市农业科技发展中心、龙川县农业科学研究所、阳江市农业科学研究所、惠来县农业科学研究所、惠州市农业科学研究所。

（2）迟熟组　承试单位12个，分别是肇庆市农业科学研究所、江门市新会区农业农村综合服务中心、高州市良种繁育场、清远市农业科技推广服务中心、罗定市农业技术推广试验场、广州市农业科学研究院、湛江市农业科学研究院、潮州市农业科技发展中心、龙川县农业科学研究所、阳江市农业科学研究所、惠来县农业科学研究所、惠州市农业科学研究所。

（3）特用稻组　承试单位5个，分别是湛江市农业科学研究院、肇庆市农业科学研究所、潮州市农业科技发展中心、阳江市农业科学研究所、江门市新会区农业农村综合服务中心。

（4）香稻组　承试单位8个，分别是梅州市农林科学院、高州市良种繁育场、广州市农业科学研究院、佛山市农业科学研究所、肇庆市农业科学研究所、连山壮族瑶族自治县农业科学研究所（以下简称连山县农业科学研究所）、乐昌市现代农业产业发展中心、江门市新会区农业农村综合服务中心。

表 2-1 参试品种

序号	常规感温中熟组	常规感温迟熟A组	常规感温迟熟B组	特用稻组	香稻A组	香稻B组	香稻C组	香稻D组
1	凤广丝苗（复试）	创籼占2号（复试）	中深3号（复试）	晶两优红占（复试）	五香丝苗（复试）	软华优7311（复试）	华航香银针（复试）	粤香丝苗（复试）
2	碧玉丝苗2号（复试）	广台7号（复试）	黄广五占（复试）	东红6号（复试）	匠心香丝苗（复试）	江农香占1号（复试）	粤香软占（复试）	南泰香丝苗（复试）
3	华航81号（复试）	黄丝粤占（复试）	黄华油占（复试）	兴两优红晶占（复试）	广桂香占（复试）	邦优南香占（复试）	泰优19香（复试）	靓优香（复试）
4	合新油占（复试）	黄广禾占	广良丝苗3号	合红占2号（复试）	深香优6615（复试）	昇香两优南晶香占	江航香占	又美优99
5	禾龙占（复试）	粤野银占	南惠2号	广黑糯1号	增科丝苗2号	广10优1512	台香022	深香优9374
6	源新占	华标6号	南新银占	南黑1号	京两优香丝苗	耕香优晶晶	美两优313	美巴丝苗
7	新广占	华航85号	广美占	航软黑占2号	万丰香占3号	月香优98香	万丰香占5号	豪香优100
8	华航新占	春油占16	春油占20	华航红珍占	凤来香	泰优香丝苗	碧玉丝苗8号	昇香两优春香丝苗
9	广桂丝苗10号	金华占2号	新籼软占	春两优紫占	美香占3号	广新香丝苗	韶香丝苗	芃香丝苗
10	禾籼占9号	广味丝苗1号	野优巴茅一号	粤红宝（CK）	原香优1214	青香优266	丝香优莹占	巴禾香占2号
11	金科丝苗1号	福籼占	广油农占		双香丝苗（复试）	丰香丝苗（复试）	粤两优香油占（复试）	馨香优98香（复试）
12	华航31号（CK）	粤晶丝苗2号（CK）	粤晶丝苗2号（CK）		美香占2号（CK）	美香占2号（CK）	美香占2号（CK）	美香占2号（CK）

（5）生产试验　中熟组承试单位9个，由广东天之源农业科技有限公司、雷州市农业技术推广中心、云浮市农业综合服务中心、潮安区农业工作总站、茂名市农业科技推广中心、乐昌市现代农业产业发展中心、江门市新会区农业农村综合服务中心、惠州市农业科学研究所、韶关市农业科技推广中心承担。迟熟组承试单位7个，由广东天之源农业科技有限公司、雷州市农业技术推广中心、云浮市农业综合服务中心、潮安区农业工作总站、茂名市农业科技推广中心、江门市新会区农业农村综合服务中心、惠州市农业科学研究所承担。特用稻组承试单位5个，由湛江市农业科学研究院、肇庆市农业科学研究所、潮州市农业科技发展中心、阳江市农业科学研究所、江门市新会区农业农村综合服务中心承担。香稻组承试单位6个，由梅州市农林科学院、高州市良种繁育场、肇庆市农业科学研究所、连山县农业科学研究所、乐昌市现代农业产业发展中心、江门市新会区农业农村综合服务中心承担。

（三）试验方法

各试点统一按《广东省农作物品种试验办法》进行试验和记载。区域试验采用随机区组排列，小区面积0.02亩，长方形，3次重复，同组试验安排在同一田块进行，统一种植规格。生产试验采用大区随机排列，不设重复，大区面积不少于0.5亩。栽培管理按当地的生产水平进行，试验期间防虫不防病，在各个生育阶段对品种的生长特征、经济性状进行田间调查记载和室内考种。区域试验产量联合方差分析采用试点效应随机模型，品种间差异多重比较采用最小显著差数法（LSD法），品种动态稳产性分析采用Shukla互作方差分解法。

（四）米质分析

稻米品质检测委托农业农村部稻米及制品质量监督检验测试中心进行，复试品种依据NY/T 593—2013《食用稻品种品质》标准进行鉴定，初试品种依据NY/T 593—2021《食用稻品种品质》标准进行鉴定。香稻组品种香气物质2-乙酰-1-吡咯啉（2-AP）含量测定委托华南农业大学农学院采用岛津GC-MS QP2010 plus型气相质谱联用仪和2,4,6-三甲基嘧啶（TMP）内标法标定香气相对含量。样品为当造收获的种子，由江门市新会区农业农村综合服务中心采集，经广东省农业技术推广中心统一编号标识后提供。

（五）抗性鉴定

参试品种稻瘟病和白叶枯病抗性由广东省农业科学院植物保护研究所进行鉴定。样品由广东省农业技术推广中心统一编号标识。鉴定采用人工接菌与病区自然诱发相结合的方法。

（六）耐寒鉴定

复试品种耐寒性委托华南农业大学农学院采用人工气候室模拟鉴定。样品由广东省农业技术推广中心统一编号标识。

二、试验结果

（一）产量

对产量进行联合方差分析表明，各熟组品种间 F 值均达极显著水平，说明各熟组品种间产量存在极显著差异（表2-2至表2-9）。

表2-2 常规感温中熟组产量方差分析

变异来源	df	SS	MS	F
地点内区组	30	4.376 0	0.145 9	1.583 4
地点	14	530.638 5	37.902 8	51.760 1**
品种	11	18.952 8	1.723	2.352 9**
品种×地点	154	112.770 7	0.732 3	7.949 2**
试验误差	330	30.399 6	0.092 1	
总变异	539	697.137 6		

表2-3 常规感温迟熟A组产量方差分析

变异来源	df	SS	MS	F
地点内区组	24	1.703 6	0.071	1.064 4
地点	11	280.180 9	25.471	37.610 8**
品种	11	96.611 9	8.782 9	12.968 9**
品种×地点	121	81.944 4	0.677 2	10.154 9**
试验误差	264	17.606	0.066 7	
总变异	431	478.046 7		

表2-4 常规感温迟熟B组产量方差分析

变异来源	df	SS	MS	F
地点内区组	24	2.022 8	0.084 3	1.077 3
地点	11	312.467	28.406 1	35.260 3**
品种	11	245.712 6	22.337 5	27.727 4**
品种×地点	121	97.478 9	0.805 6	10.297 2**
试验误差	264	20.654 4	0.078 2	
总变异	431	678.335 6		

表 2-5　特用稻组产量方差分析

变异来源	*df*	*SS*	*MS*	*F*
地点内区组	10	0.788 0	0.078 8	1.693 1
地点	4	63.084 8	15.771 2	13.705 5**
品种	9	36.453 4	4.050 4	3.519 8**
品种×地点	36	41.426 1	1.150 7	24.724 7**
试验误差	90	4.188 7	0.046 5	
总变异	149	145.941 0		

表 2-6　香稻 A 组产量方差分析

变异来源	*df*	*SS*	*MS*	*F*
地点内区组	16	1.261 7	0.078 9	1.293 1
地点	7	204.988 1	29.284 0	20.872 5**
品种	11	64.752 0	5.886 5	4.195 7**
品种×地点	77	108.030 5	1.403 0	23.005 5**
试验误差	176	10.733 4	0.061 0	
总变异	287	389.765 8		

表 2-7　香稻 B 组产量方差分析

变异来源	*df*	*SS*	*MS*	*F*
地点内区组	16	0.828 3	0.051 8	0.468 1
地点	7	473.406 9	67.629 6	57.817 8**
品种	11	46.107 5	4.191 6	3.583 5**
品种×地点	77	90.067 1	1.169 7	10.575 7**
试验误差	176	19.466 1	0.110 6	
总变异	287	629.875 9		

表 2-8　香稻 C 组产量方差分析

变异来源	*df*	*SS*	*MS*	*F*
地点内区组	16	4.215 1	0.263 4	2.253 4
地点	7	302.507 2	43.215 3	34.578 6**
品种	11	23.337 9	2.121 6	1.697 6**
品种×地点	77	96.232 2	1.249 8	10.689 9**
试验误差	176	20.576 3	0.116 9	
总变异	287	446.868 6		

表 2-9 香稻 D 组产量方差分析

变异来源	*df*	*SS*	*MS*	*F*
地点内区组	16	0.734 4	0.045 9	0.617 3
地点	7	297.756	42.536 6	47.638 1**
品种	11	77.721 4	7.065 6	7.913**
品种×地点	77	68.754 1	0.892 9	12.008 2**
试验误差	176	13.087 1	0.074 4	
总变异	287	458.052 9		

1. 香稻组（A 组）

该组品种亩产为 380.52～459.94 公斤，对照种美香占 2 号亩产 408.10 公斤。除万丰香占 3 号、匠心香丝苗、凤来香、增科丝苗 2 号比对照种减产 3.50%、5.52%、5.96%、6.76%外，其余品种均比对照种增产，增幅名列前三位的五香丝苗、原香优 1214、美香占 3 号分别比对照增产 12.70%、7.56%、6.71%（表 2-10、表 2-11）。

表 2-10 香稻 A 组参试品种产量情况

品种名称	小区平均产量（公斤）	折合平均亩产（公斤）	比 CK ±（%）	比组平均 ±（%）	差异显著性		名次	比 CK 增产试点比例（%）	日产量（公斤）
					0.05	0.01			
五香丝苗（复试）	9.198 7	459.94	12.70	11.03	a	A	1	100.00	4.00
原香优 1214	8.779 2	438.96	7.56	5.96	ab	AB	2	75.00	3.95
美香占 3 号	8.710 0	435.50	6.71	5.13	ab	AB	3	87.50	3.92
广桂香占（复试）	8.544 2	427.21	4.68	3.13	abc	ABC	4	62.50	3.75
京两优香丝苗	8.434 6	421.73	3.34	1.80	bc	ABCD	5	50.00	3.87
深香优 6615（复试）	8.375 0	418.75	2.61	1.08	bcd	ABCD	6	50.00	3.61
双香丝苗（复试）	8.344 6	417.23	2.24	0.72	bcde	ABCD	7	62.50	3.63
美香占 2 号（CK）	8.162 1	408.10	—	−1.49	bcdef	BCD	8	—	3.61
万丰香占 3 号	7.876 3	393.81	−3.50	−4.94	cdef	BCD	9	37.50	3.52
匠心香丝苗（复试）	7.711 7	385.58	−5.52	−6.92	def	CD	10	12.50	3.41
凤来香	7.675 8	383.79	−5.96	−7.36	ef	CD	11	25.00	3.37
增科丝苗 2 号	7.610 4	380.52	−6.76	−8.14	f	D	12	0.00	3.40

表 2-11 香稻 A 组各品种 Shukla 方差及其显著性检验（*F* 测验）

品　种	Shukla 方差	*df*	*F* 值	*P* 值	互作方差	品种均值	Shukla 变异系数	差异显著性	
								0.05	0.01
深香优 6615（复试）	1.195 2	7	58.795 2	0	0.076 5	8.375 0	13.053 8	a	A
原香优 1214	0.970 5	7	47.742 9	0	0.053 2	8.779 2	11.221 6	a	AB

（续）

品　　种	Shukla方差	df	F值	P值	互作方差	品种均值	Shukla变异系数	差异显著性	
								0.05	0.01
广桂香占（复试）	0.751 9	7	36.987 7	0	0.071 4	8.544 2	10.148 7	a	ABC
美香占3号	0.732 0	7	36.006 3	0	0.085 6	8.710 0	9.822 5	a	ABC
匠心香丝苗（复试）	0.506 1	7	24.895 2	0	0.040 0	7.711 7	9.224 9	ab	ABC
双香丝苗（复试）	0.490 4	7	24.121 7	0	0.033 5	8.344 6	8.391 7	ab	ABC
五香丝苗（复试）	0.336 7	7	16.561 4	0	0.010 9	9.198 8	6.307 7	abc	ABC
京两优香丝苗	0.182 6	7	8.981 9	0	0.027 1	8.434 6	5.066 1	bc	ABC
凤来香	0.162 9	7	8.012 6	0	0.009 0	7.675 8	5.257 9	bc	BC
万丰香占3号	0.155 0	7	7.622 9	0	0.025 6	7.876 3	4.998 0	bc	BC
增科丝苗2号	0.117 2	7	5.767 1	0	0.017 2	7.610 4	4.499 1	c	C
美香占2号（CK）	0.011 6	7	0.570 6	0.779 2	0.004 5	8.162 1	1.319 5	d	D

注：Bartlett卡方检验P=0.000 03，各品种稳定性差异极显著。

2. 香稻组（B组）

该组品种亩产为403.17～460.69公斤，对照种美香占2号亩产406.42公斤。除丰香丝苗、软华优7311比对照种减产0.10%、0.80%外，其余品种均比对照种增产，增幅名列前三位的广10优1512、邦优南香占、青香优266分别比对照增产13.35%、12.98%、10.44%（表2-12、表2-13）。

表2-12　香稻B组参试品种产量情况

品种名称	小区平均产量（公斤）	折合平均亩产（公斤）	比CK±（%）	比组平均±（%）	差异显著性		名次	比CK增产试点比例（%）	日产量（公斤）
					0.05	0.01			
广10优1512	9.213 7	460.69	13.35	6.88	a	A	1	100.00	4.27
邦优南香占（复试）	9.183 7	459.19	12.98	6.53	a	A	2	87.50	4.06
青香优266	8.977 1	448.85	10.44	4.13	ab	AB	3	75.00	4.08
月香优98香	8.864 2	443.21	9.05	2.82	ab	ABC	4	87.50	4.14
广新香丝苗	8.805 1	440.25	8.32	2.13	abc	ABC	5	75.00	3.90
昇香两优南晶香占	8.773 3	438.67	7.94	1.77	abc	ABC	6	87.50	3.95
耕香优晶晶	8.656 2	432.81	6.49	0.41	abcd	ABC	7	87.50	3.93
江农香占1号（复试）	8.473 7	423.69	4.25	−1.71	bcd	ABC	8	62.50	3.68
泰优香丝苗	8.193 3	409.67	0.80	−4.96	cd	BC	9	50.00	3.83
美香占2号（CK）	8.128 3	406.42	—	−5.71	d	C	10	—	3.63
丰香丝苗（复试）	8.120 4	406.02	−0.10	−5.81	d	C	11	25.00	3.59
软华优7311（复试）	8.063 3	403.17	−0.80	−6.47	d	C	12	37.50	3.63

表 2-13　香稻 B 组各品种 Shukla 方差及其显著性检验（*F* 测验）

品　　种	Shukla方差	*df*	*F* 值	*P* 值	互作方差	品种均值	Shukla变异系数	差异显著性	
								0.05	0.01
昇香两优南晶香占	1.233 0	7	33.443 5	0	0.180 4	8.773 3	12.656 5	a	A
青香优 266	0.784 1	7	21.267 1	0	0.113 1	8.977 1	9.863 7	a	AB
泰优香丝苗	0.587 9	7	15.946 4	0	0.063 5	8.193 3	9.358 2	ab	ABC
广新香丝苗	0.450 4	7	12.215 8	0	0.059 1	8.805 0	7.621 7	abc	ABC
广 10 优 1512	0.415 5	7	11.269 1	0	0.061 2	9.213 8	6.995 7	abc	ABC
邦优南香占（复试）	0.351 0	7	9.519 7	0	0.038 7	9.183 8	6.450 8	abcd	ABC
耕香优晶晶	0.206 8	7	5.609 5	0	0.030 6	8.656 3	5.253 6	bcd	ABC
江农香占 1 号（复试）	0.152 3	7	4.131 3	0.000 3	0.009 5	8.473 8	4.605 6	cd	BC
丰香丝苗（复试）	0.143 7	7	3.897 5	0.000 6	0.014 2	8.120 4	4.668 1	cd	BC
软华优 7311（复试）	0.130 8	7	3.548 4	0.001 4	0.016	8.063 3	4.485 6	cd	BC
美香占 2 号（CK）	0.128 1	7	3.474 4	0.001 6	0.003 8	8.128 3	4.403 1	cd	BC
月香优 98 香	0.095 3	7	2.585 7	0.014 6	0.014 4	8.864 2	3.483 2	d	C

注：Bartlett 卡方检验 $P=0.004\ 99$，各品种稳定性差异极显著。

3. 香稻组（C 组）

该组品种亩产为 389.19～434.63 公斤，对照种美香占 2 号亩产 402.85 公斤。除碧玉丝苗 8 号、台香 022、江航香占、韶香丝苗、万丰香占 5 号比对照种减产 0.28%、0.77%、2.27%、2.95%、3.39%外，其余品种均比对照种增产，增幅名列前三位的华航香银针、美两优 313、粤两优香油占分别比对照增产 7.89%、6.05%、4.80%（表 2-14、表 2-15）。

表 2-14　香稻 C 组参试品种产量情况

品种名称	小区平均产量（公斤）	折合平均亩产（公斤）	比 CK ±（%）	比组平均 ±（%）	差异显著性		名次	比 CK 增产试点比例（%）	日产量（公斤）
					0.05	0.01			
华航香银针（复试）	8.692 5	434.63	7.89	6.55	a	A	1	75.00	3.78
美两优 313	8.544 2	427.21	6.05	4.73	ab	AB	2	75.00	3.88
粤两优香油占（复试）	8.444 2	422.21	4.80	3.50	abc	AB	3	50.00	3.95
粤香软占（复试）	8.411 7	420.58	4.40	3.10	abcd	AB	4	75.00	3.76
泰优 19 香（复试）	8.148 3	407.42	1.13	−0.12	abcd	AB	5	62.50	3.77
丝香优莹占	8.098 7	404.94	0.52	−0.73	abcd	AB	6	50.00	3.86
美香占 2 号（CK）	8.057 1	402.85	—	−1.24	abcd	AB	7	—	3.60
碧玉丝苗 8 号	8.034 2	401.71	−0.28	−1.52	bcd	AB	8	37.50	3.49
台香 022	7.995 0	399.75	−0.77	−2.00	bcd	AB	9	50.00	3.54
江航香占	7.873 7	393.69	−2.27	−3.49	cd	AB	10	37.50	3.42
韶香丝苗	7.819 2	390.96	−2.95	−4.16	cd	B	11	12.50	3.52
万丰香占 5 号	7.783 8	389.19	−3.39	−4.59	d	B	12	25.00	3.41

表 2－15　香稻C组各品种Shukla方差及其显著性检验（F测验）

品　　种	Shukla方差	df	F值	P值	互作方差	品种均值	Shukla变异系数	差异显著性	
								0.05	0.01
万丰香占5号	1.847 2	7	47.401 3	0	0.238 2	7.783 8	17.461 2	a	A
泰优19香（复试）	0.700 2	7	17.967 7	0	0.103 1	8.148 3	10.269 4	ab	AB
美两优313	0.565 3	7	14.505 8	0	0.082 7	8.544 2	8.799 7	abc	AB
丝香优莹占	0.450 2	7	11.553 6	0	0.027 8	8.098 8	8.285 3	bcd	AB
粤两优香油占（复试）	0.353 4	7	9.067 2	0	0.037 4	8.444 2	7.039 6	bcde	ABC
华航香银针（复试）	0.296 6	7	7.611 3	0	0.036 3	8.692 5	6.265 5	bcde	ABC
美香占2号（CK）	0.240 0	7	6.159 7	0	0.021 2	8.057 1	6.080 9	bcde	BC
粤香软占（复试）	0.183 8	7	4.715 7	0.000 1	0.027 1	8.411 7	5.096 3	cdef	BC
韶香丝苗	0.134 0	7	3.437 6	0.001 8	0.008 8	7.819 2	4.680 9	def	BC
江航香占	0.106 4	7	2.730 4	0.010 3	0.016 1	7.873 8	4.142 8	ef	BC
碧玉丝苗8号	0.062 4	7	1.600 0	0.138 1	0.001 9	8.034 2	3.108 0	f	C
台香022	0.059 6	7	1.528 9	0.160 2	0.009 4	7.995 0	3.053 1	f	C

注：Bartlett卡方检验 $P=0.000\ 03$，各品种稳定性差异显著。

4. 香稻组（D组）

该组品种亩产为388.79～466.13公斤，对照种美香占2号亩产406.15公斤。除美巴丝苗、巴禾香占2号比对照种减产1.94%、4.27%外，其余品种均比对照种增产，增幅名列前三位的豪香优100、深香优9374、馨香优98香分别比对照增产14.77%、14.74%、13.64%（表2－16、表2－17）。

表 2－16　香稻D组参试品种产量情况

品种名称	小区平均产量（公斤）	折合平均亩产（公斤）	比CK±（%）	比组平均±（%）	差异显著性		名次	比CK增产试点比例（%）	日产量（公斤）
					0.05	0.01			
豪香优100	9.322 5	466.13	14.77	6.71	a	A	1	87.50	4.32
深香优9374	9.320 0	466.00	14.74	6.68	a	A	2	100.00	4.16
馨香优98香（复试）	9.231 3	461.57	13.64	5.67	ab	AB	3	87.50	4.31
又美优99	9.163 3	458.17	12.81	4.89	abc	AB	4	100.00	4.02
昇香两优春香丝苗	9.043 3	452.17	11.33	3.52	abcd	AB	5	100.00	3.96
粤香丝苗（复试）	9.030 4	451.52	11.17	3.37	abcd	AB	6	87.50	4.03
南泰香丝苗（复试）	8.711 7	435.59	7.25	−0.28	bcd	ABC	7	75.00	3.85
靓优香（复试）	8.620 4	431.02	6.12	−1.33	cde	ABCD	8	87.50	3.78
芃香丝苗	8.528 8	426.44	5.00	−2.37	de	BCD	9	75.00	3.71
美香占2号（CK）	8.122 9	406.15	—	−7.02	ef	CDE	10	—	3.63
美巴丝苗	7.965 0	398.25	−1.95	−8.83	f	DE	11	37.50	3.49
巴禾香占2号	7.775 8	388.79	−4.27	−10.99	f	E	12	25.00	3.50

表 2-17　香稻 D 组各品种 Shukla 方差及其显著性检验（*F* 测验）

品种	Shukla 方差	*df*	*F* 值	*P* 值	互作方差	品种均值	Shukla 变异系数	差异显著性	
								0.05	0.01
豪香优 100	0.594 9	7	22.583 0	0	0.069 0	9.322 5	8.273 6	a	A
巴禾香占 2 号	0.533 2	7	20.239 0	0	0.057 9	7.775 8	9.390 4	ab	A
深香优 9374	0.480 6	7	18.241 9	0	0.067 4	9.320 0	7.438 0	ab	AB
南泰香丝苗（复试）	0.413 6	7	15.701 7	0	0.058 7	8.711 7	7.382 6	abc	AB
美巴丝苗	0.399 0	7	15.145 4	0	0.038 0	7.965 0	7.930 3	abc	AB
芃香丝苗	0.354 3	7	13.448 2	0	0.052 3	8.528 8	6.978 9	abc	AB
馨香优 98 香（复试）	0.246 7	7	9.363 2	0	0.021 6	9.231 3	5.380 1	abcd	AB
又美优 99	0.225 3	7	8.551 4	0	0.027 7	9.163 3	5.179 7	abcd	AB
粤香丝苗（复试）	0.145 1	7	5.507 0	0	0.021 3	9.030 4	4.217 8	bcd	AB
靓优香（复试）	0.123 6	7	4.691 7	0.000 1	0.018 6	8.620 4	4.078 3	cd	AB
美香占 2 号（CK）	0.069 4	7	2.633 6	0.013 0	0.005 5	8.122 9	3.242 7	d	BC
异香两优春香丝苗	0.013 9	7	0.527 0	0.813 3	0.002 1	9.043 3	1.302 9	e	C

注：Bartlett 卡方检验 P=0.002 36，各品种稳定性差异极显著。

5. 中熟组

该组品种亩产为 401.67～435.36 公斤，对照种华航 31 号亩产 422.50 公斤。除源新占、禾龙占、禾粘占 9 号、合新油占分别比对照增产 3.04%、1.74%、1.56%、1.52%外，其余品种均比对照种减产，减产幅度 0.00%～4.93%（表 2-18、表 2-19）。

表 2-18　常规感温中熟组参试品种产量情况

品种名称	小区平均产量（公斤）	折合平均亩产（公斤）	比 CK ±（%）	比组平均 ±（%）	差异显著性		产量名次	比 CK 增产试点比例（%）	日产量（公斤）
					0.05	0.01			
源新占	8.707 1	435.36	3.04	3.55	a	A	1	66.67	3.85
禾龙占（复试）	8.597 1	429.86	1.74	2.25	ab	AB	2	60.00	3.77
禾粘占 9 号	8.581 3	429.07	1.56	2.06	ab	AB	3	53.33	3.80
合新油占（复试）	8.578 4	428.92	1.52	2.02	ab	AB	4	66.67	3.80
华航 31 号（CK）	8.450 0	422.50	—	0.50	abc	ABC	5	—	3.74
广桂丝苗 10 号	8.449 6	422.48	0.00	0.49	abc	ABC	6	46.67	3.81
华航 81 号（复试）	8.428 2	421.41	−0.26	0.24	abc	ABC	7	40.00	3.70
华航新占	8.322 7	416.13	−1.51	−1.02	bcd	ABC	8	46.67	3.68
凤广丝苗（复试）	8.298 4	414.92	−1.79	−1.31	bcd	ABC	9	40.00	3.67
新广占	8.288 4	414.42	−1.91	−1.43	bcd	ABC	10	46.67	3.67
金科丝苗 1 号	8.165 1	408.26	−3.37	−2.89	cd	BC	11	33.33	3.58
碧玉丝苗 2 号（复试）	8.033 3	401.67	−4.93	−4.46	d	C	12	26.67	3.52

表 2-19　常规感温中熟组各品种 Shukla 方差及其显著性检验（F 测验）

品　种	Shukla 方差	df	F 值	P 值	互作方差	品种均值	Shukla 变异系数	差异显著性	
								0.05	0.01
碧玉丝苗 2 号（复试）	0.471 7	14	15.362 2	0	0.033 7	8.033 3	8.549 6	a	A
禾籼占 9 号	0.355 6	14	11.581 7	0	0.022 2	8.581 3	6.949 4	ab	AB
华航新占	0.316 7	14	10.313 9	0	0.018 0	8.322 7	6.761 8	abc	AB
凤广丝苗（复试）	0.301 8	14	9.828 5	0	0.020 0	8.298 4	6.620 1	abcd	AB
新广占	0.258 1	14	8.406 2	0	0.017 0	8.288 4	6.129 8	abcd	AB
合新油占（复试）	0.241 0	14	7.848 2	0	0.016 1	8.578 4	5.722 6	abcd	AB
广桂丝苗 10 号	0.197 9	14	6.446 0	0	0.014 3	8.449 6	5.265 3	abcd	AB
源新占	0.195 8	14	6.376 6	0	0.014 2	8.707 1	5.082 0	abcd	AB
金科丝苗 1 号	0.178 7	14	5.819 4	0	0.012 9	8.165 1	5.177 2	bcd	AB
华航 81 号（复试）	0.155 4	14	5.060 6	0	0.011 0	8.428 2	4.677 1	bcd	AB
禾龙占（复试）	0.133 4	14	4.344 6	0	0.009 6	8.597 1	4.248 5	cd	AB
华航 31 号（CK）	0.122 9	14	4.002 3	0	0.008 9	8.450 0	4.148 7	d	B

注：Bartlett 卡方检验 P=0.289 39，各品种稳定性差异不显著。

6. 迟熟组（A 组）

该组品种亩产为 362.58～440.15 公斤，对照种粤晶丝苗 2 号亩产 400.44 公斤。除广味丝苗 1 号、福籼占、华标 6 号比对照种减产 1.84%、8.24%、9.46%外，其余品种均比对照种增产，增幅名列前三位的黄广禾占、华航 85 号、金华占 2 号分别比对照增产 9.92%、9.12%、6.70%（表 2-20、表 2-21）。

表 2-20　常规感温迟熟 A 组参试品种产量情况

品种名称	小区平均产量（公斤）	折合平均亩产（公斤）	比 CK ±（%）	比组平均 ±（%）	差异显著性		产量名次	比 CK 增产试点比例（%）	日产量（公斤）
					0.05	0.01			
黄广禾占	8.803 1	440.15	9.92	7.82	a	A	1	91.67	3.86
华航 85 号	8.739 2	436.96	9.12	7.04	ab	A	2	91.67	3.77
金华占 2 号	8.545 6	427.28	6.70	4.67	abc	AB	3	75.00	3.75
黄丝粤占（复试）	8.470 3	423.51	5.76	3.74	abc	ABC	4	75.00	3.75
粤野银占	8.371 9	418.60	4.53	2.54	bcd	ABC	5	83.33	3.64
创籼占 2 号（复试）	8.321 7	416.08	3.90	1.92	cd	ABCD	6	58.33	3.65
春油占 16	8.230 8	411.54	2.77	0.81	cde	BCD	7	66.67	3.67
广台 7 号（复试）	8.022 8	401.14	0.17	−1.74	de	CD	8	50.00	3.55
粤晶丝苗 2 号（CK）	8.008 9	400.44	—	−1.91	de	CD	9	—	3.48
广味丝苗 1 号	7.861 1	393.06	−1.84	−3.72	e	D	10	58.33	3.51
福籼占	7.348 9	367.44	−8.24	−9.99	f	E	11	25.00	3.14
华标 6 号	7.251 7	362.58	−9.46	−11.18	f	E	12	8.33	3.15

表 2-21　常规感温迟熟 A 组各品种 Shukla 方差及其显著性检验（F 测验）

品　　种	Shukla方差	df	F值	P值	互作方差	品种均值	Shukla变异系数	差异显著性	
								0.05	0.01
福粘占	0.7019	11	31.5769	0	0.0644	7.3489	11.4007	a	A
黄丝粤占（复试）	0.3362	11	15.1235	0	0.0309	8.4703	6.8454	ab	AB
华标6号	0.3208	11	14.4321	0	0.0292	7.2517	7.8108	ab	ABC
广味丝苗1号	0.2268	11	10.2017	0	0.0198	7.8611	6.0579	bc	ABC
黄广禾占	0.2187	11	9.8379	0	0.0197	8.8031	5.3123	bc	ABC
广台7号（复试）	0.2097	11	9.4329	0	0.0191	8.0228	5.7078	bc	ABC
创粘占2号（复试）	0.1623	11	7.3005	0	0.0146	8.3217	4.8410	bcd	ABC
春油占16	0.1501	11	6.7544	0	0.0122	8.2308	4.7078	bcd	BC
粤晶丝苗2号（CK）	0.1228	11	5.5257	0	0.0100	8.0089	4.3761	bcd	BC
金华占2号	0.0983	11	4.4229	0	0.0089	8.5456	3.6693	cd	BC
华航85号	0.0868	11	3.9035	0	0.0065	8.7392	3.3707	cd	BC
粤野银占	0.0744	11	3.3473	0.0002	0.0067	8.3719	3.2583	d	C

注：Bartlett 卡方检验 $P=0.00450$，各品种稳定性差异极显著。

7. 迟熟组（B组）

该组品种亩产为304.92～448.39公斤，对照种粤晶丝苗2号亩产403.25公斤。除春油占20、广良丝苗3号、野优巴茅一号比对照种减产3.92%、6.43%、24.38%外，其余品种均比对照种增产，增幅名列前三位的广油农占、黄广五占、黄华油占分别比对照增产11.19%、10.04%、7.72%（表2-22、表2-23）。

表 2-22　常规感温迟熟 B 组参试品种产量情况

品种名称	小区平均产量（公斤）	折合平均亩产（公斤）	比CK ±（%）	比组平均 ±（%）	差异显著性		产量名次	比CK增产试点比例（%）	日产量（公斤）
					0.05	0.01			
广油农占	8.9678	448.39	11.19	9.38	a	A	1	91.67	3.93
黄广五占（复试）	8.8747	443.74	10.04	8.25	ab	AB	2	100.00	3.89
黄华油占（复试）	8.6881	434.40	7.72	5.97	abc	AB	3	91.67	3.81
广美占	8.6269	431.35	6.97	5.22	abc	AB	4	91.67	3.78
南新银占	8.6183	430.92	6.86	5.12	abc	ABC	5	91.67	3.78
新粘软占	8.4942	424.71	5.32	3.60	bc	ABC	6	91.67	3.79
南惠2号	8.3281	416.40	3.26	1.58	cd	BC	7	58.33	3.59
中深3号（复试）	8.3281	416.40	3.26	1.58	cd	BC	8	83.33	3.65
粤晶丝苗2号（CK）	8.0650	403.25	—	−1.63	de	CD	9	—	3.51
春油占20	7.7486	387.43	−3.92	−5.49	ef	D	10	25.00	3.43
广良丝苗3号	7.5467	377.33	−6.43	−7.95	f	D	11	8.33	3.31
野优巴茅一号	6.0983	304.92	−24.38	−25.62	g	E	12	8.33	2.44

表 2－23　常规感温迟熟 B 组各品种 Shukla 方差及其显著性检验（*F* 测验）

品　种	Shukla 方差	*df*	*F* 值	*P* 值	互作方差	品种均值	Shukla 变异系数	差异显著性	
								0.05	0.01
野优巴茅一号	1.677 8	11	64.336 1	0	0.095 5	6.098 3	21.240 3	a	A
广良丝苗 3 号	0.361 9	11	13.876 8	0	0.033 7	7.546 7	7.971 4	b	B
广油农占	0.297 3	11	11.398 9	0	0.022 0	8.967 8	6.079 8	bc	B
南惠 2 号	0.197 3	11	7.567 0	0	0.016 7	8.328 1	5.334 1	bcd	BC
黄华油占（复试）	0.147 5	11	5.654 0	0	0.010 5	8.688 1	4.419 8	bcde	BC
黄广五占（复试）	0.111 5	11	4.274 1	0	0.009 4	8.874 7	3.761 9	cdef	BC
春油占 20	0.099 2	11	3.803 3	0	0.009 4	7.748 6	4.064 5	def	BC
南新银占	0.085 5	11	3.278 0	0.000 3	0.006 1	8.618 3	3.392 5	def	BC
中深 3 号（复试）	0.084 3	11	3.233 4	0.000 4	0.005 9	8.328 1	3.486 8	def	BC
新籼软占	0.064 7	11	2.479 2	0.005 7	0.004 8	8.494 2	2.993 5	ef	C
粤晶丝苗 2 号（CK）	0.049 4	11	1.895 2	0.040 1	0.005 1	8.065 0	2.756 6	f	C
广美占	0.046 2	11	1.769 9	0.059 3	0.003 5	8.626 9	2.490 4	f	C

注：Bartlett 卡方检验 P=0.000 00，各品种稳定性差异极显著。

8. 特用稻组

该组品种亩产为 298.90～386.70 公斤，对照种粤红宝亩产 344.13 公斤。除航软黑占 2 号、广黑糯 1 号、南黑 1 号比对照种减产 1.96%、3.40%、13.14%外，其余品种均比对照种增产，增幅名列前三位的合红占 2 号、兴两优红晶占、晶两优红占分别比对照增产 12.37%、9.52%、9.18%（表 2－24、表 2－25）。

表 2－24　特用稻组参试品种产量情况

品种名称	小区平均产量（公斤）	折合平均亩产（公斤）	比 CK ±（%）	比组平均 ±（%）	差异显著性		名次	比 CK 增产试点比例（%）	日产量（公斤）
					0.05	0.01			
合红占 2 号（复试）	7.734 0	386.70	12.37	9.87	a	A	1	100.00	3.39
兴两优红晶占（复试）	7.538 0	376.90	9.52	7.08	ab	AB	2	100.00	3.37
晶两优红占（复试）	7.514 7	375.73	9.18	6.75	ab	AB	3	100.00	3.35
华航红珍占	7.327 3	366.37	6.46	4.09	abc	AB	4	80.00	3.24
春两优紫占	7.017 3	350.87	1.96	−0.31	abc	ABC	5	80.00	3.11
东红 6 号（复试）	7.005 3	350.27	1.78	−0.48	abc	ABC	6	60.00	3.13
粤红宝（CK）	6.882 7	344.13	—	−2.23	bc	ABC	7	—	3.07
航软黑占 2 号	6.748 0	337.40	−1.96	−4.14	bcd	ABC	8	40.00	2.96
广黑糯 1 号	6.648 7	332.43	−3.40	−5.55	cd	BC	9	20.00	2.89
南黑 1 号	5.978 0	298.90	−13.14	−15.08	d	C	10	20.00	2.47

表 2-25　特用稻组各品种 Shukla 方差及其显著性检验（F 测验）

品　种	Shukla 方差	df	F 值	P 值	互作方差	品种均值	Shukla 变异系数	差异显著性	
								0.05	0.01
南黑1号	1.766 02	4	113.762 7	0.000	1.750 5	5.978 0	22.230 1	a	A
广黑糯1号	0.475 34	4	30.620 0	0.000	0.459 8	6.648 7	10.369 7	ab	AB
华航红珍占	0.418 96	4	26.988 5	0.000	0.403 4	7.327 3	8.833 7	ab	AB
晶两优红占（复试）	0.360 30	4	23.209 3	0.000	0.344 8	7.514 7	7.987 7	ab	AB
兴两优红晶占（复试）	0.339 54	4	21.872 4	0.000	0.324 0	7.538 0	7.730 2	ab	AB
东红6号（复试）	0.196 21	4	12.639 2	0.000	0.180 7	7.005 3	6.323 1	bc	AB
合红占2号（复试）	0.186 61	4	12.020 8	0.000	0.171 1	7.734 0	5.585 5	bc	AB
航软黑占2号	0.088 34	4	5.691 0	0.000	0.072 8	6.748 0	4.404 7	bc	B
春两优紫占	0.041 20	4	2.654 1	0.038 0	0.025 7	7.017 3	2.892 6	c	B
粤红宝（CK）	0.000 00	4	0.000 00	0.000	0.000 0	6.882 7	0.000 5	c	B

注：Bartlett 卡方检验 P=0.000 00，各品种稳定性差异极显著。

（二）米质

晚造常规水稻品种各组稻米米质检测结果见表 2-26 至表 2-33。

表 2-26　常规感温中熟组品种稻米米质检测结果

品种名称	NY/T 593—2013	NY/T 593—2021	糙米率（%）	整精米率（%）	垩白度（%）	透明度（级）	碱消值（级）	胶稠度（毫米）	直链淀粉（干基）（%）	粒型（长宽比）
源新占		2	81.1	58.9	0.5	2	7.0	65	17.8	3.1
禾龙占（复试）	1		81.3	67.8	0.7	1	7.0	73	16.1	3.1
禾籼占9号		2	81.5	64.3	0.6	2	7.0	75	16.7	3.1
合新油占（复试）	2		82.6	67.3	1.8	2	7.0	76	15.1	3.2
华航31号（CK）	2		80.8	64.2	0.9	2	7.0	74	14.6	3.7
广桂丝苗10号		2	80.9	62.1	0.6	2	7.0	76	17.1	3.3
华航81号（复试）	2		79.5	59.8	0.6	1	7.0	66	17.1	3.6
华航新占		1	81.6	68.0	0.5	1	7.0	68	16.5	3.3
凤广丝苗（复试）	1		81.2	67.6	1.0	1	7.0	64	17.8	3.2
新广占		2	82.0	64.7	0.7	2	7.0	76	16.2	3.0
金科丝苗1号		2	80.4	55.1	0.7	2	7.0	68	17.0	3.3
碧玉丝苗2号（复试）	2		79.5	60.3	2.1	2	7.0	68	15.3	3.7

表 2-27 常规感温迟熟 A 组品种稻米米质检测结果

品种名称	NY/T 593—2013	NY/T 593—2021	糙米率（%）	整精米率（%）	垩白度（%）	透明度（级）	碱消值（级）	胶稠度（毫米）	直链淀粉（干基）（%）	粒型（长宽比）
黄广禾占		2	82.0	64.6	0.4	2	7.0	74	18.3	3.0
华航 85 号		1	80.8	62.5	0.1	1	7.0	72	16.7	3.3
金华占 2 号		2	81.9	69.6	0.4	2	7.0	72	16.6	3.1
黄丝粤占（复试）	2		82.4	63.8	1.4	2	7.0	72	16.8	3.4
粤野银占		1	82.2	66.1	1.0	1	7.0	64	15.5	3.2
创籼占 2 号（复试）	2		81.3	64.1	0.1	1	7.0	75	18.4	3.2
春油占 16		—	80.6	64.7	0.6	1	7.0	56	25.0	3.5
广台 7 号（复试）	2		80.8	69.7	0.5	1	7.0	68	16.8	3.4
粤晶丝苗 2 号（CK）	1		81.6	65.9	0.2	1	7.0	60	17.1	3.5
广味丝苗 1 号		1	80.4	64.2	0.4	1	7.0	73	16.1	3.5
福籼占		3	79.6	48.1	0.1	2	5.0	82	17.2	4.3
华标 6 号		1	81.2	60.4	0.4	1	7.0	72	16.6	3.6

表 2-28 常规感温迟熟 B 组品种稻米米质检测结果

品种名称	NY/T 593—2013	NY/T 593—2021	糙米率（%）	整精米率（%）	垩白度（%）	透明度（级）	碱消值（级）	胶稠度（毫米）	直链淀粉（干基）（%）	粒型（长宽比）
春油占 20		2	80.2	53.9	0.7	1	7.0	64	14.5	4.4
广良丝苗 3 号		2	80.8	55.9	0.0	1	7.0	60	16.9	4.3
广美占		1	81.8	68.4	0.2	1	7.0	66	15.6	3.4
广油农占		1	82.0	65.6	0.7	1	7.0	67	16.7	3.3
黄广五占（复试）	2		82.0	62.0	0.3	2	7.0	73	17.3	3.2
黄华油占（复试）	1		81.8	65.8	0.0	1	7.0	76	15.4	3.0
南惠 2 号		3	81.7	66.3	0.4	1	7.0	58	16.8	3.0
南新银占		1	81.6	68.4	0.5	1	7.0	64	16.4	3.2
新籼软占		2	81.0	65.8	0.6	2	7.0	67	16.3	3.3
野优巴茅一号		3	79.5	51.4	1.0	1	5.7	88	17.3	3.3
粤晶丝苗 2 号（CK）	1		81.6	65.9	0.2	1	7.0	60	17.1	3.5
中深 3 号（复试）	3		80.4	53.1	2.0	1	7.0	64	16.7	4.4

表 2-29　特用稻组品种稻米米质检测结果

品种名称	NY/T 593—2013	NY/T 593—2021	糙米率（%）	整精米率（%）	垩白度（%）	透明度（级）	碱消值（级）	胶稠度（毫米）	直链淀粉（干基）（%）	粒型（长宽比）
合红占 2 号（复试）	—		81.2	64.0	1.5	2	7.0	70	27.3	3.2
兴两优红晶占（复试）	2		79.6	61.8	1.2	1	7.0	70	16.3	3.4
晶两优红占（复试）	2		80.5	62.4	1.6	1	7.0	72	17.5	3.3
华航红珍占		2	81.3	62.8	0.3	2	7.0	74	17.9	3.1
春两优紫占		—	79.9	58.2	1.2	3	4.3	81	15.1	3.5
东红 6 号（复试）	2		79.4	57.5	0.4	1	7.0	72	17.2	3.4
粤红宝（CK）	2		79.7	63.2	0.8	2	7.0	62	16.3	3.6
航软黑占 2 号		—	79.5	52.0	0.2	3	7.0	68	18.6	3.0
广黑糯 1 号		—	76.9	57.0	—	—	7.0	90	1.6	3.2
南黑 1 号		—	77.5	51.3	0.1	3	7.0	69	15.6	3.4

表 2-30　香稻 A 组品种稻米米质检测结果

品种名称	NY/T 593—2013	NY/T 593—2021	糙米率（%）	整精米率（%）	垩白度（%）	透明度（级）	碱消值（级）	胶稠度（毫米）	直链淀粉（干基）（%）	粒型（长宽比）	2-AP（微克/千克）	食味分
五香丝苗（复试）	—		78.2	46.7	0.3	1	7.0	72	17.2	4.2	1 159.49	88.364
原香优 1214		2	79.7	58.4	1.2	2	7.0	74	15.4	3.8	48.369	86.727
美香占 3 号		1	79.6	59.9	0.8	1	7.0	70	16.9	3.6	49.969	83.818
广桂香占（复试）	—		80.4	44.2	1.3	1	6.3	72	15.4	4.7	682.46	90.182
京两优香丝苗		—	79.2	45.9	0.2	1	5.5	86	14.5	4.2	57.536	86.727
深香优 6615（复试）	—		81.0	42.6	1.1	1	7.0	74	18.3	4.3	633.24	88.727
双香丝苗（复试）	—		79.0	40.4	0.5	1	7.0	66	16.5	4.6	545.73	91.636
美香占 2 号（CK）	1		79.2	56.8	0.1	1	7.0	78	16.9	3.7	6.341	90.000
万丰香占 3 号		—	79.6	40.2	0.4	1	7.0	68	16.3	4.6	49.509	91.455
匠心香丝苗（复试）	2		80.4	62.3	1.6	2	7.0	68	17.2	3.5	883.63	90.591
凤来香		—	79.9	38.2	1.1	1	7.0	68	16.4	4.5	60.68	91.273
增科丝苗 2 号		3	79.4	52.6	0.3	1	7.0	64	16.6	3.8	57.525	87.455

表 2－31　香稻 B 组品种稻米米质检测结果

品种名称	NY/T 593—2013	NY/T 593—2021	糙米率（%）	整精米率（%）	垩白度（%）	透明度（级）	碱消值（级）	胶稠度（毫米）	直链淀粉（干基）（%）	粒型（长宽比）	2－AP（微克/千克）	食味分
广 10 优 1512		2	80.1	55.8	0.5	2	6.0	72	15.2	3.9	8.168	84.727
邦优南香占（复试）	2		80.8	57.1	1.6	2	7.0	68	16.8	4.0	146.54	88.364
青香优 266		—	80.8	55.2	1.0	2	5.0	80	12.6	4.0	15.971	84.545
月香优 98 香		3	80.1	51.3	0.2	1	7.0	71	17.1	4.3	41.833	86.364
广新香丝苗		1	80.7	64.1	1.0	1	7.0	80	15.3	3.5	11.864	82.364
昇香两优南晶香占		2	80.2	53.9	0.8	1	7.0	66	17.4	4.3	14.348	88.182
耕香优晶晶		1	80.8	56.4	0.6	1	6.8	70	15.1	4.2	18.238	89.455
江农香占 1 号（复试）	2		80.1	58.2	0.3	2	7.0	62	16.5	4.2	206.17	87.091
泰优香丝苗		3	80.4	48.3	0.0	1	7.0	73	16.6	4.5	10.182	90.182
美香占 2 号（CK）	1		79.2	56.8	0.1	1	7.0	78	16.9	3.7	6.341	90.000
丰香丝苗（复试）	—		79.7	21.1	0.6	2	7.0	75	14.2	4.7	208.52	90.727
软华优 7311（复试）	3		80.2	54.5	0.6	1	7.0	78	16.8	4.2	511.05	88.182

表 2－32　香稻 C 组品种稻米米质检测结果

品种名称	NY/T 593—2013	NY/T 593—2021	糙米率（%）	整精米率（%）	垩白度（%）	透明度（级）	碱消值（级）	胶稠度（毫米）	直链淀粉（干基）（%）	粒型（长宽比）	2－AP（微克/千克）	食味分
华航香银针（复试）	2		79.5	56.2	0.7	1	7.0	75	15.3	4.1	279.82	91.091
美两优 313		1	80.0	57.6	0.7	1	7.0	73	15.7	4.0	—	91.818
粤两优香油占（复试）	—		80.8	49.4	0.2	1	5.2	80	14.5	4.5	47.410	85.455
粤香软占（复试）	3		78.9	60.8	0.0	2	7.0	80	14.1	3.5	206.95	89.455
泰优 19 香（复试）	3		80.7	52.3	0.2	2	6.5	82	16.6	4.3	180.00	88.182
丝香优莹占		3	80.9	50.4	0.1	1	6.8	79	15.7	4.4	8.430	85.818
美香占 2 号（CK）	1		79.2	56.8	0.1	1	7.0	78	16.9	3.7	6.341	90.000
碧玉丝苗 8 号		—	79.5	47.6	0.1	2	7.0	74	14.2	4.4	6.863	91.455
台香 022		3	79.4	48.4	1.1	2	6.0	77	16.8	4.3	18.218	90.545
江航香占		—	81.2	42.9	0.0	1	7.0	72	16.0	4.6	25.652	93.455
韶香丝苗		1	79.7	59.2	0.9	1	7.0	80	15.6	3.9	9.678	87.818
万丰香占 5 号		—	78.9	46.6	1.6	1	7.0	78	16.6	4.0	11.473	92.727

表2-33 香稻D组品种稻米米质检测结果

品种名称	NY/T 593—2013	NY/T 593—2021	糙米率（%）	整精米率（%）	垩白度（%）	透明度（级）	碱消值（级）	胶稠度（毫米）	直链淀粉（干基）（%）	粒型（长宽比）	2-AP（微克/千克）	食味分
豪香优100		—	81.4	57.2	0.7	2	7.0	46	20.8	4.1	—	83.818
深香优9374		2	80.6	55.8	1.6	2	6.8	70	16.2	3.9	7.864	83.636
馨香优98香（复试）	3		81.4	52.5	1.5	2	7.0	73	15.8	4.0	—	85.818
又美优99		3	81.8	48.8	2.4	2	7.0	71	17.3	4.2	—	91.636
昇香两优春香丝苗		2	79.8	56.5	1.4	2	7.0	68	17.1	4.1	—	89.818
粤香丝苗（复试）	2		79.8	63.0	0.2	2	7.0	80	14.9	3.5	104.88	87.818
南泰香丝苗（复试）	2		80.0	59.0	1.0	1	7.0	68	16.8	4.1	95.390	87.818
靓优香（复试）	3		80.2	54.1	2.0	2	7.0	64	15.1	4.1	122.76	89.818
芃香丝苗		—	81.4	45.6	0.2	1	7.0	72	16.7	4.3	—	91.091
美香占2号（CK）	1		79.2	56.8	0.1	1	7.0	78	16.9	3.7	6.341	90.000
美巴丝苗		—	76.6	36.0	0.1	1	6.8	68	14.2	4.4	9.336	91.455
巴禾香占2号		2	82.0	64.5	0.8	2	7.0	66	15.9	3.4	9.631	81.818

1. 复试品种

根据两年鉴定结果，按米质从优原则，软华优7311、凤广丝苗、合新油占、禾龙占、黄丝粤占、黄广五占、黄华油占达到部标1级，匠心香丝苗、江农香占1号、邦优南香占、华航香银针、粤香丝苗、南泰香丝苗、靓优香、碧玉丝苗2号、华航81号、创籼占2号、广台7号、中深3号、兴两优红晶占、晶两优红占、东红6号达到部标2级，粤香软占、泰优19香、馨香优98香达到部标3级，其余品种均未达优质标准。

2. 新参试品种

首次鉴定结果，美香占3号、耕香优晶晶、广新香丝苗、美两优313、韶香丝苗、粤野银占、华标6号、华航85号、广味丝苗1号、南新银占、广美占、广油农占达到部标1级，原香优1214、昇香两优南晶香占、广10优1512、深香优9374、昇香两优春香丝苗、巴禾香占2号、源新占、黄广禾占、金华占2号、广良丝苗3号、春油占20、新籼软占、华航红珍占达到部标2级，增科丝苗2号、月香优98香、泰优香丝苗、台香022、丝香优莹占、又美优99、福籼占、南惠2号、野优巴茅一号达到部标3级，其余品种均未达优质标准。

（三）抗病性

晚造常规水稻各组品种抗病性鉴定结果见表2-34至表2-41。

表2-34　常规感温中熟组品种抗病性鉴定结果

品种名称	稻瘟病					白叶枯病	
	总抗性频率（%）	叶、穗瘟病级（级）			综合评价	Ⅸ型菌（级）	抗性评价
		叶瘟	穗瘟	穗瘟最高级			
凤广丝苗（复试）	77.1	1.8	3	5	中抗	7	感
碧玉丝苗2号（复试）	71.4	1.3	2.5	7	抗	7	感
华航81号（复试）	85.7	1.3	3.5	5	抗	9	高感
合新油占（复试）	77.1	1	2	5	抗	7	感
禾龙占（复试）	80.0	1	3	5	抗	7	感
源新占	80.0	1.5	2.5	5	抗	5	中感
新广占	74.3	1.3	3.5	5	中抗	5	中感
华航新占	94.3	1.3	3.5	5	抗	7	感
广桂丝苗10号	91.4	1.3	3.5	9	抗	7	感
禾籼占9号	91.4	1	2.5	5	高抗	5	中感
金科丝苗1号	74.3	1.3	2	5	抗	5	中感
华航31号（CK）	68.6	1.8	2	5	抗	7	感

注：试验数据为信宜、阳江、龙川、从化病圃2021年晚造病圃病级平均数；抗性水平排序为高抗、抗、中抗、中感、感、高感。本章下同。

表2-35　常规感温迟熟A组品种抗病性鉴定结果

品种名称	稻瘟病					白叶枯病	
	总抗性频率（%）	叶、穗瘟病级（级）			综合评价	Ⅸ型菌（级）	抗性评价
		叶瘟	穗瘟	穗瘟最高级			
创籼占2号（复试）	80.0	1.3	2	3	抗	7	感
广台7号（复试）	94.3	1.3	1.5	3	高抗	7	感
黄丝粤占（复试）	85.7	1.3	2.5	5	抗	7	感
黄广禾占	74.3	1	2	5	抗	7	感
粤野银占	88.6	1.3	3.5	5	抗	5	中感
华标6号	37.1	2	8	9	高感	5	中感
华航85号	94.3	1.3	1.8	5	高抗	7	感
春油占16	88.6	1	2.5	5	抗	5	中感
金华占2号	88.6	1.3	2.5	5	抗	5	中感
广味丝苗1号	80.0	2.3	5	7	中抗	7	感
福籼占	22.9	3.3	7	9	高感	7	感
粤晶丝苗2号（CK）	82.9	1.5	3.5	5	抗	7	感

表 2－36　常规感温迟熟B组品种抗病性鉴定结果

品种名称	稻瘟病					白叶枯病	
	总抗性频率（%）	叶、穗瘟病级（级）			综合评价	Ⅸ型菌（级）	抗性评价
		叶瘟	穗瘟	穗瘟最高级			
中深3号（复试）	97.1	1	3	5	抗	7	感
黄广五占（复试）	82.9	1	3	5	抗	7	感
黄华油占（复试）	77.1	1	4	7	中感	7	感
广良丝苗3号	74.3	2.8	6	7	感	7	感
南惠2号	80.0	1.3	3.5	7	抗	7	感
南新银占	68.6	1	2	5	抗	7	感
广美占	85.7	1.3	1.8	4	抗	7	感
春油占20	85.7	1.3	2.5	5	抗	7	感
新籼软占	80.0	1.3	2.5	5	抗	7	感
野优巴茅一号	25.7	3.8	7.5	9	高感	9	高感
广油农占	82.9	1.3	2	5	抗	7	感
粤晶丝苗2号（CK）	82.9	1.5	3.5	5	抗	7	感

表 2－37　特用稻熟组品种抗病性鉴定结果

品种名称	稻瘟病					白叶枯病	
	总抗性频率（%）	叶、穗瘟病级（级）			综合评价	Ⅸ型菌（级）	抗性评价
		叶瘟	穗瘟	穗瘟最高级			
晶两优红占（复试）	94.3	1	1.5	3	高抗	7	感
东红6号（复试）	91.4	1	2.5	3	高抗	1	抗
兴两优红晶占（复试）	100.0	1	3	3	抗	9	高感
合红占2号（复试）	91.4	1.3	1.5	3	高抗	7	感
广黑糯1号	62.9	1.5	5.5	9	感	7	感
南黑1号	45.7	2.5	6	9	感	7	感
航软黑占2号	40.0	2.8	7.5	9	高感	7	感
华航红珍占	80.0	1.8	3.5	7	抗	7	感
春两优紫占	48.6	1.8	4	7	感	7	感
粤红宝（CK）	94.3	2	4	9	中抗	7	感

表2-38　香稻A组品种抗病性鉴定结果

品种名称	稻瘟病					白叶枯病	
	总抗性频率（%）	叶、穗瘟病级（级）			综合评价	Ⅸ型菌（级）	抗性评价
		叶瘟	穗瘟	穗瘟最高级			
五香丝苗（复试）	82.9	1.3	1.5	3	抗	5	中感
匠心香丝苗（复试）	62.9	3.3	3.5	5	中感	7	感
广桂香占（复试）	80.0	1	2	3	抗	7	感
深香优6615（复试）	62.9	3	3	7	中感	7	感
增科丝苗2号	74.3	1	3.5	7	中抗	9	高感
京两优香丝苗	65.7	1.5	4	9	感	9	高感
万丰香占3号	60.0	3	4	7	感	7	感
凤来香	80.0	2	6	9	中感	7	感
美香占3号	57.1	3	7.5	9	高感	7	感
原香优1214	80.0	1	3	3	抗	9	高感
双香丝苗（复试）	71.4	1	2.5	3	抗	7	感
美香占2号（CK）	40.0	3.8	7	7	高感	7	感

表2-39　香稻B组品种抗病性鉴定结果

品种名称	稻瘟病					白叶枯病	
	总抗性频率（%）	叶、穗瘟病级（级）			综合评价	Ⅸ型菌（级）	抗性评价
		叶瘟	穗瘟	穗瘟最高级			
软华优7311（复试）	62.9	4	4.5	7	感	9	高感
江农香占1号（复试）	80.0	1	4	7	中抗	9	高感
邦优南香占（复试）	82.9	1.5	3.5	7	抗	9	高感
昇香两优南晶香占	80.0	1	3.5	5	抗	3	中抗
广10优1512	65.7	1	5	7	感	9	高感
耕香优晶晶	91.4	1.8	4	7	中抗	7	感
月香优98香	71.4	1.8	4.5	7	中感	1	抗
泰优香丝苗	80.0	1.8	6	9	中感	9	高感
广新香丝苗	62.9	1.5	5.5	7	感	9	高感
青香优266	57.1	1.5	5	7	感	9	高感
丰香丝苗（复试）	71.4	1	2.5	3	抗	5	中感
美香占2号（CK）	40.0	3.8	7	7	高感	7	感

表 2－40　香稻 C 组品种抗病性鉴定结果

品种名称	稻瘟病					白叶枯病	
	总抗性频率（%）	叶、穗瘟病级（级）			综合评价	Ⅸ型菌（级）	抗性评价
		叶瘟	穗瘟	穗瘟最高级			
华航香银针（复试）	71.4	1	2	3	抗	7	感
粤香软占（复试）	74.3	1.5	4.5	7	中感	5	中感
泰优 19 香（复试）	85.7	1.5	4.5	7	中抗	9	高感
江航香占	62.9	2.3	6	9	感	7	感
台香 022	60.0	2.5	6.5	7	感	5	中感
美两优 313	74.3	1	4	7	中感	7	感
万丰香占 5 号	34.3	4.8	8	9	高感	5	中感
碧玉丝苗 8 号	100.0	1.3	3.5	7	抗	1	抗
韶香丝苗	45.7	2.3	7	7	高感	7	感
丝香优莹占	74.3	1.3	3	5	中抗	9	高感
粤两优香油占（复试）	91.4	1.5	4	7	中抗	9	高感
美香占 2 号（CK）	40.0	3.8	7	7	高感	7	感

表 2－41　香稻 D 组品种抗病性鉴定结果

品种名称	稻瘟病					白叶枯病	
	总抗性频率（%）	叶、穗瘟病级（级）			综合评价	Ⅸ型菌（级）	抗性评价
		叶瘟	穗瘟	穗瘟最高级			
粤香丝苗（复试）	68.6	1.3	4	7	感	7	感
南泰香丝苗（复试）	65.7	1.5	2	3	抗	1	抗
靓优香（复试）	74.3	1.8	2.5	3	抗	1	抗
又美优 99	94.3	1	2	3	高抗	3	中抗
深香优 9374	100.0	1	2.5	3	高抗	7	感
美巴丝苗	100.0	1	2.5	5	高抗	7	感
豪香优 100	71.4	1.8	5.5	7	中感	9	高感
昇香两优春香丝苗	82.9	1.5	2	3	抗	1	抗
芃香丝苗	68.6	1.5	2	3	抗	5	中感
巴禾香占 2 号	94.3	1.5	4	7	中抗	7	感
馨香优 98 香（复试）	77.1	1.3	5	7	中感	3	中抗
美香占 2 号（CK）	40.0	3.8	7	7	高感	7	感

1. 稻瘟病抗性

（1）复试品种　根据两年鉴定结果，按抗病性从差原则，广台7号、东红6号、合红占2号为高抗，五香丝苗、广桂香占、双香丝苗、丰香丝苗、华航香银针、南泰香丝苗、靓优香、碧玉丝苗2号、华航81号、合新油占、禾龙占、创籼占2号、黄丝粤占、中深3号、晶两优红占、兴两优红晶占为抗，江农香占1号、凤广丝苗、黄广五占为中抗，匠心香丝苗、深香优6615、邦优南香占、粤香软占、泰优19香、粤两优香油占、馨香优98香、黄华油占为中感，软华优7311、粤香丝苗为感。

（2）新参试品种　首次鉴定结果，又美优99、深香优9374、美巴丝苗、禾籼占9号、华航85号为高抗，原香优1214、昇香两优南晶香占、碧玉丝苗8号、昇香两优春香丝苗、芃香丝苗、源新占、华航新占、广桂丝苗10号、金科丝苗1号、黄广禾占、粤野银占、春油占16、金华占2号、南惠2号、南新银占、广美占、春油占20、新籼软占、广油农占、华航红珍占为抗，增科丝苗2号、耕香优晶晶、丝香优莹占、巴禾香占2号、新广占、广味丝苗1号为中抗，凤来香、月香优98香、泰优香丝苗、美两优313、豪香优100为中感，京两优香丝苗、万丰香占3号、广10优1512、广新香丝苗、青香优266、江航香占、台香022、广良丝苗3号、广黑糯1号、南黑1号、春两优紫占为感，美香占3号、万丰香占5号、韶香丝苗、华标6号、福籼占、野优巴茅一号、航软黑占2号为高感。

2. 白叶枯病抗性

（1）复试品种　根据两年鉴定结果，按抗病性从差原则，南泰香丝苗、靓优香、东红6号为抗，馨香优98香为中抗，五香丝苗为中感，广桂香占、华航香银针、粤香软占、粤香丝苗、凤广丝苗、创籼占2号、晶两优红占、合红占2号为感，匠心香丝苗、深香优6615、双香丝苗、软华优7311、江农香占1号、邦优南香占、丰香丝苗、泰优19香、粤两优香油占、碧玉丝苗2号、华航81号、合新油占、禾龙占、广台7号、黄丝粤占、中深3号、黄广五占、黄华油占、兴两优红晶占为高感。

（2）新参试品种　月香优98香、碧玉丝苗8号、昇香两优春香丝苗为抗，昇香两优南晶香占、又美优99为中抗，台香022、万丰香占5号、芃香丝苗、源新占、新广占、禾籼占9号、金科丝苗1号、粤野银占、华标6号、春油占16、金华占2号为中感，万丰香占3号、凤来香、美香占3号、耕香优晶晶、江航香占、美两优313、韶香丝苗、深香优9374、美巴丝苗、巴禾香占2号、华航新占、广桂丝苗10号、黄广禾占、华航85号、广味丝苗1号、福籼占、广良丝苗3号、南惠2号、南新银占、广美占、春油占20、新籼软占、广油农占、广黑糯1号、南黑1号、航软黑占2号、华航红珍占、春两优紫占为感，增科丝苗2号、京两优香丝苗、原香优1214、广10优1512、泰优香丝苗、广新香丝苗、青香优266、丝香优莹占、豪香优100、野优巴茅一号为高感。

（四）耐寒性

人工气候室模拟耐寒性鉴定结果见表2-42：凤广丝苗、碧玉丝苗2号、东红6号、广桂香占、华航香银针、粤香软占、馨香优98香为中强，华航81号、合新油占、禾龙占、广台7号、黄丝粤占、中深3号、黄华油占、晶两优红占、合红占2号、五香丝苗、匠心香丝苗、深香优6615、双香丝苗、江农香占1号、邦优南香占、丰香丝苗、粤两优香油占、粤香丝苗、南泰香丝苗、靓优香为中等，华航31号、创籼占2号、黄广五占、兴两优红晶占、软华优7311、泰优19香为中弱。

表2-42 耐寒性鉴定结果

参试品种名称	孕穗期低温结实率降低值（百分点）	开花期低温结实率降低值（百分点）	孕穗期耐寒性	开花期耐寒性
凤广丝苗	−6.3	−8.5	中强	中强
碧玉丝苗2号	−6.7	−7.9	中强	中强
华航81号	−10.8	−12.4	中	中
合新油占	−11.3	−10.5	中	中
禾龙占	−15.5	−18.1	中	中
华航31号（CK）	−21.1	−20.6	中弱	中弱
创籼占2号	−20.3	−21.2	中弱	中弱
广台7号	−14.4	−16.3	中	中
黄丝粤占	−10.2	−11.7	中	中
中深3号	−16.5	−17.1	中	中
黄广五占	−20.6	−21.3	中弱	中弱
黄华油占	−13.2	−15.4	中	中
粤晶丝苗2号（CK）	−11.1	−10.4	中	中
晶两优红占	−12.2	−14.3	中	中
东红6号	−7.5	−8.4	中强	中强
兴两优红晶占	−20.8	−21.5	中弱	中弱
合红占2号	−16.2	−17.1	中	中
粤红宝（CK）	−15.1	−16.4	中	中
五香丝苗	−14.6	−17.5	中	中
匠心香丝苗	−14.3	−15.2	中	中
广桂香占	−7.5	−8.8	中强	中强
深香优6615	−12.3	−15.1	中	中
双香丝苗	−10.6	−10.9	中	中
软华优7311	−21.8	−23.3	中弱	中弱
江农香占1号	−14.3	−15.7	中	中
邦优南香占	−8.5	−13.4	中强	中

（续）

参试品种名称	孕穗期低温结实率降低值（百分点）	开花期低温结实率降低值（百分点）	孕穗期耐寒性	开花期耐寒性
丰香丝苗	−12	−15.1	中	中
华航香银针	−8.8	−9.2	中强	中强
粤香软占	−7.2	−8.9	中强	中强
泰优19香	−17.9	−21.3	中	中弱
粤两优香油占	−13.2	−14.5	中	中
粤香丝苗	−11.5	−13.1	中	中
南泰香丝苗	−8.6	−10.4	中强	中
靓优香	−11.5	−14.3	中	中
馨香优98香	−8.8	−8.5	中强	中强
美香占2号（CK）	−8.6	−7.5	中强	中强

（五）其他主要农艺性状

晚造常规水稻各组品种主要农艺性状见表2-43至表2-50。

表2-43　常规感温中熟组品种主要农艺性状综合表

品种名称	全生育期（天）	基本苗（万苗/亩）	最高苗（万苗/亩）	分蘖率（%）	有效穗（万穗/亩）	成穗率（%）	科高（厘米）	穗长（厘米）	总粒数（粒/穗）	实粒数（粒/穗）	结实率（%）	千粒重（克）	抗倒情况（个，试点数）		
													直	斜	倒
源新占	113	6.5	26.2	324.6	16.4	63.6	112.7	22.2	153	126	82.5	22.4	15	0	0
禾龙占（复试）	114	6.9	28.6	329.1	17.0	60.9	103.9	22.7	160	127	79.5	21.4	15	0	0
禾籼占9号	113	6.7	28.7	337.0	17.9	63.4	102.3	21.2	158	124	79.1	21.3	14	1	0
合新油占（复试）	113	6.5	28.0	339.0	17.5	63.3	112.1	23.9	161	128	80.3	21.9	15	0	0
华航31号（CK）	113	5.5	25.7	353.7	15.8	58.2	103.0	24.1	150	127	78.5	19.3	13	1	1
广桂丝苗10号	111	6.8	27.8	320.8	17.0	62.3	103.8	23.4	156	126	80.5	21.1	14	1	0
华航81号（复试）	114	6.4	26.3	328.2	16.5	63.8	112.7	25.7	154	128	83.3	21.3	13	1	1
华航新占	113	6.7	32.0	400.6	18.4	58.3	98.7	22.0	157	126	79.9	18.6	15	0	0
凤广丝苗（复试）	113	6.7	27.5	321.1	16.4	60.4	109.0	22.0	158	127	80.3	21.6	14	1	0
新广占	113	6.7	28.9	354.8	18.1	63.4	105.6	20.9	135	105	77.6	24.1	10	1	4
金科丝苗1号	114	6.1	27.0	362.8	17.1	64.0	106.0	21.2	155	122	78.6	20.6	15	0	0
碧玉丝苗2号（复试）	114	6.8	29.5	361.1	17.9	61.4	122.9	22.4	139	113	81.3	21.4	9	4	2

表 2-44 常规感温迟熟A组品种主要农艺性状综合表

品种名称	全生育期（天）	基本苗（万苗/亩）	最高苗（万苗/亩）	分蘖率（%）	有效穗（万穗/亩）	成穗率（%）	科高（厘米）	穗长（厘米）	总粒数（粒/穗）	实粒数（粒/穗）	结实率（%）	千粒重（克）	抗倒情况（个，试点数）		
													直	斜	倒
黄广禾占	114	6.3	28.3	367.2	16.5	59.4	107.6	22.1	152	121	80.2	23.0	10	1	1
华航85号	116	6.5	28.1	352.7	18.0	64.5	106.1	21.6	142	118	82.9	20.6	12	0	0
金华占2号	114	6.6	28.8	347.3	17.1	60.4	105.3	21.7	158	124	78.7	21.3	11	1	0
黄丝粤占（复试）	113	6.9	31.6	377.0	18.5	59.0	111.6	22.2	136	108	79.9	22.2	6	3	3
粤野银占	115	7.0	30.6	354.0	18.8	61.6	116.9	23.4	151	118	78.0	20.2	12	0	0
创籼占2号（复试）	114	6.9	29.0	337.7	17.4	60.9	100.2	23.5	151	119	79.5	20.9	11	0	1
春油占16	112	7.1	32.0	368.2	17.7	56.5	109.4	22.0	151	121	80.5	19.3	12	0	0
广台7号（复试）	113	7.2	31.1	348.6	18.8	61.8	108.0	20.9	145	116	79.4	18.5	9	1	2
粤晶丝苗2号（CK）	115	6.3	29.1	344.3	17.1	54.8	101.0	21.5	137	108	72.4	18.6	11	1	0
广味丝苗1号	112	7.0	31.7	376.9	19.0	60.6	109.1	21.4	139	115	82.9	19.7	12	0	0
福籼占	117	6.5	27.4	332.3	17.1	63.7	116.3	24.9	159	112	70.2	19.8	10	2	0
华标6号	115	6.9	33.4	411.8	19.0	57.1	108.7	22.7	132	101	76.1	22.4	7	3	2

表 2-45 常规感温迟熟B组品种主要农艺性状综合表

品种名称	全生育期（天）	基本苗（万苗/亩）	最高苗（万苗/亩）	分蘖率（%）	有效穗（万穗/亩）	成穗率（%）	科高（厘米）	穗长（厘米）	总粒数（粒/穗）	实粒数（粒/穗）	结实率（%）	千粒重（克）	抗倒情况（个，试点数）		
													直	斜	倒
春油占20	113	7.0	30.5	366.1	17.6	58.9	107.5	24.8	167	130	77.8	18.4	11	1	0
广良丝苗3号	114	7.3	30.4	336.0	17.9	60.4	106.6	24.6	158	117	74.2	18.0	11	0	1
广美占	114	6.5	29.9	381.3	17.5	58.9	110.1	23.6	142	116	80.8	22.2	10	0	2
广油农占	114	6.7	27.0	327.1	16.5	62.5	108.4	22.3	150	117	78.4	25.0	12	0	0
黄广五占（复试）	114	7.2	31.3	346.2	17.3	56.4	104.5	22.8	149	118	79.3	23.2	12	0	0
黄华油占（复试）	114	7.3	32.2	364.9	18.3	58.6	110.5	21.1	146	116	79.3	22.5	11	0	1
南惠2号	116	7.2	30.6	342.9	17.1	56.8	107.2	21.2	169	121	72.0	21.0	12	0	0
南新银占	114	7.0	29.9	351.0	17.3	58.6	109.4	21.1	159	120	75.9	21.2	11	0	1
新籼软占	112	7.2	30.3	340.3	18.0	60.7	106.7	22.7	158	124	78.7	20.6	11	0	1
野优巴茅一号	125	6.6	27.3	323.0	15.0	56.4	126.8	27.2	147	101	69.7	23.1	12	0	0
粤晶丝苗2号（CK）	115	5.9	28.4	378.2	16.9	55.4	100.7	20.9	132	104	72.8	18.6	11	0	1
中深3号（复试）	114	6.9	31.8	379.7	19.2	61.4	105.7	22.4	149	119	79.0	19.2	11	0	1

表 2-46　特用稻组品种主要农艺性状综合表

品种名称	全生育期（天）	基本苗（万苗/亩）	最高苗（万苗/亩）	分蘖率（%）	有效穗（万穗/亩）	成穗率（%）	科高（厘米）	穗长（厘米）	总粒数（粒/穗）	实粒数（粒/穗）	结实率（%）	千粒重（克）	抗倒情况（个，试点数）		
													直	斜	倒
合红占2号（复试）	114	5.4	23.9	341.6	14.6	62.2	114.8	23.1	144	121	84.2	26.0	5	0	0
兴两优红晶占（复试）	112	5.5	25.5	372.5	15.9	63.2	106.7	23.3	167	127	75.9	19.1	4	0	1
晶两优红占（复试）	112	5.4	26.0	392.1	15.4	60.4	114.7	23.1	146	117	80.4	22.7	5	0	0
华航红珍占	113	5.6	27.4	400.9	16.5	61.9	115.0	24.2	158	115	73.1	21.5	4	1	0
春两优紫占	113	4.9	23.8	446.0	14.4	61.5	115.4	23.9	145	112	76.4	25.3	5	0	0
东红6号（复试）	112	5.5	25.6	381.0	15.5	61.9	113.3	23.0	153	118	76.8	21.4	4	0	1
粤红宝（CK）	112	5.4	25.2	371.3	15.9	64.1	113.0	23.5	157	122	77.8	19.2	4	0	1
航软黑占2号	114	5.5	26.6	410.4	15.8	61.2	108.4	21.3	162	118	73.2	20.1	5	0	0
广黑糯1号	115	5.3	24.6	381.5	16.0	66.1	115.1	22.6	164	122	74.4	17.7	5	0	0
南黑1号	121	5.3	23.5	368.1	14.5	63.1	117.8	23.1	163	114	70.3	19.6	5	0	0

表 2-47　香稻A组品种主要农艺性状综合表

品种名称	全生育期（天）	基本苗（万苗/亩）	最高苗（万苗/亩）	分蘖率（%）	有效穗（万穗/亩）	成穗率（%）	科高（厘米）	穗长（厘米）	总粒数（粒/穗）	实粒数（粒/穗）	结实率（%）	千粒重（克）	抗倒情况（个，试点数）		
													直	斜	倒
五香丝苗（复试）	115	5.6	23.5	325.1	15.9	68.6	125.4	24.2	181	139	77.4	20.5	7	1	0
原香优1214	111	6.2	27.0	367.3	17.8	67.2	112.3	23.2	181	132	73.4	18.9	6	1	1
美香占3号	111	6.5	29.6	365.6	19.1	66.6	109.4	21.6	147	119	80.5	18.9	6	2	0
广桂香占（复试）	114	6.4	28.3	343.3	18.5	66.5	123.5	23.6	145	118	80.9	18.5	7	1	0
京两优香丝苗	109	6.6	28.2	332.1	18.0	65.5	117.3	25.5	138	108	78.4	22.8	6	2	0
深香优6615（复试）	116	6.3	28.5	366.9	18.1	64.1	114.6	23.4	146	109	75.8	23.3	8	0	0
双香丝苗（复试）	115	6.2	28.9	365.2	20.2	71.4	107.6	22.2	132	102	77.8	19.8	8	0	0
美香占2号（CK）	113	6.7	30.1	368.7	19.7	67.4	113.3	22.3	135	116	84.2	18.7	7	1	0
万丰香占3号	112	6.1	26.3	335.7	17.0	66.2	114.6	23.1	156	117	75.0	20.3	6	2	0
匠心香丝苗（复试）	113	6.2	27.5	353.0	17.6	65.8	115.8	23.5	154	111	72.8	19.9	7	1	0
凤来香	114	5.8	26.5	365.7	16.5	62.3	114.6	24.4	169	122	72.5	20.5	7	1	0
增科丝苗2号	112	6.3	27.7	348.8	19.5	73.5	107.2	23.6	163	122	75.2	16.2	6	2	0

表 2-48　香稻 B 组品种主要农艺性状综合表

品种名称	全生育期（天）	基本苗（万苗/亩）	最高苗（万苗/亩）	分蘖率（%）	有效穗（万穗/亩）	成穗率（%）	科高（厘米）	穗长（厘米）	总粒数（粒/穗）	实粒数（粒/穗）	结实率（%）	千粒重（克）	抗倒情况（个，试点数）		
													直	斜	倒
广10优1512	108	5.8	25.5	343.7	17.0	69.8	116.6	22.4	145	117	81.0	23.6	7	1	0
邦优南香占（复试）	113	6.1	27.7	367.2	18.4	68.3	115.3	22.5	171	129	75.4	20.1	5	2	1
青香优266	110	6.5	28.3	342.5	18.9	68.5	114.1	22.7	134	108	80.6	22.1	5	1	2
月香优98香	107	6.5	25.1	311.0	18.0	73.7	111.1	23.3	153	123	80.2	20.5	6	2	0
广新香丝苗	113	6.4	28.8	370.7	18.6	66.3	107.1	22.5	132	109	82.1	22.0	8	0	0
昇香两优南晶香占	111	6.4	29.3	368.3	18.5	64.7	107.8	23.0	138	109	79.2	21.5	7	1	0
耕香优晶晶	110	6.4	27.6	342.8	17.4	64.0	114.1	23.1	181	132	72.9	20.3	6	1	1
江农香占1号（复试）	115	5.8	27.1	386.4	18.2	69.1	111.3	23.1	158	118	75.7	18.8	6	1	1
泰优香丝苗	107	6.1	27.3	414.5	18.2	69.5	110.5	23.4	153	118	77.6	20.5	4	4	0
美香占2号（CK）	112	6.2	29.8	396.1	19.6	67.4	109.8	22.5	134	113	84.2	18.4	7	1	0
丰香丝苗（复试）	113	6.6	27.4	336.3	19.2	72.5	106.8	23.1	137	108	79.6	20.5	6	1	1
软华优7311（复试）	111	6.1	26.9	347.3	18.3	69.9	121.4	23.8	155	113	73.7	21.1	6	1	1

表 2-49　香稻 C 组品种主要农艺性状综合表

品种名称	全生育期（天）	基本苗（万苗/亩）	最高苗（万苗/亩）	分蘖率（%）	有效穗（万穗/亩）	成穗率（%）	科高（厘米）	穗长（厘米）	总粒数（粒/穗）	实粒数（粒/穗）	结实率（%）	千粒重（克）	抗倒情况（个，试点数）		
													直	斜	倒
华航香银针（复试）	115	6.2	27.1	346.8	18.4	70.5	117.6	23.6	162	126	78.3	19.8	7	1	0
美两优313	110	7.2	30.6	340.7	19.2	64.2	109.4	22.8	134	110	81.7	21.4	7	1	0
粤两优香油占（复试）	107	6.3	26.5	338.0	18.3	70.7	113.7	23.5	134	107	80.0	22.7	7	1	0
粤香软占（复试）	112	6.8	30.5	352.4	19.7	67.1	102.8	21.9	160	121	76.0	17.4	8	0	0
泰优19香（复试）	108	6.5	26.3	306.9	17.8	69.2	109.1	23.1	151	108	71.8	21.8	6	2	0
丝香优莹占	105	7.1	27.7	301.3	17.8	66.1	106.2	23.2	151	115	77.3	20.8	7	1	0
美香占2号（CK）	112	7.0	28.7	323.0	19.4	69.0	110.3	22.9	132	111	83.9	18.3	7	1	0
碧玉丝苗8号	115	6.8	29.5	340.3	18.4	63.7	106.4	23.3	147	118	80.8	18.5	7	1	0
台香022	113	7.1	28.5	315.7	19.2	69.1	113.6	23.0	154	112	72.9	17.8	7	0	1
江航香占	115	6.8	24.8	274.6	16.8	69.6	116.5	24.5	168	117	70.4	21.8	8	0	0
韶香丝苗	111	7.1	31.6	345.1	19.9	64.7	110.1	21.9	135	112	83.0	17.5	7	1	0
万丰香占5号	114	6.8	32.7	380.3	20.5	64.6	119.3	23.3	133	104	77.8	17.8	6	2	0

表2－50　香稻D组品种主要农艺性状综合表

品种名称	全生育期（天）	基本苗（万苗/亩）	最高苗（万苗/亩）	分蘖率（%）	有效穗（万穗/亩）	成穗率（%）	科高（厘米）	穗长（厘米）	总粒数（粒/穗）	实粒数（粒/穗）	结实率（%）	千粒重（克）	抗倒情况（个，试点数）		
													直	斜	倒
豪香优100	108	5.9	24.5	322.4	17.4	72.7	110.2	24.0	163	130	79.5	20.9	7	1	0
深香优9374	112	6.4	29.9	378.7	18.5	62.7	118.3	23.6	146	112	77.0	23.3	6	2	0
馨香优98香（复试）	107	6.3	25.3	308.6	18.4	74.0	111.8	23.1	152	121	80.2	21.7	7	1	0
又美优99	114	6.6	31.0	382.0	20.2	65.8	115.3	23.1	151	109	72.5	21.1	6	2	0
昇香两优春香丝苗	114	6.5	29.0	353.3	19.4	68.4	106.0	22.5	141	112	79.5	21.3	7	1	0
粤香丝苗（复试）	112	7.1	31.4	350.4	21.0	68.8	104.9	22.8	136	109	80.5	19.3	6	2	0
南泰香丝苗（复试）	113	6.4	27.2	334.4	18.2	68.1	112.3	23.2	147	120	82.0	21.1	7	1	0
靓优香（复试）	114	6.5	30.2	372.9	19.8	66.9	107.6	22.8	131	108	81.7	20.3	6	2	0
芃香丝苗	115	6.7	31.2	392.1	19.4	64.4	108.2	23.2	128	98	77.7	21.4	6	2	0
美香占2号（CK）	112	6.5	30.5	373.4	19.7	67.7	110.8	23.0	134	110	82.1	18.6	7	1	0
美巴丝苗	114	6.7	27.9	327.4	17.9	66.5	116.7	24.0	162	118	73.1	18.2	7	1	0
巴禾香占2号	111	6.3	25.9	330.0	17.8	72.2	106.6	23.4	152	122	80.7	18.4	7	1	0

三、品种评述

（一）复试品种

1. 香稻组（A组）

（1）五香丝苗　全生育期115～116天，比对照种美香占2号长2～3天。株型中集，分蘖力中等，植株较高，抗倒力中强，耐寒性中等。科高121.5～125.4厘米，亩有效穗15.9万～16.0万，穗长24.1～24.2厘米，每穗总粒数170～181粒，结实率77.4%～81.0%，千粒重20.5～21.7克。抗稻瘟病，全群抗性频率82.9%～86.7%，病圃鉴定叶瘟1.3～1.75级、穗瘟1.5～2.0级（单点最高3级）；中感白叶枯病（Ⅸ型菌3～5级）。米质鉴定未达部标优质等级，糙米率78.2%～78.7%，整精米率46.7%～48.6%，垩白度0.1%～0.3%，透明度1.0级，碱消值7.0级，胶稠度62.0～72.0毫米，直链淀粉17.1%～17.2%，粒型（长宽比）4.1～4.2。有香味（2－AP含量549.88～1 159.49微克/千克），品鉴食味分88.36～93.14。2020年晚造参加省区试，平均亩产为467.79公斤，比对照种美香占2号增产15.94%，增产达极显著水平，增产点比例100%。2021年晚造参加省区试，平均亩产为459.94公斤，比对照种美香占2号增产12.70%，增产达极显著水平，增产点比例100%。2021年晚造生产试验平均亩产432.78公斤，比美香占2号增产4.15%。日产量4.00～4.03公斤。

该品种经过两年区试和一年生产试验，表现丰产性好，米质未达部标优质等级，抗稻瘟病，中感白叶枯病，耐寒性中等。建议广东省早、晚造种植，粤北稻作区根据生育期慎重选择使用。推荐省品种审定。

（2）广桂香占　全生育期114～116天，比对照种美香占2号长1～3天。株型中集，分蘖力中等，植株较高，抗倒力中强，耐寒性中强。科高118.7～123.5厘米，亩有效穗18.5万～18.6万，穗长23.4～23.6厘米，每穗总粒数145粒，结实率80.9%～86.2%，千粒重18.5～19.4克。抗稻瘟病，全群抗性频率80.0%～84.4%，病圃鉴定叶瘟1.0～1.25级、穗瘟2.0～3.5级（单点最高7级）；感白叶枯病（Ⅸ型菌7级）。米质鉴定未达部标优质等级，糙米率80.4%～81.0%，整精米率44.2%～50.9%，垩白度1.3%，透明度1.0级，碱消值6.3～7.0级，胶稠度64.0～72.0毫米，直链淀粉15.4%～17.1%，粒型（长宽比）4.2～4.7。有香味（2-AP含量0～682.46微克/千克），品鉴食味分90.18～92.00。2020年晚造参加省区试，平均亩产为464.02公斤，比对照种美香占2号增产13.88%，增产达显著水平。2021年晚造参加省区试，平均亩产为427.21公斤，比对照种美香占2号增产4.68%，增产未达显著水平。2021年晚造生产试验平均亩产416.17公斤，比美香占2号增产0.15%。日产量3.75～4.00公斤。

该品种经过两年区试和一年生产试验，表现丰产性较好，米质未达部标优质等级，抗稻瘟病，感白叶枯病，耐寒性中强。建议广东省早、晚造种植，粤北稻作区根据生育期慎重选择使用。栽培上注意防治白叶枯病。推荐省品种审定。

（3）深香优6615　全生育期116～118天，比对照种美香占2号长3～5天。株型中集，分蘖力中等，株高适中，抗倒力强，耐寒性中等。科高112.5～114.6厘米，亩有效穗18.1万～18.2万，穗长23.2～23.4厘米，每穗总粒数138～146粒，结实率75.8%～77.4%，千粒重23.3～24.1克。中感稻瘟病，全群抗性频率62.9%～86.7%，病圃鉴定叶瘟1.75～3.0级、穗瘟3.0～5.0级（单点最高7级）；高感白叶枯病（Ⅸ型菌7～9级）。米质鉴定未达部标优质等级，糙米率80.1%～81.0%，整精米率42.6%～46.0%，垩白度1.1%，透明度1.0级，碱消值7.0级，胶稠度68.0～74.0毫米，直链淀粉18.0%～18.3%，粒型（长宽比）4.1～4.3。有香味（2-AP含量266.66～633.24微克/千克），品鉴食味分88.29～88.73。2020年晚造参加省区试，平均亩产为456.21公斤，比对照种美香占2号增产13.95%，增产达极显著水平。2021年晚造参加省区试，平均亩产为418.75公斤，比对照种美香占2号增产2.61%，增产未达显著水平。2021年晚造生产试验平均亩产434.61公斤，比美香占2号增产4.59%。日产量3.61～3.87公斤。

该品种经过两年区试和一年生产试验，表现丰产性较好，米质未达部标优质等级，中感稻瘟病，高感白叶枯病，耐寒性中等。建议粤北以外稻作区早、晚造种植。栽培上特别注意防治稻瘟病和白叶枯病。推荐省品种审定。

（4）双香丝苗　全生育期115～117天，比对照种美香占2号长2～4天。株型中集，分蘖力中等，株高适中，抗倒力强，耐寒性中等。科高107.6～109.9厘米，亩有效穗20.2万～21.5万，穗长22.2～22.3厘米，每穗总粒数110～132粒，结实率77.8%～85.8%，千粒重19.8～20.0克。抗稻瘟病，全群抗性频率71.4%～82.2%，病圃鉴定叶瘟1.0～1.5级、穗瘟2.5～3.0级（单点最高7级）；高感白叶枯病（Ⅸ型菌7～9级）。米质鉴定未达部标优质等级，糙米率79.0%～79.4%，整精米率40.4%～49.6%，垩白度0.0%～0.5%，透明度1.0级，碱消值7.0级，胶稠度60.0～66.0毫米，直链淀粉14.9%～16.5%，粒型（长宽比）4.3～4.6。有香味（2-AP含量545.73～859.28微克/千克），品鉴食味分 91.64～92.57。2020 年晚造参加省区试，平均亩产为 432.79 公斤，比对照种美香占 2 号增产 7.27%，增产未达显著水平。2021 年晚造参加省区试，平均亩产为 417.23 公斤，比对照种美香占 2 号增产 2.24%，增产未达显著水平。2021 年晚造生产试验平均亩产 427.81 公斤，比美香占 2 号增产 2.95%。日产量 3.63～3.70 公斤。

该品种经过两年区试和一年生产试验，表现产量与对照相当，米质未达部标优质等级，抗稻瘟病，高感白叶枯病，耐寒性中等。建议广东省早、晚造种植，粤北稻作区根据生育期慎重选择使用。栽培上特别注意防治白叶枯病。推荐省品种审定。

（5）匠心香丝苗　全生育期 113～119 天，比对照种美香占 2 号长 0～6 天。株型中集，分蘖力中等，株高适中，抗倒力中强，耐寒性中等。科高 104.8～115.8 厘米，亩有效穗 17.6 万～19.9 万，穗长 23.2～23.5 厘米，每穗总粒数 116～154 粒，结实率 72.8%～79.8%，千粒重 19.9～22.8 克。中感稻瘟病，全群抗性频率 62.9%～100.0%，病圃鉴定叶瘟 1.0～1.25 级、穗瘟 2.0～2.5 级（单点最高 5 级）；高感白叶枯病（Ⅸ型菌 7～9 级）。米质鉴定达部标优质 2 级，糙米率 80.0%～80.4%，整精米率 46.3%～62.3%，垩白度 0.6%～1.6%，透明度 1.0～2.0 级，碱消值 4.2～7.0 级，胶稠度 68.0～80.0 毫米，直链淀粉 13.7%～17.2%，粒型（长宽比）3.5～4.0。有香味（2-AP 含量 866.63～883.63 微克/千克），品鉴食味分 89.71～90.59。2020 年晚造参加省区试，平均亩产为 407.43 公斤，比对照种美香占 2 号减产 0.01%，减产未达显著水平。2021 年晚造参加省区试，平均亩产为 385.58 公斤，比对照种美香占 2 号减产 5.52%，减产未达显著水平。2021 年晚造生产试验平均亩产 410.75 公斤，比美香占 2 号减产 1.15%。日产量 3.41～3.42 公斤。

该品种经过两年区试和一年生产试验，表现产量与对照相当，米质达部标优质 2 级，中感稻瘟病，高感白叶枯病，耐寒性中等。建议粤北以外稻作区早、晚造种植。栽培上特别注意防治稻瘟病和白叶枯病。推荐省品种审定。

2. 香稻组（B 组）

（1）邦优南香占　全生育期 113～114 天，比对照种美香占 2 号长 1 天。株型中集，分蘖力中等，株高适中，抗倒力中弱，耐寒性中等。科高 115.3～117.9 厘米，亩有效穗 18.2 万～18.4 万，穗长 22.5～22.8 厘米，每穗总粒数 171～173 粒，结实率 75.4%～78.5%，千粒重 19.9～20.1 克。中感稻瘟病，全群抗性频率 82.9%～86.7%，病圃鉴定叶瘟 1.5～1.75 级、穗瘟 3.5～6.0 级（单点最高 7 级）；高感白叶枯病（Ⅸ型菌 9 级）。米质鉴定达部标优质 2 级，糙米率 80.5%～80.8%，整精米率 53.8%～57.1%，垩白度 0.3%～1.6%，透明度 1.0～2.0 级，碱消值 7.0 级，胶稠度 61.0～68.0 毫米，直链淀粉 16.3%～16.8%，粒型（长宽比）3.9～4.0。有香味（2-AP 含量 146.54～550.06 微克/千克），品鉴食味分 88.29～88.36。2020 年晚造参加省区试，平均亩产为 487.79 公斤，比对照种美香占 2 号增产 19.72%，增产达极显著水平，增产点比例 100%。2021 年晚造参加省区试，平均亩产为 459.19 公斤，比对照种美香占 2 号增产 12.98%，增产达极显著水平，增产点比例 87.5%。2021 年晚造生产试验平均亩产 469.34 公斤，比美香占 2 号增产 12.95%。日产量 4.06～4.28 公斤。

该品种经过两年区试和一年生产试验，表现丰产性好，米质达部标优质 2 级，中感稻瘟病，高感白叶枯病，耐寒性中等。建议广东省早、晚造种植，粤北稻作区根据生育期慎重选择使用。栽培上特别注意防治稻瘟病和白叶枯病。推荐省品种审定。

（2）江农香占1号　全生育期115～116天，比对照种美香占2号长3天。株型中集，分蘖力中等，株高适中，抗倒力中等，耐寒性中等。科高111.3～112.7厘米，亩有效穗18.2万～18.4万，穗长23.1～23.8厘米，每穗总粒数158粒，结实率75.1%～75.7%，千粒重18.8～20.7克。中抗稻瘟病，全群抗性频率80.0%～86.7%，病圃鉴定叶瘟1.0～2.0级、穗瘟4.0～5.0级（单点最高7级）；高感白叶枯病（Ⅸ型菌9级）。米质鉴定达部标优质2级，糙米率80.1%～80.2%，整精米率57.3%～58.2%，垩白度0.1%～0.3%，透明度1.0～2.0级，碱消值7.0级，胶稠度58.0～62.0毫米，直链淀粉16.4%～16.5%，粒型（长宽比）4.1～4.2。有香味（2-AP含量206.17～726.88微克/千克），品鉴食味分87.09～89.14。2020年晚造参加省区试，平均亩产为433.05公斤，比对照种美香占2号增产6.28%，增产未达显著水平。2021年晚造参加省区试，平均亩产为423.69公斤，比对照种美香占2号增产4.25%，增产未达显著水平。2021年晚造生产试验平均亩产422.24公斤，比美香占2号增产1.61%。日产量3.68～3.73公斤。

该品种经过两年区试和一年生产试验，表现产量与对照相当，米质达部标优质2级，中抗稻瘟病，高感白叶枯病，耐寒性中等。建议粤北以外稻作区早、晚造种植。栽培上注意防治稻瘟病和白叶枯病。推荐省品种审定。

（3）丰香丝苗　全生育期113～114天，比对照种美香占2号长1天。株型中集，分蘖力中等，株高适中，抗倒力中等，耐寒性中等。科高106.8～109.7厘米，亩有效穗19.1万～19.2万，穗长23.1～23.4厘米，每穗总粒数122～137粒，结实率79.6%～87.9%，千粒重20.5～21.8克。抗稻瘟病，全群抗性频率71.4%～86.7%，病圃鉴定叶瘟1.0～1.75级、穗瘟2.5～3.0级（单点最高5级）；高感白叶枯病（Ⅸ型菌5～9级）。米质鉴定未达部标优质等级，糙米率79.5%～79.7%，整精米率21.1%～38.4%，垩白度0.2%～0.6%，透明度1.0～2.0级，碱消值7.0级，胶稠度66.0～75.0毫米，直链淀粉12.8%～14.2%，粒型（长宽比）4.6～4.7。有香味（2-AP含量208.52～715.43微克/千克），品鉴食味分90.73～92.29。2020年晚造参加省区试，平均亩产为431.69公斤，比对照种美香占2号增产6.99%，增产未达显著水平。2021年晚造参加省区试，平均亩产为406.02公斤，比对照种美香占2号减产0.1%，减产未达显著水平。2021年晚造生产试验平均亩产443.95公斤，比美香占2号增产6.84%。日产量3.59～3.79公斤。

该品种经过两年区试和一年生产试验，表现产量与对照相当，米质未达部标优质等级，抗稻瘟病，高感白叶枯病，耐寒性中等。建议广东省早、晚造种植，粤北稻作区根据生育期慎重选择使用。栽培上注意防治白叶枯病。推荐省品种审定。

（4）软华优7311　全生育期111～112天，比对照种美香占2号短1天。株型中集，分蘖力中等，植株较高，抗倒力中弱，耐寒性中弱。科高121.4～121.6厘米，亩有效穗17.3万～18.3万，穗长23.8～24.3厘米，每穗总粒数155～182粒，结实率70.4%～73.7%，千粒重20.9～21.1克。感稻瘟病，全群抗性频率62.9%～82.2%，病圃鉴定叶瘟2.0～4.0级、穗瘟4.5～6.0级（单点最高7级）；高感白叶枯病（Ⅸ型菌9级）。米质鉴定达部标优质1级，糙米率80.2%～81.3%，整精米率54.5%～58.0%，垩白度

0.5%～0.6%，透明度1.0级，碱消值7.0级，胶稠度68.0～78.0毫米，直链淀粉15.8%～16.8%，粒型（长宽比）4.0～4.2。有香味（2-AP含量511.05～552.93微克/千克），品鉴食味分88.18～90.57。2020年晚造参加省区试，平均亩产为411.29公斤，比对照种美香占2号增产0.94%，增产未达显著水平。2021年晚造参加省区试，平均亩产为403.17公斤，比对照种美香占2号减产0.8%，减产未达显著水平。2021年晚造生产试验平均亩产396.03公斤，比美香占2号减产4.7%。日产量3.63～3.67公斤。

该品种经过两年区试和一年生产试验，表现产量与对照相当，米质达部标优质1级，感稻瘟病，高感白叶枯病，耐寒性中弱。建议粤北以外稻作区早、晚造种植。栽培上特别注意防治稻瘟病和白叶枯病。推荐省品种审定。

3. 香稻组（C组）

（1）华航香银针　全生育期115～117天，比对照种美香占2号长3～4天。株型中集，分蘖力中等，株高适中，抗倒力中强，耐寒性中强。科高117.2～117.6厘米，亩有效穗17.6万～18.4万，穗长23.6～23.9厘米，每穗总粒数143～162粒，结实率78.3%～83.2%，千粒重19.8～21.9克。抗稻瘟病，全群抗性频率71.4%～86.7%，病圃鉴定叶瘟1.0～1.25级、穗瘟2.0级（单点最高3级）；感白叶枯病（Ⅸ型菌7级）。米质鉴定达部标优质2级，糙米率79.5%～79.9%，整精米率54.9%～56.2%，垩白度0.2%～0.7%，透明度1.0级，碱消值7.0级，胶稠度60.0～75.0毫米，直链淀粉15.0%～15.3%，粒型（长宽比）4.1～4.2。有香味（2-AP含量279.82～1 075.38微克/千克），品鉴食味分91.09～94.86。2020年晚造参加省区试，平均亩产为458.67公斤，比对照种美香占2号增产14.57%，增产达极显著水平。2021年晚造参加省区试，平均亩产为434.63公斤，比对照种美香占2号增产7.89%，增产未达显著水平。2021年晚造生产试验平均亩产429.59公斤，比美香占2号增产3.38%。日产量3.78～3.92公斤。

该品种经过两年区试和一年生产试验，表现丰产性较好，米质达部标优质2级，抗稻瘟病，感白叶枯病，耐寒性中强。建议粤北以外稻作区早、晚造种植。栽培上注意防治白叶枯病。推荐省品种审定。

（2）粤两优香油占　全生育期107～111天，比对照种美香占2号短2～5天。株型中集，分蘖力中等，株高适中，抗倒力中强，耐寒性中等。科高112.3～113.7厘米，亩有效穗18.3万～18.6万，穗长22.8～23.5厘米，每穗总粒数125～134粒，结实率80.0%～84.7%，千粒重22.7～23.3克。中感稻瘟病，全群抗性频率88.9%～91.4%，病圃鉴定叶瘟1.5级、穗瘟4.0～6.0级（单点最高7级）；高感白叶枯病（Ⅸ型菌9级）。米质鉴定未达部标优质等级，糙米率80.2%～80.8%，整精米率48.6%～49.4%，垩白度0.2%～1.0%，透明度1.0～2.0级，碱消值5.2～5.3级，胶稠度70.0～80.0毫米，直链淀粉14.5%～15.2%，粒型（长宽比）4.5～4.6。有香味（2-AP含量47.41～770.09微克/千克），品鉴食味分85.46～89.43。2020年晚造参加省区试，平均亩产为447.86公斤，比对照种美香占2号增产11.87%，增产达极显著水平。2021年晚造参加省区试，平均亩产为422.21公斤，比对照种美香占2号增产4.80%，增产未达显著水平。2021年晚造生产试验平均亩产431.93公斤，比美香占2号增产3.94%。日产量3.95～4.03公斤。

该品种经过两年区试和一年生产试验，表现丰产性较好，米质未达部标优质等级，中感稻瘟病，高感白叶枯病，耐寒性中等。建议广东省早、晚造种植。栽培上特别注意防治稻瘟病和白叶枯病。推荐省品种审定。

(3) 粤香软占　全生育期112～116天，比对照种美香占2号长0～3天。株型中集，分蘖力中等，株高适中，抗倒力强，耐寒性中强。科高102.8～105.0厘米，亩有效穗19.4万～19.7万，穗长21.9～22.5厘米，每穗总粒数150～160粒，结实率76.0%～84.1%，千粒重17.4～18.2克。中感稻瘟病，全群抗性频率74.3%～86.7%，病圃鉴定叶瘟1.5～1.75级、穗瘟4.5～6.0级（单点最高9级）；感白叶枯病（Ⅸ型菌5～7级）。米质鉴定达部标优质3级，糙米率78.3%～78.9%，整精米率60.8%～61.4%，垩白度0.0%～0.4%，透明度1.0～2.0级，碱消值6.8～7.0级，胶稠度68.0～80.0毫米，直链淀粉13.8%～14.1%，粒型（长宽比）3.5。有香味（2-AP含量206.95～711.32微克/千克），品鉴食味分88.00～89.46。2020年晚造参加省区试，平均亩产为463.07公斤，比对照种美香占2号增产14.16%，增产达极显著水平。2021年晚造参加省区试，平均亩产为420.58公斤，比对照种美香占2号增产4.40%，增产未达显著水平。2021年晚造生产试验平均亩产425.36公斤，比美香占2号增产2.36%。日产量3.76～3.99公斤。

该品种经过两年区试和一年生产试验，表现丰产性较好，米质达部标优质3级，中感稻瘟病，单点最高穗瘟9级，感白叶枯病，耐寒性中强。建议广东省早、晚造种植，粤北稻作区根据生育期慎重选择使用。栽培上特别注意防治稻瘟病和白叶枯病。

(4) 泰优19香　全生育期108～110天，比对照种美香占2号短3～4天。株型中集，分蘖力中等，株高适中，抗倒力中等，耐寒性中弱。科高107.1～109.1厘米，亩有效穗17.6万～17.8万，穗长23.1～23.3厘米，每穗总粒数151～154粒，结实率71.8%～78.5%，千粒重21.8～22.9克。中感稻瘟病，全群抗性频率85.7%～95.6%，病圃鉴定叶瘟1.5～2.0级、穗瘟4.5～6.5级（单点最高9级）；高感白叶枯病（Ⅸ型菌9级）。米质鉴定达部标优质3级，糙米率80.7%～81.0%，整精米率52.3%～53.7%，垩白度0.2%～0.6%，透明度1.0～2.0级，碱消值6.5～7.0级，胶稠度73.0～82.0毫米，直链淀粉15.8%～16.6%，粒型（长宽比）4.3～4.4。有香味（2-AP含量0～180微克/千克），品鉴食味分88.18～88.27。2020年晚造参加省区试，平均亩产为449.69公斤，比对照种美香占2号增产10.86%，增产达显著水平。2021年晚造参加省区试，平均亩产为407.42公斤，比对照种美香占2号增产1.13%，增产未达显著水平。2021年晚造生产试验平均亩产466.66公斤，比美香占2号增产12.30%。日产量3.77～4.09公斤。

该品种经过两年区试和一年生产试验，表现丰产性较好，米质达部标优质3级，中感稻瘟病，单点最高穗瘟9级，高感白叶枯病，耐寒性中弱。建议粤北以外稻作区早、晚造种植。栽培上特别注意防治稻瘟病和白叶枯病。

4. 香稻组（D组）

(1) 馨香优98香　全生育期107～110天，比对照种美香占2号短3～5天。株型中集，分蘖力中等，株高适中，抗倒力中强，耐寒性中强。科高111.8～111.9厘米，亩有效穗17.6万～18.4万，穗长23.1～23.2厘米，每穗总粒数144～152粒，结实率80.2%～85.1%，千粒重21.1～21.7克。中感稻瘟病，全群抗性频率77.1%～82.2%，病圃鉴定叶瘟1.3～1.75级、穗瘟2.0～5.0级（单点最高7级）；中抗白叶枯病（Ⅸ型菌1～3

级)。米质鉴定达部标优质3级，糙米率79.8%～81.4%，整精米率45.7%～52.5%，垩白度1.3%～1.5%，透明度1.0～2.0级，碱消值6.8～7.0级，胶稠度66.0～73.0毫米，直链淀粉15.8%～16.1%，粒型(长宽比)4.0～4.2。有香味(2-AP含量0～709.25微克/千克)，品鉴食味分85.82～88.29。2020年晚造参加省区试，平均亩产为439.1公斤，比对照种美香占2号增产9.68%，增产达显著水平。2021年晚造参加省区试，平均亩产为461.57公斤，比对照种美香占2号增产13.64%，增产达极显著水平。2021年晚造生产试验平均亩产415.97公斤，比美香占2号增产0.10%。日产量3.99～4.31公斤。

该品种经过两年区试和一年生产试验，表现丰产性好，米质达部标优质3级，中感稻瘟病，中抗白叶枯病，耐寒性中强。建议广东省早、晚造种植。栽培上注意防治稻瘟病。推荐省品种审定。

(2)南泰香丝苗　全生育期113～117天，比对照种美香占2号长1～4天。株型中集，分蘖力中等，株高适中，抗倒力中强，耐寒性中等。科高109.9～112.3厘米，亩有效穗17.6万～18.2万，穗长23.2～23.6厘米，每穗总粒数136～147粒，结实率82.0%～84.9%，千粒重21.1～21.3克。抗稻瘟病，全群抗性频率65.7%～88.9%，病圃鉴定叶瘟1.25～1.5级、穗瘟2.0～3.0级(单点最高7级)；抗白叶枯病(Ⅸ型菌1级)。米质鉴定达部标优质2级，糙米率80.0%～80.6%，整精米率54.6%～59.0%，垩白度1.0%～1.5%，透明度1.0级，碱消值7.0级，胶稠度64.0～68.0毫米，直链淀粉16.4%～16.8%，粒型(长宽比)4.1。有香味(2-AP含量95.39～756.12微克/千克)，品鉴食味分87.82～91.14。2020年晚造参加省区试，平均亩产为452.6公斤，比对照种美香占2号增产11.58%，增产达显著水平。2021年晚造参加省区试，平均亩产为435.59公斤，比对照种美香占2号增产7.25%，增产达显著水平。2021年晚造生产试验平均亩产424.67公斤，比美香占2号增产2.20%。日产量3.85～3.87公斤。

该品种经过两年区试和一年生产试验，表现丰产性好，米质达部标优质2级，抗稻瘟病，抗白叶枯病，耐寒性中等。建议广东省早、晚造种植，粤北稻作区根据生育期慎重选择使用。推荐省品种审定。

(3)靓优香　全生育期114～117天，比对照种美香占2号长2～4天。株型中集，分蘖力中强，株高适中，抗倒力中等，耐寒性中等。科高107.6～109.0厘米，亩有效穗17.7万～19.8万，穗长22.8～23.1厘米，每穗总粒数128～131粒，结实率81.7%～85.6%，千粒重20.3～23.2克。抗稻瘟病，全群抗性频率74.3%～91.1%，病圃鉴定叶瘟1.8～2.0级、穗瘟2.0～2.5级(单点最高3级)；抗白叶枯病(Ⅸ型菌1级)。米质鉴定达部标优质2级，糙米率80.0%～80.2%，整精米率54.1%～58.0%，垩白度1.9%～2.0%，透明度1.0～2.0级，碱消值7.0级，胶稠度64.0～71.0毫米，直链淀粉15.1%～17.4%，粒型(长宽比)4.0～4.1。有香味(2-AP含量122.76～687.23微克/千克)，品鉴食味分87.43～89.82。2020年晚造参加省区试，平均亩产为458.55公斤，比对照种美香占2号增产13.04%，增产达显著水平。2021年晚造参加省区试，平均亩产为431.02公斤，比对照种美香占2号增产6.12%，增产未达显著水平。2021年晚造生产试验平均亩产425.95公斤，比美香占2号增产2.50%。日产量3.78～3.92公斤。

该品种经过两年区试和一年生产试验，表现丰产性较好，米质达部标优质2级，抗稻瘟病，抗白叶枯病，耐寒性中等。建议广东省早、晚造种植，粤北稻作区根据生育期慎重选择使用。推荐省品种审定。

（4）粤香丝苗　全生育期112～114天，比对照种美香占2号长0～1天。株型中集，分蘖力中等，株高适中，抗倒力中等，耐寒性中等。科高104.5～104.9厘米，亩有效穗19.6万～21.0万，穗长22.8～23.3厘米，每穗总粒数136～137粒，结实率80.5%～86.6%，千粒重19.1～19.3克。感稻瘟病，全群抗性频率68.6%～82.2%，病圃鉴定叶瘟1.3～2.0级、穗瘟4.0～5.5级（单点最高9级）；感白叶枯病（Ⅸ型菌7级）。米质鉴定达部标优质2级，糙米率78.9%～79.8%，整精米率63.0%～63.4%，垩白度0.2%，透明度1.0～2.0级，碱消值7.0级，胶稠度70.0～80.0毫米，直链淀粉14.0%～14.9%，粒型（长宽比）3.4～3.5。有香味（2-AP含量104.88～842.11微克/千克），品鉴食味分87.82～89.14。2020年晚造参加省区试，平均亩产为467.36公斤，比对照种美香占2号增产15.21%，增产达极显著水平，增产点比例100%。2021年晚造参加省区试，平均亩产为451.52公斤，比对照种美香占2号增产11.17%，增产达极显著水平，增产点比例87.5%。2021年晚造生产试验平均亩产453.10公斤，比美香占2号增产9.04%。日产量4.03～4.10公斤。

该品种经过两年区试和一年生产试验，表现丰产性好，米质达部标优质2级，感稻瘟病，单点最高穗瘟9级，感白叶枯病，耐寒性中等。建议广东省早、晚造种植，粤北稻作区根据生育期慎重选择使用。栽培上注意防治稻瘟病和白叶枯病。

5. 感温中熟组

（1）禾龙占　全生育期114天，比对照种华航31号长1～2天。株型中集，分蘖力中等，株高适中，抗倒力强，耐寒性中等。科高103.9～105.0厘米，亩有效穗17.0万～17.3万，穗长21.9～22.7厘米，每穗总粒数147～160粒，结实率79.5%～84.8%，千粒重21.4～22.7克。抗稻瘟病，全群抗性频率80.0%～84.4%，病圃鉴定叶瘟1.0～2.0级、穗瘟2.5～3.0级（单点最高5级）；高感白叶枯病（Ⅸ型菌7～9级）。米质鉴定达部标优质1级，糙米率81.1%～81.3%，整精米率61.6%～67.8%，垩白度0.5%～0.7%，透明度1.0级，碱消值7.0级，胶稠度72.0～73.0毫米，直链淀粉16.0%～16.1%，粒型（长宽比）3.1。2020年晚造参加省区试，平均亩产为453.54公斤，比对照种华航31号增产3.24%，增产未达显著水平。2021年晚造参加省区试，平均亩产为429.86公斤，比对照种华航31号增产1.74%，增产未达显著水平。2021年晚造生产试验平均亩产447.60公斤，比华航31号增产3.65%。日产量3.77～3.98公斤。

该品种经过两年区试和一年生产试验，表现产量与对照相当，米质达部标优质1级，抗稻瘟病，高感白叶枯病，耐寒性中等。建议粤北以外稻作区早、晚造种植。栽培上特别注意防治白叶枯病。推荐省品种审定。

（2）合新油占　全生育期113天，比对照种华航31号长0～1天。株型中集，分蘖力中等，株高适中，抗倒力强，耐寒性中等。科高112.1～114.7厘米，亩有效穗17.4万～17.5万，穗长23.5～23.9厘米，每穗总粒数153～161粒，结实率80.3%～86.6%，千粒重21.9～23.3克。抗稻瘟病，全群抗性频率77.1%～77.8%，病圃鉴定叶瘟1.0～1.5

级、穗瘟2.0～2.5级（单点最高5级）；高感白叶枯病（Ⅸ型菌7～9级）。米质鉴定达部标优质1级，糙米率82.2%～82.6%，整精米率67.1%～67.3%，垩白度0.5%～1.8%，透明度1.0～2.0级，碱消值7.0级，胶稠度75.0～76.0毫米，直链淀粉13.5%～15.1%，粒型（长宽比）3.1～3.2。2020年晚造参加省区试，平均亩产为453.18公斤，比对照种华航31号增产3.15%，增产未达显著水平。2021年晚造参加省区试，平均亩产为428.92公斤，比对照种华航31号增产1.52%，增产未达显著水平。2021年晚造生产试验平均亩产458.70公斤，比华航31号增产6.22%。日产量3.80～4.01公斤。

该品种经过两年区试和一年生产试验，表现产量与对照相当，米质达部标优质1级，抗稻瘟病，高感白叶枯病，耐寒性中等。建议粤北以外稻作区早、晚造种植。栽培上特别注意防治白叶枯病。推荐省品种审定。

（3）华航81号　全生育期113～114天，比对照种华航31号长1天。株型中集，分蘖力中等，株高适中，抗倒力中等，耐寒性中等。科高112.7～115.1厘米，亩有效穗16.3万～16.5万，穗长25.0～25.7厘米，每穗总粒数142～154粒，结实率83.3%～88.2%，千粒重21.3～23.2克。抗稻瘟病，全群抗性频率85.7%～91.1%，病圃鉴定叶瘟1.3～2.0级、穗瘟3.5级（单点最高7级）；高感白叶枯病（Ⅸ型菌9级）。米质鉴定达部标优质2级，糙米率79.5%～80.0%，整精米率58.0%～59.8%，垩白度0.5%～0.6%，透明度1.0级，碱消值7.0级，胶稠度64.0～66.0毫米，直链淀粉15.6%～17.1%，粒型（长宽比）3.4～3.6。2020年晚造参加省区试，平均亩产为425.2公斤，比对照种华航31号减产3.21%，减产未达显著水平。2021年晚造参加省区试，平均亩产为421.41公斤，比对照种华航31号减产0.26%，减产未达显著水平。2021年晚造生产试验平均亩产433.36公斤，比华航31号增产0.35%。日产量3.70～3.76公斤。

该品种经过两年区试和一年生产试验，表现产量与对照相当，米质达部标优质2级，抗稻瘟病，高感白叶枯病，耐寒性中等。建议粤北以外稻作区早、晚造种植。栽培上特别注意防治白叶枯病。推荐省品种审定。

（4）凤广丝苗　全生育期113天，比对照种华航31号长1天。株型中集，分蘖力中等，株高适中，抗倒力中强，耐寒性中强。科高109.0～112.3厘米，亩有效穗16.4万～16.7万，穗长21.6～22.0厘米，每穗总粒数153～158粒，结实率80.3%～81.4%，千粒重21.6～23.0克。中抗稻瘟病，全群抗性频率77.1%～88.9%，病圃鉴定叶瘟1.5～1.8级、穗瘟3.0～3.5级（单点最高7级）；感白叶枯病（Ⅸ型菌7级）。米质鉴定达部标优质1级，糙米率80.6～81.2%，整精米率61.6%～67.6%，垩白度0.1%～1.0%，透明度1.0级，碱消值7.0级，胶稠度62.0～64.0毫米，直链淀粉15.5%～17.8%，粒型（长宽比）3.1～3.2。2020年晚造参加省区试，平均亩产为437.21公斤，比对照种华航31号减产0.48%，减产未达显著水平。2021年晚造参加省区试，平均亩产为414.92公斤，比对照种华航31号减产1.79%，减产未达显著水平。2021年晚造生产试验平均亩产440.20公斤，比华航31号增产1.93%。日产量3.67～3.87公斤。

该品种经过两年区试和一年生产试验，表现产量与对照相当，米质达部标优质1级，中抗稻瘟病，感白叶枯病，耐寒性中强。建议粤北以外稻作区早、晚造种植。栽培上注意防治稻瘟病和白叶枯病。推荐省品种审定。

（5）碧玉丝苗2号　全生育期114～115天，比对照种华航31号长1～3天。株型中集，分蘖力中等，株高适中，抗倒力中弱，耐寒性中强。科高122.9～124.1厘米，亩有效穗17.9万～18.5万，穗长22.0～22.4厘米，每穗总粒数121～139粒，结实率81.3%～87.8%，千粒重21.4～23.5克。抗稻瘟病，全群抗性频率71.4%～77.8%，病圃鉴定叶瘟1.0～1.3级、穗瘟2.5级（单点最高7级）；高感白叶枯病（Ⅸ型菌7～9级）。米质鉴定达部标优质2级，糙米率79.5%～80.1%，整精米率57.8%～60.3%，垩白度1.4%～2.1%，透明度1.0～2.0级，碱消值7.0级，胶稠度68.0～74.0毫米，直链淀粉13.2%～15.3%，粒型（长宽比）3.6～3.7。2020年晚造参加省区试，平均亩产为424.26公斤，比对照种华航31号减产3.43%，减产未达显著水平。2021年晚造参加省区试，平均亩产为401.67公斤，比对照种华航31号减产4.93%，减产达显著水平。2021年晚造生产试验平均亩产438.89公斤，比华航31号增产1.63%。日产量3.52～3.69公斤。

该品种经过两年区试和一年生产试验，表现丰产性较差，米质达部标优质2级，抗稻瘟病，高感白叶枯病，耐寒性中强。建议粤北以外稻作区早、晚造种植。栽培上特别注意防治白叶枯病。推荐省品种审定。

6. 感温迟熟组（A组）

（1）黄丝粤占　全生育期112～113天，比对照种粤晶丝苗2号短2天。株型中集，分蘖力中强，株高适中，抗倒力中弱，耐寒性中等。科高111.6～112.9厘米，亩有效穗18.5万～18.9万，穗长22.2～22.5厘米，每穗总粒数132～136粒，结实率79.9%～86.0%，千粒重22.2～24.0克。抗稻瘟病，全群抗性频率85.7%～88.9%，病圃鉴定叶瘟1.25～1.3级、穗瘟2.0～2.5级（单点最高5级）；高感白叶枯病（Ⅸ型菌7～9级）。米质鉴定达部标优质1级，糙米率81.9%～82.4%，整精米率61.5%～63.8%，垩白度0.7%～1.4%，透明度1.0～2.0级，碱消值7.0级，胶稠度72.0～76.0毫米，直链淀粉16.8%～16.9%，粒型（长宽比）3.4。2020年晚造参加省区试，平均亩产为461.25公斤，比对照种粤晶丝苗2号增产3.73%，增产未达显著水平。2021年晚造参加省区试，平均亩产为423.51公斤，比对照种粤晶丝苗2号增产5.76%，增产达显著水平。2021年晚造生产试验平均亩产458.63公斤，比粤晶丝苗2号增产10.56%。日产量3.75～4.12公斤。

该品种经过两年区试和一年生产试验，表现丰产性较好，米质达部标优质1级，抗稻瘟病，高感白叶枯病，耐寒性中等。建议粤北以外稻作区早、晚造种植。栽培上特别注意防治白叶枯病。推荐省品种审定。

（2）创籼占2号　全生育期114～115天，与对照种粤晶丝苗2号相当。株型中集，分蘖力中等，株高适中，抗倒力中强，耐寒性中弱。科高100.2～102.2厘米，亩有效穗17.4万～18.2万，穗长22.8～23.5厘米，每穗总粒数140～151粒，结实率79.5%～88.4%，千粒重20.9～22.7克。抗稻瘟病，全群抗性频率80.0%～84.4%，病圃鉴定叶瘟1.25～1.3级、穗瘟2.0～2.5级（单点最高3级）；感白叶枯病（Ⅸ型菌7级）。米质鉴定达部标优质2级，糙米率80.9%～81.3%，整精米率63.5%～64.1%，垩白度0.1%，透明度1.0级，碱消值7.0级，胶稠度72.0～75.0毫米，直链淀粉18.4%～18.6%，粒型（长宽比）3.2～3.3。2020年晚造参加省区试，平均亩产为461.65公斤，比对照种粤晶丝苗2号增产4.35%，增产未达显著水平。2021年晚造参加省区试，平均亩产为416.08公斤，比对照种粤晶丝苗2号增产3.90%，增产未达显著水平。2021年晚造生产试验平均亩产427.74公斤，比粤晶丝苗2号增产3.12%。日产量3.65～4.01公斤。

该品种经过两年区试和一年生产试验，表现产量与对照相当，米质达部标优质2级，抗稻瘟病，感白叶枯病，耐寒性中弱。建议广东省中南和西南稻作区的平原地区早、晚造种植。栽培上注意防治白叶枯病。推荐省品种审定。

（3）广台7号　全生育期113天，比对照种粤晶丝苗2号短1～2天。株型中集，分蘖力中等，株高适中，抗倒力中等，耐寒性中等。科高108.0～108.5厘米，亩有效穗18.8万～19.5万，穗长20.0～20.9厘米，每穗总粒数139～145粒，结实率79.4%～89.2%，千粒重18.5～19.3克。高抗稻瘟病，全群抗性频率93.3%～94.3%，病圃鉴定叶瘟1.25～1.3级、穗瘟1.5～2.0级（单点最高3级）；高感白叶枯病（Ⅸ型菌7～9级）。米质鉴定达部标优质2级，糙米率80.0%～80.8%，整精米率65.9%～69.7%，垩白度0.3%～0.5%，透明度1.0～2.0级，碱消值7.0级，胶稠度64.0～68.0毫米，直链淀粉15.2%～16.8%，粒型（长宽比）3.4。2020年晚造参加省区试，平均亩产为446.74公斤，比对照种粤晶丝苗2号增产0.98%，增产未达显著水平。2021年晚造参加省区试，平均亩产为401.14公斤，比对照种粤晶丝苗2号增产0.17%，增产未达显著水平。2021年晚造生产试验平均亩产435.72公斤，比粤晶丝苗2号增产5.04%。日产量3.55～3.95公斤。

该品种经过两年区试和一年生产试验，表现产量与对照相当，米质达部标优质2级，高抗稻瘟病，高感白叶枯病，耐寒性中等。建议粤北以外稻作区早、晚造种植。栽培上特别注意防治白叶枯病。推荐省品种审定。

7. 感温迟熟组（B组）

（1）黄广五占　全生育期113～114天，比对照种粤晶丝苗2号短1天。株型中集，分蘖力中等，株高适中，抗倒力强，耐寒性中弱。科高104.5～105.1厘米，亩有效穗17.3万～17.7万，穗长22.0～22.8厘米，每穗总粒数145～149粒，结实率79.3%～84.6%，千粒重23.2～24.6克。中抗稻瘟病，全群抗性频率82.9%～86.7%，病圃鉴定叶瘟1.0～2.5级、穗瘟3.0～4.5级（单点最高7级）；高感白叶枯病（Ⅸ型菌7～9级）。米质鉴定达部标优质1级，糙米率82.0%～82.4%，整精米率62.0%～62.9%，垩白度0.3%，透明度1.0～2.0级，碱消值7.0级，胶稠度66.0～73.0毫米，直链淀粉17.3%～17.5%，粒型（长宽比）3.2。2020年晚造参加省区试，平均亩产为487.97公斤，比对照种粤晶丝苗2号增产9.74%，增产达极显著水平，增产点比例83.3%。2021年晚造参加省区试，平均亩产为443.74公斤，比对照种粤晶丝苗2号增产10.04%，增产达极显著水平，增产点比例100%。2021年晚造生产试验平均亩产455.80公斤，比粤晶丝苗2号增产9.88%。日产量3.89～4.32公斤。

该品种经过两年区试和一年生产试验，表现丰产性好，米质达部标优质1级，中抗稻瘟病，高感白叶枯病，耐寒性中弱。建议广东省中南和西南稻作区的平原地区早、晚造种植。栽培上注意防治稻瘟病和白叶枯病。推荐省品种审定。

（2）黄华油占　全生育期114天，比对照种粤晶丝苗2号短0～1天。株型中集，分蘖力中等，株高适中，抗倒力中等，耐寒性中等。科高110.5～111.3厘米，亩有效穗

18.3万～18.9万，穗长20.6～21.1厘米，每穗总粒数125～146粒，结实率79.3%～88.9%，千粒重22.5～24.5克。中感稻瘟病，全群抗性频率77.1%～88.9%，病圃鉴定叶瘟1.0～2.25级、穗瘟4.0～5.5级（单点最高7级）；高感白叶枯病（Ⅸ型菌7～9级）。米质鉴定达部标优质1级，糙米率81.8%～81.9%，整精米率64.0%～65.8%，垩白度0.0%～0.2%，透明度1.0级，碱消值7.0级，胶稠度72.0～76.0毫米，直链淀粉15.4%～15.8%，粒型（长宽比）3.0。2020年晚造参加省区试，平均亩产为481.1公斤，比对照种粤晶丝苗2号增产8.20%，增产达极显著水平，增产点比例75%。2021年晚造参加省区试，平均亩产为434.4公斤，比对照种粤晶丝苗2号增产7.72%，增产达极显著水平，增产点比例91.67%。2021年晚造生产试验平均亩产477.07公斤，比粤晶丝苗2号增产15.01%。日产量3.81～4.22公斤。

该品种经过两年区试和一年生产试验，表现丰产性好，米质达部标优质1级，中感稻瘟病，高感白叶枯病，耐寒性中等。建议粤北以外稻作区早、晚造种植。栽培上注意防治稻瘟病和白叶枯病。推荐省品种审定。

（3）中深3号　全生育期114天，比对照种粤晶丝苗2号短0～1天。株型中集，分蘖力中强，株高适中，抗倒力中等，耐寒性中等。科高105.7～107.5厘米，亩有效穗19.2万～20.0万，穗长21.8～22.4厘米，每穗总粒数140～149粒，结实率79.0%～85.2%，千粒重19.2～20.8克。抗稻瘟病，全群抗性频率91.1%～97.1%，病圃鉴定叶瘟1.0～2.0级、穗瘟3.0级（单点最高5级）；高感白叶枯病（Ⅸ型菌7～9级）。米质鉴定达部标优质2级，糙米率80.2%～80.4%，整精米率53.1%～61.8%，垩白度0.4%～2.0%，透明度1.0级，碱消值7.0级，胶稠度64.0～65.0毫米，直链淀粉16.7%～17.7%，粒型（长宽比）3.4～4.4。2020年晚造参加省区试，平均亩产为455.72公斤，比对照种粤晶丝苗2号增产3.01%，增产未达显著水平。2021年晚造参加省区试，平均亩产为416.4公斤，比对照种粤晶丝苗2号增产3.26%，增产未达显著水平。2021年晚造生产试验平均亩产453.40公斤，比粤晶丝苗2号增产9.30%。日产量3.65～4.00公斤。

该品种经过两年区试和一年生产试验，表现产量与对照相当，米质达部标优质2级，抗稻瘟病，高感白叶枯病，耐寒性中等。建议粤北以外稻作区早、晚造种植。栽培上特别注意防治白叶枯病。推荐省品种审定。

8. 特用稻组

（1）合红占2号　全生育期112～114天，比对照种粤红宝长0～2天。株型中集，分蘖力中等，株高适中，抗倒力强，耐寒性中等。科高114.3～114.8厘米，亩有效穗14.6万～15.4万，穗长22.5～23.1厘米，每穗总粒数139～144粒，结实率84.2%～86.2%，千粒重26.0～26.8克。高抗稻瘟病，全群抗性频率91.1%～91.4%，病圃鉴定叶瘟1.3～1.75级、穗瘟1.5～2.0级（单点最高3级）；感白叶枯病（Ⅸ型菌7级）。米质鉴定未达部标优质等级，糙米率80.7%～81.2%，整精米率61.0%～64.0%，垩白度1.5%～3.5%，透明度2.0级，碱消值7.0级，胶稠度41.0～70.0毫米，直链淀粉26.1%～27.3%，粒型（长宽比）3.1～3.2。2020年晚造参加省区试，平均亩产为430.27公斤，比对照种粤红宝增产14.18%，增产达极显著水平，增产点比例100%。2021年晚造参加省区试，平均亩产为386.7公斤，比对照种粤红宝增产12.37%，增产达显著水平，增产点比例100%。2021年晚造生产试验平均亩产390.63公斤，比粤红宝增产13.63%。日产量3.39～3.84公斤。

该品种经过两年区试和一年生产试验，表现丰产性好，红米，米质未达部标优质等级，高抗稻瘟病，感白叶枯病，耐寒性中等。建议粤北以外稻作区早、晚造种植。栽培上注意防治白叶枯病。推荐省品种审定。

(2) 兴两优红晶占　全生育期110～112天，比对照种粤红宝短0～2天。株型中集，分蘖力中等，株高适中，抗倒力中等，耐寒性中弱。科高106.7～107.7厘米，亩有效穗15.9万～16.5万，穗长22.3～23.3厘米，每穗总粒数165～167粒，结实率75.9%～82.4%，千粒重19.1～19.5克。抗稻瘟病，全群抗性频率97.8%～100.0%，病圃鉴定叶瘟1.0～1.75级、穗瘟3.0级（单点最高5级）；高感白叶枯病（Ⅸ型菌9级）。米质鉴定达部标优质2级，糙米率79.6%～81.0%，整精米率61.4%～61.8%，垩白度0.8%～1.2%，透明度1.0～2.0级，碱消值6.8～7.0级，胶稠度62～70.0毫米，直链淀粉15.5%～16.3%，粒型（长宽比）3.3～3.4。2020年晚造参加省区试，平均亩产为390.3公斤，比对照种粤红宝增产3.57%，增产未达显著水平。2021年晚造参加省区试，平均亩产为376.9公斤，比对照种粤红宝增产9.52%，增产未达显著水平。2021年晚造生产试验平均亩产358.77公斤，比粤红宝增产4.36%。日产量3.32～3.37公斤。

该品种经过两年区试和一年生产试验，表现产量与对照相当，红米，米质达部标优质2级，抗稻瘟病，高感白叶枯病，耐寒性中弱。建议广东省中南和西南稻作区的平原地区早、晚造种植。栽培上特别注意防治白叶枯病。推荐省品种审定。

(3) 晶两优红占　全生育期112～113天，比对照种粤红宝长0～1天。株型中集，分蘖力中强，株高适中，抗倒力强，耐寒性中等。科高114.7～114.8厘米，亩有效穗15.4万～16.9万，穗长22.7～23.1厘米，每穗总粒数145～146粒，结实率80.4%～83.8%，千粒重22.7～23.3克。抗稻瘟病，全群抗性频率93.3%～94.3%，病圃鉴定叶瘟1.0～1.5级、穗瘟1.5～3.0级（单点最高7级）；感白叶枯病（Ⅸ型菌7级）。米质鉴定达部标优质2级，糙米率80.5%～81.5%，整精米率62.4%～64.0%，垩白度1.6%，透明度1.0～2.0级，碱消值6.5～7.0级，胶稠度72.0～74.0毫米，直链淀粉15.7%～17.5%，粒型（长宽比）3.0～3.3。2020年晚造参加省区试，平均亩产为430.47公斤，比对照种粤红宝增产14.23%，增产达极显著水平。2021年晚造参加省区试，平均亩产为375.73公斤，比对照种粤红宝增产9.18%，增产未达显著水平。2021年晚造生产试验平均亩产359.64公斤，比粤红宝增产4.61%。日产量3.35～3.81公斤。

该品种经过两年区试和一年生产试验，表现丰产性较好，红米，米质达部标优质2级，抗稻瘟病，感白叶枯病，耐寒性中等。建议粤北以外稻作区早、晚造种植。栽培上注意防治白叶枯病。推荐省品种审定。

(4) 东红6号　全生育期110～112天，比对照种粤红宝短0～2天。株型中集，分蘖力中等，株高适中，抗倒力中等，耐寒性中强。科高113.2～113.3厘米，亩有效穗15.5万～17.1万，穗长21.7～23.0厘米，每穗总粒数136～153粒，结实率76.8%～84.7%，千粒重21.4～22.5克。高抗稻瘟病，全群抗性频率91.1%～91.4%，病圃鉴定叶瘟1.0～

1.25级、穗瘟2.5级（单点最高5级）；抗白叶枯病（Ⅸ型菌1级）。米质鉴定达部标优质2级，糙米率79.4%～79.9%，整精米率57.5%～60.1%，垩白度0.4%～1.0%，透明度1.0～2.0级，碱消值7.0级，胶稠度70.0～72.0毫米，直链淀粉15.5%～17.2%，粒型（长宽比）3.3～3.4。2020年晚造参加省区试，平均亩产为386.47公斤，比对照种粤红宝增产2.56%，增产未达显著水平。2021年晚造参加省区试，平均亩产为350.27公斤，比对照种粤红宝增产1.78%，增产未达显著水平。2021年晚造生产试验平均亩产341.71公斤，比粤红宝减产0.60%。日产量3.13～3.51公斤。

该品种经过两年区试和一年生产试验，表现产量与对照相当，红米，米质达部标优质2级，高抗稻瘟病，抗白叶枯病，耐寒性中强。建议粤北以外稻作区早、晚造种植。推荐省品种审定。

（二）初试品种

1. 香稻组（A组）

（1）原香优1214　全生育期111天，比对照种美香占2号短2天。株型中集，分蘖力中等，株高适中，抗倒力中等。科高112.3厘米，亩有效穗17.8万，穗长23.2厘米，每穗总粒数181粒，结实率73.4%，千粒重18.9克。米质鉴定达部标优质2级，糙米率79.7%，整精米率58.4%，垩白度1.2%，透明度2.0级，碱消值7.0级，胶稠度74.0毫米，直链淀粉15.4%，粒型（长宽比）3.8。有香味（2－AP含量48.37微克/千克），品鉴食味分86.73。抗稻瘟病，全群抗性频率80.0%，病圃鉴定叶瘟1.0级、穗瘟3.0级（单点最高3级）；高感白叶枯病（Ⅸ型菌9级）。2021年晚造参加省区试，平均亩产438.96公斤，比对照种美香占2号增产7.56%，增产未达显著水平。日产量3.95公斤。该品种产量与对照相当，米质达部标优质2级，有香味，抗稻瘟病，2022年安排复试并进行生产试验。

（2）万丰香占3号　全生育期112天，比对照种美香占2号短1天。株型中集，分蘖力中等，株高适中，抗倒力中等。科高114.6厘米，亩有效穗17.0万，穗长23.1厘米，每穗总粒数156粒，结实率75.0%，千粒重20.3克。米质鉴定未达部标优质等级，糙米率79.6%，整精米率40.2%，垩白度0.4%，透明度1.0级，碱消值7.0级，胶稠度68.0毫米，直链淀粉16.3%，粒型（长宽比）4.6。有香味（2－AP含量49.51微克/千克），品鉴食味分91.46。感稻瘟病，全群抗性频率60.0%，病圃鉴定叶瘟3.0级、穗瘟4.0级（单点最高7级）；感白叶枯病（Ⅸ型菌7级）。2021年晚造参加省区试，平均亩产393.81公斤，比对照种美香占2号减产3.5%，减产未达显著水平。日产量3.52公斤。该品种产量与对照相当，有香味，食味分91.46，2022年安排复试并进行生产试验。

（3）增科丝苗2号　全生育期112天，比对照种美香占2号短1天。株型中集，分蘖力中等，株高适中，抗倒力中等。科高107.2厘米，亩有效穗19.5万，穗长23.6厘米，每穗总粒数163粒，结实率75.2%，千粒重16.2克。米质鉴定达部标优质3级，糙米率79.4%，整精米率52.6%，垩白度0.3%，透明度1.0级，碱消值7.0级，胶稠度64.0毫米，直链淀粉16.6%，粒型（长宽比）3.8。有香味（2－AP含量57.53微克/千克），品鉴食味分87.46。中抗稻瘟病，全群抗性频率74.3%，病圃鉴定叶瘟1.0级、穗瘟3.5级（单点最高7级）；高感白叶枯病（Ⅸ型菌9级）。2021年晚造参加省区试，平均亩产380.52公斤，比对照种美香占2号减产6.76%，减产未达显著水平。日产量3.40公斤。该品种产量与对照相当，米质达部标优质3级，有香味，中抗稻瘟病，2022年安排复试并进行生产试验。

（4）美香占3号　全生育期111天，比对照种美香占2号短2天。株型中集，分蘖力中等，株高适中，抗倒力中等。科高109.4厘米，亩有效穗19.1万，穗长21.6厘米，每穗总粒数147粒，结实率80.5%，千粒重18.9克。米质鉴定达部标优质1级，糙米率79.6%，整精米率59.9%，垩白度0.8%，透明度1.0级，碱消值7.0级，胶稠度70.0毫米，直链淀粉16.9%，粒型（长宽比）3.6。有香味（2－AP含量49.97微克/千克），品鉴食味分83.82。高感稻瘟病，全群抗性频率57.1%，病圃鉴定叶瘟3.0级、穗瘟7.5级（单点最高9级）；感白叶枯病（Ⅸ型菌7级）。2021年晚造参加省区试，平均亩产435.5公斤，比对照种美香占2号增产6.71%，增产未达显著水平。日产量3.92公斤。该品种产量与对照相当，米质鉴定达部标优质1级，有香味，高感稻瘟病，建议终止试验。

（5）京两优香丝苗　全生育期109天，比对照种美香占2号短4天。株型中集，分蘖力中等，株高适中，抗倒力中等。科高117.3厘米，亩有效穗18.0万，穗长25.5厘米，每穗总粒数138粒，结实率78.4%，千粒重22.8克。米质鉴定未达部标优质等级，糙米率79.2%，整精米率45.9%，垩白度0.2%，透明度1.0级，碱消值5.5级，胶稠度86.0毫米，直链淀粉14.5%，粒型（长宽比）4.2。有香味（2－AP含量57.54微克/千克），品鉴食味分86.73。感稻瘟病，全群抗性频率65.7%，病圃鉴定叶瘟1.5级、穗瘟4.0级（单点最高9级）；高感白叶枯病（Ⅸ型菌9级）。2021年晚造参加省区试，平均亩产421.73公斤，比对照种美香占2号增产3.34%，增产未达显著水平。日产量3.87公斤。该品种产量与对照相当，米质未达部标优质等级，感稻瘟病，单点最高穗瘟9级，高感白叶枯病，建议终止试验。

（6）凤来香　全生育期114天，比对照种美香占2号长1天。株型中集，分蘖力中等，株高适中，抗倒力中强。科高114.6厘米，亩有效穗16.5万，穗长24.4厘米，每穗总粒数169粒，结实率72.5%，千粒重20.5克。米质鉴定未达部标优质等级，糙米率79.9%，整精米率38.2%，垩白度1.1%，透明度1.0级，碱消值7.0级，胶稠度68.0毫米，直链淀粉16.4%，粒型（长宽比）4.5。有香味（2－AP含量60.68微克/千克），品鉴食味分91.27。中感稻瘟病，全群抗性频率80.0%，病圃鉴定叶瘟2.0级、穗瘟6.0级（单点最高9级）；感白叶枯病（Ⅸ型菌7级）。2021年晚造参加省区试，平均亩产383.79公斤，比对照种美香占2号减产5.96%，减产未达显著水平。日产量3.37公斤。该品种产量与对照相当，中感稻瘟病，单点最高穗瘟9级，建议终止试验。

2. 香稻组（B组）

（1）广10优1512　全生育期108天，比对照种美香占2号短4天。株型中集，分蘖力中等，株高适中，抗倒力中强。科高116.6厘米，亩有效穗17.0万，穗长22.4厘米，每穗总粒数145粒，结实率81.0%，千粒重23.6克。米质鉴定达部标优质2级，糙米率

80.1%，整精米率55.8%，垩白度0.5%，透明度2.0级，碱消值6.0级，胶稠度72.0毫米，直链淀粉15.2%，粒型（长宽比）3.9。有香味（2-AP含量8.17微克/千克），品鉴食味分84.73。感稻瘟病，全群抗性频率65.7%，病圃鉴定叶瘟1.0级、穗瘟5.0级（单点最高7级）；高感白叶枯病（Ⅸ型菌9级）。2021年晚造参加省区试，平均亩产460.69公斤，比对照种美香占2号增产13.35%，增产达极显著水平，增产点比例100%。日产量4.27公斤。该品种丰产性好，米质达部标优质2级，有香味，2022年安排复试并进行生产试验。

（2）月香优98香　全生育期107天，比对照种美香占2号短5天。株型中集，分蘖力中等，株高适中，抗倒力中等。科高111.1厘米，亩有效穗18.0万，穗长23.3厘米，每穗总粒数153粒，结实率80.2%，千粒重20.5克。米质鉴定达部标优质3级，糙米率80.1%，整精米率51.3%，垩白度0.2%，透明度1.0级，碱消值7.0级，胶稠度71.0毫米，直链淀粉17.1%，粒型（长宽比）4.3。有香味（2-AP含量41.83微克/千克），品鉴食味分86.36。中感稻瘟病，全群抗性频率71.4%，病圃鉴定叶瘟1.8级、穗瘟4.5级（单点最高7级）；抗白叶枯病（Ⅸ型菌1级）。2021年晚造参加省区试，平均亩产443.21公斤，比对照种美香占2号增产9.05%，增产达显著水平。日产量4.14公斤。该品种丰产性好，米质达部标优质3级，有香味，中感稻瘟病，抗白叶枯病，2022年安排复试并进行生产试验。

（3）广新香丝苗　全生育期113天，比对照种美香占2号长1天。株型中集，分蘖力中等，株高适中，抗倒力强。科高107.1厘米，亩有效穗18.6万，穗长22.5厘米，每穗总粒数132粒，结实率82.1%，千粒重22.0克。米质鉴定达部标优质1级，糙米率80.7%，整精米率64.1%，垩白度1.0%，透明度1.0级，碱消值7.0级，胶稠度80.0毫米，直链淀粉15.3%，粒型（长宽比）3.5。有香味（2-AP含量11.86微克/千克），品鉴食味分82.36。感稻瘟病，全群抗性频率62.9%，病圃鉴定叶瘟1.5级、穗瘟5.5级（单点最高7级）；高感白叶枯病（Ⅸ型菌9级）。2021年晚造参加省区试，平均亩产440.25公斤，比对照种美香占2号增产8.32%，增产达显著水平。日产量3.90公斤。该品种丰产性好，米质达部标优质1级，有香味，2022年安排复试并进行生产试验。

（4）昇香两优南晶香占　全生育期111天，比对照种美香占2号短1天。株型中集，分蘖力中等，株高适中，抗倒力中强。科高107.8厘米，亩有效穗18.5万，穗长23.0厘米，每穗总粒数138粒，结实率79.2%，千粒重21.5克。米质鉴定达部标优质2级，糙米率80.2%，整精米率53.9%，垩白度0.8%，透明度1.0级，碱消值7.0级，胶稠度66.0毫米，直链淀粉17.4%，粒型（长宽比）4.3。有香味（2-AP含量14.35微克/千克），品鉴食味分88.18。抗稻瘟病，全群抗性频率80.0%，病圃鉴定叶瘟1.0级、穗瘟3.5级（单点最高5级）；中抗白叶枯病（Ⅸ型菌3级）。2021年晚造参加省区试，平均亩产438.67公斤，比对照种美香占2号增产7.94%，增产达显著水平。日产量3.95公斤。该品种丰产性好，米质达部标优质2级，有香味，食味分88.18，抗稻瘟病，中抗白叶枯病，2022年安排复试并进行生产试验。

（5）耕香优晶晶　全生育期110天，比对照种美香占2号短2天。株型中集，分蘖力中等，株高适中，抗倒力中等。科高114.1厘米，亩有效穗17.4万，穗长23.1厘米，每穗总粒数181粒，结实率72.9%，千粒重20.3克。米质鉴定达部标优质1级，糙米率80.8%，整精米率56.4%，垩白度0.6%，透明度1.0级，碱消值6.8级，胶稠度70.0毫米，直链淀粉15.1%，粒型（长宽比）4.2。有香味（2-AP含量18.24微克/千克），品鉴食味分89.46。中抗稻瘟病，全群抗性频率91.4%，病圃鉴定叶瘟1.8级、穗瘟4.0级（单点最高7级）；感白叶枯病（Ⅸ型菌7级）。2021年晚造参加省区试，平均亩产432.81公斤，比对照种美香占2号增产6.49%，增产未达显著水平。日产量3.93公斤。该品种产量与对照相当，米质达部标优质1级，有香味，食味分89.46，中抗稻瘟病，2022年安排复试并进行生产试验。

（6）青香优266　全生育期110天，比对照种美香占2号短2天。株型中集，分蘖力中等，株高适中，抗倒力中等。科高114.1厘米，亩有效穗18.9万，穗长22.7厘米，每穗总粒数134粒，结实率80.6%，千粒重22.1克。米质鉴定未达部标优质等级，糙米率80.8%，整精米率55.2%，垩白度1.0%，透明度2.0级，碱消值5.0级，胶稠度80.0毫米，直链淀粉12.6%，粒型（长宽比）4.0。有香味（2-AP含量15.97微克/千克），品鉴食味分84.55。感稻瘟病，全群抗性频率57.1%，病圃鉴定叶瘟1.5级、穗瘟5.0级（单点最高7级）；高感白叶枯病（Ⅸ型菌9级）。2021年晚造参加省区试，平均亩产448.85公斤，比对照种美香占2号增产10.44%，增产达极显著水平，增产点比例75%。日产量4.08公斤。该品种米质未达部标优质等级，感稻瘟病，高感白叶枯病，建议终止试验。

（7）泰优香丝苗　全生育期107天，比对照种美香占2号短5天。株型中集，分蘖力中强，株高适中，抗倒力中等。科高110.5厘米，亩有效穗18.2万，穗长23.4厘米，每穗总粒数153粒，结实率77.6%，千粒重20.5克。米质鉴定达部标优质3级，糙米率80.4%，整精米率48.3%，垩白度0.0%，透明度1.0级，碱消值7.0级，胶稠度73.0毫米，直链淀粉16.6%，粒型（长宽比）4.5。有香味（2-AP含量10.18微克/千克），品鉴食味分90.18。中感稻瘟病，全群抗性频率80.0%，病圃鉴定叶瘟1.8级、穗瘟6.0级（单点最高9级）；高感白叶枯病（Ⅸ型菌9级）。2021年晚造参加省区试，平均亩产409.67公斤，比对照种美香占2号增产0.80%，增产未达显著水平。日产量3.83公斤。该品种产量与对照相当，米质达部标优质3级，中感稻瘟病，单点最高穗瘟9级，建议终止试验。

3. 香稻组（C组）

（1）美两优313　全生育期110天，比对照种美香占2号短2天。株型中集，分蘖力中等，株高适中，抗倒力中强。科高109.4厘米，亩有效穗19.2万，穗长22.8厘米，每穗总粒数134粒，结实率81.7%，千粒重21.4克。米质鉴定达部标优质1级，糙米率80.0%，整精米率57.6%，垩白度0.7%，透明度1.0级，碱消值7.0级，胶稠度73.0毫米，直链淀粉15.7%，粒型（长宽比）4.0。无香味（2-AP含量0微克/千克），品鉴食味分91.82。中感稻瘟病，全群抗性频率74.3%，病圃鉴定叶瘟1.0级、穗瘟4.0级（单点最高7级）；感白叶枯病（Ⅸ型菌7级）。2021年晚造参加省区试，平均亩产427.21公斤，比对照种美香占2号增产6.05%，增产未达显著水平。日产量3.88公斤。该品种产量与对照相当，米质达部标优质1级，食味分91.82，2022年安排复试并进行生产试验。

（2）丝香优莹占　全生育期105天，比对照种美香占2号短7天。株型中集，分蘖力中等，株高适中，抗倒力中强。科高106.2厘米，亩有效穗17.8万，穗长23.2厘米，每穗总粒数151粒，结实率77.3%，千粒重20.8克。米质鉴定达部标优质3级，糙米率80.9%，整精米率50.4%，垩白度0.1%，透明度1.0级，碱消值6.8级，胶稠度79.0毫米，直链淀粉15.7%，粒型（长宽比）4.4。有香味（2-AP含量8.43微克/千克），品鉴食味分85.82。中抗稻瘟病，全群抗性频率74.3%，病圃鉴定叶瘟1.3级、穗瘟3.0级（单点最高5级）；高感白叶枯病（Ⅸ型菌9级）。2021年晚造参加省区试，平均亩产404.94公斤，比对照种美香占2号增产0.52%，增产未达显著水平。日产量3.86公斤。该品种产量与对照相当，米质达部标优质3级，有香味，中抗稻瘟病，2022年安排复试并进行生产试验。

（3）碧玉丝苗8号　全生育期115天，比对照种美香占2号长3天。株型中集，分蘖力中等，株高适中，抗倒力中强。科高106.4厘米，亩有效穗18.4万，穗长23.3厘米，每穗总粒数147粒，结实率80.8%，千粒重18.5克。米质鉴定未达部标优质等级，糙米率79.5%，整精米率47.6%，垩白度0.1%，透明度2.0级，碱消值7.0级，胶稠度74.0毫米，直链淀粉14.2%，粒型（长宽比）4.4。有香味（2-AP含量6.86微克/千克），品鉴食味分91.46。抗稻瘟病，全群抗性频率100.0%，病圃鉴定叶瘟1.3级、穗瘟3.5级（单点最高7级）；抗白叶枯病（Ⅸ型菌1级）。2021年晚造参加省区试，平均亩产401.71公斤，比对照种美香占2号减产0.28%，减产未达显著水平。日产量3.49公斤。该品种产量与对照相当，有香味，食味分91.46，抗稻瘟病，抗白叶枯病，2022年安排复试并进行生产试验。

（4）台香022　全生育期113天，比对照种美香占2号长1天。株型中集，分蘖力中等，株高适中，抗倒力中等。科高113.6厘米，亩有效穗19.2万，穗长23.0厘米，每穗总粒数154粒，结实率72.9%，千粒重17.8克。米质鉴定达部标优质3级，糙米率79.4%，整精米率48.4%，垩白度1.1%，透明度2.0级，碱消值6.0级，胶稠度77.0毫米，直链淀粉16.8%，粒型（长宽比）4.3。有香味（2-AP含量18.22微克/千克），品鉴食味分90.55。感稻瘟病，全群抗性频率60.0%，病圃鉴定叶瘟2.5级、穗瘟6.5级（单点最高7级）；中感白叶枯病（Ⅸ型菌5级）。2021年晚造参加省区试，平均亩产399.75公斤，比对照种美香占2号减产0.77%，减产未达显著水平。日产量3.54公斤。该品种产量与对照相当，米质达部标优质3级，有香味，食味分90.55，2022年安排复试并进行生产试验。

（5）江航香占　全生育期115天，比对照种美香占2号长3天。株型中集，分蘖力中弱，株高适中，抗倒力强。科高116.5厘米，亩有效穗16.8万，穗长24.5厘米，每穗总粒数168粒，结实率70.4%，千粒重21.8克。米质鉴定未达部标优质等级，糙米率81.2%，整精米率42.9%，垩白度0.0%，透明度1.0级，碱消值7.0级，胶稠度72.0毫米，直链淀粉16.0%，粒型（长宽比）4.6。有香味（2-AP含量25.65微克/千克），品鉴食味分93.46。感稻瘟病，全群抗性频率62.9%，病圃鉴定叶瘟2.3级、穗瘟6.0级

(单点最高9级);感白叶枯病(Ⅸ型菌7级)。2021年晚造参加省区试,平均亩产393.69公斤,比对照种美香占2号减产2.27%,减产未达显著水平。日产量3.42公斤。该品种产量与对照相当,感稻瘟病,单点最高穗瘟9级,建议终止试验。

(6)韶香丝苗 全生育期111天,比对照种美香占2号短1天。株型中集,分蘖力中等,株高适中,抗倒力中强。科高110.1厘米,亩有效穗19.9万,穗长21.9厘米,每穗总粒数135粒,结实率83.0%,千粒重17.5克。米质鉴定达部标优质1级,糙米率79.7%,整精米率59.2%,垩白度0.9%,透明度1.0级,碱消值7.0级,胶稠度80.0毫米,直链淀粉15.6%,粒型(长宽比)3.9。有香味(2-AP含量9.68微克/千克),品鉴食味分87.82。高感稻瘟病,全群抗性频率45.7%,病圃鉴定叶瘟2.3级、穗瘟7.0级(单点最高7级);感白叶枯病(Ⅸ型菌7级)。2021年晚造参加省区试,平均亩产390.96公斤,比对照种美香占2号减产2.95%,减产未达显著水平。日产量3.52公斤。该品种产量与对照相当,高感稻瘟病,感白叶枯病,建议终止试验。

(7)万丰香占5号 全生育期114天,比对照种美香占2号长2天。株型中集,分蘖力中强,植株较高,抗倒力中等。科高119.3厘米,亩有效穗20.5万,穗长23.3厘米,每穗总粒数133粒,结实率77.8%,千粒重17.8克。米质鉴定未达部标优质等级,糙米率78.9%,整精米率46.6%,垩白度1.6%,透明度1.0级,碱消值7.0级,胶稠度78.0毫米,直链淀粉16.6%,粒型(长宽比)4.0。有香味(2-AP含量11.47微克/千克),品鉴食味分92.73。高感稻瘟病,全群抗性频率34.3%,病圃鉴定叶瘟4.8级、穗瘟8.0级(单点最高9级);中感白叶枯病(Ⅸ型菌5级)。2021年晚造参加省区试,平均亩产389.19公斤,比对照种美香占2号减产3.39%,减产未达显著水平。日产量3.41公斤。该品种产量与对照相当,高感稻瘟病,单点最高穗瘟9级,建议终止试验。

4. 香稻组(D组)

(1)深香优9374 全生育期112天,与对照种美香占2号相当。株型中集,分蘖力中强,株高适中,抗倒力中等。科高118.3厘米,亩有效穗18.5万,穗长23.6厘米,每穗总粒数146粒,结实率77.0%,千粒重23.3克。米质鉴定达部标优质2级,糙米率80.6%,整精米率55.8%,垩白度1.6%,透明度2.0级,碱消值6.8级,胶稠度70.0毫米,直链淀粉16.2%,粒型(长宽比)3.9。有香味(2-AP含量7.86微克/千克),品鉴食味分83.64。高抗稻瘟病,全群抗性频率100.0%,病圃鉴定叶瘟1.0级、穗瘟2.5级(单点最高3级);感白叶枯病(Ⅸ型菌7级)。2021年晚造参加省区试,平均亩产466.0公斤,比对照种美香占2号增产14.74%,增产达极显著水平,增产点比例100%。日产量4.16公斤。该品种丰产性好,米质达部标优质2级,有香味,高抗稻瘟病,2022年安排复试并进行生产试验。

(2)又美优99 全生育期114天,比对照种美香占2号长2天。株型中集,分蘖力中强,株高适中,抗倒力中等。科高115.3厘米,亩有效穗20.2万,穗长23.1厘米,每穗总粒数151粒,结实率72.5%,千粒重21.1克。米质鉴定达部标优质3级,糙米率81.8%,整精米率48.8%,垩白度2.4%,透明度2.0级,碱消值7.0级,胶稠度71.0

毫米，直链淀粉17.3%，粒型（长宽比）4.2。无香味（2-AP含量0微克/千克），品鉴食味分91.64。高抗稻瘟病，全群抗性频率94.3%，病圃鉴定叶瘟1.0级、穗瘟2.0级（单点最高3级）；中抗白叶枯病（Ⅸ型菌3级）。2021年晚造参加省区试，平均亩产458.17公斤，比对照种美香占2号增产12.81%，增产达极显著水平，增产点比例100%。日产量4.02公斤。该品种丰产性好，米质达部标优质3级，食味分91.64，高抗稻瘟病，中抗白叶枯病，2022年安排复试并进行生产试验。

（3）昇香两优春香丝苗　全生育期114天，比对照种美香占2号长2天。株型中集，分蘖力中等，株高适中，抗倒力中强。科高106.0厘米，亩有效穗19.4万，穗长22.5厘米，每穗总粒数141粒，结实率79.5%，千粒重21.3克。米质鉴定达部标优质2级，糙米率79.8%，整精米率56.5%，垩白度1.4%，透明度2.0级，碱消值7.0级，胶稠度68.0毫米，直链淀粉17.1%，粒型（长宽比）4.1。无香味（2-AP含量0微克/千克），品鉴食味分89.82。抗稻瘟病，全群抗性频率82.9%，病圃鉴定叶瘟1.5级、穗瘟2.0级（单点最高3级）；抗白叶枯病（Ⅸ型菌1级）。2021年晚造参加省区试，平均亩产452.17公斤，比对照种美香占2号增产11.33%，增产达极显著水平，增产点比例100%。日产量3.96公斤。该品种丰产性好，米质鉴定达部标优质2级，食味分89.82，抗稻瘟病，抗白叶枯病，2022年安排复试并进行生产试验。

（4）芃香丝苗　全生育期115天，比对照种美香占2号长3天。株型中集，分蘖力中强，株高适中，抗倒力中等。科高108.2厘米，亩有效穗19.4万，穗长23.2厘米，每穗总粒数128粒，结实率77.7%，千粒重21.4克。米质鉴定未达部标优质等级，糙米率81.4%，整精米率45.6%，垩白度0.2%，透明度1.0级，碱消值7.0级，胶稠度72.0毫米，直链淀粉16.7%，粒型（长宽比）4.3。无香味（2-AP含量0微克/千克），品鉴食味分91.09。抗稻瘟病，全群抗性频率68.6%，病圃鉴定叶瘟1.5级、穗瘟2.0级（单点最高3级）；中感白叶枯病（Ⅸ型菌5级）。2021年晚造参加省区试，平均亩产426.44公斤，比对照种美香占2号增产5.00%，增产未达显著水平。日产量3.71公斤。该品种产量与对照相当，食味分91.09，抗稻瘟病，2022年安排复试并进行生产试验。

（5）美巴丝苗　全生育期114天，比对照种美香占2号长2天。株型中集，分蘖力中等，株高适中，抗倒力中强。科高116.7厘米，亩有效穗17.9万，穗长24.0厘米，每穗总粒数162粒，结实率73.1%，千粒重18.2克。米质鉴定未达部标优质等级，糙米率76.6%，整精米率36.0%，垩白度0.1%，透明度1.0级，碱消值6.8级，胶稠度68.0毫米，直链淀粉14.2%，粒型（长宽比）4.4。有香味（2-AP含量9.34微克/千克），品鉴食味分91.46。高抗稻瘟病，全群抗性频率100.0%，病圃鉴定叶瘟1.0级、穗瘟2.5级（单点最高5级）；感白叶枯病（Ⅸ型菌7级）。2021年晚造参加省区试，平均亩产398.25公斤，比对照种美香占2号减产1.94%，减产未达显著水平。日产量3.49公斤。该品种产量与对照相当，有香味，食味分91.46，高抗稻瘟病，2022年安排复试并进行生产试验。

（6）豪香优100　全生育期108天，比对照种美香占2号短4天。株型中集，分蘖力中等，株高适中，抗倒力中强。科高110.2厘米，亩有效穗17.4万，穗长24.0厘米，每穗总粒数163粒，结实率79.5%，千粒重20.9克。米质鉴定未达部标优质等级，糙米率81.4%，整精米率57.2%，垩白度0.7%，透明度2.0级，碱消值7.0级，胶稠度46.0毫米，直链淀粉20.8%，粒型（长宽比）4.1。无香味（2-AP含量0微克/千克），品鉴食味分83.82。中感稻瘟病，全群抗性频率71.4%，病圃鉴定叶瘟1.8级、穗瘟5.5级（单点最高7级）；高感白叶枯病（Ⅸ型菌9级）。2021年晚造参加省区试，平均亩产466.13公斤，比对照种美香占2号增产14.77%，增产达极显著水平，增产点比例87.5%。日产量4.32公斤。该品种米质未达部标优质等级，无香味，中感稻瘟病，高感白叶枯病，建议终止试验。

（7）巴禾香占2号　全生育期111天，比对照种美香占2号短1天。株型中集，分蘖力中等，株高适中，抗倒力中强。科高106.6厘米，亩有效穗17.8万，穗长23.4厘米，每穗总粒数152粒，结实率80.7%，千粒重18.4克。米质鉴定达部标优质2级，糙米率82.0%，整精米率64.5%，垩白度0.8%，透明度2.0级，碱消值7.0级，胶稠度66.0毫米，直链淀粉15.9%，粒型（长宽比）3.4。有香味（2-AP含量9.63微克/千克），品鉴食味分81.82。中抗稻瘟病，全群抗性频率94.3%，病圃鉴定叶瘟1.5级、穗瘟4.0级（单点最高7级）；感白叶枯病（Ⅸ型菌7级）。2021年晚造参加省区试，平均亩产388.79公斤，比对照种美香占2号减产4.27%，减产未达显著水平。日产量3.50公斤。该品种丰产性较差，食味较差，中抗稻瘟病，感白叶枯病，建议终止试验。

5. 感温中熟组

（1）源新占　全生育期113天，与对照种华航31号相当。株型中集，分蘖力中等，株高适中，抗倒力强。科高112.7厘米，亩有效穗16.4万，穗长22.2厘米，每穗总粒数153粒，结实率82.5%，千粒重22.4克。米质鉴定达部标优质2级，糙米率81.1%，整精米率58.9%，垩白度0.5%，透明度2.0级，碱消值7.0级，胶稠度65.0毫米，直链淀粉17.8%，粒型（长宽比）3.1。抗稻瘟病，全群抗性频率80.0%，病圃鉴定叶瘟1.5级、穗瘟2.5级（单点最高5级）；中感白叶枯病（Ⅸ型菌5级）。2021年晚造参加省区试，平均亩产435.36公斤，比对照种华航31号增产3.04%，增产未达显著水平。日产量3.85公斤。该品种产量与对照相当，米质达部标优质2级，抗稻瘟病，中感白叶枯病，2022年安排复试并进行生产试验。

（2）禾籼占9号　全生育期113天，与对照种华航31号相当。株型中集，分蘖力中等，株高适中，抗倒力较强。科高102.3厘米，亩有效穗17.9万，穗长21.2厘米，每穗总粒数158粒，结实率79.1%，千粒重21.3克。米质鉴定达部标优质2级，糙米率81.5%，整精米率64.3%，垩白度0.6%，透明度2.0级，碱消值7.0级，胶稠度75.0毫米，直链淀粉16.7%，粒型（长宽比）3.1。高抗稻瘟病，全群抗性频率91.4%，病圃鉴定叶瘟1.0级、穗瘟2.5级（单点最高5级）；中感白叶枯病（Ⅸ型菌5级）。2021年晚造参加省区试，平均亩产429.07公斤，比对照种华航31号增产1.56%，增产未达显著水平。日产量3.80公斤。该品种产量与对照相当，米质达部标优质2级，高抗稻瘟病，中感白叶枯病，2022年安排复试并进行生产试验。

（3）华航新占　全生育期113天，与对照种华航31号相当。株型中集，分蘖力中强，株高适中，抗倒力强。科高98.7厘米，亩有效穗18.4万，穗长22.0厘米，每穗总粒数157粒，结实率79.9%，千粒重18.6克。米质鉴定达部标优质1级，糙米率81.6%，整精米率68.0%，垩白度0.5%，透明度1.0级，碱消值7.0级，胶稠度68.0毫米，直链淀粉16.5%，粒型（长宽比）3.3。抗稻瘟病，全群抗性频率94.3%，病圃鉴定叶瘟1.3级、穗瘟3.5级（单点最高5级）；感白叶枯病（Ⅸ型菌7级）。2021年晚造参加省区试，平均亩产416.13公斤，比对照种华航31号减产1.51%，减产未达显著水平。日产量3.68公斤。该品种产量与对照相当，抗稻瘟病，米质达部标优质1级，2022年安排复试并进行生产试验。

（4）新广占　全生育期113天，与对照种华航31号相当。株型中集，分蘖力中等，株高适中，抗倒力中弱。科高105.6厘米，亩有效穗18.1万，穗长20.9厘米，每穗总粒数135粒，结实率77.6%，千粒重24.1克。米质鉴定达部标优质2级，糙米率82.0%，整精米率64.7%，垩白度0.7%，透明度2.0级，碱消值7.0级，胶稠度76.0毫米，直链淀粉16.2%，粒型（长宽比）3.0。中抗稻瘟病，全群抗性频率74.3%，病圃鉴定叶瘟1.3级、穗瘟3.5级（单点最高5级）；中感白叶枯病（Ⅸ型菌5级）。2021年晚造参加省区试，平均亩产414.42公斤，比对照种华航31号减产1.91%，减产未达显著水平。日产量3.67公斤。该品种产量与对照相当，米质达部标优质2级，中抗稻瘟病，中感白叶枯病，2022年安排复试并进行生产试验。

（5）金科丝苗1号　全生育期114天，比对照种华航31号长1天。株型中集，分蘖力中等，株高适中，抗倒力强。科高106.0厘米，亩有效穗17.1万，穗长21.2厘米，每穗总粒数155粒，结实率78.6%，千粒重20.6克。米质鉴定达部标优质2级，糙米率80.4%，整精米率55.1%，垩白度0.7%，透明度2.0级，碱消值7.0级，胶稠度68.0毫米，直链淀粉17.0%，粒型（长宽比）3.3。抗稻瘟病，全群抗性频率74.3%，病圃鉴定叶瘟1.3级、穗瘟2.0级（单点最高5级）；中感白叶枯病（Ⅸ型菌5级）。2021年晚造参加省区试，平均亩产408.26公斤，比对照种华航31号减产3.37%，减产未达显著水平。日产量3.58公斤。该品种产量与对照相当，米质达部标优质2级，抗稻瘟病，中感白叶枯病，2022年安排复试并进行生产试验。

（6）广桂丝苗10号　全生育期111天，比对照种华航31号短2天。株型中集，分蘖力中等，株高适中，抗倒力较强。科高103.8厘米，亩有效穗17.0万，穗长23.4厘米，每穗总粒数156粒，结实率80.5%，千粒重21.1克。米质鉴定达部标优质2级，糙米率80.9%，整精米率62.1%，垩白度0.6%，透明度2.0级，碱消值7.0级，胶稠度76.0毫米，直链淀粉17.1%，粒型（长宽比）3.3。抗稻瘟病，全群抗性频率91.4%，病圃鉴定叶瘟1.3级、穗瘟3.5级（单点最高9级）；感白叶枯病（Ⅸ型菌7级）。2021年晚造参加省区试，平均亩产422.48公斤，与对照种华航31号平产。日产量3.81公斤。该品种产量与对照相当，抗稻瘟病，单点最高穗瘟9级，建议终止试验。

6. 感温迟熟组（A组）

（1）黄广禾占　全生育期114天，比对照种粤晶丝苗2号短1天。株型中集，分蘖力中等，株高适中，抗倒力中等。科高107.6厘米，亩有效穗16.5万，穗长22.1厘米，每穗总粒数152粒，结实率80.2%，千粒重23.0克。米质鉴定达部标优质2级，糙米率

82.0%，整精米率64.6%，垩白度0.4%，透明度2.0级，碱消值7.0级，胶稠度74.0毫米，直链淀粉18.3%，粒型（长宽比）3.0。抗稻瘟病，全群抗性频率74.3%，病圃鉴定叶瘟1.0级、穗瘟2.0级（单点最高5级）；感白叶枯病（Ⅸ型菌7级）。2021年晚造参加省区试，平均亩产440.15公斤，比对照种粤晶丝苗2号增产9.92%，增产达极显著水平，增产点比例91.67%。日产量3.86公斤。该品种丰产性好，米质达部标优质2级，抗稻瘟病，2022年安排复试并进行生产试验。

（2）华航85号　全生育期116天，比对照种粤晶丝苗2号长1天。株型中集，分蘖力中等，株高适中，抗倒力强。科高106.1厘米，亩有效穗18.0万，穗长21.6厘米，每穗总粒数142粒，结实率82.9%，千粒重20.6克。米质鉴定达部标优质1级，糙米率80.8%，整精米率62.5%，垩白度0.1%，透明度1.0级，碱消值7.0级，胶稠度72.0毫米，直链淀粉16.7%，粒型（长宽比）3.3。高抗稻瘟病，全群抗性频率94.3%，病圃鉴定叶瘟1.3级、穗瘟1.8级（单点最高5级）；感白叶枯病（Ⅸ型菌7级）。2021年晚造参加省区试，平均亩产436.96公斤，比对照种粤晶丝苗2号增产9.12%，增产达极显著水平，增产点比例91.67%。日产量3.77公斤。该品种丰产性好，米质达部标优质1级，高抗稻瘟病，2022年安排复试并进行生产试验。

（3）金华占2号　全生育期114天，比对照种粤晶丝苗2号短1天。株型中集，分蘖力中等，株高适中，抗倒力中强。科高105.3厘米，亩有效穗17.1万，穗长21.7厘米，每穗总粒数158粒，结实率78.7%，千粒重21.3克。米质鉴定达部标优质2级，糙米率81.9%，整精米率69.6%，垩白度0.4%，透明度2.0级，碱消值7.0级，胶稠度72.0毫米，直链淀粉16.6%，粒型（长宽比）3.1。抗稻瘟病，全群抗性频率88.6%，病圃鉴定叶瘟1.3级、穗瘟2.5级（单点最高5级）；中感白叶枯病（Ⅸ型菌5级）。2021年晚造参加省区试，平均亩产427.28公斤，比对照种粤晶丝苗2号增产6.70%，增产达极显著水平，增产点比例75%。日产量3.75公斤。该品种丰产性好，米质达部标优质2级，抗稻瘟病，中感白叶枯病，2022年安排复试并进行生产试验。

（4）粤野银占　全生育期115天，与对照种粤晶丝苗2号相当。株型中集，分蘖力中等，株高适中，抗倒力强。科高116.9厘米，亩有效穗18.8万，穗长23.4厘米，每穗总粒数151粒，结实率78.0%，千粒重20.2克。米质鉴定达部标优质1级，糙米率82.2%，整精米率66.1%，垩白度1.0%，透明度1.0级，碱消值7.0级，胶稠度64.0毫米，直链淀粉15.5%，粒型（长宽比）3.2。抗稻瘟病，全群抗性频率88.6%，病圃鉴定叶瘟1.3级、穗瘟3.5级（单点最高5级）；中感白叶枯病（Ⅸ型菌5级）。2021年晚造参加省区试，平均亩产418.6公斤，比对照种粤晶丝苗2号增产4.53%，增产未达显著水平。日产量3.64公斤。该品种产量与对照相当，米质达部标优质1级，抗稻瘟病，中感白叶枯病，2022年安排复试并进行生产试验。

（5）广味丝苗1号　全生育期112天，比对照种粤晶丝苗2号短3天。株型中集，分蘖力中强，株高适中，抗倒力强。科高109.1厘米，亩有效穗19.0万，穗长21.4厘米，每穗总粒数139粒，结实率82.9%，千粒重19.7克。米质鉴定达部标优质1级，糙米率80.4%，整精米率64.2%，垩白度0.4%，透明度1.0级，碱消值7.0级，胶稠度73.0毫米，直链淀粉16.1%，粒型（长宽比）3.5。中抗稻瘟病，全群抗性频率80.0%，病圃鉴定叶瘟2.3级、穗瘟5.0级（单点最高7级）；感白叶枯病（Ⅸ型菌7级）。2021年晚造参加省区试，平均亩产393.06公斤，比对照种粤晶丝苗2号减产1.84%，减产未达显著水平。日产量3.51公斤。该品种产量与对照相当，米质达部标优质1级，中抗稻瘟病，2022年安排复试并进行生产试验。

（6）春油占16　全生育期112天，比对照种粤晶丝苗2号短3天。株型中集，分蘖力中等，株高适中，抗倒力强。科高109.4厘米，亩有效穗17.7万，穗长22.0厘米，每穗总粒数151粒，结实率80.5%，千粒重19.3克。米质鉴定未达部标优质等级，糙米率80.6%，整精米率64.7%，垩白度0.6%，透明度1.0级，碱消值7.0级，胶稠度56.0毫米，直链淀粉25.0%，粒型（长宽比）3.5。抗稻瘟病，全群抗性频率88.6%，病圃鉴定叶瘟1.0级、穗瘟2.5级（单点最高5级）；中感白叶枯病（Ⅸ型菌5级）。2021年晚造参加省区试，平均亩产411.54公斤，比对照种粤晶丝苗2号增产2.77%，增产未达显著水平。日产量3.67公斤。该品种产量、抗性均与对照相当，米质未达部标优质等级，建议终止试验。

（7）福粈占　全生育期117天，比对照种粤晶丝苗2号长2天。株型中集，分蘖力中等，株高适中，抗倒力中等。科高116.3厘米，亩有效穗17.1万，穗长24.9厘米，每穗总粒数159粒，结实率70.2%，千粒重19.8克。米质鉴定达部标优质3级，糙米率79.6%，整精米率48.1%，垩白度0.1%，透明度2.0级，碱消值5.0级，胶稠度82.0毫米，直链淀粉17.2%，粒型（长宽比）4.3。高感稻瘟病，全群抗性频率22.9%，病圃鉴定叶瘟3.3级、穗瘟7.0级（单点最高9级）；感白叶枯病（Ⅸ型菌7级）。2021年晚造参加省区试，平均亩产367.44公斤，比对照种粤晶丝苗2号减产8.24%，减产达极显著水平。日产量3.14公斤。该品种丰产性差，高感稻瘟病，单点最高穗瘟9级，感白叶枯病，建议终止试验。

（8）华标6号　全生育期115天，与对照种粤晶丝苗2号相当。株型中集，分蘖力中强，株高适中，抗倒力中弱。科高108.7厘米，亩有效穗19.0万，穗长22.7厘米，每穗总粒数132粒，结实率76.1%，千粒重22.4克。米质鉴定达部标优质1级，糙米率81.2%，整精米率60.4%，垩白度0.4%，透明度1.0级，碱消值7.0级，胶稠度72.0毫米，直链淀粉16.6%，粒型（长宽比）3.6。高感稻瘟病，全群抗性频率37.1%，病圃鉴定叶瘟2.0级、穗瘟8.0级（单点最高9级）；中感白叶枯病（Ⅸ型菌5级）。2021年晚造参加省区试，平均亩产362.58公斤，比对照种粤晶丝苗2号减产9.46%，减产达极显著水平。日产量3.15公斤。该品种丰产性差，高感稻瘟病，单点最高穗瘟9级，建议终止试验。

7. 感温迟熟组（B组）

（1）广油农占　全生育期114天，比对照种粤晶丝苗2号短1天。株型中集，分蘖力中等，株高适中，抗倒力强。科高108.4厘米，亩有效穗16.5万，穗长22.3厘米，每穗总粒数150粒，结实率78.4%，千粒重25.0克。米质鉴定达部标优质1级，糙米率82.0%，整精米率65.6%，垩白度0.7%，透明度1.0级，碱消值7.0级，胶稠度67.0毫米，直链淀粉16.7%，粒型（长宽比）3.3。抗稻瘟病，全群抗性频率82.9%，病圃鉴定叶瘟1.3级、穗瘟2.0级（单点最高5级）；感白叶枯病（Ⅸ型菌7级）。2021年晚造参加省区试，平均亩产448.39公斤，比对照种粤晶丝苗2号增产11.19%，增产达极显著水平，增产点比例91.67%。日产量3.93公斤。该品种丰产性好，米质达部标优质1级，抗稻瘟病，2022年安排复试并进行生产试验。

（2）广美占　全生育期114天，比对照种粤晶丝苗2号短1天。株型中集，分蘖力中强，株高适中，抗倒力中等。科高110.1厘米，亩有效穗17.5万，穗长23.6厘米，每穗总粒数142粒，结实率80.8%，千粒重22.2克。米质鉴定达部标优质1级，糙米率81.8%，整精米率68.4%，垩白度0.2%，透明度1.0级，碱消值7.0级，胶稠度66.0毫米，直链淀粉15.6%，粒型（长宽比）3.4。抗稻瘟病，全群抗性频率85.7%，病圃鉴定叶瘟1.3级、穗瘟1.8级（单点最高4级）；感白叶枯病（Ⅸ型菌7级）。2021年晚造参加省区试，平均亩产431.35公斤，比对照种粤晶丝苗2号增产6.97%，增产达极显著水平，增产点比例91.67%。日产量3.78公斤。该品种丰产性好，米质达部标优质1级，抗稻瘟病，2022年安排复试并进行生产试验。

（3）南新银占　全生育期114天，比对照种粤晶丝苗2号短1天。株型中集，分蘖力中等，株高适中，抗倒力中等。科高109.4厘米，亩有效穗17.3万，穗长21.1厘米，每穗总粒数159粒，结实率75.9%，千粒重21.2克。米质鉴定达部标优质1级，糙米率81.6%，整精米率68.4%，垩白度0.5%，透明度1.0级，碱消值7.0级，胶稠度64.0毫米，直链淀粉16.4%，粒型（长宽比）3.2。抗稻瘟病，全群抗性频率68.6%，病圃鉴定叶瘟1.0级、穗瘟2.0级（单点最高5级）；感白叶枯病（Ⅸ型菌7级）。2021年晚造参加省区试，平均亩产430.92公斤，比对照种粤晶丝苗2号增产6.86%，增产达显著水平。日产量3.78公斤。该品种丰产性好，米质达部标优质1级，抗稻瘟病，2022年安排复试并进行生产试验。

（4）新粘软占　全生育期112天，比对照种粤晶丝苗2号短3天。株型中集，分蘖力中等，株高适中，抗倒力中等。科高106.7厘米，亩有效穗18.0万，穗长22.7厘米，每穗总粒数158粒，结实率78.7%，千粒重20.6克。米质鉴定达部标优质2级，糙米率81.0%，整精米率65.8%，垩白度0.6%，透明度2.0级，碱消值7.0级，胶稠度67.0毫米，直链淀粉16.3%，粒型（长宽比）3.3。抗稻瘟病，全群抗性频率80.0%，病圃鉴定叶瘟1.3级、穗瘟2.5级（单点最高5级）；感白叶枯病（Ⅸ型菌7级）。2021年晚造参加省区试，平均亩产424.71公斤，比对照种粤晶丝苗2号增产5.32%，增产达显著水平。日产量3.79公斤。该品种丰产性好，米质达部标优质2级，抗稻瘟病，2022年安排复试并进行生产试验。

（5）春油占20　全生育期113天，比对照种粤晶丝苗2号短2天。株型中集，分蘖力中等，株高适中，抗倒力中强。科高107.5厘米，亩有效穗17.6万，穗长24.8厘米，每穗总粒数167粒，结实率77.8%，千粒重18.4克。米质鉴定达部标优质2级，糙米率80.2%，整精米率53.9%，垩白度0.7%，透明度1.0级，碱消值7.0级，胶稠度64.0毫米，直链淀粉14.5%，粒型（长宽比）4.4。抗稻瘟病，全群抗性频率85.7%，病圃鉴定叶瘟1.3级、穗瘟2.5级（单点最高5级）；感白叶枯病（Ⅸ型菌7级）。2021年晚造参加省区试，平均亩产387.43公斤，比对照种粤晶丝苗2号减产3.92%，减产未达显著水平。日产量3.43公斤。该品种产量与对照相当，米质达部标优质2级，抗稻瘟病，

2022年安排复试并进行生产试验。

（6）南惠2号　全生育期116天，比对照种粤晶丝苗2号长1天。株型中集，分蘖力中等，株高适中，抗倒力强。科高107.2厘米，亩有效穗17.1万，穗长21.2厘米，每穗总粒数169粒，结实率72.0%，千粒重21.0克。米质鉴定达部标优质3级，糙米率81.7%，整精米率66.3%，垩白度0.4%，透明度1.0级，碱消值7.0级，胶稠度58.0毫米，直链淀粉16.8%，粒型（长宽比）3.0。抗稻瘟病，全群抗性频率80.0%，病圃鉴定叶瘟1.3级、穗瘟3.5级（单点最高7级）；感白叶枯病（Ⅸ型菌7级）。2021年晚造参加省区试，平均亩产416.4公斤，比对照种粤晶丝苗2号增产3.26%，增产未达显著水平。日产量3.59公斤。该品种产量、抗性均与对照相当，米质差于对照，建议终止试验。

（7）广良丝苗3号　全生育期114天，比对照种粤晶丝苗2号短1天。株型中集，分蘖力中等，株高适中，抗倒力中等。科高106.6厘米，亩有效穗17.9万，穗长24.6厘米，每穗总粒数158粒，结实率74.2%，千粒重18.0克。米质鉴定达部标优质2级，糙米率80.8%，整精米率55.9%，垩白度0.0%，透明度1.0级，碱消值7.0级，胶稠度60.0毫米，直链淀粉16.9%，粒型（长宽比）4.3。感稻瘟病，全群抗性频率74.3%，病圃鉴定叶瘟2.8级、穗瘟6.0级（单点最高7级）；感白叶枯病（Ⅸ型菌7级）。2021年晚造参加省区试，平均亩产377.33公斤，比对照种粤晶丝苗2号减产6.43%，减产达显著水平。日产量3.31公斤。该品种丰产性差，感稻瘟病，感白叶枯病，建议终止试验。

（8）野优巴茅一号　全生育期125天，比对照种粤晶丝苗2号长10天。株型散，分蘖力中等，结实率较低，植株偏高，抗倒力强。科高126.8厘米，亩有效穗15.0万，穗长27.2厘米，每穗总粒数147粒，结实率69.7%，千粒重23.1克。米质鉴定达部标优质3级，糙米率79.5%，整精米率51.4%，垩白度1.0%，透明度1.0级，碱消值5.7级，胶稠度88.0毫米，直链淀粉17.3%，粒型（长宽比）3.3。高感稻瘟病，全群抗性频率25.7%，病圃鉴定叶瘟3.8级、穗瘟7.5级（单点最高9级）；高感白叶枯病（Ⅸ型菌9级）。2021年晚造参加省区试，平均亩产304.92公斤，比对照种粤晶丝苗2号减产24.38%，减产达极显著水平。日产量2.44公斤。该品种丰产性差，高感稻瘟病，单点最高穗瘟9级，高感白叶枯病，建议终止试验。

8. 特用稻组

（1）华航红珍占　全生育期113天，比对照种粤红宝长1天。株型中集，分蘖力中强，株高适中，抗倒力中强。科高115.0厘米，亩有效穗16.5万，穗长24.2厘米，每穗总粒数158粒，结实率73.1%，千粒重21.5克。米质鉴定达部标优质2级，糙米率81.3%，整精米率62.8%，垩白度0.3%，透明度2.0级，碱消值7.0级，胶稠度74.0毫米，直链淀粉17.9%，粒型（长宽比）3.1。抗稻瘟病，全群抗性频率80.0%，病圃鉴定叶瘟1.8级、穗瘟3.5级（单点最高7级）；感白叶枯病（Ⅸ型菌7级）。2021年晚造参加省区试，平均亩产366.37公斤，比对照种粤红宝增产6.46%，增产未达显著水平。日产量3.24公斤。该品种产量与对照相当，红米，米质达部标优质2级，抗稻瘟病，2022年安排复试并进行生产试验。

（2）春两优紫占　全生育期113天，比对照种粤红宝长1天。株型中集，分蘖力中强，株高适中，抗倒力强。科高115.4厘米，亩有效穗14.4万，穗长23.9厘米，每穗总粒数145粒，结实率76.4%，千粒重25.3克。米质鉴定未达部标优质等级，糙米率79.9%，整精米率58.2%，垩白度1.2%，透明度3.0级，碱消值4.3级，胶稠度81.0毫米，直链淀粉15.1%，粒型（长宽比）3.5。感稻瘟病，全群抗性频率48.6%，病圃鉴定叶瘟1.8级、穗瘟4.0级（单点最高7级）；感白叶枯病（Ⅸ型菌7级）。2021年晚造参加省区试，平均亩产350.87公斤，比对照种粤红宝增产1.96%，增产未达显著水平。日产量3.11公斤。该品种产量与对照相当，紫米，米质未达部标优质等级，感稻瘟病，感白叶枯病，建议终止试验。

（3）航软黑占2号　全生育期114天，比对照种粤红宝长2天。株型中集，分蘖力中强，株高适中，抗倒力强。科高108.4厘米，亩有效穗15.8万，穗长21.3厘米，每穗总粒数162粒，结实率73.2%，千粒重20.1克。米质鉴定未达部标优质等级，糙米率79.5%，整精米率52.0%，垩白度0.2%，透明度3.0级，碱消值7.0级，胶稠度68.0毫米，直链淀粉18.6%，粒型（长宽比）3.0。高感稻瘟病，全群抗性频率40.0%，病圃鉴定叶瘟2.8级、穗瘟7.5级（单点最高9级）；感白叶枯病（Ⅸ型菌7级）。2021年晚造参加省区试，平均亩产337.4公斤，比对照种粤红宝减产1.96%，减产未达显著水平。日产量2.96公斤。该品种产量与对照相当，黑米，米质未达部标优质等级，高感稻瘟病，感白叶枯病，建议终止试验。

（4）广黑糯1号　全生育期115天，比对照种粤红宝长3天。株型中集，分蘖力中强，株高适中，抗倒力强。科高115.1厘米，亩有效穗16.0万，穗长22.6厘米，每穗总粒数164粒，结实率74.4%，千粒重17.7克。米质鉴定未达部标优质等级，糙米率76.9%，整精米率57.0%，碱消值7.0级，胶稠度90.0毫米，直链淀粉1.6%，粒型（长宽比）3.2。感稻瘟病，全群抗性频率62.9%，病圃鉴定叶瘟1.5级、穗瘟5.5级（单点最高9级）；感白叶枯病（Ⅸ型菌7级）。2021年晚造参加省区试，平均亩产332.43公斤，比对照种粤红宝减产3.4%，减产未达显著水平。日产量2.89公斤。该品种产量与对照相当，黑糯米，米质未达部标优质等级，感稻瘟病，单点最高穗瘟9级，建议终止试验。

（5）南黑1号　全生育期121天，比对照种粤红宝长9天。株型中集，分蘖力中等，株高适中，抗倒力强。科高117.8厘米，亩有效穗14.5万，穗长23.1厘米，每穗总粒数163粒，结实率70.3%，千粒重19.6克。米质鉴定未达部标优质等级，糙米率77.5%，整精米率51.3%，垩白度0.1%，透明度3.0级，碱消值7.0级，胶稠度69.0毫米，直链淀粉15.6%，粒型（长宽比）3.4。感稻瘟病，全群抗性频率45.7%，病圃鉴定叶瘟2.5级、穗瘟6.0级（单点最高9级）；感白叶枯病（Ⅸ型菌7级）。2021年晚造参加省区试，平均亩产298.9公斤，比对照种粤红宝减产13.14%，减产达显著水平。日产量2.47公斤。该品种丰产性差，黑米，米质未达部标优质等级，感稻瘟病，单点最高穗瘟9级，建议终止试验。

晚造常规水稻各试点小区平均产量及生产试验产量见表2－51至表2－59。

表 2-51 常规感温中熟组品种各试点小区平均产量（公斤）

品种/地点	潮州	高州	广州	惠来	惠州	江门	龙川	罗定	梅州	南雄	清远	韶关	阳江	湛江	肇庆	平均值
源新占	8.633 3	9.790 0	8.926 7	10.246 7	8.750 0	8.593 3	8.433 3	10.230 0	8.386 7	9.100 0	9.216 7	9.150 0	6.016 7	7.013 3	8.120 0	8.707 1
禾龙占（复试）	7.840 0	9.790 0	9.333 3	9.966 7	7.383 3	8.890 0	7.816 7	10.126 7	8.746 7	8.633 3	8.833 3	9.300 0	6.256 7	8.006 7	8.033 3	8.597 1
禾籼占 9 号	7.520 0	9.640 0	9.360 0	8.953 3	8.583 3	9.260 0	8.603 3	10.360 0	9.426 7	8.300 0	8.183 3	8.766 7	6.666 7	7.673 3	7.423 3	8.581 3
合新油占（复试）	7.940 0	9.446 7	9.603 3	9.173 3	9.283 3	8.703 3	7.666 7	9.816 7	7.960 0	8.266 7	9.600 0	9.416 7	6.403 3	7.313 3	8.083 3	8.578 4
华航 31 号（CK）	8.190 0	8.883 3	8.976 7	9.340 0	8.600 0	7.996 7	7.640 0	10.336 7	8.193 3	9.366 7	9.200 0	9.333 3	5.883 3	7.126 7	7.683 3	8.450 0
广桂丝苗 10 号	7.200 0	8.973 3	9.463 3	9.473 3	8.533 3	9.200 0	7.293 3	10.503 3	7.680 0	9.333 3	8.616 7	9.100 0	6.400 0	7.520 0	7.453 3	8.449 5
华航 81 号（复试）	8.516 7	8.890 0	9.453 3	9.276 7	8.350 0	7.940 0	7.566 7	10.270 0	8.673 3	8.666 7	8.266 7	9.600 0	5.480 0	7.056 7	8.416 7	8.428 2
华航新占	7.866 7	9.836 7	9.336 7	9.540 0	7.500 0	8.620 0	6.583 3	9.686 7	7.646 7	9.000 0	8.316 7	10.216 7	5.220 0	7.536 7	7.933 3	8.322 7
凤广丝苗（复试）	7.233 3	8.826 7	8.270 0	8.706 7	7.766 7	8.793 3	8.230 0	9.346 7	8.946 7	8.233 3	8.650 0	10.183 3	5.750 0	7.703 3	7.836 7	8.298 4
新广占	7.913 3	8.780 0	8.780 0	9.593 3	7.283 3	8.883 3	6.386 7	10.743 3	7.960 0	8.466 7	8.450 0	9.733 3	5.933 3	7.453 3	7.966 7	8.288 4
金科丝苗 1 号	7.363 3	8.716 7	9.290 0	9.420 0	8.500 0	8.040 0	6.300 0	9.486 7	8.460 0	8.766 7	8.533 3	8.883 3	5.816 7	7.516 7	7.383 3	8.165 1
碧玉丝苗 2 号（复试）	7.043 3	8.080 0	8.716 7	8.580 0	7.433 3	8.283 3	8.250 0	9.933 3	9.326 7	9.200 0	7.300 0	9.383 3	5.356 7	6.256 7	7.356 7	8.033 3

表 2-52 常规感温迟熟 A 组品种各试点小区平均产量（公斤）

品种/地点	潮州	高州	广州	惠来	惠州	江门	龙川	罗定	清远	阳江	湛江	肇庆	平均值
黄广禾占	8.066 7	9.003 3	9.236 7	9.713 3	9.116 7	8.463 3	9.633 3	10.306 7	8.283 3	7.246 7	8.933 3	7.633 3	8.803 1
华航 85 号	8.506 7	9.110 0	9.346 7	9.326 7	8.433 3	8.680 0	9.466 7	10.283 3	9.133 3	6.486 7	8.696 7	7.400 0	8.739 2
金华占 2 号	7.630 0	8.430 0	9.456 7	9.860 0	8.283 3	8.820 0	8.476 7	9.716 7	8.416 7	7.036 7	8.813 3	7.606 7	8.545 6
黄丝粤占（复试）	7.080 0	7.993 3	8.946 7	9.446 7	8.566 7	8.273 3	8.580 0	10.663 3	9.150 0	7.263 3	7.696 7	7.983 3	8.470 3
粤野银占	7.970 0	8.916 7	9.190 0	9.073 3	8.233 3	8.530 0	8.533 3	9.350 0	8.966 7	6.253 3	8.463 3	6.983 3	8.371 9

（续）

品种/地点	潮州	高州	广州	惠来	惠州	江门	龙川	罗定	清远	阳江	湛江	肇庆	平均值
创籼占2号（复试）	7.640 0	8.246 7	8.730 0	9.333 3	7.350 0	8.316 7	9.236 7	9.533 3	8.683 3	6.870 0	8.700 0	7.220 0	8.321 7
春油占16	7.606 7	8.233 3	8.330 0	9.220 0	7.700 0	8.610 0	9.080 0	10.220 0	8.233 3	6.116 7	7.923 3	7.496 7	8.230 8
广台7号（复试）	7.390 0	7.130 0	9.276 7	9.213 3	7.500 0	8.180 0	8.050 0	9.353 3	8.483 3	6.860 0	7.976 7	6.860 0	8.022 8
粤晶丝苗2号（CK）	7.693 3	7.903 3	8.830 0	8.713 3	7.633 3	7.923 3	8.670 0	8.553 3	8.783 3	6.020 0	7.966 7	7.416 7	8.008 9
广味丝苗1号	7.813 3	8.133 3	7.993 3	8.900 0	7.550 0	8.183 3	7.570 0	9.186 7	8.166 7	5.010 0	8.360 0	7.466 7	7.861 1
福籼占	7.486 7	8.043 3	8.023 3	7.346 7	7.516 7	8.033 3	5.600 0	8.636 7	8.466 7	4.886 7	7.546 7	6.600 0	7.348 9
华标6号	6.933 3	7.540 0	8.720 0	7.520 0	6.700 0	7.843 3	7.116 7	8.573 3	7.416 7	5.230 0	6.176 7	7.250 0	7.251 7

表2-53　常规感温迟熟B组品种各试点小区平均产量（公斤）

品种名称	潮州	高州	广州	惠来	惠州	江门	龙川	罗定	清远	阳江	湛江	肇庆	平均值
春油占20	7.393 3	7.626 7	8.786 7	9.333 3	6.600 0	7.853 3	7.633 3	8.696 7	7.733 3	5.560 0	7.700 0	8.066 7	7.748 6
广良丝苗3号	7.786 7	7.500 0	8.406 7	8.446 7	7.600 0	8.233 3	7.466 7	8.646 7	7.416 7	4.510 0	7.273 3	7.273 3	7.546 7
广美占	8.493 3	8.763 3	9.263 3	10.046 7	7.266 7	8.476 7	8.516 7	10.023 3	9.033 3	6.376 7	8.680 0	8.583 3	8.626 9
广油农占	8.513 3	9.353 3	9.653 3	9.873 3	7.483 3	8.233 3	9.703 3	10.636 7	10.133 3	6.513 3	9.460 0	8.056 7	8.967 8
黄广五占（复试）	7.996 7	8.946 7	9.560 0	10.240 0	7.483 3	8.976 7	9.383 3	10.333 3	9.600 0	7.060 0	9.000 0	7.916 7	8.874 7
黄华油占（复试）	7.826 7	8.410 0	9.630 0	10.420 0	7.216 7	8.606 7	8.583 3	10.126 7	9.283 3	6.683 3	9.236 7	8.233 3	8.688 1
南惠2号	7.636 7	8.590 0	9.583 3	9.193 3	7.700 0	8.166 7	9.363 3	9.466 7	8.550 0	5.726 7	8.560 0	7.400 0	8.328 1
南新银占	8.006 7	8.520 0	10.306 7	9.760 0	7.400 0	8.650 0	8.983 3	9.736 7	8.716 7	6.390 0	8.716 7	8.233 3	8.618 3
新粈软占	8.040 0	8.916 7	8.940 0	9.300 0	7.433 3	8.043 3	8.883 3	9.700 0	8.750 0	6.826 7	8.646 7	8.450 0	8.494 2
野优巴茅一号	6.586 7	6.910 0	6.266 7	6.613 3	4.283 3	7.133 3	5.266 7	6.850 0	4.716 7	6.756 7	5.280 0	6.516 7	6.098 3
粤晶丝苗2号（CK）	7.806 7	7.926 7	8.783 3	8.913 3	7.183 3	8.280 0	8.683 3	9.100 0	8.733 3	5.790 0	8.113 3	7.466 7	8.065 0
中深3号（复试）	8.673 3	8.166 7	9.000 0	9.266 7	7.660 0	8.293 3	8.566 7	9.270 0	8.566 7	6.550 0	8.440 0	7.483 3	8.328 1

表 2-54 特用稻组品种各试点小区平均产量（公斤）

品种名称	潮州	江门	阳江	湛江	肇庆	平均值
合红占2号（复试）	8.8333	8.2333	6.5433	7.1433	7.9167	7.7340
兴两优红晶占（复试）	7.4733	8.7533	6.8800	6.4833	8.1000	7.5380
晶两优红占（复试）	7.6600	7.3033	7.3000	7.3433	7.9667	7.5147
华航红珍占	8.1133	7.6933	5.2833	7.2467	8.3000	7.3273
春两优紫占	7.0667	7.4900	6.1767	6.3500	8.0033	7.0173
东红6号（复试）	7.7733	7.1800	5.3467	6.7533	7.9733	7.0053
粤红宝（CK）	7.4067	7.2833	5.8267	6.2633	7.6333	6.8827
航软黑占2号	7.0267	6.9233	5.4433	6.4967	7.8500	6.7480
广黑糯1号	7.0133	7.0733	4.8933	5.9133	8.3500	6.6486
南黑1号	6.1200	6.9600	6.5767	5.2667	4.9667	5.9780

表 2-55 香稻A组品种各试点小区平均产量（公斤）

品种名称	佛山	高州	广州	江门	乐昌	连山	梅州	肇庆	平均值
五香丝苗（复试）	9.3167	8.0667	8.5467	7.4533	11.9000	9.6233	10.2833	8.4000	9.1988
原香优1214	9.4467	7.1967	7.5800	7.1400	12.1667	9.1867	9.7667	7.7500	8.7792
美香占3号	9.0967	7.6400	7.7233	7.5433	11.9667	8.8933	8.9000	7.9167	8.7100
广桂香占（复试）	8.6733	6.9367	8.3133	6.9333	9.9000	8.5800	11.4500	7.5667	8.5442
京两优香丝苗	8.1733	7.3400	8.4300	7.2533	9.5333	9.2967	10.1000	7.3500	8.4346
深香优6615（复试）	7.3100	9.2500	8.6567	7.3567	8.8667	8.5267	8.3833	8.6500	8.3750
双香丝苗（复试）	9.2433	8.4133	7.6233	7.7000	9.0000	8.1767	8.8000	7.8000	8.3446
美香占2号（CK）	8.2500	7.3633	7.4633	7.2833	9.5000	8.8367	9.1500	7.4500	8.1621
万丰香占3号	7.1233	6.9867	7.7600	7.3100	9.2333	8.0133	9.5000	7.0833	7.8762
匠心香丝苗（复试）	7.9533	7.3500	8.0133	7.0667	7.7000	7.8100	8.9833	6.8167	7.7117
凤来香	7.6600	6.7667	7.6767	7.3400	8.7667	7.4633	8.4333	7.3000	7.6758
增科丝苗2号	6.8667	6.9600	7.3567	6.7833	8.9333	8.3933	8.4500	7.1400	7.6104

表 2-56 香稻B组品种各试点小区平均产量（公斤）

品种名称	佛山	高州	广州	江门	乐昌	连山	梅州	肇庆	平均值
广10优1512	8.7833	7.9400	8.9433	7.3933	12.1667	9.9000	10.2333	8.3500	9.2137
邦优南香占（复试）	8.5633	7.1367	8.8267	7.6100	12.0667	9.4000	11.3500	8.5167	9.1838
青香优266	9.1533	6.9300	8.8433	8.2233	10.2000	8.4167	11.9167	8.1333	8.9771
月香优98香	8.9300	7.1200	7.9967	7.7833	11.0667	9.6333	10.3667	8.0167	8.8642
广新香丝苗	8.4167	8.5233	7.0000	7.1033	11.4000	10.0473	10.5833	7.3667	8.8051
昇香两优南晶香占	6.2400	8.3767	7.5700	7.9500	10.2333	10.4667	11.2667	8.0833	8.7733
耕香优晶晶	8.3033	7.9867	7.5333	7.7600	10.1333	9.4333	11.0833	7.0167	8.6562

（续）

品种名称	佛山	高州	广州	江门	乐昌	连山	梅州	肇庆	平均值
江农香占1号（复试）	7.8967	7.1700	7.5333	7.0167	10.6000	8.8667	11.3900	7.3167	8.4738
泰优香丝苗	8.9867	7.2800	6.9700	7.0167	10.2667	8.8500	8.7100	7.4667	8.1933
美香占2号（CK）	8.1567	7.1467	7.1267	7.2467	9.4333	8.9000	9.7500	7.2667	8.1284
丰香丝苗（复试）	7.7133	7.0400	6.4933	6.8000	10.1000	8.7000	10.8500	7.2667	8.1204
软华优7311（复试）	8.0833	6.4367	7.2500	7.2367	10.1333	8.1500	9.7167	7.5000	8.0633

表2－57　香稻C组品种各试点小区平均产量（公斤）

品种名称	佛山	高州	广州	江门	乐昌	连山	梅州	肇庆	平均值
华航香银针（复试）	7.8467	7.9833	8.2267	7.2500	11.3000	9.1667	10.1167	7.6500	8.6925
美两优313	6.6867	8.0433	8.3900	8.4167	9.4000	8.1667	11.0333	8.2167	8.5442
粤两优香油占（复试）	8.1567	7.1833	8.3700	7.6100	11.0333	8.3333	10.1833	6.6833	8.4441
粤香软占（复试）	7.4767	7.9133	8.2533	7.1167	9.9667	9.1333	9.9000	7.5333	8.4117
泰优19香（复试）	6.8133	7.5233	7.6633	7.8200	8.4667	8.9167	11.0167	6.9667	8.1483
丝香优莹占	7.7167	7.8000	7.3700	8.0033	8.6333	8.8333	9.3167	7.1167	8.0988
美香占2号（CK）	8.1567	7.4600	7.0333	7.3233	9.0667	8.4333	9.5167	7.4667	8.0571
碧玉丝苗8号	7.6433	7.3433	7.3967	7.1733	10.1667	7.6167	10.1167	6.8167	8.0342
台香022	7.2733	7.6067	7.0300	7.5667	9.4000	7.8667	10.2000	7.0167	7.9950
江航香占	7.3467	6.9933	7.8333	7.0667	9.2667	7.2333	9.9167	7.3333	7.8738
韶香丝苗	7.8633	7.3167	7.1000	7.0067	9.0000	7.5833	9.3500	7.3333	7.8192
万丰香占5号	7.4933	7.2067	7.2833	6.8833	11.9667	5.6833	9.0167	6.7367	7.7837

表2－58　香稻D组品种各试点小区平均产量（公斤）

品种名称	佛山	高州	广州	江门	乐昌	连山	梅州	肇庆	平均值
巴禾香占2号	7.0700	6.5767	8.4700	7.5233	8.6333	8.1500	9.1000	6.6833	7.7758
豪香优100	9.0200	7.5967	8.0400	8.6733	11.9667	9.6667	11.2333	8.3833	9.3225
靓优香（复试）	9.1500	8.1467	7.6300	8.3033	9.6667	8.9500	10.2833	6.8333	8.6204
美巴丝苗	7.3267	7.9000	6.8067	6.9567	9.4000	8.2167	10.8333	6.2800	7.9650
美香占2号（CK）	8.1367	7.8733	7.1200	7.4033	9.0667	8.4333	9.7667	7.1833	8.1229
南泰香丝苗（复试）	9.2600	8.2067	8.1333	8.3933	10.5667	8.8000	9.5833	6.7500	8.7117
芃香丝苗	9.1367	8.1033	7.4767	8.2467	9.0000	9.5333	10.3333	6.4000	8.5288
深香优9374	9.2800	8.4833	9.4367	7.9600	9.4000	9.6833	11.7333	8.5833	9.3200
昇香两优春香丝苗	8.9100	8.5833	8.2200	8.2067	10.1067	9.7600	10.7267	7.8333	9.0433
馨香优98香（复试）	9.2033	7.5867	8.1800	8.2633	11.0333	10.0000	11.3833	8.2000	9.2313
又美优99	8.9667	8.6333	8.6333	8.6067	9.2667	10.0833	11.1167	8.0000	9.1633
粤香丝苗（复试）	9.2267	7.8700	7.9033	8.2433	10.6000	9.1000	10.9833	8.3167	9.0304

表 2-59　生产试验产量

组别	品种名称	平均亩产（公斤）	比 CK±（%）
中熟组	合新油占	458.70	6.22
	禾龙占	447.60	3.65
	凤广丝苗	440.20	1.93
	碧玉丝苗 2 号	438.89	1.63
	华航 81 号	433.36	0.35
	华航 31 号（CK）	431.85	—
迟熟组	黄华油占	477.07	15.01
	黄丝粤占	458.63	10.56
	黄广五占	455.80	9.88
	中深 3 号	453.40	9.30
	广台 7 号	435.72	5.04
	创籼占 2 号	427.74	3.12
	粤晶丝苗 2 号（CK）	414.81	—
香稻组	邦优南香占	469.34	12.95
	泰优 19 香	466.66	12.30
	粤香丝苗	453.10	9.04
	丰香丝苗	443.95	6.84
	深香优 6615	434.61	4.59
	五香丝苗	432.78	4.15
	粤两优香油占	431.93	3.94
	华航香银针	429.59	3.38
	双香丝苗	427.81	2.95
	靓优香	425.95	2.50
	粤香软占	425.36	2.36
	南泰香丝苗	424.67	2.20
	江农香占 1 号	422.24	1.61
	广桂香占	416.17	0.15
	馨香优 98 香	415.97	0.10
	美香占 2 号（CK）	415.54	—
	匠心香丝苗	410.75	−1.15
	软华优 7311	396.03	−4.70
特用稻	合红占 2 号	390.63	13.63
	晶两优红占	359.64	4.61
	兴两优红晶占	358.77	4.36
	粤红宝（CK）	343.78	—
	东红 6 号	341.71	−0.60

第三章　广东省 2021 年早造杂交水稻新品种区域试验总结

一、试验概况

（一）参试品种

2021 年早造安排参试的新品种 59 个，加上复试品种 36 个，参试品种共 95 个（不含 CK）。试验分中早熟组、中迟熟组、迟熟组共 3 个组。其中，中早熟组以华优 665 作对照；中迟熟组以五丰优 615 作对照；迟熟组以深两优 58 香油占作对照（表 3-1）。

生产试验有 36 个品种（不含 CK），其中中早熟组有 6 个、中迟熟组有 16 个、迟熟组有 14 个。

（二）承试单位

1. 中早熟组

承试单位 8 个，分别是和平县良种繁育场、梅州市农林科学院、蕉岭县农业科学研究所、南雄市农业科学研究所、连山县农业科学研究所、乐昌市现代农业产业发展中心、英德市农业科学研究所、韶关市农业科技推广中心。

2. 中迟熟组

承试单位 13 个，分别是梅州市农林科学院、肇庆市农业科学研究所、江门市新会区农业农村综合服务中心、高州市良种繁育场、清远市农业科技推广服务中心、广州市农业科学研究院、罗定市农业技术推广试验场、湛江市农业科学研究院、潮州市农业科技发展中心、阳江市农业科学研究所、龙川县农业科学研究所、惠来县农业科学研究所、惠州市农业科学研究所。

3. 迟熟组

承试单位 12 个，分别是肇庆市农业科学研究所、江门市新会区农业农村综合服务中心、高州市良种繁育场、清远市农业科技推广服务中心、广州市农业科学研究院、罗定市农业技术推广试验场、湛江市农业科学研究院、潮州市农业科技发展中心、阳江市农业科学研究所、龙川县农业科学研究所、惠来县农业科学研究所、惠州市农业科学研究所。

表 3-1 参试品种

序号	中早熟 A 组	中早熟 B 组	中迟熟 A 组	中迟熟 B 组	中迟熟 C 组	中迟熟 D 组	迟熟 A 组	迟熟 B 组	迟熟 C 组
1	诚优 5373（复试）	诚优亨占（复试）	耕香优新丝苗（复试）	金香优 301（复试）	台两优粤福占（复试）	粤禾优 3628（复试）	C 两优 557（复试）	宽仁优国泰（复试）	春 9 两优 121（复试）
2	金恒优金丝苗（复试）	庆优喜占（复试）	青香优新禾占（复试）	勤两优华宝（复试）	银恒优金桂丝苗（复试）	中银优珍丝苗（复试）	川种优 360（复试）	来香优 178（复试）	兴两优 492（复试）
3	启源优 492（复试）	中银优金丝苗（复试）	恒丰优 3316（复试）	耕香优银粘（复试）	莹两优 821（复试）	中映优银粘（复试）	香龙优泰占（复试）	深两优 2018（复试）	中泰优 5511（复试）
4	广泰优 1862	泼优 1127	恒丰优 53（复试）	宽仁优 6319	胜优 1978	金香优 6 号（复试）	春两优 20（复试）	玮两优 1019（复试）	中泰优银粘（复试）
5	思源优喜占	和丰优 1127	耕香优 200	隆晶优蒂占	信两优 277	中政优 6899	金恒优金桂丝苗（复试）	兴两优 124（复试）	香龙优 260
6	宽仁优 9374	耕香优 163	金隆优 033	胜优 033	振两优玉占	品香优 200	贵优 2877	青香优 032	臻两优玉占
7	广泰优 816	固香优珍香丝苗	广泰优 9 海 28	台两优粤桂占	弘优 2903	Q 两优银泰香占	金恒优 5511	深香优国泰	中丝优 852
8	金香优喜占	广泰优 4486	金隆优 083	扬泰优 2388	香龙优喜占	金隆优 032	民升优 332	特优 3628	纤优银粘
9	吉田优 1978	粤禾优 1055	新兆优 9531	软华优 168	泓两优 39537	金隆优 99 香	贵优新占	鹏香优国泰	软华优 197
10	中丝优 738	银香优玉占	软华优 157（复试）	航 19 两优 1978	隆晶优 5368	福香优 2202	青香优 132	沃两优粤银软占	隆晶优 1378
11	银两优泰香	华优 665（CK）	裕优丝占（复试）	五丰优 615（CK）	五丰优 615（CK）	五丰优 615（CK）	峰软优 612	贵优 2012	峰软优 1219
12	华优 665（CK）		五丰优 615（CK）	金香优 301（复试）	台两优粤福占（复试）		深两优 58 香油占（CK）	深两优 58 香油占（CK）	深两优 58 香油占（CK）

4. 生产试验

中早熟组承试单位5个，分别是和平县良种繁育场、南雄市农业科学研究所、连山县农业科学研究所、乐昌市现代农业产业发展中心、韶关市农业科技推广中心。

中迟熟组承试单位7个，分别是阳春市农业研究与技术推广中心、信宜市农业技术推广中心、雷州市农业技术推广中心、云浮市农业综合服务中心、茂名市农业科技推广中心、潮安区农业工作总站、惠州市农业科学研究所。

迟熟组承试单位7个，分别是阳春市农业研究与技术推广中心、信宜市农业技术推广中心、雷州市农业技术推广中心、云浮市农业综合服务中心、茂名市农业科技推广中心、潮安区农业工作总站、惠州市农业科学研究所。

（三）试验方法

各试点统一按《广东省农作物品种试验办法》进行试验和记载。区域试验采用随机区组排列，小区面积0.02亩，长方形，3次重复，同组试验安排在同一田块进行，统一种植规格。生产试验采用大区随机排列，不设重复，大区面积不少于0.5亩。栽培管理按当地的生产水平进行，试验期间防虫不防病，在各个生育阶段对品种的生长特征、经济性状进行田间调查记载和室内考种。区域试验产量联合方差分析采用试点效应随机模型，品种间差异多重比较采用最小显著差数法（LSD法），品种动态稳产性分析采用Shukla互作方差分析法。

（四）米质分析

稻米品质检验委托农业农村部稻米及制品质量监督检验测试中心依据NY/T 593—2013《食用稻品种品质》标准进行鉴定，样品为当造收获的种子，中早熟组由乐昌市现代农业产业发展中心采集，其他熟组由江门市新会区农业农村综合服务中心采集，经广东省农业技术推广中心统一编号标识后提供。

（五）抗性鉴定

参试品种稻瘟病和白叶枯病抗性由广东省农业科学院植物保护研究所进行鉴定。样品由广东省农业技术推广中心统一编号标识。鉴定采用人工接菌与病区自然诱发相结合的方法。

（六）耐寒鉴定

复试品种耐寒性委托华南农业大学农学院采用人工气候室模拟鉴定。样品由广东省农业技术推广中心统一编号标识。

二、试验结果

（一）产量

对产量进行联合方差分析表明，各熟组品种间F值均达极显著水平，说明各熟组品种间产量存在极显著差异（表3-2至表3-10）。

表 3-2　中早熟 A 组产量方差分析

变异来源	*df*	*SS*	*MS*	*F*
试点内区组	16	3.114 8	0.194 7	1.253 9
地点	7	401.444 2	57.349 2	33.611 8**
品种	11	41.783 4	3.798 5	2.226 3**
品种×地点	77	131.379 2	1.706 2	10.990 1**
试验误差	176	27.324 2	0.155 3	
总变异	287	605.045 8		

表 3-3　中早熟 B 组产量方差分析

变异来源	*df*	*SS*	*MS*	*F*
试点内区组	16	3.078	0.192 4	1.198 6
地点	7	365.547 6	52.221 1	33.18**
品种	10	126.176 4	12.617 6	8.016 9**
品种×地点	70	110.171 1	1.573 9	9.806**
试验误差	160	25.680 2	0.160 5	
总变异	263	630.653 2		

表 3-4　中迟熟 A 组产量方差分析

变异来源	*df*	*SS*	*MS*	*F*
试点内区组	26	2.711 8	0.104 3	1.168 7
地点	12	556.352 7	46.362 7	38.002 5**
品种	11	110.530 7	10.048 2	8.236 3**
品种×地点	132	161.038 8	1.220 0	13.670 5**
试验误差	286	25.523 4	0.089 2	
总变异	467	856.157 5		

表 3-5　中迟熟 B 组产量方差分析

变异来源	*df*	*SS*	*MS*	*F*
试点内区组	26	3.015 1	0.116 0	1.257 7
地点	12	369.017 8	30.751 5	29.118 1**
品种	10	96.509 7	9.651 0	9.138 3**
品种×地点	120	126.731 5	1.056 1	11.453 9**
试验误差	260	23.973 1	0.092 2	
总变异	428	619.247 1		

表 3-6　中迟熟 C 组产量方差分析

变异来源	*df*	*SS*	*MS*	*F*
试点内区组	26	3.776 6	0.145 3	1.898 9
地点	12	590.907 2	49.242 3	39.449 7**
品种	10	64.170 4	6.417 0	5.140 9**
品种×地点	120	149.787 5	1.248 2	16.318 1**
试验误差	260	19.888 3	0.076 5	
总变异	428	828.530 0		

表 3-7　中迟熟 D 组产量方差分析

变异来源	*df*	*SS*	*MS*	*F*
试点内区组	26	2.046 2	0.078 7	0.861 4
地点	12	581.978 9	48.498 2	35.764 7**
品种	10	84.693 0	8.469 3	6.245 6**
品种×地点	120	162.724 4	1.356 0	14.841 9**
试验误差	260	23.755 1	0.091 4	
总变异	428	855.197 6		

表 3-8　迟熟 A 组产量方差分析

变异来源	*df*	*SS*	*MS*	*F*
试点内区组	24	3.974 3	0.165 6	2.017 3
地点	11	713.995 8	64.908 7	58.872 4**
品种	11	92.700 4	8.427 3	7.643 6**
品种×地点	121	133.406 3	1.102 5	13.431 3**
试验误差	264	21.670 9	0.082 1	
总变异	431	965.747 7		

表 3-9　迟熟 B 组产量方差分析

变异来源	*df*	*SS*	*MS*	*F*
试点内区组	24	3.188 9	0.132 9	1.537 8
地点	11	733.566 5	66.687 9	63.436 4**
品种	11	22.135 4	2.012 3	1.914 2**
品种×地点	121	127.202 0	1.051 3	12.167 2**
试验误差	264	22.809 8	0.086 4	
总变异	431	908.902 6		

表3-10　迟熟C组产量方差分析

变异来源	*df*	*SS*	*MS*	*F*
试点内区组	24	1.019 9	0.042 5	0.611 9
地点	11	739.170 0	67.197 3	59.634 1**
品种	11	128.293 8	11.663 1	10.350 4**
品种×地点	121	136.346 0	1.126 8	16.226 1**
试验误差	264	18.333 5	0.069 4	
总变异	431	1 023.163 2		

早造杂交水稻各组品种产量情况见表3-11至表3-22。

表3-11　中早熟组参试品种产量及适应性、稳产性情况

组别	品　种	小区平均产量（公斤）	折算平均亩产（公斤）	比CK±（%）	比组平均±（%）	差异显著性 0.05	差异显著性 0.01	产量名次	比CK增产试点比例（%）	日产量（公斤）
中早熟A组	广泰优816	10.230 8	511.54	9.56	6.48	a	A	1	87.50	4.26
	宽仁优9374	10.160 4	508.02	8.81	5.75	ab	AB	2	87.50	4.16
	思源优喜占	10.121 2	506.06	8.39	5.34	ab	AB	3	75.00	4.15
	广泰优1862	9.803 7	490.19	4.99	2.04	abc	AB	4	62.50	4.05
	吉田优1978	9.704 6	485.23	3.93	1.01	abc	AB	5	62.50	3.91
	金恒优金丝苗（复试）	9.668 3	483.42	3.54	0.63	abc	AB	6	62.50	4.00
	中丝优738	9.412 5	470.63	0.80	−2.03	bc	AB	7	50.00	3.95
	华优665（CK）	9.337 9	466.90	—	−2.81	c	AB	8	—	3.89
	银两优泰香	9.240 0	462.00	−1.05	−3.83	c	AB	9	37.50	3.64
	金香优喜占	9.224 6	461.23	−1.21	−3.99	c	B	10	25.00	3.72
	诚优5373（复试）	9.205 0	460.25	−1.42	−4.19	c	B	11	50.00	3.93
	启源优492（复试）	9.187 1	459.35	−1.62	−4.38	c	B	12	37.50	3.80
中早熟B组	粤禾优1055	10.306 3	515.31	8.20	7.14	a	A	1	62.50	4.19
	银香优玉占	10.236 3	511.81	7.46	6.41	ab	A	2	87.50	4.27
	庆优喜占（复试）	10.178 3	508.92	6.86	5.81	ab	A	3	75.00	4.24
	广泰优4486	10.101 2	505.07	6.05	5.01	ab	A	4	75.00	4.21
	中银优金丝苗（复试）	9.815 8	490.79	3.05	2.04	abc	AB	5	62.50	4.12
	耕香优163	9.805 8	490.29	2.94	1.94	abc	AB	6	37.50	4.12
	固香优珍香丝苗	9.582 9	479.15	0.6	−0.38	bc	AB	7	37.50	4.1
	华优665（CK）	9.525 4	476.27	—	−0.97	bc	AB	8	—	3.97
	和丰优1127	9.373 8	468.69	−1.59	−2.55	c	AB	9	50.00	4.01
	诚优亨占（复试）	9.130 4	456.52	−4.15	−5.08	c	B	10	37.50	3.87
	泼优1127	7.754 6	387.73	−18.59	−19.38	d	C	11	12.50	3.49

表3-12　中迟熟组参试品种产量及适应性、稳产性情况

组别	品种	小区平均产量（公斤）	折算平均亩产（公斤）	比CK±（%）	比组平均±（%）	差异显著性		产量名次	比CK增产试点比例（%）	日产量（公斤）
						0.05	0.01			
中迟熟A组	恒丰优3316（复试）	10.3623	518.12	6.29	7.55	a	A	1	61.54	4.43
	恒丰优53（复试）	10.2249	511.24	4.88	6.12	ab	AB	2	76.92	4.33
	广泰优9海28	10.2041	510.21	4.66	5.90	ab	AB	3	69.23	4.40
	五丰优615（CK）	9.7495	487.47	—	1.18	bc	ABC	4	—	4.17
	裕优丝占（复试）	9.7003	485.01	−0.51	0.67	c	BC	5	46.15	4.15
	金隆优083	9.6400	482.00	−1.12	0.05	c	BC	6	38.46	4.02
	耕香优200	9.6344	481.72	−1.18	−0.01	c	BC	7	38.46	4.08
	青香优新禾占（复试）	9.6005	480.03	−1.53	−0.36	c	BC	8	46.15	4.00
	金隆优033	9.3962	469.81	−3.62	−2.48	c	C	9	38.46	3.92
	新兆优9531	9.3336	466.68	−4.27	−3.13	c	C	10	38.46	3.67
	耕香优新丝苗（复试）	9.3085	465.42	−4.52	−3.39	c	C	11	23.08	3.88
	软华优157（复试）	8.4687	423.44	−13.14	−12.11	d	D	12	7.69	3.53
中迟熟B组	宽仁优6319	10.1746	508.73	4.76	6.75	a	A	1	76.92	4.20
	金香优301（复试）	10.0844	504.22	3.83	5.80	ab	A	2	69.23	4.24
	勤两优华宝（复试）	9.9518	497.59	2.46	4.41	ab	AB	3	69.23	4.15
	隆晶优蒂占	9.8021	490.10	0.92	2.84	abc	ABC	4	53.85	4.02
	五丰优615（CK）	9.7126	485.63	—	1.90	bcd	ABCD	5	—	4.15
	扬泰优2388	9.4726	473.63	−2.47	−0.62	cde	BCD	6	46.15	4.01
	航19两优1978	9.4595	472.97	−2.61	−0.76	cde	BCD	7	38.46	3.94
	台两优粤桂占	9.3541	467.71	−3.69	−1.86	cde	BCD	8	15.38	3.96
	耕香优银粘（复试）	9.2628	463.14	−4.63	−2.82	de	CD	9	15.38	3.86
	胜优033	9.1392	456.96	−5.90	−4.12	e	D	10	23.08	3.78
	软华优168	8.4331	421.65	−13.17	−11.53	f	E	11	0.00	3.51
中迟熟C组	银恒优金桂丝苗（复试）	10.5144	525.72	8.12	6.29	a	A	1	69.23	4.38
	台两优粤福占（复试）	10.3169	515.85	6.09	4.29	ab	AB	2	69.23	4.37
	香龙优喜占	10.2982	514.91	5.89	4.10	ab	AB	3	76.92	4.22
	隆晶优5368	10.2677	513.38	5.58	3.79	abc	AB	4	76.92	4.21
	弘优2903	9.9169	495.85	1.97	0.25	bcd	ABC	5	61.54	4.13
	信两优277	9.7787	488.94	0.55	−1.15	cd	BC	6	46.15	4.01
	莹两优821（复试）	9.7438	487.19	0.19	−1.50	de	BC	7	61.54	4.09
	五丰优615（CK）	9.7251	486.26	—	−1.69	de	BC	8	—	4.16
	振两优玉占	9.5297	476.49	−2.01	−3.67	de	C	9	46.15	3.84
	泓两优39537	9.4554	472.77	−2.77	−4.42	de	C	10	61.54	3.84
	胜优1978	9.2705	463.53	−4.67	−6.29	e	C	11	30.77	3.80

（续）

组别	品　种	小区平均产量（公斤）	折算平均亩产（公斤）	比CK±（%）	比组平均±（%）	差异显著性		产量名次	比CK增产试点比例（%）	日产量（公斤）
						0.05	0.01			
中迟熟D组	中映优银粘（复试）	10.3228	516.14	7.17	6.83	a	A	1	84.62	4.23
	品香优200	10.1818	509.09	5.70	5.37	a	AB	2	69.23	4.24
	粤禾优3628（复试）	10.0690	503.45	4.53	4.21	ab	ABC	3	61.54	4.27
	福香优2202	9.9123	495.62	2.91	2.59	abc	ABCD	4	61.54	4.13
	金隆优032	9.8582	492.91	2.35	2.03	abc	ABCDE	5	76.92	4.07
	金香优6号（复试）	9.6469	482.35	0.15	−0.16	bcd	ABCDE	6	53.85	4.02
	五丰优615（CK）	9.6323	481.62	—	−0.31	bcd	BCDE	7	—	4.12
	中银优珍丝苗（复试）	9.4128	470.64	−2.28	−2.58	cd	CDEF	8	46.15	3.92
	中政优6899	9.2495	462.47	−3.98	−4.28	de	DEF	9	15.38	3.76
	金隆优99香	9.2131	460.65	−4.35	−4.65	de	EF	10	46.15	3.81
	Q两优银泰香占	8.7885	439.42	−8.76	−9.05	e	F	11	7.69	3.49

表3-13　迟熟组参试品种产量及适应性、稳产性情况

组别	品　种	小区平均产量（公斤）	折算平均亩产（公斤）	比CK±（%）	比组平均±（%）	差异显著性		产量名次	比CK增产试点比例（%）	日产量（公斤）
						0.05	0.01			
迟熟A组	C两优557（复试）	10.6911	534.56	12.74	9.94	a	A	1	100.00	4.35
	金恒优金桂丝苗（复试）	10.2583	512.92	8.18	5.49	ab	AB	2	75.00	4.17
	香龙优泰占（复试）	10.1092	505.46	6.61	3.95	bc	ABC	3	83.33	4.18
	贵优新占	9.8553	492.76	3.93	1.34	bcd	BCD	4	50.00	4.07
	民升优332	9.8303	491.51	3.66	1.09	bcd	BCD	5	58.33	3.84
	贵优2877	9.7719	488.60	3.05	0.49	bcd	BCD	6	58.33	3.97
	川种优360（复试）	9.6992	484.96	2.28	−0.26	cde	BCD	7	58.33	4.01
	深两优58香油占（CK）	9.4828	474.14	—	−2.49	de	CDE	8	—	3.85
	金恒优5511	9.4628	473.14	−0.21	−2.69	de	CDE	9	50.00	3.79
	春两优20（复试）	9.4328	471.64	−0.53	−3.00	de	DE	10	50.00	3.71
	峰软优612	9.2194	460.97	−2.78	−5.20	ef	DE	11	25.00	3.87
	青香优132	8.8822	444.11	−6.33	−8.66	f	E	12	25.00	3.67

（续）

组别	品种	小区平均产量（公斤）	折算平均亩产（公斤）	比CK±（%）	比组平均±（%）	差异显著性		产量名次	比CK增产试点比例（%）	日产量（公斤）
						0.05	0.01			
迟熟B组	特优3628	10.460 6	523.03	8.89	5.11	a	A	1	83.33	4.32
	兴两优124（复试）	10.202 2	510.11	6.20	2.52	ab	AB	2	75.00	4.08
	来香优178（复试）	10.110 0	505.50	5.24	1.59	ab	AB	3	66.67	4.11
	宽仁优国泰（复试）	10.060 8	503.04	4.72	1.10	abc	AB	4	58.33	4.09
	深香优国泰	10.040 8	502.04	4.52	0.89	abc	AB	5	50.00	3.92
	贵优2012	9.935 0	496.75	3.41	−0.17	bc	AB	6	66.67	4.07
	沃两优粤银软占	9.883 3	494.17	2.88	−0.69	bc	AB	7	66.67	4.02
	深两优2018（复试）	9.846 9	492.35	2.50	−1.05	bc	AB	8	58.33	3.85
	玮两优1019（复试）	9.781 4	489.07	1.82	−1.71	bc	B	9	58.33	3.82
	鹏香优国泰	9.755 6	487.78	1.55	−1.97	bc	B	10	66.67	3.87
	青香优032	9.737 2	486.86	1.36	−2.16	bc	B	11	58.33	3.99
	深两优58香油占（CK）	9.606 9	480.35	—	−3.46	c	B	12	—	3.90
迟熟C组	香龙优260	10.731 1	536.56	7.91	7.74	a	A	1	91.67	4.43
	春9两优121（复试）	10.497 8	524.89	5.57	5.39	ab	AB	2	91.67	4.27
	峰软优1219	10.285 6	514.28	3.43	3.26	abc	ABC	3	83.33	4.29
	中丝优852	10.263 1	513.15	3.21	3.04	abcd	ABC	4	66.67	4.17
	中泰优银粘（复试）	10.124 4	506.22	1.81	1.64	bcd	ABC	5	75.00	4.08
	隆晶优1378	10.108 3	505.42	1.65	1.48	bcd	ABC	6	41.67	4.14
	兴两优492（复试）	10.047 2	502.36	1.04	0.87	bcd	BC	7	83.33	4.05
	深两优58香油占（CK）	9.944 2	497.21	—	−0.17	cd	BC	8	—	4.04
	臻两优玉占	9.910 0	495.50	−0.34	−0.51	cd	BCD	9	50.00	3.84
	纤优银粘	9.769 2	488.46	−1.76	−1.92	d	CD	10	50.00	3.97
	中泰优5511（复试）	9.268 1	463.40	−6.80	−6.95	e	D	11	25.00	3.89
	软华优197	8.578 9	428.94	−13.73	−13.87	f	E	12	8.33	3.57

表3-14 中早熟A组各品种Shukla方差及其显著性检验（*F*测验）

品种	Shukla方差	*df*	*F*值	概率	互作方差	品种均值（公斤）	Shukla变异系数（%）	差异显著性	
								0.05	0.01
诚优5373（复试）	1.178 5	7	22.773 3	0	0.170 4	9.205 0	11.793 6	a	A
启源优492（复试）	0.915 9	7	17.699 2	0	0.132 4	9.187 1	10.417 3	ab	AB

（续）

品　　种	Shukla方差	df	F值	概率	互作方差	品种均值（公斤）	Shukla变异系数（%）	差异显著性	
								0.05	0.01
中丝优738	0.831 0	7	16.058 2	0	0.121 5	9.412 5	9.685 0	ab	AB
广泰优1862	0.631 5	7	12.202 6	0	0.091 0	9.803 8	8.105 7	ab	AB
金香优喜占	0.628 6	7	12.147 2	0	0.092 0	9.224 6	8.595 1	ab	AB
吉田优1978	0.587 2	7	11.347 3	0	0.040 0	9.704 6	7.896 3	ab	AB
华优665（CK）	0.512 0	7	9.893 8	0	0.072 9	9.337 9	7.662 8	ab	AB
银两优泰香	0.466 4	7	9.012 8	0	0.049 0	9.240 0	7.391 2	abc	AB
宽仁优9374	0.342 5	7	6.617 9	0	0.050 5	10.160 4	5.759 8	abc	AB
思源优喜占	0.311 8	7	6.025 3	0	0.030 6	10.121 3	5.517 1	abc	AB
广泰优816	0.284 4	7	5.495 2	0	0.032 8	10.230 8	5.212 4	bc	AB
金恒优金丝苗（复试）	0.135 0	7	2.608 2	0.013 8	0.020 2	9.668 3	3.799 9	c	B

注：各品种Shukla方差同质性检验（Bartlett测验）P=0.359 58，各品种稳定性差异不显著。

表3-15　中早熟B组各品种Shukla方差及其显著性检验（F测验）

品　　种	Shukla方差	df	F值	概率	互作方差	品种均值（公斤）	Shukla变异系数（%）	差异显著性	
								0.05	0.01
泼优1127	1.117 9	7	20.895 7	0	0.161 0	7.754 6	13.634 8	a	A
固香优珍香丝苗	1.024 0	7	19.140 1	0	0.096 0	9.582 9	10.559 7	a	A
中银优金丝苗（复试）	0.803 4	7	15.016 0	0	0.105 0	9.815 8	9.131 2	a	A
耕香优163	0.746 7	7	13.956 4	0	0.104 3	9.805 8	8.812 1	a	A
粤禾优1055	0.668 2	7	12.488 7	0	0.088 2	10.306 3	7.931 2	ab	AB
和丰优1127	0.415 2	7	7.760 6	0	0.061 5	9.373 8	6.874 1	abc	AB
华优665（CK）	0.362 6	7	6.777 9	0	0.046 8	9.525 4	6.321 8	abcd	AB
庆优喜占（复试）	0.183 8	7	3.436 2	0.001 9	0.025 5	10.178 3	4.212 5	bcd	AB
银香优玉占	0.176 9	7	3.306 0	0.002 6	0.022 1	10.236 3	4.108 5	bcd	AB
广泰优4486	0.165 7	7	3.097 4	0.004 3	0.025 0	10.101 3	4.030 0	cd	AB
诚优亨占（复试）	0.106 5	7	1.990 9	0.059 4	0.012 9	9.130 4	3.574 4	d	B
泼优1127	1.117 9	7	20.895 7	0	0.161 0	7.754 6	13.634 8	a	A

注：各品种Shukla方差同质性检验（Bartlett测验）P=0.019 23，各品种稳定性差异显著。

表 3-16　中迟熟 A 组各品种 Shukla 方差及其显著性检验（F 测验）

品　　种	Shukla 方差	df	F 值	概率	互作方差	品种均值（公斤）	Shukla 变异系数（%）	差异显著性	
								0.05	0.01
软华优 157（复试）	1.259 5	12	42.339 6	0	0.104 3	8.468 7	13.252 0	a	A
新兆优 9531	0.856 9	12	28.806 4	0	0.071 9	9.333 6	9.918 0	ab	AB
广泰优 9 海 28	0.473 4	12	15.914 1	0	0.039 6	10.204 1	6.742 8	abc	ABC
金隆优 083	0.421 0	12	14.150 9	0	0.030 4	9.640 0	6.730 4	bc	ABC
金隆优 033	0.360 7	12	12.125 0	0	0.022 0	9.396 2	6.391 7	bcd	ABC
恒丰优 3316（复试）	0.317 5	12	10.672 5	0	0.026 8	10.362 3	5.437 5	cd	ABC
青香优新禾占（复试）	0.232 4	12	7.812 7	0	0.017 8	9.600 5	5.021 5	cd	BC
耕香优 200	0.218 4	12	7.342 9	0	0.014 9	9.634 4	4.851 1	cd	BC
耕香优新丝苗（复试）	0.212 5	12	7.142 9	0	0.017 6	9.308 5	4.952 0	cd	BC
裕优丝占（复试）	0.198 5	12	6.673 5	0	0.016 4	9.700 3	4.593 2	cd	C
五丰优 615（CK）	0.193 4	12	6.502 9	0	0.014 4	9.749 5	4.511 3	cd	C
恒丰优 53（复试）	0.135 7	12	4.562 3	0	0.008 9	10.224 9	3.603 0	d	C

注：各品种 Shukla 方差同质性检验（Bartlett 测验）P=0.000 68，各品种稳定性差异极显著。

表 3-17　中迟熟 B 组各品种 Shukla 方差及其显著性检验（F 测验）

品　　种	Shukla 方差	df	F 值	概率	互作方差	品种均值（公斤）	Shukla 变异系数（%）	差异显著性	
								0.05	0.01
软华优 168	0.706 6	12	22.990 8	0	0.059 6	8.433 1	9.968 0	a	A
航 19 两优 1978	0.629 6	12	20.484 6	0	0.038 6	9.459 5	8.388 1	ab	A
金香优 301（复试）	0.399 8	12	13.008 9	0	0.032 9	10.084 4	6.270 3	abc	AB
勤两优华宝（复试）	0.375 2	12	12.208 7	0	0.028 4	9.951 8	6.155 3	abc	AB
耕香优银粘（复试）	0.316 2	12	10.288 3	0	0.015 8	9.262 8	6.070 8	abc	AB
宽仁优 6319	0.313 8	12	10.210 2	0	0.026 4	10.174 6	5.505 7	abc	AB
扬泰优 2388	0.281 3	12	9.152 2	0	0.023 1	9.472 6	5.599 0	abcd	AB
台两优粤桂占	0.259 7	12	8.450 6	0	0.013 1	9.354 1	5.448 2	bcd	AB
隆晶优蒂占	0.252 6	12	8.219 9	0	0.012 4	9.802 1	5.127 8	bcd	AB
五丰优 615（CK）	0.225 3	12	7.329 8	0	0.019 4	9.712 6	4.886 8	cd	AB
胜优 033	0.112 1	12	3.648 5	0	0.009 8	9.139 2	3.664 1	d	B

注：各品种 Shukla 方差同质性检验（Bartlett 测验）P=0.153 72，各品种稳定性差异不显著。

表 3-18 中迟熟 C 组各品种 Shukla 方差及其显著性检验（F 测验）

品　　种	Shukla方差	df	F 值	概率	互作方差	品种均值（公斤）	Shukla变异系数（%）	差异显著性	
								0.05	0.01
泓两优 39537	0.651 3	12	25.543 9	0	0.054 8	9.455 4	8.535 3	a	A
台两优粤福占（复试）	0.590 6	12	23.162 6	0	0.046 6	10.316 9	7.449 0	a	A
弘优 2903	0.483 2	12	18.951 9	0	0.037 4	9.916 9	7.009 7	ab	A
信两优 277	0.452 1	12	17.730 3	0	0.033 2	9.778 7	6.875 9	ab	A
五丰优 615（CK）	0.403 7	12	15.832 3	0	0.028 7	9.725 1	6.533 2	ab	A
胜优 1978	0.402 3	12	15.777 6	0	0.033 5	9.270 5	6.841 8	ab	A
隆晶优 5368	0.397 2	12	15.579 7	0	0.028 9	10.267 7	6.138 4	ab	A
银恒优金桂丝苗（复试）	0.375 7	12	14.736 2	0	0.031 6	10.514 4	5.829 9	ab	A
香龙优喜占	0.321 9	12	12.624 4	0	0.027 1	10.298 2	5.509 3	ab	A
振两优玉占	0.294 1	12	11.535 4	0	0.024 8	9.529 7	5.691 0	ab	A
莹两优 821（复试）	0.204 6	12	8.024 7	0	0.017 2	9.743 8	4.642 3	b	A

注：各品种 Shukla 方差同质性检验（Bartlett 测验）P=0.820 87，各品种稳定性差异不显著。

表 3-19 中迟熟 D 组各品种 Shukla 方差及其显著性检验（F 测验）

品　　种	Shukla方差	df	F 值	概率	互作方差	品种均值（公斤）	Shukla变异系数（%）	差异显著性	
								0.05	0.01
中银优珍丝苗（复试）	0.745 8	12	24.487 5	0	0.057 3	9.412 8	9.174 5	a	A
Q两优银泰香占	0.720 7	12	23.664 3	0	0.055 3	8.788 5	9.659 7	a	A
中政优 6899	0.618 9	12	20.320 5	0	0.032 9	9.249 5	8.505 1	ab	A
粤禾优 3628（复试）	0.508 4	12	16.693	0	0.043	10.069	7.081 3	ab	A
福香优 2202	0.475 6	12	15.615 1	0	0.039 8	9.912 3	6.957 1	ab	A
品香优 200	0.411 5	12	13.512 7	0	0.034 9	10.181 8	6.300 5	ab	A
金香优 6 号（复试）	0.331 3	12	10.877 3	0	0.022	9.646 9	5.966 3	ab	A
金隆优 99 香	0.325 8	12	10.697 5	0	0.027 7	9.213 1	6.195 4	ab	A
金隆优 032	0.305 1	12	10.019 6	0	0.025 7	9.858 2	5.603 5	ab	A
中映优银粘（复试）	0.295 5	12	9.703 8	0	0.024 7	10.322 8	5.266 3	ab	A
五丰优 615（CK）	0.233 6	12	7.669 4	0	0.016 9	9.632 3	5.017 4	b	A

注：各品种 Shukla 方差同质性检验（Bartlett 测验）P=0.520 33，各品种稳定性差异不显著。

表3-20　迟熟A组各品种Shukla方差及其显著性检验（F测验）

品　　种	Shukla方差	df	F值	概率	互作方差	品种均值（公斤）	Shukla变异系数（%）	差异显著性	
								0.05	0.01
春两优20（复试）	0.765	11	27.957 7	0	0.070 6	9.432 8	9.272 3	a	A
深两优58香油占（CK）	0.507 3	11	18.541 3	0	0.013 8	9.482 8	7.511 2	ab	AB
金恒优5511	0.502 8	11	18.375 8	0	0.045 6	9.462 8	7.493 4	ab	AB
金恒优金桂丝苗（复试）	0.495 8	11	18.120 8	0	0.029 8	10.258 3	6.864 2	ab	AB
峰软优612	0.380 0	11	13.888 1	0	0.032 9	9.219 4	6.686 4	ab	AB
贵优2877	0.325 2	11	11.883 9	0	0.024 3	9.771 9	5.835 4	abc	AB
川种优360（复试）	0.304 6	11	11.130 9	0	0.024 8	9.699 2	5.689 9	abc	AB
C两优557（复试）	0.291 3	11	10.645 2	0	0.020 4	10.691 1	5.048 1	abc	AB
贵优新占	0.265 9	11	9.719 1	0	0.024 7	9.855 3	5.232 6	bc	AB
民升优332	0.243 3	11	8.892 5	0	0.020 8	9.830 3	5.017 9	bc	AB
香龙优泰占（复试）	0.195 7	11	7.152 1	0	0.017 0	10.109 2	4.376 0	bc	AB
青香优132	0.133 2	11	4.868 5	0	0.012 2	8.882 2	4.109 2	c	B

注：各品种Shukla方差同质性检验（Bartlett测验）$P=0.265\ 60$，各品种稳定性差异不显著。

表3-21　迟熟B组各品种Shukla方差及其显著性检验（F测验）

品　　种	Shukla方差	df	F值	概率	互作方差	品种均值（公斤）	Shukla变异系数（%）	差异显著性	
								0.05	0.01
来香优178（复试）	0.694 9	11	24.129 0	0	0.061 0	10.110 0	8.245 5	a	A
玮两优1019（复试）	0.536 1	11	18.614 8	0	0.049 5	9.781 4	7.485 6	ab	A
兴两优124（复试）	0.496 8	11	17.249 0	0	0.045 4	10.202 2	6.908 5	abc	A
宽仁优国泰（复试）	0.442 7	11	15.371 9	0	0.029 1	10.060 8	6.613 4	abc	AB
深香优国泰	0.379 4	11	13.173 8	0	0.029 0	10.040 8	6.134 6	abc	AB
青香优032	0.365 7	11	12.699 4	0	0.027 2	9.737 2	6.210 9	abc	AB
深两优2018（复试）	0.341 0	11	11.841 3	0	0.014 2	9.846 9	5.930 6	abc	AB
深两优58香油占（CK）	0.243 8	11	8.465 3	0	0.017 7	9.606 9	5.139 6	bcd	AB
沃两优粤银软占	0.226 8	11	7.875 3	0	0.021 1	9.883 3	4.818 7	bcd	AB
鹏香优国泰	0.186 1	11	6.462 4	0	0.017 4	9.755 6	4.422 2	cd	AB
特优3628	0.183 3	11	6.363 6	0	0.014 6	10.460 6	4.092 6	cd	AB
贵优2012	0.108 3	11	3.760 6	0.000 1	0.008 9	9.935 0	3.312 5	d	B

注：各品种Shukla方差同质性检验（Bartlett测验）$P=0.136\ 91$，各品种稳定性差异不显著。

表3-22　迟熟C组各品种Shukla方差及其显著性检验（F测验）

品　种	Shukla方差	df	F值	概率	互作方差	品种均值（公斤）	Shukla变异系数（%）	差异显著性	
								0.05	0.01
软华优197	0.8514	11	36.7791	0	0.0777	8.5789	10.7555	a	A
中丝优852	0.5529	11	23.8862	0	0.0502	10.2631	7.2453	ab	AB
纤优银粘	0.4902	11	21.1751	0	0.0444	9.7692	7.1666	abc	AB
中泰优5511（复试）	0.4503	11	19.4512	0	0.0350	9.2681	7.2401	abc	AB
臻两优玉占	0.4433	11	19.1493	0	0.0317	9.9100	6.7184	abcd	AB
香龙优260	0.3764	11	16.2595	0	0.0311	10.7311	5.7170	abcd	AB
春9两优121（复试）	0.3180	11	13.7360	0	0.0204	10.4978	5.3715	abcd	AB
兴两优492（复试）	0.2268	11	9.7983	0	0.0174	10.0472	4.7401	bcd	AB
深两优58香油占（CK）	0.2268	11	9.7972	0	0.0136	9.9442	4.7890	bcd	AB
隆晶优1378	0.2194	11	9.4791	0	0.0193	10.1083	4.6341	bcd	AB
中泰优银粘（复试）	0.1925	11	8.3166	0	0.0180	10.1244	4.3337	cd	AB
峰软优1219	0.1594	11	6.8861	0	0.0100	10.2856	3.8817	d	B

注：各品种Shukla方差同质性检验（Bartlett测验）$P=0.15655$，各品种稳定性差异不显著。

1. 中早熟组（A组）

该组品种亩产为459.35～511.54公斤，对照种华优665亩产466.90公斤。比对照种增产的品种有7个，增幅名列前三位的广泰优816、宽仁优9374、思源优喜占分别比对照增产9.56%、8.81%、8.39%，增产均达显著水平。

2. 中早熟组（B组）

该组品种亩产为387.73～515.31公斤，对照种华优665亩产476.27公斤。比对照种增产的品种有7个，增幅名列前三位的粤禾优1055、银香优玉占、庆优喜占分别比对照增产8.20%、7.46%、6.86%，其中粤禾优1055增产达显著水平；其余品种均比对照减产，其中泼优1127比对照种减产18.59%（减产达极显著水平）。

3. 中迟熟组（A组）

该组品种亩产为423.44～518.12公斤，对照种五丰优615亩产487.47公斤。比对照种增产的品种有3个，恒丰优3316、恒丰优53、广泰优9海28分别比对照增产6.29%、4.88%、4.66%，其中恒丰优3316增产达显著水平；其余品种均比对照减产，其中软华优157比对照种减产13.14%（减产达极显著水平）。

4. 中迟熟组（B组）

该组品种亩产为421.65～508.73公斤，对照种五丰优615亩产485.63公斤。比对照种增产的品种有4个，增幅名列前三位的宽仁优6319、金香优301、勤两优华宝分别比对照增产4.76%、3.83%、2.46%，其中宽仁优6319增产达显著水平；其余品种均比对照减产，其中软华优168比对照种减产13.17%（减产达极显著水平）。

5. 中迟熟组（C组）

该组品种亩产为463.53～525.72公斤，对照种五丰优615亩产486.26公斤。比对照种增产的品种有7个，增幅名列前三位的银恒优金桂丝苗、台两优粤福占、香龙优喜占分别比对照增产8.12%、6.09%、5.89%，其中银恒优金桂丝苗增产达极显著水平。

6. 中迟熟组（D组）

该组品种亩产为439.42～516.14公斤，对照种五丰优615亩产481.62公斤。比对照种增产的品种有6个，增幅名列前三位的中映优银粘、品香优200、粤禾优3628分别比对照增产7.17%、5.70%、4.53%，其中中映优银粘增产达极显著水平；其余品种均比对照减产，其中Q两优银泰香占比对照种减产8.76%（减产达极显著水平）。

7. 迟熟组（A组）

该组品种亩产为444.11～534.56公斤，对照种深两优58香油占（CK）亩产474.14公斤。比对照种增产的品种有7个，增幅名列前三位的C两优557、金恒优金桂丝苗、香龙优泰占分别比对照增产12.74%、8.18%、6.61%，其中C两优557和金恒优金桂丝苗增产达极显著水平；其余品种均比对照减产，其中青香优132比对照种减产6.33%（减产达显著水平）。

8. 迟熟组（B组）

该组品种亩产为486.86～523.03公斤，对照种深两优58香油占（CK）亩产480.35公斤。该组所有参试品种均比对照种增产，增幅名列前三位的特优3628、兴两优124、来香优178分别比对照增产8.89%、6.20%、5.24%，其中特优3628增产达极显著水平。

9. 迟熟组（C组）

该组品种亩产为428.94～536.56公斤，对照种深两优58香油占（CK）亩产497.21公斤。比对照种增产的品种有7个，增幅名列前三位的香龙优260、春9两优121、峰软优1219分别比对照增产7.91%、5.57%、3.43%，其中香龙优260增产达极显著水平；其余品种均比对照减产，其中中泰优5511、软华优197比对照种分别减产6.80%、13.73%，减产均达极显著水平。

（二）米质

早造杂交水稻品种各组稻米米质检测结果见表3－23至表3－25。

表3－23　中早熟组参试品种米质

组别	品　种	NY/T 593—2013	糙米率（%）	整精米率（%）	垩白度（%）	透明度（级）	碱消值（级）	胶稠度（毫米）	直链淀粉（%）	粒型（长宽比）
中早熟A组	广泰优816	—	81.4	51.4	1.3	1	6.6	76	16.3	3.1
	宽仁优9374	2	81.4	56.5	1.4	1	6.5	77	15.2	3.0
	思源优喜占	—	80.2	48.8	1.8	2	6.7	80	14.8	3.2
	广泰优1862	3	81.2	54.6	0.9	1	6.4	77	15.3	3.6
	吉田优1978	3	80.6	52.6	0.4	2	5.1	79	14.8	3.2
	金恒优金丝苗	—	81.4	53.1	0.3	2	4.2	78	13.6	3.4
	中丝优738	2	81.6	55.0	0.7	2	6.7	74	13.9	3.3
	华优665（CK）	—	81.7	46.7	1.6	2	4.5	69	20.9	2.6

（续）

组别	品　种	NY/T 593—2013	糙米率（%）	整精米率（%）	垩白度（%）	透明度（级）	碱消值（级）	胶稠度（毫米）	直链淀粉（%）	粒型（长宽比）
中早熟A组	银两优泰香	—	79.6	48.1	0.9	2	6.7	76	15.5	3.6
	金香优喜占	—	80.8	49.7	0.3	1	5.2	76	15.1	3.2
	诚优5373	3	82.2	53.7	1.2	2	6.2	74	15.0	3.7
	启源优492	—	80.8	46.6	1.5	2	5.3	78	15.3	3.0
中早熟B组	粤禾优1055	—	80.9	44.5	0.7	2	4.2	82	14.1	2.9
	银香优玉占	—	80.6	51.3	0.5	2	4.2	84	13.0	3.1
	庆优喜占	—	80.3	46.4	3.4	2	6.3	69	14.6	3.4
	广泰优4486	3	80.9	52.5	1.2	2	5.0	75	14.2	3.1
	中银优金丝苗	—	80.9	50.8	0.4	2	4.0	79	13.1	3.4
	耕香优163	—	80.7	51.6	2.9	2	5.8	76	15.0	3.2
	固香优珍香丝苗	—	81.9	49.7	1.6	2	6.7	72	15.6	3.8
	华优665（CK）	—	81.7	46.7	1.6	2	4.5	69	20.9	2.6
	和丰优1127	—	81.6	56.5	0.4	2	4.3	74	14.1	3.4
	诚优亨占	—	81.1	46.2	0.1	2	6.0	72	14.9	3.8
	泼优1127	—	79.0	42.3	0.4	2	4.0	75	13.8	3.7

表3-24　中迟熟组参试品种米质

组别	品　种	NY/T 593—2013	糙米率（%）	整精米率（%）	垩白度（%）	透明度（级）	碱消值（级）	胶稠度（毫米）	直链淀粉（%）	粒型（长宽比）
中迟熟A组	恒丰优3316	—	81.4	35.8	3.1	1	5.4	46	21.6	3.0
	恒丰优53	—	81.2	49.4	0.7	2	4.0	83	12.6	3.3
	广泰优9海28	—	80.1	43.6	1.8	1	6.7	79	15.9	2.9
	五丰优615（CK）	3	79.6	54.2	2.4	2	5.0	75	13.6	2.7
	裕优丝占	—	80.4	45.9	1.2	2	4.5	80	13.2	3.2
	金隆优083	—	79.9	50.6	1.0	2	6.4	74	14.1	3.5
	耕香优200	—	80.4	45.0	0.7	2	5.6	80	11.9	3.2
	青香优新禾占	—	80.0	28.2	0.4	1	6.5	72	15.0	3.5
	金隆优033	—	78.7	36.7	0.3	2	6.2	74	15.0	3.8
	新兆优9531	—	78.2	42.1	0.4	1	6.4	78	15.4	3.5
	耕香优新丝苗	3	80.2	53.1	1.1	2	6.5	74	13.2	3.3
	软华优157	—	79.6	46.1	0.4	2	6.7	76	15.0	3.0
中迟熟B组	宽仁优6319	—	81.6	52.7	2.9	2	4.8	80	13.4	2.9
	金香优301	2	79.1	57.6	0.4	1	6.0	76	15.2	3.0
	勤两优华宝	—	77.7	48.2	1.6	2	4.0	77	14.4	2.9
	隆晶优蒂占	3	79.5	54.2	0.0	1	6.7	80	15.0	3.8
	五丰优615（CK）	3	79.6	54.2	2.4	2	5.0	75	13.6	2.7
	扬泰优2388	—	80.4	37.5	1.6	2	5.1	79	13.5	3.4
	航19两优1978	—	79.8	49.2	1.0	2	5.3	80	13.7	3.2

（续）

组别	品　　种	NY/T 593—2013	糙米率（%）	整精米率（%）	垩白度（%）	透明度（级）	碱消值（级）	胶稠度（毫米）	直链淀粉（%）	粒型（长宽比）
中迟熟B组	台两优粤桂占	—	80.8	56.8	3.3	2	4.8	80	14.5	3.0
	耕香优银粘	—	79.3	44.1	1.4	2	6.7	78	14.0	3.2
	胜优033	—	79.2	41.0	0.6	1	6.6	77	15.2	3.6
	软华优168	—	77.9	43.0	0.0	2	4.6	76	13.8	4.2
中迟熟C组	银恒优金桂丝苗	3	80.0	53.0	0.9	2	6.5	81	14.7	3.2
	台两优粤福占	3	80.2	52.5	4.7	2	5.0	74	15.1	2.9
	香龙优喜占	—	79.9	49.3	2.4	2	5.0	72	14.3	3.0
	隆晶优5368	—	79.2	52.0	1.0	2	4.7	82	14.5	3.7
	弘优2903	3	79.6	52.0	1.7	2	6.5	73	14.2	3.1
	信两优277	—	80.2	43.0	1.7	2	4.8	82	25.1	3.0
	莹两优821	—	79.5	50.2	3.0	2	6.6	80	14.8	3.1
	五丰优615（CK）	3	79.6	54.2	2.4	2	5.0	75	13.6	2.7
	振两优玉占	—	78.0	42.4	0.3	2	6.7	71	14.2	4.0
	泓两优39537	2	79.2	58.8	0.2	1	6.7	79	14.9	3.3
	胜优1978	—	79.1	50.2	1.2	2	6.5	69	15.2	3.1
中迟熟D组	中映优银粘	—	80.8	49.8	4.0	2	4.4	82	15.3	3.0
	品香优200	—	78.8	46.8	0.2	2	4.0	80	12.2	3.2
	粤禾优3628	—	78.8	38.4	2.7	3	4.0	74	12.6	2.9
	福香优2202	—	78.0	46.4	1.6	2	4.0	72	12.9	3.4
	金隆优032	—	78.5	48.0	1.3	2	4.8	78	14.5	3.7
	金香优6号	—	80.0	52.3	0.9	2	4.8	80	14.1	3.2
	五丰优615（CK）	3	79.6	54.2	2.4	2	5.0	75	13.6	2.7
	中银优珍丝苗	3	79.0	53.4	1.6	2	5.1	74	13.0	3.1
	中政优6899	2	79.4	60.2	2.5	1	6.7	78	14.1	3.4
	金隆优99香	—	77.5	38.8	0.6	1	6.5	74	14.1	4.0
	Q两优银泰香占	—	78.3	51.8	1.1	2	5.3	80	13.9	3.7

表3-25　迟熟组参试品种米质

组别	品　　种	NY/T 593—2013	糙米率（%）	整精米率（%）	垩白度（%）	透明度（级）	碱消值（级）	胶稠度（毫米）	直链淀粉（%）	粒型（长宽比）
迟熟A组	C两优557	—	78.7	57.0	0.9	2	4.0	80	13.6	3.0
	金恒优金桂丝苗	—	80.4	49.5	2.1	2	4.3	79	13.5	3.4
	香龙优泰占	—	80.0	48.3	2.7	2	5.1	77	14.7	3.1
	贵优新占	2	80.5	55.9	0.9	2	6.6	79	13.3	3.3
	民升优332	—	78.1	41.2	1.3	2	6.7	52	24.4	3.3
	贵优2877	—	77.9	51.1	0.7	1	6.2	72	15.3	3.4
	川种优360	—	79.0	49.5	3.0	2	6.6	75	14.5	3.2

（续）

组别	品　种	NY/T 593—2013	糙米率（%）	整精米率（%）	垩白度（%）	透明度（级）	碱消值（级）	胶稠度（毫米）	直链淀粉（%）	粒型（长宽比）
迟熟A组	深两优58香油占（CK）	—	80.5	51.4	2.6	1	6.7	42	22.5	3.2
	金恒优5511	—	80.5	39.5	2.8	2	4.3	49	20.5	3.2
	春两优20	—	78.8	52.1	0.5	1	5.5	50	22.8	3.3
	峰软优612	—	79.4	47.9	0.6	1	6.6	71	13.2	3.2
	青香优132	—	76.2	32.1	1.0	1	5.1	72	13.3	3.6
迟熟B组	特优3628	—	80.8	47.8	8.9	3	5.8	46	21.9	2.5
	兴两优124	—	78.7	54.5	1.0	2	4.8	74	14.1	3.2
	来香优178	—	80.4	54.8	1.2	2	4.3	80	13.6	3.2
	宽仁优国泰	2	80.2	55.6	2.2	2	6.6	74	15.3	3.1
	深香优国泰	—	78.8	41.5	0.5	2	6.5	74	15.1	3.6
	贵优2012	—	80.1	45.1	0.4	2	6.7	77	14.8	3.4
	沃两优粤银软占	—	79.6	55.8	1.6	2	4.6	82	14.8	3.4
	深两优2018	3	78.8	57.1	0.3	2	6.4	72	14.1	3.2
	玮两优1019	—	77.7	53.5	0.4	2	4.0	78	13.1	3.2
	鹏香优国泰	—	78.0	41.1	0.4	1	6.5	77	15.1	3.6
	青香优032	—	80.2	34.9	1.4	2	6.7	36	22.8	3.4
	深两优58香油占（CK）	—	80.5	51.4	2.6	1	6.7	42	22.5	3.2
迟熟C组	香龙优260	—	80.1	51.3	2.9	2	6.3	78	15.4	3.1
	春9两优121	—	79.8	50.7	4.8	1	6.8	48	22.8	3.0
	峰软优1219	—	79.5	46.0	1.0	2	4.1	75	13.2	3.2
	中丝优852	3	79.3	57.8	0.6	2	5.2	72	13.7	3.2
	中泰优银粘	—	80.0	49.5	1.0	2	4.8	79	12.9	3.2
	隆晶优1378	2	80.0	58.0	0.2	2	6.7	78	14.5	3.4
	兴两优492	—	79.5	53.9	0.5	2	4.5	80	13.7	3.1
	深两优58香油占（CK）	—	80.5	51.4	2.6	1	6.7	42	22.5	3.2
	臻两优玉占	—	78.1	50.4	1.0	2	4.7	76	13.4	3.6
	纤优银粘	3	81.2	52.3	1.9	2	6.7	76	15.1	3.5
	中泰优5511	—	79.0	50.7	1.2	2	4.3	78	13.7	3.3
	软华优197	—	77.7	44.8	0.2	2	6.7	70	14.6	3.7

1. 复试品种

根据两年鉴定结果，按米质从优原则，耕香优新丝苗、软华优157、金香优301、银恒优金桂丝苗、莹两优821、宽仁优国泰达到部标2级，诚优5373、诚优亨占、耕香优银粘、台两优粤福占、中银优珍丝苗、川种优360、深两优2018、兴两优124、兴两优492达到部标3级，其余品种均未达优质标准。

2. 新参试品种

首次鉴定结果，宽仁优9374、中丝优738、泓两优39537、中政优6899、贵优新占、隆晶优1378达到部标2级，广泰优1862、吉田优1978、广泰优4486、隆晶优蒂占、弘优2903、中丝优852、纤优银粘达到部标3级，其余品种均未达优质标准。

（三）抗病性

早造杂交水稻各组品种抗病性鉴定结果见表3-26至表3-28。

表3-26　中早熟组参试品种抗病性鉴定结果

组别	品　种	稻瘟病					白叶枯病	
		总抗性频率（%）	叶、穗瘟病级（级）			综合评价	Ⅸ型菌（级）	抗性评价
			叶瘟	穗瘟	穗瘟最高级			
中早熟A组	广泰优816	85.7	1.3	2.5	3	抗	9	高感
	宽仁优9374	94.3	1.3	2.0	3	高抗	9	高感
	思源优喜占	85.7	1.5	6.0	7	中感	7	感
	广泰优1862	88.6	1.0	4.5	5	中抗	9	高感
	吉田优1978	85.7	1.0	3.0	5	抗	9	高感
	金恒优金丝苗（复试）	85.7	1.3	3.0	3	抗	3	中抗
	中丝优738	97.1	1.3	5.0	5	中抗	9	高感
	华优665（CK）	85.7	1.3	5.0	5	中抗	9	高感
	银两优泰香	60.0	2.3	3.0	7	中感	9	高感
	金香优喜占	97.1	1.0	4.0	5	中抗	3	中抗
	诚优5373（复试）	88.6	1.3	4.0	5	中抗	3	中抗
	启源优492（复试）	100.0	1.3	3.5	5	抗	9	高感
中早熟B组	粤禾优1055	97.1	1.5	3.0	3	抗	3	中抗
	银香优玉占	80.0	1.8	3.5	5	抗	3	中抗
	庆优喜占（复试）	97.1	1.3	4.0	5	中抗	7	感
	广泰优4486	85.7	1.0	3.0	5	抗	9	高感
	中银优金丝苗（复试）	82.9	2.3	3.5	5	抗	3	中抗
	耕香优163	97.1	1.8	4.0	5	中抗	3	中抗
	固香优珍香丝苗	91.4	2.0	3.5	5	抗	9	高感
	华优665（CK）	85.7	1.3	5.0	5	中抗	9	高感
	和丰优1127	65.7	1.3	7.0	7	高感	9	高感
	诚优亨占（复试）	74.3	2.3	3.5	5	中抗	7	感
	泼优1127	85.7	1.5	5.0	7	中抗	9	高感

表3-27 中迟熟组参试品种抗病性鉴定结果

组别	品种	稻瘟病					白叶枯病	
		总抗性频率（%）	叶、穗瘟病级（级）			综合评价	Ⅸ型菌（级）	抗性评价
			叶瘟	穗瘟	穗瘟最高级			
中迟熟A组	恒丰优3316（复试）	100.0	1.5	3.0	3	抗	9	高感
	恒丰优53（复试）	77.1	1.8	4.0	7	中感	9	高感
	广泰优9海28	85.7	2.3	3.5	7	抗	9	高感
	五丰优615（CK）	94.3	1.0	5.0	7	中抗	9	高感
	裕优丝占（复试）	100.0	2.5	2.5	3	高抗	1	抗
	金隆优083	85.7	1.3	2.5	3	抗	9	高感
	耕香优200	100.0	1.3	3.0	5	抗	9	高感
	青香优新禾占（复试）	77.1	1.5	3.5	5	中抗	7	感
	金隆优033	82.9	2.0	3.5	5	抗	1	抗
	新兆优9531	88.6	1.8	2.0	5	抗	7	感
	耕香优新丝苗（复试）	97.1	1.3	3.0	5	抗	7	感
	软华优157（复试）	88.6	2.0	2.0	3	抗	7	感
中迟熟B组	宽仁优6319	60.0	3.8	4.5	7	感	9	高感
	金香优301（复试）	88.6	1.5	4.5	7	中抗	9	高感
	勤两优华宝（复试）	100.0	1.0	2.5	3	高抗	5	中感
	隆晶优蒂占	85.7	1.3	2.5	5	抗	9	高感
	五丰优615（CK）	94.3	1.0	5.0	7	中抗	9	高感
	扬泰优2388	77.1	1.8	4.0	5	中感	9	高感
	航19两优1978	74.3	1.0	4.0	7	中感	9	高感
	台两优粤桂占	88.6	1.8	3.5	5	抗	1	抗
	耕香优银粘（复试）	97.1	1.0	3.5	5	抗	3	中抗
	胜优033	71.4	2.5	3.5	5	中抗	3	中抗
	软华优168	60.0	2.0	7.0	9	高感	9	高感
中迟熟C组	银恒优金桂丝苗（复试）	82.9	2.0	3.5	7	抗	9	高感
	台两优粤福占（复试）	85.7	1.3	1.5	3	抗	3	中抗
	香龙优喜占	80.0	2.0	2.5	5	抗	9	高感
	隆晶优5368	88.6	1.3	1.5	3	抗	7	感
	弘优2903	88.6	1.0	3.0	5	抗	7	感
	信两优277	88.6	1.5	3.5	5	抗	9	高感
	莹两优821（复试）	85.7	1.5	5.0	7	中抗	9	高感
	五丰优615（CK）	94.3	1.0	5.0	7	中抗	9	高感
	振两优玉占	77.1	1.3	2.5	5	抗	7	感
	泓两优39537	88.6	1.3	3.0	7	抗	7	感
	胜优1978	85.7	1.3	2.5	3	抗	9	高感

（续）

组别	品　种	稻瘟病					白叶枯病	
		总抗性频率（%）	叶、穗瘟病级（级）			综合评价	Ⅸ型菌（级）	抗性评价
			叶瘟	穗瘟	穗瘟最高级			
中迟熟D组	中映优银粘（复试）	88.6	1.0	3.0	5	抗	3	中抗
	品香优200	100.0	1.5	2.5	3	高抗	7	感
	粤禾优3628（复试）	97.1	1.5	3.5	7	抗	1	抗
	福香优2202	97.1	1.3	4.0	7	中抗	7	感
	金隆优032	88.6	1.5	2.0	3	抗	9	高感
	金香优6号（复试）	88.6	1.3	3.0	5	抗	7	感
	五丰优615（CK）	94.3	1.0	5.0	7	中抗	9	高感
	中银优珍丝苗（复试）	85.7	2.0	3.5	5	抗	9	高感
	中政优6899	80.0	1.0	3.5	7	抗	5	中感
	金隆优99香	65.7	2.8	4.0	7	感	9	高感
	Q两优银泰香占	54.3	3.0	5.0	7	感	9	高感

表3-28　迟熟组参试品种抗病性鉴定结果

组别	品　种	稻瘟病					白叶枯病	
		总抗性频率（%）	叶、穗瘟病级（级）			综合评价	Ⅸ型菌（级）	抗性评价
			叶瘟	穗瘟	穗瘟最高级			
迟熟A组	C两优557（复试）	85.7	1.5	2.0	3	抗	7	感
	金恒优金桂丝苗（复试）	80.0	1.5	3.0	7	抗	9	高感
	香龙优泰占（复试）	85.7	1.0	1.5	3	抗	9	高感
	贵优新占	74.3	2.3	3.0	5	中抗	7	感
	民升优332	88.6	1.8	2.5	5	抗	7	感
	贵优2877	85.7	1.8	2.0	3	抗	7	感
	川种优360（复试）	82.9	2.3	3.5	7	抗	7	感
	深两优58香油占（CK）	100.0	1.0	2.0	3	高抗	9	高感
	金恒优5511	82.9	1.5	2.5	5	抗	1	抗
	春两优20（复试）	71.4	1.3	3.0	7	中抗	7	感
	峰软优612	100.0	1.3	2.0	3	高抗	9	高感
	青香优132	88.6	2.0	2.0	3	抗	7	感
迟熟B组	特优3628	91.4	2.3	3.0	7	抗	1	抗
	兴两优124（复试）	80.0	1.3	2.5	3	抗	7	感
	来香优178（复试）	85.7	2.0	3.0	7	抗	9	高感
	宽仁优国泰（复试）	65.7	2.5	5.0	7	感	9	高感
	深香优国泰	94.3	1.5	1.5	3	高抗	7	感
	贵优2012	80.0	1.3	2.0	3	抗	9	高感
	沃两优粤银软占	97.1	1.3	1.5	3	高抗	1	抗

（续）

组别	品　　种	稻瘟病					白叶枯病	
		总抗性频率（%）	叶、穗瘟病级（级）			综合评价	Ⅸ型菌（级）	抗性评价
			叶瘟	穗瘟	穗瘟最高级			
迟熟B组	深两优2018（复试）	85.7	1.3	3.5	7	抗	7	感
	玮两优1019（复试）	77.1	1.5	2.0	3	抗	7	感
	鹏香优国泰	77.1	2.3	4.0	7	中感	9	高感
	青香优032	80.0	2.0	2.5	3	抗	9	高感
	深两优58香油占（CK）	100.0	1.0	2.0	3	高抗	9	高感
迟熟C组	香龙优260	62.9	1.5	7.0	7	高感	9	高感
	春9两优121（复试）	65.7	1.5	3.5	7	中感	9	高感
	峰软优1219	97.1	1.0	3.0	5	抗	7	感
	中丝优852	80.0	1.0	2.0	3	抗	7	感
	中泰优银粘（复试）	88.6	1.3	2.0	3	抗	3	中抗
	隆晶优1378	80.0	1.0	2.0	5	抗	9	高感
	兴两优492（复试）	68.6	1.0	3.0	3	中感	5	中感
	深两优58香油占（CK）	100.0	1.0	2.0	3	高抗	9	高感
	臻两优玉占	100.0	1.3	1.5	3	高抗	7	感
	纤优银粘	100.0	1.0	1.5	3	高抗	1	抗
	中泰优5511（复试）	71.4	2.5	6.0	7	感	7	感
	软华优197	74.3	3.3	7.0	7	高感	5	中感

1. 稻瘟病抗性

（1）复试品种　根据两年鉴定结果，按抗病性从差原则，裕优丝占、勤两优华宝为高抗，启源优492、金恒优金丝苗、中银优金丝苗、耕香优新丝苗、恒丰优3316、耕香优银粘、台两优粤福占、粤禾优3628、中银优珍丝苗、中映优银粘、C两优557、川种优360、香龙优泰占、来香优178、深两优2018、玮两优1019、兴两优124、中泰优银粘、金香优6号为抗，诚优5373、诚优亨占、庆优喜占、青香优新禾占、软华优157、金香优301、银恒优金桂丝苗、莹两优821、金恒优金桂丝苗、春两优20为中抗，恒丰优53、春9两优121、兴两优492为中感，宽仁优国泰、中泰优5511为感。

（2）新参试品种　首次鉴定结果，宽仁优9374、品香优200、峰软优612、深香优国泰、沃两优粤银软占、臻两优玉占、纤优银粘为高抗，广泰优816、吉田优1978、固香优珍香丝苗、广泰优4486、粤禾优1055、银香优玉占、耕香优200、金隆优033、广泰优9海28、金隆优083、新兆优9531、隆晶优蒂占、台两优粤桂占、胜优1978、信两优277、振两优玉占、弘优2903、香龙优喜占、泓两优39537、隆晶优5368、中政优6899、金隆优032、贵优2877、金恒优5511、民升优332、青香优132、特优3628、贵优2012、青香优032、中丝优852、隆晶优1378、峰软优1219为抗，广泰优1862、金香优喜占、中丝优738、泼优1127、耕香优163、胜优033、福香优2202、贵优新占为中抗，思源优喜占、银两优泰香、扬泰优2388、航19两优1978、鹏香优国泰为中感，宽仁优6319、Q两优银泰香占、金隆优99香为感，和丰优1127、软华优168、香龙优260、软华优197为高感。

2. 白叶枯病抗性

（1）复试品种　根据两年鉴定结果，按抗病性从差原则，诚优5373、金恒优金丝苗、中银优金丝苗、耕香优银粘、台两优粤福占、粤禾优3628、中泰优银粘为中抗，诚优亨占、庆优喜占、耕香优新丝苗、青香优新禾占、勤两优华宝、中映优银粘、C两优557、川种优360、春两优20、深两优2018、玮两优1019、兴两优124、金香优6号为感，启源优492、恒丰优3316、恒丰优53、软华优157、裕优丝占、金香优301、银恒优金桂丝苗、莹两优821、中银优珍丝苗、金恒优金桂丝苗、香龙优泰占、宽仁优国泰、来香优178、中泰优5511、春9两优121、兴两优492为高感。

（2）新参试品种　金隆优033、台两优粤桂占、金恒优5511、特优3628、沃两优粤银软占、纤优银粘为抗，金香优喜占、耕香优163、粤禾优1055、银香优玉占、胜优033为中抗，中政优6899、软华优197为中感，思源优喜占、新兆优9531、振两优玉占、弘优2903、泓两优39537、隆晶优5368、品香优200、福香优2202、贵优2877、民升优332、贵优新占、青香优132、深香优国泰、臻两优玉占、中丝优852、峰软优1219为感，广泰优1862、宽仁优9374、广泰优816、吉田优1978、中丝优738、银两优泰香、泼优1127、和丰优1127、固香优珍香丝苗、广泰优4486、耕香优200、广泰优9海28、金隆优083、宽仁优6319、隆晶优蒂占、扬泰优2388、软华优168、航19两优1978、胜优1978、信两优277、香龙优喜占、Q两优银泰香占、金隆优032、金隆优99香、峰软优612、鹏香优国泰、贵优2012、青香优032、香龙优260、隆晶优1378为高感。

（四）耐寒性

人工气候室模拟耐寒性鉴定结果：金恒优金丝苗、庆优喜占、华优665（CK）、粤禾优3628、春9两优121为强，启源优492、中银优金丝苗、青香优新禾占、恒丰优3316、恒丰优53、耕香优银粘、台两优粤福占、莹两优821、中银优珍丝苗、金香优6号、五丰优615（CK）、金恒优金桂丝苗、C两优557、来香优178为中强，诚优5373、诚优亨占、软华优157、玮两优1019、中泰优银粘为中弱，其余复试品种耐寒性均为中（表3-29）。

表3-29　耐寒性鉴定结果

组别	品　种	孕穗期低温结实率降低值（百分点）	开花期低温结实率降低值（百分点）	孕穗期耐寒性	开花期耐寒性
杂早	启源优492（复试）	−6.1	−6.6	中强	中强
	诚优5373（复试）	−25.3	−25.9	中弱	中弱
	金恒优金丝苗（复试）	−3.4	−3.1	强	强
	诚优亨占（复试）	−23.7	−26.9	中弱	中弱
	庆优喜占（复试）	−2.2	−3.1	强	强
	中银优金丝苗（复试）	−7.2	−7.4	中强	中强
	华优665（CK）	−3.9	−4.7	强	强

（续）

组别	品　种	孕穗期低温结实率降低值（百分点）	开花期低温结实率降低值（百分点）	孕穗期耐寒性	开花期耐寒性
杂中	耕香优新丝苗（复试）	−15.8	−16.9	中	中
	青香优新禾占（复试）	−5.3	−6.8	中强	中强
	恒丰优3316（复试）	−5.2	−6.5	中强	中强
	恒丰优53（复试）	−7.6	−6.2	中强	中强
	软华优157（复试）	−17.6	−20.3	中	中弱
	裕优丝占（复试）	−15.5	−16.1	中	中
	金香优301（复试）	−16.6	−17.8	中	中
	勤两优华宝（复试）	−13.4	−14.7	中	中
	耕香优银粘（复试）	−6.2	−7.5	中强	中强
	台两优粤福占（复试）	−5.2	−6	中强	中强
	银恒优金桂丝苗（复试）	−10.6	−10.3	中	中
	莹两优821（复试）	−6.3	−6.7	中强	中强
	粤禾优3628（复试）	−2.5	−3	强	强
	中银优珍丝苗（复试）	−7.1	−7.3	中强	中强
	中映优银粘（复试）	−11.8	−12.5	中	中
	金香优6号（复试）	−5.1	−7.4	中强	中强
	五丰优615（CK）	−6.9	−8.5	中强	中强
杂迟	金恒优金桂丝苗（复试）	−6.7	−6.1	中强	中强
	C两优557（复试）	−8.6	−7.5	中强	中强
	川种优360（复试）	−15.7	−16.2	中	中
	香龙优泰占（复试）	−14.2	−17.8	中	中
	春两优20（复试）	−11.2	−12.6	中	中
	宽仁优国泰（复试）	−10.6	−11.9	中	中
	来香优178（复试）	−9.1	−7.6	中强	中强
	深两优2018（复试）	−11.1	−12.5	中	中
	玮两优1019（复试）	−20.3	−22.8	中弱	中弱
	兴两优124（复试）	−14.3	−17.2	中	中
	中泰优5511（复试）	−14.1	−16.7	中	中
	中泰优银粘（复试）	−20.3	−22.5	中弱	中弱
	春9两优121（复试）	−2.8	−3.2	强	强
	兴两优492（复试）	−13.6	−16.4	中	中
	深两优58香油占（CK）	−11.6	−10.3	中	中

（五）主要农艺性状

早造杂交水稻各组品种主要农艺性状见表3－30至表3－34。

表3－30　中早熟组参试品种主要农艺性状综合表

组别	品种	全生育期（天）	基本苗（万苗/亩）	最高苗（万苗/亩）	分蘖率（%）	有效穗（万穗/亩）	成穗率（%）	株高（厘米）	穗长（厘米）	总粒数（粒/穗）	实粒数（粒/穗）	结实率（%）	千粒重（克）	抗倒情况（个，试点数）		
														直	斜	倒
中早熟A组	广泰优816	120	5.2	29.7	464.8	18.6	63.3	104.4	20.9	145	124	85.1	25.3	7	0	1
	宽仁优9374	122	5.4	33.3	500.3	19.2	58.7	103.9	21.5	130	112	86.3	25.3	8	0	0
	思源优喜占	122	5.7	29.1	413.3	18.1	63.1	113.2	23.0	154	110	79.6	26.6	7	0	1
	广泰优1862	121	5.1	28.9	458.2	17.8	64.2	106.1	21.6	155	126	81.9	24.3	7	0	1
	吉田优1978	124	5.1	29.7	479.2	18.5	63.8	110.1	22.5	165	134	81.4	22.3	7	0	1
	金恒优金丝苗（复试）	121	5.5	31.4	480.3	19.6	63.5	103.3	23.0	137	118	86.7	23.6	7	0	1
	中丝优738	119	5.6	30.4	473.3	18.5	61.3	101.0	21.6	164	137	83.7	21.8	7	0	1
	华优665（CK）	120	5.0	32.6	522.0	19.0	60.1	111.6	21.7	136	118	86.7	23.4	6	2	0
	银两优泰香	127	5.2	32.4	517.9	19.5	61.9	109.7	23.2	141	112	79.8	23.5	8	0	0
	金香优喜占	124	5.7	30.6	444.0	20.8	68.7	103.9	20.8	131	105	80.6	23.5	8	0	0
	诚优5373（复试）	117	5.1	28.0	422.7	17.9	65.7	100.9	22.1	134	115	86.1	25.1	7	0	1
	启源优492（复试）	121	5.0	28.3	452.2	17.9	66.1	105.5	23.2	164	127	77.0	24.8	7	1	0
中早熟B组	粤禾优1055	123	5.1	33.3	515.7	19.3	60.1	107.5	20.1	130	110	85.2	25.7	8	0	0
	银香优玉占	120	5.1	31.1	513.7	19.6	64.7	99.1	20.3	143	121	85.1	25.8	7	0	1
	庆优喜占（复试）	120	5.4	29.7	476.1	18.4	63.0	112.8	22.2	138	113	82.2	27.6	6	1	1
	广泰优4486	120	5.5	31.0	487.6	19.8	64.7	110.3	21.1	136	116	86	25.1	7	0	1
	中银优金丝苗（复试）	119	5.1	30.7	505.9	18.8	61.7	106.2	21.3	135	113	84.4	24.7	8	0	0
	耕香优163	119	5.2	31.2	488.6	18.4	60.6	105.5	22.6	167	140	83.7	21.4	7	0	1
	固香优珍香丝苗	117	5.0	31.2	515.7	19.1	62.5	108.6	23.1	144	117	81.7	23.8	6	2	0
	华优665（CK）	120	5.4	33.4	506.9	20.1	61.0	112.3	21.8	138	120	85.8	23.5	6	2	0
	和丰优1127	117	5.4	33.3	489.6	19.5	60.6	99.2	20.4	125	104	83.8	25.2	8	0	0
	诚优亨占（复试）	118	5.2	29.9	474.6	19.6	66.3	100.3	22.2	133	112	84.1	24.4	8	0	0
	泼优1127	111	5.3	29.4	459.6	18.7	64.4	92.1	19.2	118	92	77.6	25.0	8	0	0

表 3-31　中迟熟 A 组和中迟熟 B 组参试品种主要农艺性状综合表

组别	品　种	全生育期（天）	基本苗（万苗/亩）	最高苗（万苗/亩）	分蘖率（%）	有效穗（万穗/亩）	成穗率（%）	株高（厘米）	穗长（厘米）	总粒数（粒/穗）	实粒数（粒/穗）	结实率（%）	千粒重（克）	抗倒情况（个，试点数）		
														直	斜	倒
中迟熟A组	恒丰优 3316（复试）	117	6.2	29.6	395.9	18.3	62.2	104.2	21.8	156	133	85.3	22.0	8	4	1
	恒丰优 53（复试）	118	5.9	27.9	375.7	17.5	63.4	115.2	23.5	165	140	84.8	23.6	7	4	2
	广泰优 9 海 28	116	5.8	29.0	411.8	18.1	62.9	104.2	22.4	142	126	89.1	24.7	11	1	1
	五丰优 615（CK）	117	5.6	27.3	407.2	16.4	60.8	105.7	22.3	168	145	85.5	22.5	10	2	1
	裕优丝占（复试）	117	6.3	28.7	368.9	17.5	61.5	111.2	22.1	152	130	85.5	23.8	6	5	2
	金隆优 083	120	6.0	28.2	369.3	16.9	60.9	112.3	24.9	164	135	82.3	23.1	6	3	4
	耕香优 200	118	5.9	29.4	403.0	17.8	61.1	99.2	23.2	175	146	83.5	19.6	11	1	1
	青香优新禾占（复试）	120	6.3	29.9	389.8	17.7	60.0	111.4	23.2	145	122	84.2	24.9	7	3	3
	金隆优 033	120	6.2	28.7	384.5	17.4	61.3	113.7	24.6	154	131	85.1	22.3	8	4	1
	新兆优 9531	127	6.0	33.5	467.1	19.0	57.3	111.0	23.7	132	104	79.0	25.0	13	0	0
	耕香优新丝苗（复试）	120	6.2	30.7	408.6	17.5	57.6	114.3	23.3	161	131	81.4	22.4	12	1	0
	软华优 157（复试）	120	6.4	28.5	363.1	17.3	61.8	115.7	22.7	168	132	78.4	21.7	11	0	2
中迟熟B组	宽仁优 6319	121	6.0	31.7	438.7	18.6	59.9	111.1	23.5	123	107	87.3	26.9	11	1	1
	隆晶优蒂占	122	6.3	30.7	401.3	17.9	59.2	111.2	25.4	145	123	84.6	25.2	13	0	0
	胜优 033	121	6.4	30.6	394.3	18.2	60.7	110.3	23.6	148	122	82.7	23.2	7	3	3
	台两优粤桂占	118	5.9	28.8	402.9	17.2	60.9	111.9	23.5	169	138	81.9	22.4	10	0	3
	扬泰优 2388	118	5.7	29.3	421.0	17.2	59.6	109.2	24.1	138	118	85.1	25.4	10	2	1
	软华优 168	120	6.1	28.1	364.8	17.9	65.0	121.3	25.0	160	131	82.1	20.3	6	6	1
	航 19 两优 1978	120	6.1	28.4	379.0	16.9	60.0	108.6	23.4	159	127	79.9	22.8	12	0	1
	金香优 301（复试）	119	6.3	32.4	423.7	18.9	59.0	104.8	21.9	149	124	83.6	23.0	13	0	0
	勤两优华宝（复试）	120	6.1	32.9	449.5	19.2	58.6	108.0	22.5	144	121	84.0	23.7	12	0	1
	耕香优银粘（复试）	120	6.0	30.5	417.7	16.9	55.8	110.3	22.1	182	145	79.7	20.8	10	1	2
	五丰优 615（CK）	117	5.9	27.8	387.1	16.5	60.3	106.2	22.9	168	141	84.1	22.4	11	2	0

表 3-32　中迟熟 C、D 组参试品种主要农艺性状综合表

组别	品　种	全生育期（天）	基本苗（万苗/亩）	最高苗（万苗/亩）	分蘖率（%）	有效穗（万穗/亩）	成穗率（%）	株高（厘米）	穗长（厘米）	总粒数（粒/穗）	实粒数（粒/穗）	结实率（%）	千粒重（克）	抗倒情况（个，试点数）		
														直	斜	倒
中迟熟C组	银恒优金桂丝苗（复试）	120	6.0	29.6	398.2	18.4	62.7	106.7	22.9	154	125	81.5	23.5	11	1	1
	台两优粤福占（复试）	118	5.9	28.5	393.9	18.5	65.8	107.8	23.4	157	131	83.1	23.8	7	2	4
	香龙优喜占	122	5.7	27.5	393.7	16.7	61.0	118.5	24.0	143	121	84.9	27.1	12	0	1
	隆晶优 5368	122	6.1	30.2	398.3	18.0	60.3	112.5	26.0	151	127	83.8	24.4	12	0	1
	弘优 2903	120	6.0	28.4	385.1	18.0	63.8	116.9	23.4	154	129	83.5	22.3	13	0	0

（续）

组别	品　种	全生育期（天）	基本苗（万苗/亩）	最高苗（万苗/亩）	分蘖率（%）	有效穗（万穗/亩）	成穗率（%）	株高（厘米）	穗长（厘米）	总粒数（粒/穗）	实粒数（粒/穗）	结实率（%）	千粒重（克）	抗倒情况（个，试点数）		
														直	斜	倒
中迟熟C组	信两优277	122	5.7	30.9	451.3	18.3	60.4	120.4	21.8	155	122	79.1	24.2	6	7	0
	莹两优821（复试）	119	5.8	31.5	453.0	18.2	58.1	114.7	23.2	139	117	84.5	25.5	8	3	2
	五丰优615（CK）	117	5.9	27.6	380.5	16.7	60.4	104.6	22.6	168	142	84.3	22.1	12	1	0
	振两优玉占	124	6.0	30.0	417.2	17.6	58.7	121.8	25.8	144	121	83.9	23.0	11	1	1
	泓两优39537	123	6.0	30.0	404.5	18.3	61.7	111.0	23.7	141	117	83.4	23.2	13	0	0
	胜优1978	122	6.0	31.5	427.4	18.0	58.4	118.1	24.1	159	127	80.2	22.7	9	3	1
中迟熟D组	中映优银粘（复试）	122	5.8	29.9	426.8	17.4	59.1	113.8	23.0	165	131	79.7	24.3	13	0	0
	品香优200	120	5.7	28.7	414.7	17.6	62.5	97.4	22.3	173	141	81.1	21.4	12	0	1
	粤禾优3628（复试）	118	5.7	30.7	443.9	17.4	57.9	103.5	20.6	142	123	86.2	25.9	11	1	1
	福香优2202	120	6.0	29.7	406.8	18.4	62.7	110.4	22.9	158	133	84.4	21.6	11	2	0
	金隆优032	121	5.8	26.3	354.9	16.4	63.6	114.1	25.1	170	138	80.6	23.3	7	4	2
	金香优6号（复试）	120	6.0	30.7	418.6	17.9	60.0	119.2	23.5	148	119	80.6	24.3	5	7	1
	五丰优615（CK）	117	5.7	27.2	384.7	16.6	62.6	104.6	22.9	173	144	83.1	22.2	11	1	1
	中银优珍丝苗（复试）	120	5.8	31.6	453.5	18.2	58.1	110.4	22.9	173	134	77.7	20.4	8	3	2
	中政优6899	123	5.7	28.1	413.1	16.8	60.2	116.8	24.0	158	133	84.4	21.6	13	0	0
	金隆优99香	121	5.9	27.8	377.1	17.5	64.0	116.1	25.9	172	135	78.4	21.7	6	5	2
	Q两优银泰香占	126	5.8	32.0	469.7	18.5	58.5	119.0	25.9	150	111	74.4	22.7	13	0	0

表3-33　迟熟A、B组参试品种主要农艺性状综合表

组别	品　种	全生育期（天）	基本苗（万苗/亩）	最高苗（万苗/亩）	分蘖率（%）	有效穗（万穗/亩）	成穗率（%）	株高（厘米）	穗长（厘米）	总粒数（粒/穗）	实粒数（粒/穗）	结实率（%）	千粒重（克）	抗倒情况（个，试点数）		
														直	斜	倒
迟熟A组	C两优557（复试）	123	6.3	31.2	406.9	18.4	59.2	106.7	22.9	164	136	82.9	23.3	11	1	0
	金恒优金桂丝苗（复试）	123	6.3	31.4	407.4	18.7	61.0	110.3	25.4	154	125	81.3	24.7	12	0	0
	香龙优泰占（复试）	121	5.9	27.1	369.6	17.0	63.0	118.0	24.4	133	121	83.4	27.5	10	2	0
	贵优新占	121	6.2	30.6	402.6	17.8	58.7	113.0	23.1	154	130	84.9	23.1	12	0	0
	民升优332	128	6.2	29.8	392.4	17.5	59.4	121.6	26.3	155	115	75.0	26.2	11	0	1
	贵优2877	123	6.5	30.9	385.1	18.0	58.9	111.4	24.1	165	140	86.1	20.6	10	2	0
	川种优360（复试）	121	6.1	30.3	408.7	16.9	56.3	106.1	25.3	149	125	84.1	24.6	12	0	0
	深两优58香油占（CK）	123	6.2	31.2	399.5	17.5	56.3	116.9	24.9	157	130	82.5	23.1	11	0	1
	金恒优5511	125	6.6	34.6	433.1	19.3	56.5	114.2	26.0	136	106	78.9	26.0	9	1	2
	春两优20（复试）	127	5.9	31.0	435.4	17.4	56.2	117.5	23.3	152	120	79.0	24.8	12	0	0
	峰软优612	119	6.3	29.7	385.4	17.4	59.5	108.9	22.8	155	130	83.7	22.3	11	1	0
	青香优132	121	6.6	29.9	363.4	18.7	63.0	109.7	23.9	147	119	81.4	21.6	8	3	1

（续）

组别	品种	全生育期（天）	基本苗（万苗/亩）	最高苗（万苗/亩）	分蘖率（%）	有效穗（万穗/亩）	成穗率（%）	株高（厘米）	穗长（厘米）	总粒数（粒/穗）	实粒数（粒/穗）	结实率（%）	千粒重（克）	抗倒情况（个，试点数）		
														直	斜	倒
迟熟B组	特优3628	121	6.0	29.5	404.9	17.1	58.4	110.2	22.1	135	121	88.7	26.6	9	1	2
	兴两优124（复试）	125	6.2	30.4	400.5	17.6	58.7	107.4	23.4	168	134	80.3	22.2	12	0	0
	来香优178（复试）	123	6.5	30.9	379.7	18.2	59.2	105.5	22.1	163	128	78.1	23.3	12	0	0
	宽仁优国泰（复试）	123	6.0	31.7	429.8	18.9	60.4	103.0	22.2	125	106	85.3	27.1	12	0	0
	深香优国泰	128	6.1	31.4	422.8	18.0	57.6	116.5	24.3	149	116	78.4	25.3	12	0	0
	贵优2012	122	6.4	30.2	373.4	17.2	58.0	108.8	23.4	165	139	84.6	21.7	11	0	1
	沃两优粤银软占	123	6.5	31.5	394.2	17.9	57.2	111.0	23.5	148	124	84.2	23.8	10	1	1
	深两优2018（复试）	128	6.4	32.8	413.5	17.3	53.4	118.0	25.0	160	132	83.1	22.7	12	0	0
	玮两优1019（复试）	128	5.9	30.8	422.1	17.9	59.0	115.8	23.3	135	107	79.9	26.6	12	0	0
	鹏香优国泰	126	6.4	31.9	406.4	17.9	56.5	117.8	24.8	142	112	80.3	25.7	11	1	0
	青香优032	122	6.2	29.1	374.0	17.3	60.1	108.4	23.8	157	126	79.6	22.9	8	4	0
	深两优58香油占（CK）	123	6.5	32.4	404.3	17.9	55.5	117.0	23.8	153	127	82.8	22.9	9	3	0

表3-34　迟熟C组参试品种主要农艺性状综合表

组别	品种	全生育期（天）	基本苗（万苗/亩）	最高苗（万苗/亩）	分蘖率（%）	有效穗（万穗/亩）	成穗率（%）	株高（厘米）	穗长（厘米）	总粒数（粒/穗）	实粒数（粒/穗）	结实率（%）	千粒重（克）	抗倒情况（个，试点数）		
														直	斜	倒
迟熟C组	香龙优260	121	5.9	29.0	397.2	17.6	61.2	114.2	23.2	159	131	82.2	25.3	9	2	1
	春9两优121（复试）	123	5.5	27.5	414.0	15.6	57.3	115.1	23.6	162	136	83.4	26.7	12	0	0
	峰软优1219	120	5.7	29.5	429.1	17.3	59.1	110.0	22.4	175	147	84.1	22.6	11	1	0
	中丝优852	123	6.3	30.6	394.7	18.5	61.1	110.5	23.7	164	133	81.5	21.3	8	3	1
	中泰优银粘（复试）	124	6.2	29.8	381.3	16.8	56.7	120.3	22.6	157	130	82.9	25.4	9	2	1
	隆晶优1378	122	6.0	30.0	413.1	17.6	59.0	115.1	24.7	150	125	83.9	24.2	11	0	1
	兴两优492（复试）	124	6.2	29.0	382.0	17.8	62.1	107.3	22.4	164	134	82.0	21.6	12	0	0
	深两优58香油占（CK）	123	6.2	31.3	414.2	17.8	57.0	115.3	25.1	158	132	83.5	23.0	10	2	0
	臻两优玉占	129	5.6	29.0	419.7	16.8	58.6	124.9	25.8	151	120	79.8	25.1	12	0	0
	纤优银粘	123	6.6	33.7	426.8	17.7	53.2	114.6	23.3	155	131	82.7	22.4	9	3	0
	中泰优5511（复试）	119	5.8	29.3	409.0	17.8	61.1	113.3	24.5	139	120	86.0	22.8	10	2	0
	软华优197	120	6.3	29.0	362.0	18.1	62.9	116.6	23.9	152	122	81.1	21.0	10	2	0

三、品种评述

(一) 复试品种

1. 中早熟组

(1) 金恒优金丝苗　全生育期121～125天，比对照种华优665长1天。株型中集，分蘖力较强，株高适中，抗倒力中等，耐寒性强。科高103.3～104.5厘米，亩有效穗18.9万～19.6万，穗长21.8～23.0厘米，每穗总粒数131～137粒，结实率85.9%～86.7%，千粒重23.6～24.8克。抗稻瘟病，全群抗性频率85.7%～100.0%，病圃鉴定叶瘟1.3级、穗瘟3.0～3.5级（单点最高5级）；中抗白叶枯病（Ⅸ型菌1～3级）。米质鉴定未达部标优质等级，糙米率81.4%～82.2%，整精米率39.8%～53.1%，垩白度0.3%～0.4%，透明度2.0级，碱消值3.2～4.2级，胶稠度78毫米，直链淀粉13.6%～14.0%，粒型（长宽比）3.3～3.4。2020年早造参加省区试，平均亩产为478.12公斤，比对照种华优665减产0.56%，减产未达显著水平。2021年早造参加省区试，平均亩产为483.42公斤，比对照种华优665增产3.54%，增产未达显著水平。2021年早造生产试验平均亩产508.85公斤，比华优665增产13.19%。日产量3.83～4.00公斤。

该品种经过两年区试和一年生产试验，表现产量与对照相当，米质未达部标优质等级，抗稻瘟病，中抗白叶枯病，耐寒性强。建议粤北和中北稻作区早、晚造种植。推荐省品种审定。

(2) 诚优5373　全生育期117～121天，比对照种华优665短3～4天。株型中集，分蘖力中等，株高适中，抗倒力中等，耐寒性中弱。科高98.2～100.9厘米，亩有效穗17.5万～17.9万，穗长21.8～22.1厘米，每穗总粒数134～136粒，结实率83.6%～86.1%，千粒重25.1～25.8克。中抗稻瘟病，全群抗性频率88.6%～100.0%，病圃鉴定叶瘟1.3～2.0级、穗瘟3.0～4.0级（单点最高5级）；中抗白叶枯病（Ⅸ型菌3级）。米质鉴定达部标优质3级，糙米率82.2%～83.0%，整精米率52.7%～53.7%，垩白度0.5%～1.2%，透明度1.0～2.0级，碱消值6.2级，胶稠度68～74毫米，直链淀粉15.0%～15.2%，粒型（长宽比）3.6～3.7。2020年早造参加省区试，平均亩产为452.98公斤，比对照种华优665减产6.37%，减产未达显著水平。2021年早造参加省区试，平均亩产为460.25公斤，比对照种华优665减产1.42%，减产未达显著水平。2021年早造生产试验平均亩产452.99公斤，比华优665增产0.77%。日产量3.74～3.93公斤。

该品种经过两年区试和一年生产试验，表现产量与对照相当，米质达部标优质3级，中抗稻瘟病，中抗白叶枯病，耐寒性中弱。建议广东省中北稻作区的平原地区早、晚造种植。栽培上注意防治稻瘟病。推荐省品种审定。

(3) 启源优492　全生育期121～127天，比对照种华优665长1～3天。株型中集，分蘖力中等，株高适中，抗倒力中等，耐寒性中强。科高104.2～105.5厘米，亩有效穗17.3万～17.9万，穗长21.7～23.2厘米，每穗总粒数151～164粒，结实率77.0%～78.1%，千粒重24.8～25.9克。抗稻瘟病，全群抗性频率100.0%，病圃鉴定叶瘟1.3～2.0级、穗瘟3.5级（单点最高7级）；高感白叶枯病（Ⅸ型菌7～9级）。米质鉴定未达部标优质等级，糙米率80.8%～83.1%，整精米率35.3%～46.6%，垩白度0.0%～1.5%，透明度2.0级，碱消值4.6～5.3级，胶稠度77～78毫米，直链淀粉15.3%～15.5%，粒型（长宽比）3.0～3.1。2020年早造参加省区试，平均亩产为466.21公斤，比对照种华优665减产3.63%，减产未达显著水平。2021年早造参加省区试，平均亩产为459.35公斤，比对照种华优665减产1.62%，减产未达显著水平。2021年早造生产试验平均亩产443.10公斤，比华优665减产1.43%。日产量3.67～3.80公斤。

该品种经过两年区试和一年生产试验，表现产量与对照相当，米质未达部标优质等级，抗稻瘟病，高感白叶枯病，耐寒性中强。建议粤北和中北稻作区早、晚造种植。栽培上特别注意防治白叶枯病。推荐省品种审定。

（4）庆优喜占　全生育期120～125天，与对照种华优665相当。株型中集，分蘖力中等，株高适中，抗倒力中等，耐寒性强。科高111.3～112.8厘米，亩有效穗17.0万～18.4万，穗长21.2～22.2厘米，每穗总粒数133～138粒，结实率82.2%～84.1%，千粒重27.5～27.6克。中抗稻瘟病，全群抗性频率97.1%～100.0%，病圃鉴定叶瘟1.3级、穗瘟3.0～4.0级（单点最高5级）；感白叶枯病（Ⅸ型菌7级）。米质鉴定未达部标优质等级，糙米率80.3%～80.8%，整精米率35.8%～46.4%，垩白度1.9%～3.4%，透明度2.0级，碱消值6.3～6.7级，胶稠度66～69毫米，直链淀粉14.6%～15.9%，粒型（长宽比）3.2～3.4。2020年早造参加省区试，平均亩产为487.23公斤，比对照种华优665减产1.36%，减产未达显著水平。2021年早造参加省区试，平均亩产为508.92公斤，比对照种华优665增产6.86%，增产未达显著水平。2021年早造生产试验平均亩产490.71公斤，比华优665增产9.16%。日产量3.90～4.24公斤。

该品种经过两年区试和一年生产试验，表现产量与对照相当，米质未达部标优质等级，中抗稻瘟病，感白叶枯病，耐寒性强。建议粤北和中北稻作区早、晚造种植。栽培上注意防治稻瘟病和白叶枯病。推荐省品种审定。

（5）中银优金丝苗　全生育期119～124天，与对照种华优665相当。株型中集，分蘖力中等，株高适中，抗倒力中等，耐寒性中强。科高105.7～106.2厘米，亩有效穗17.3万～18.8万，穗长20.4～21.3厘米，每穗总粒数128～135粒，结实率84.4%～88.6%，千粒重24.7～25.5克。抗稻瘟病，全群抗性频率82.9%～100.0%，病圃鉴定叶瘟1.3～2.3级、穗瘟3.0～3.5级（单点最高5级）；中抗白叶枯病（Ⅸ型菌1～3级）。米质鉴定未达部标优质等级，糙米率80.9%～82.0%，整精米率41.0%～50.8%，垩白度0.3%～0.4%，透明度2.0级，碱消值3.2～4.0级，胶稠度78～79毫米，直链淀粉13.1%～13.8%，粒型（长宽比）3.3～3.4。2020年早造参加省区试，平均亩产为473.15公斤，比对照种华优665减产1.59%，减产未达显著水平。2021年早造参加省区试，平均亩产为490.79公斤，比对照种华优665增产3.05%，增产未达显著水平。2021年早造生产试验平均亩产462.38公斤，比华优665增产2.86%。日产量3.82～4.12公斤。

该品种经过两年区试和一年生产试验，表现产量与对照相当，米质未达部标优质等级，抗稻瘟病，中抗白叶枯病，耐寒性中强。建议粤北和中北稻作区早、晚造种植。推荐省品种审定。

（6）诚优亨占 全生育期118～122天，比对照种华优665短2天。株型中集，分蘖力中等，株高适中，抗倒力中弱，耐寒性中弱。科高99.9～100.3厘米，亩有效穗17.5万～19.6万，穗长21.1～22.2厘米，每穗总粒数132～133粒，结实率83.6%～84.1%，千粒重24.4～24.5克。中抗稻瘟病，全群抗性频率74.3%～88.2%，病圃鉴定叶瘟1.5～2.3级、穗瘟3.5级（单点最高7级）；感白叶枯病（Ⅸ型菌3～7级）。米质鉴定达部标优质3级，糙米率81.1%～81.9%，整精米率46.2%～54.1%，垩白度0.1%～0.6%，透明度2.0级，碱消值6.0～6.2级，胶稠度72～74毫米，直链淀粉14.9%～16.5%，粒型（长宽比）3.7～3.8。2020年早造参加省区试，平均亩产为453.75公斤，比对照种华优665减产6.21%，减产未达显著水平。2021年早造参加省区试，平均亩产为456.52公斤，比对照种华优665减产4.15%，减产未达显著水平。2021年早造生产试验平均亩产406.05公斤，比华优665减产9.67%。日产量3.72～3.87公斤。

该品种经过两年区试和一年生产试验，表现产量与对照相当，米质达部标优质3级，中抗稻瘟病，感白叶枯病，耐寒性中弱。建议广东省中北稻作区的平原地区早、晚造种植。栽培上注意防治稻瘟病和白叶枯病。推荐省品种审定。

2. 中迟熟组

（1）恒丰优3316 全生育期117～124天，与对照种五丰优615相当。株型中集，分蘖力中等，株高适中，抗倒力中弱，耐寒性中强。科高104.2～110.7厘米，亩有效穗18.3万～18.7万，穗长21.8～21.9厘米，每穗总粒数153～156粒，结实率85.3%～86.6%，千粒重22.0～22.4克。抗稻瘟病，全群抗性频率100.0%，病圃鉴定叶瘟1.0～1.5级、穗瘟2.5～3.0级（单点最高3级）；高感白叶枯病（Ⅸ型菌7～9级）。米质鉴定未达部标优质等级，糙米率81.4%，整精米率35.8%～47.7%，垩白度1.4%～3.1%，透明度1.0～2.0级，碱消值5.2～5.4级，胶稠度40～46毫米，直链淀粉21.6%，粒型（长宽比）3.0～3.2。2020年早造参加省区试，平均亩产为529.31公斤，比对照种五丰优615增产10.12%，增产达极显著水平。2021年早造参加省区试，平均亩产为518.12公斤，比对照种五丰优615增产6.29%，增产达显著水平。2021年早造生产试验平均亩产523.27公斤，比五丰优615增产3.25%。日产量4.27～4.43公斤。

该品种经过两年区试和一年生产试验，表现丰产性好，米质未达部标优质等级，抗稻瘟病，高感白叶枯病，耐寒性中强。建议粤北以外稻作区早、晚造种植。栽培上要特别注意防治白叶枯病。推荐省品种审定。

（2）恒丰优53 全生育期118～126天，比对照种五丰优615长1～2天。株型中集，分蘖力中等，株高适中，抗倒力中弱，耐寒性中强。科高115.2～115.9厘米，亩有效穗17.5万，穗长23.3～23.5厘米，每穗总粒数159～165粒，结实率83.4%～84.8%，千粒重23.6～24.5克。中感稻瘟病，全群抗性频率77.1%～100.0%，病圃鉴定叶瘟1.8～3.3级、穗瘟4.0～5.5级（单点最高7级）；高感白叶枯病（Ⅸ型菌9级）。米质鉴定未达部标优质等级，糙米率80.4%～81.2%，整精米率49.4%～53.4%，垩白度0.1%～0.7%，透明度1.0～2.0级，碱消值3.0～4.0级，胶稠度76～83毫米，直链淀粉12.6%～13.7%，粒型（长宽比）3.3～3.4。2020年早造参加省区试，平均亩产为512.58公斤，比对照种五丰优615增产6.08%，增产达显著水平。2021年早造参加省区试，平均亩产为511.24公斤，比对照种五丰优615增产4.88%，增产未达显著水平。2021年早造生产试验平均亩产510.48公斤，比五丰优615增产0.73%。日产量4.07～4.33公斤。

该品种经过两年区试和一年生产试验，表现产量与对照相当，米质未达部标优质等级，中感稻瘟病，高感白叶枯病，耐寒性中强。建议粤北以外稻作区早、晚造种植。栽培上特别注意防治稻瘟病和白叶枯病。推荐省品种审定。

（3）裕优丝占　全生育期117～125天，与对照种五丰优615相当。株型中集，分蘖力中等，株高适中，抗倒力较弱，耐寒性中等。科高110.3～111.2厘米，亩有效穗17.5万～18.1万，穗长21.8～22.1厘米，每穗总粒数152～153粒，结实率81.6%～85.5%，千粒重23.8～24.7克。高抗稻瘟病，全群抗性频率100.0%，病圃鉴定叶瘟1.8～2.5级、穗瘟2.5级（单点最高3级）；高感白叶枯病（Ⅸ型菌1～9级）。米质鉴定未达部标优质等级，糙米率79.0%～80.4%，整精米率45.9%～57.0%，垩白度0.8%～1.2%，透明度2.0级，碱消值3.8～4.5级，胶稠度78～80毫米，直链淀粉13.2%～14.5%，粒型（长宽比）3.2～3.3。2020年早造参加省区试，平均亩产为525.29公斤，比对照种五丰优615增产8.71%，增产达极显著水平。2021年早造参加省区试，平均亩产为485.01公斤，比对照种五丰优615减产0.51%，减产未达显著水平。2021年早造生产试验平均亩产518.88公斤，比五丰优615增产2.38%。日产量4.15～4.20公斤。

该品种经过两年区试和一年生产试验，表现产量与对照相当，米质未达部标优质等级，高抗稻瘟病，高感白叶枯病，耐寒性中等。建议粤北以外稻作区早、晚造种植。栽培上要特别注意防治白叶枯病。推荐省品种审定。

（4）青香优新禾占　全生育期120～126天，比对照种五丰优615长2～3天。株型中集，分蘖力中等，株高适中，抗倒力较弱，耐寒性中强。科高111.4～113.4厘米，亩有效穗17.5万～17.7万，穗长23.2厘米，每穗总粒数138～145粒，结实率84.2%～85.4%，千粒重24.9～25.2克。中抗稻瘟病，全群抗性频率77.1%～82.4%，病圃鉴定叶瘟1.5级、穗瘟2.5～3.5级（单点最高5级）；感白叶枯病（Ⅸ型菌7级）。米质鉴定未达部标优质等级，糙米率80.0%～80.2%，整精米率28.2%～45.3%，垩白度0.3%～0.4%，透明度1.0～2.0级，碱消值6.5～6.7级，胶稠度68～72毫米，直链淀粉14.2%～15.0%，粒型（长宽比）3.5～3.6。2020年早造参加省区试，平均亩产为496.92公斤，比对照种五丰优615增产3.66%，增产未达显著水平。2021年早造参加省区试，平均亩产为480.03公斤，比对照种五丰优615减产1.53%，减产未达显著水平。2021年早造生产试验平均亩产480.03公斤，比五丰优615减产5.28%。日产量3.94～4.00公斤。

该品种经过两年区试和一年生产试验，表现产量与对照相当，米质未达部标优质等级，中抗稻瘟病，感白叶枯病，耐寒性中强。建议粤北以外稻作区早、晚造种植。栽培上注意防治稻瘟病和白叶枯病。推荐省品种审定。

（5）耕香优新丝苗　全生育期120～126天，比对照种五丰优615长2～3天。株型中集，分蘖力中等，株高适中，抗倒力中强，耐寒性中等。科高113.7～114.3厘米，亩有效穗17.2万～17.5万，穗长23.1～23.3厘米，每穗总粒数150～161粒，结实率81.4%～

83.9%，千粒重22.4～22.6克。抗稻瘟病，全群抗性频率88.2%～97.1%，病圃鉴定叶瘟1.0～1.3级、穗瘟2.5～3.0级（单点最高5级）；感白叶枯病（Ⅸ型菌7级）。米质鉴定达部标优质2级，糙米率79.0%～80.2%，整精米率53.1%～59.1%，垩白度0.0%～1.1%，透明度2.0级，碱消值6.3～6.5级，胶稠度63～74毫米，直链淀粉13.2%～14.5%，粒型（长宽比）3.3～3.4。2020年早造参加省区试，平均亩产为457.44公斤，比对照种五丰优615减产4.58%，减产未达显著水平。2021年早造参加省区试，平均亩产为465.42公斤，比对照种五丰优615减产4.52%，减产未达显著水平。2021年早造生产试验平均亩产486.18公斤，比五丰优615减产4.07%。日产量3.63～3.88公斤。

该品种经过两年区试和一年生产试验，表现产量与对照相当，米质达部标优质2级，抗稻瘟病，感白叶枯病，耐寒性中等。建议粤北以外稻作区早、晚造种植。栽培上注意防治白叶枯病。推荐省品种审定。

（6）软华优157　全生育期120～124天，比对照种五丰优615长0～3天。株型中集，分蘖力中等，株高适中，抗倒力中等，耐寒性中弱。科高115.7～119.1厘米，亩有效穗16.4万～17.3万，穗长22.4～22.7厘米，每穗总粒数163～168粒，结实率78.4%～86.1%，千粒重21.7～22.5克。中抗稻瘟病，全群抗性频率88.6%～93.8%，病圃鉴定叶瘟1.5～2.0级、穗瘟2.0～4.0级（单点最高7级）；高感白叶枯病（Ⅸ型菌7～9级）。米质鉴定达部标优质2级，糙米率79.1%～79.6%，整精米率46.1%～57.6%，垩白度0.4%～0.5%，透明度2.0级，碱消值6.7级，胶稠度71～76毫米，直链淀粉15.0%～15.5%，粒型（长宽比）3.0～3.3。2020年早造参加省区试，平均亩产为490.71公斤，比对照种五丰优615增产2.09%，增产未达显著水平。2021年早造参加省区试，平均亩产为423.44公斤，比对照种五丰优615减产13.14%，减产达极显著水平。2021年早造生产试验平均亩产444.01公斤，比五丰优615减产12.39%。日产量3.53～3.96公斤。

该品种经过两年区试和一年生产试验，表现丰产性一般，米质达部标优质2级，中抗稻瘟病，高感白叶枯病，耐寒性中弱。建议广东省中南和西南稻作区的平原地区早、晚造种植。栽培上注意防治稻瘟病和白叶枯病。推荐省品种审定。

（7）金香优301　全生育期119～125天，比对照种五丰优615长1～2天。株型中集，分蘖力中等，株高适中，抗倒力强，耐寒性中等。科高104.8～106.9厘米，亩有效穗17.7万～18.9万，穗长21.9厘米，每穗总粒数149～152粒，结实率83.6%～85.4%，千粒重23.0～23.7克。中抗稻瘟病，全群抗性频率88.6%～100.0%，病圃鉴定叶瘟1.5级、穗瘟3.5～4.5级（单点最高7级）；高感白叶枯病（Ⅸ型菌7～9级）。米质鉴定达部标优质2级，糙米率79.1%～79.2%，整精米率57.6%～58.9%，垩白度0.4%～1.4%，透明度1.0级，碱消值6.0～6.7级，胶稠度68～76毫米，直链淀粉15.2%～16.1%，粒型（长宽比）3.0～3.1。2020年早造参加省区试，平均亩产为526.25公斤，比对照种五丰优615增产9.48%，增产达极显著水平。2021年早造参加省区试，平均亩产为504.22公斤，比对照种五丰优615增产3.83%，增产未达显著水平。2021年早造生产试验平均亩产499.40公斤，比五丰优615减产1.46%。日产量4.21～4.24公斤。

该品种经过两年区试和一年生产试验，表现产量与对照相当，米质达部标优质2级，中抗稻瘟病，高感白叶枯病，耐寒性中等。建议粤北以外稻作区早、晚造种植。栽培上注意防治稻瘟病和白叶枯病。推荐省品种审定。

（8）勤两优华宝　全生育期120～127天，比对照种五丰优615长3天。株型中集，分蘖力中等，株高适中，抗倒力中等，耐寒性中等。科高106.8～108.0厘米，亩有效穗19.2万，穗长21.8～22.5厘米，每穗总粒数138～144粒，结实率83.6%～84.0%，千粒重23.7～24.3克。高抗稻瘟病，全群抗性频率100.0%，病圃鉴定叶瘟1.0级、穗瘟1.5～2.5级（单点最高3级）；感白叶枯病（Ⅸ型菌5～7级）。米质鉴定未达部标优质等级，糙米率77.4%～77.7%，整精米率48.2%～56.5%，垩白度0.2%～1.6%，透明度2.0级，碱消值3.0～4.0级，胶稠度77～78毫米，直链淀粉14.4%～14.7%，粒型（长宽比）2.9～3.1。2020年早造参加省区试，平均亩产为499.88公斤，比对照种五丰优615增产4.28%，增产未达显著水平。2021年早造参加省区试，平均亩产为497.59公斤，比对照种五丰优615增产2.46%，增产未达显著水平。2021年早造生产试验平均亩产527.27公斤，比五丰优615增产4.04%。日产量3.94～4.15公斤。

该品种经过两年区试和一年生产试验，表现产量与对照相当，米质未达部标优质等级，高抗稻瘟病，感白叶枯病，耐寒性中等。建议粤北以外稻作区早、晚造种植。栽培上注意防治白叶枯病。推荐省品种审定。

（9）耕香优银粘　全生育期120～125天，比对照种五丰优615长1～3天。株型中集，分蘖力中等，株高适中，抗倒力中等，耐寒性中强。科高109.1～110.3厘米，亩有效穗16.9万～17.6万，穗长21.3～22.1厘米，每穗总粒数163～182粒，结实率78.1%～79.7%，千粒重20.8～21.4克。抗稻瘟病，全群抗性频率88.2%～97.1%，病圃鉴定叶瘟1.0级、穗瘟2.5～3.5级（单点最高5级）；中抗白叶枯病（Ⅸ型菌1～3级）。米质鉴定达部标优质3级，糙米率79.3%～79.5%，整精米率44.1%～54.3%，垩白度0.4%～1.4%，透明度2.0级，碱消值6.7～6.9级，胶稠度73～78毫米，直链淀粉14.0%～14.7%，粒型（长宽比）3.2～3.4。2020年早造参加省区试，平均亩产为467.67公斤，比对照种五丰优615减产3.22%，减产未达显著水平。2021年早造参加省区试，平均亩产为463.14公斤，比对照种五丰优615减产4.63%，减产未达显著水平。2021年早造生产试验平均亩产499.18公斤，比五丰优615减产1.5%。日产量3.74～3.86公斤。

该品种经过两年区试和一年生产试验，表现产量与对照相当，米质达部标优质3级，抗稻瘟病，中抗白叶枯病，耐寒性中强。建议粤北以外稻作区早、晚造种植。推荐省品种审定。

（10）银恒优金桂丝苗　全生育期120～126天，比对照种五丰优615长2～3天。株型中集，分蘖力中等，株高适中，抗倒力中等，耐寒性中等。科高106.7～108.6厘米，亩有效穗18.1万～18.4万，穗长22.1～22.9厘米，每穗总粒数150～154粒，结实率81.5%～84.4%，千粒重23.5～24.6克。中抗稻瘟病，全群抗性频率82.9%～94.1%，病圃鉴定叶瘟2.0级、穗瘟3.5～5.0级（单点最高7级）；高感白叶枯病（Ⅸ型菌9级）。米质鉴定达部标优质2级，糙米率80.0%～81.4%，整精米率53.0%～56.1%，垩白度0.9%～1.8%，透明度2.0级，碱消值6.5～6.7级，胶稠度66～81毫米，直链淀粉14.7%～15.4%，粒型（长宽比）3.2～3.3。2020年早造参加省区试，平均亩产为

526.51公斤，比对照种五丰优615增产9.54%，增产达极显著水平。2021年早造参加省区试，平均亩产为525.72公斤，比对照种五丰优615增产8.12%，增产达极显著水平。2021年早造生产试验平均亩产548.57公斤，比五丰优615增产8.24%。日产量4.18～4.38公斤。

该品种经过两年区试和一年生产试验，表现丰产性好，米质达部标优质2级，中抗稻瘟病，高感白叶枯病，耐寒性中等。建议粤北以外稻作区早、晚造种植。栽培上注意防治稻瘟病和白叶枯病。推荐省品种审定。

（11）台两优粤福占　全生育期118～123天，与对照种五丰优615相当。株型中集，分蘖力中等，株高适中，抗倒力较弱，耐寒性中强。科高107.8～112.9厘米，亩有效穗15.8万～18.5万，穗长23.2～23.4厘米，每穗总粒数157～163粒，结实率83.1%～84.8%，千粒重23.8～24.1克。抗稻瘟病，全群抗性频率85.7%～88.2%，病圃鉴定叶瘟1.3～2.0级、穗瘟1.5～2.5级（单点最高7级）；中抗白叶枯病（Ⅸ型菌1～3级）。米质鉴定达部标优质3级，糙米率80.2%～81.3%，整精米率52.5%～61.3%，垩白度1.6%～4.7%，透明度2.0级，碱消值4.8～5.0级，胶稠度68～74毫米，直链淀粉15.1%～15.3%，粒型（长宽比）2.9～3.1。2020年早造参加省区试，平均亩产为502.09公斤，比对照种五丰优615增产4.74%，增产未达显著水平。2021年早造参加省区试，平均亩产为515.85公斤，比对照种五丰优615增产6.09%，增产达显著水平。2021年早造生产试验平均亩产525.06公斤，比五丰优615增产3.60%。日产量4.08～4.37公斤。

该品种经过两年区试和一年生产试验，表现产量与对照相当，米质达部标优质3级，抗稻瘟病，中抗白叶枯病，耐寒性中强。建议粤北以外稻作区早、晚造种植。推荐省品种审定。

（12）莹两优821　全生育期119～126天，比对照种五丰优615长2天。株型中集，分蘖力中强，株高适中，抗倒力中弱，耐寒性中强。科高112.7～114.7厘米，亩有效穗18.2万～18.8万，穗长22.1～23.2厘米，每穗总粒数128～139粒，结实率84.5%～85.1%，千粒重25.5～26.1克。中抗稻瘟病，全群抗性频率85.7%～100.0%，病圃鉴定叶瘟1.5～2.5级、穗瘟5.0～5.5级（单点最高7级）；高感白叶枯病（Ⅸ型菌7～9级）。米质鉴定达部标优质2级，糙米率79.1%～79.5%，整精米率50.2%～59.5%，垩白度1.0%～3.0%，透明度1.0～2.0级，碱消值6.6级，胶稠度74～80毫米，直链淀粉14.8%～15.6%，粒型（长宽比）3.1～3.2。2020年早造参加省区试，平均亩产为492.21公斤，比对照种五丰优615增产1.86%，增产未达显著水平。2021年早造参加省区试，平均亩产为487.19公斤，比对照种五丰优615增产0.19%，增产未达显著水平。2021年早造生产试验平均亩产518.01公斤，比五丰优615增产2.21%。日产量3.91～4.09公斤。

该品种经过两年区试和一年生产试验，表现产量与对照相当，米质达部标优质2级，中抗稻瘟病，高感白叶枯病，耐寒性中强。建议粤北以外稻作区早、晚造种植。栽培上注意防治稻瘟病和白叶枯病。推荐省品种审定。

（13）中映优银粘　全生育期122～127天，比对照种五丰优615长3～5天。株型中集，分蘖力中等，株高适中，抗倒力中强，耐寒性中等。科高110.6～113.8厘米，亩有效穗17.3万～17.4万，穗长21.7～23.0厘米，每穗总粒数153～165粒，结实率79.7%～81.0%，千粒重24.3～25.8克。抗稻瘟病，全群抗性频率88.6%～100.0%，病圃鉴定叶瘟1.0级、穗瘟3.0级（单点最高7级）；感白叶枯病（Ⅸ型菌3～7级）。米质鉴定未达部标优质等级，糙米率80.3%～80.8%，整精米率49.8%～53.4%，垩白度0.6%～4.0%，透明度2.0级，碱消值4.4～4.6级，胶稠度74～82毫米，直链淀粉14.8%～15.3%，粒型（长宽比）3.0～3.1。2020年早造参加省区试，平均亩产为529.42公斤，比对照种五丰优615增产9.56%，增产达极显著水平。2021年早造参加省区试，平均亩产为516.14公斤，比对照种五丰优615增产7.17%，增产达极显著水平。2021年早造生产试验平均亩产550.20公斤，比五丰优615增产8.57%。日产量4.17～4.23公斤。

该品种经过两年区试和一年生产试验，表现丰产性好，米质未达部标优质等级，抗稻瘟病，感白叶枯病，耐寒性中等。建议粤北以外稻作区早、晚造种植。栽培上注意防治白叶枯病。推荐省品种审定。

（14）粤禾优3628　全生育期118～126天，比对照种五丰优615长1～2天。株型中集，分蘖力中等，株高适中，抗倒力中等，耐寒性强。科高103.5～105.2厘米，亩有效穗17.4万～17.8万，穗长19.9～20.6厘米，每穗总粒数125～142粒，结实率86.2%～89.1%，千粒重25.9～27.2克。抗稻瘟病，全群抗性频率97.1%～100.0%，病圃鉴定叶瘟1.0～1.5级、穗瘟3.0～3.5级（单点最高7级）；中抗白叶枯病（Ⅸ型菌1～3级）。米质鉴定未达部标优质等级，糙米率78.8%～80.2%，整精米率38.4%～49.0%，垩白度0.1%～2.7%，透明度2.0～3.0级，碱消值3.2～4.0级，胶稠度74～80毫米，直链淀粉12.6%～13.1%，粒型（长宽比）2.9～3.0。2020年早造参加省区试，平均亩产为530.77公斤，比对照种五丰优615增产10.72%，增产达极显著水平。2021年早造参加省区试，平均亩产为503.45公斤，比对照种五丰优615增产4.53%，增产未达显著水平。2021年早造生产试验平均亩产551.32公斤，比五丰优615增产8.79%。日产量4.21～4.27公斤。

该品种经过两年区试和一年生产试验，表现丰产性较好，米质未达部标优质等级，抗稻瘟病，中抗白叶枯病，耐寒性强。建议粤北以外稻作区早、晚造种植。推荐省品种审定。

（15）金香优6号　全生育期120～121天，比对照种五丰优615长1～3天。株型中集，分蘖力中等，株高适中，抗倒力中弱，耐寒性中强。科高109.3～119.2厘米，亩有效穗17.3万～17.9万，穗长22.6～23.5厘米，每穗总粒数147～148粒，结实率80.5～80.6%，千粒重24.0～24.3克。抗稻瘟病，全群抗性频率88.6%～92.9%，病圃鉴定叶瘟1.3～1.8级、穗瘟2.6～3.0级（单点最高5级）；感白叶枯病（Ⅸ型菌7级）。米质鉴定未达部标优质等级，糙米率80.0%～81.7%，整精米率52.3～61.5%，垩白度0.9%～1.0%，透明度1.0～ 2.0级，碱消值4.8级，胶稠度79～80毫米，直链淀粉13.9%～14.1%，粒型（长宽比）3.2～3.4。2020年早造参加省区试，平均亩产为460.17公斤，比对照种五丰优615减产0.93%，减产未达显著水平。2021年早造参加省区试，平均亩产为482.35公斤，比对照种五丰优615增产0.15%，增产未达显著水平。2021年早造生产试验平均亩产526.55公斤，比五丰优615增产3.90%。日产量3.80～4.02公斤。

该品种经过两年区试和一年生产试验，表现产量与对照相当，米质未达部标优质等级，抗稻瘟病，感白叶枯病，耐寒性中强。建议粤北以外稻作区早、晚造种植。栽培上注意防治白叶枯病。推荐省品种审定。

（16）中银优珍丝苗　全生育期120～126天，比对照种五丰优615长2～3天。株型中集，分蘖力中等，株高适中，抗倒力中弱，耐寒性中强。科高110.4～110.7厘米，亩有效穗18.2万～18.3万，穗长22.4～22.9厘米，每穗总粒数132～173粒，结实率77.7%～85.4%，千粒重20.4～24.8克。抗稻瘟病，全群抗性频率82.4%～85.7%，病圃鉴定叶瘟1.8～2.0级、穗瘟2.0～3.5级（单点最高5级）；高感白叶枯病（Ⅸ型菌1～9级）。米质鉴定达部标优质3级，糙米率76.9%～79.0%，整精米率50.8%～53.4%，垩白度0.2%～1.6%，透明度2.0级，碱消值3.0～5.1级，胶稠度74～78毫米，直链淀粉13.0%～14.7%，粒型（长宽比）3.1～3.5。2020年早造参加省区试，平均亩产为488.06公斤，比对照种五丰优615增产1.00%，增产未达显著水平。2021年早造参加省区试，平均亩产为470.64公斤，比对照种五丰优615减产2.28%，减产未达显著水平。2021年早造生产试验平均亩产497.28公斤，比五丰优615减产1.88%。日产量3.87～3.92公斤。

该品种经过两年区试和一年生产试验，表现产量与对照相当，米质达部标优质3级，抗稻瘟病，高感白叶枯病，耐寒性中强。建议粤北以外稻作区早、晚造种植。栽培上特别注意防治白叶枯病。推荐省品种审定。

3. 迟熟组

（1）C两优557　全生育期123～130天，与对照种深两优58香油占相当。株型中集，分蘖力中等，株高适中，抗倒力中强，耐寒性中强。科高105.6～106.7厘米，亩有效穗18.0万～18.4万，穗长22.1～22.9厘米，每穗总粒数141～164粒，结实率82.9%～86.1%，千粒重23.3～24.3克。抗稻瘟病，全群抗性频率76.5%～85.7%，病圃鉴定叶瘟1.5～2.0级、穗瘟2.0级（单点最高3级）；感白叶枯病（Ⅸ型菌7级）。米质鉴定未达部标优质等级，糙米率78.6%～78.7%，整精米率57.0%，垩白度0.2%～0.9%，透明度2.0级，碱消值3.0～4.0级，胶稠度76～80毫米，直链淀粉13.6%～14.5%，粒型（长宽比）3.0～3.2。2020年早造参加省区试，平均亩产为535.99公斤，比对照种深两优58香油占增产6.58%，增产达极显著水平。2021年早造参加省区试，平均亩产为534.56公斤，比对照种深两优58香油占增产12.74%，增产达极显著水平。2021年早造生产试验平均亩产531.73公斤，比深两优58香油占增产7.92%。日产量4.12～4.35公斤。

该品种经过两年区试和一年生产试验，表现丰产性好，米质未达部标优质等级，抗稻瘟病，感白叶枯病，耐寒性中强。建议粤北以外稻作区早、晚造种植。栽培上注意防治白叶枯病。推荐省品种审定。

（2）金恒优金桂丝苗　全生育期123～129天，与对照种深两优58香油占相当。株型中集，分蘖力中等，株高适中，抗倒力中强，耐寒性中强。科高110.1～110.3厘米，亩有效穗18.6万～18.7万，穗长23.7～25.4厘米，每穗总粒数143～154粒，结实率81.3%～84.4%，千粒重24.7～25.0克。中抗稻瘟病，全群抗性频率76.5%～80.0%，病圃鉴定叶瘟1.5级、穗瘟3.0级（单点最高7级）；高感白叶枯病（Ⅸ型菌7～9级）。米质鉴定未达部标优质等级，糙米率79.4%～80.4%，整精米率44.0%～49.5%，垩白度0.3%～2.1%，透明度2.0级，碱消值4.3～4.9级，胶稠度70～79毫米，直链淀粉13.5%～15.6%，粒型（长宽比）3.4～3.5。2020年早造参加省区试，平均亩产为527.38公斤，比对照种深两优58香油占增产5.53%，增产达显著水平。2021年早造参加省区试，平均亩产为512.92公斤，比对照种深两优58香油占增产8.18%，增产达极显著水平。2021年早造生产试验平均亩产557.77公斤，比深两优58香油占增产13.21%。日产量4.09～4.17公斤。

该品种经过两年区试和一年生产试验，表现丰产性好，米质未达部标优质级，中抗稻瘟病，高感白叶枯病，耐寒性中强。建议粤北以外稻作区早、晚造种植。栽培上注意防治稻瘟病和白叶枯病。推荐省品种审定。

（3）香龙优泰占　全生育期121～126天，比对照种深两优58香油占短2～3天。株型中集，分蘖力中等，株高适中，抗倒力中等，耐寒性中等。科高115.8～118.0厘米，亩有效穗16.6万～17.0万，穗长22.5～24.4厘米，每穗总粒数130～133粒，结实率83.4%～86.9%，千粒重27.5～27.9克。抗稻瘟病，全群抗性频率82.4%～85.7%，病圃鉴定叶瘟1.0级、穗瘟1.5级（单点最高3级）；高感白叶枯病（Ⅸ型菌9级）。米质鉴定未达部标优质等级，糙米率80.0%～81.0%，整精米率48.3%～59.6%，垩白度1.4%～2.7%，透明度2.0级，碱消值4.0～5.1级，胶稠度74～77毫米，直链淀粉14.1%～14.7%，粒型（长宽比）3.1～3.2。2020年早造参加省区试，平均亩产为512.87公斤，比对照种深两优58香油占增产3.38%，增产未达显著水平。2021年早造参加省区试，平均亩产为505.46公斤，比对照种深两优58香油占增产6.61%，增产达显著水平。2021年早造生产试验平均亩产519.08公斤，比深两优58香油占增产5.35%。日产量4.07～4.18公斤。

该品种经过两年区试和一年生产试验，表现丰产性较好，米质未达部标优质等级，抗稻瘟病，高感白叶枯病，耐寒性中等。建议粤北以外稻作区早、晚造种植。栽培上特别注意防治白叶枯病。推荐省品种审定。

（4）川种优360　全生育期121～127天，比对照种深两优58香油占短2天。株型中集，分蘖力中等，株高适中，抗倒力强，耐寒性中等。科高104.2～106.1厘米，亩有效穗16.9万～17.7万，穗长24.4～25.3厘米，每穗总粒数145～149粒，结实率84.1%～84.3%，千粒重24.6～25.0克。抗稻瘟病，全群抗性频率82.4%～82.9%，病圃鉴定叶瘟1.8～2.3级、穗瘟3.0～3.5级（单点最高7级）；感白叶枯病（Ⅸ型菌7级）。米质鉴定达部标优质3级，糙米率79.0%～79.2%，整精米率49.5%～53.8%，垩白度1.4%～3.0%，透明度2.0级，碱消值6.6～6.7级，胶稠度73～75毫米，直链淀粉14.4%～14.5%，粒型（长宽比）3.2。2020年早造参加省区试，平均亩产为495.28公斤，比对照种深两优58香油占减产0.16%，减产未达显著水平。2021年早造参加省区试，平均亩产为484.96公斤，比对照种深两优58香油占增产2.28%，增产未达显著水平。2021年早造生产试验平均亩产508.00公斤，比深两优58香油占增产3.10%。日产量3.90～4.01公斤。

该品种经过两年区试和一年生产试验，表现产量与对照相当，米质达部标优质3级，抗稻瘟病，感白叶枯病，耐寒性中等。建议粤北以外稻作区早、晚造种植。栽培上注意防治白叶枯病。推荐省品种审定。

（5）春两优20　全生育期127～130天，比对照种深两优58香油占长1～4天。株型中集，分蘖力中等，株高适中，抗倒力中强，耐寒性中等。科高115.3～117.5厘米，亩有效穗17.1万～17.4万，穗长22.5～23.3厘米，每穗总粒数147～152粒，结实率79.0%～83.5%，千粒重24.4～24.8克。中抗稻瘟病，全群抗性频率71.4%～88.2%，病圃鉴定叶瘟1.0～1.3级、穗瘟2.0～3.0级（单点最高7级）；感白叶枯病（Ⅸ型菌7级）。米质鉴定未达部标优质等级，糙米率78.8%～79.9%，整精米率52.1%～52.7%，垩白度0.5%～0.7%，透明度1.0～2.0级，碱消值5.2～5.5级，胶稠度49～50毫米，直链淀粉21.6%～22.8%，粒型（长宽比）3.3。2020年早造参加省区试，平均亩产为487.15公斤，比对照种深两优58香油占减产2.52%，减产未达显著水平。2021年早造参加省区试，平均亩产为471.64公斤，比对照种深两优58香油占减产0.53%，减产未达显著水平。2021年早造生产试验平均亩产466.51公斤，比深两优58香油占减产5.32%。日产量3.71～3.75公斤。

该品种经过两年区试和一年生产试验，表现产量与对照相当，米质未达部标优质等级，中抗稻瘟病，感白叶枯病，耐寒性中等。建议粤北以外稻作区早、晚造种植。栽培上注意防治稻瘟病和白叶枯病。推荐省品种审定。

（6）兴两优124　全生育期125～129天，比对照种深两优58香油占长0～2天。株型中集，分蘖力中等，株高适中，抗倒力中强，耐寒性中等。科高105.1～107.4厘米，亩有效穗17.6万～18.2万，穗长21.9～23.4厘米，每穗总粒数149～168粒，结实率80.3%～85.1%，千粒重22.2～22.8克。抗稻瘟病，全群抗性频率80.0%～82.4%，病圃鉴定叶瘟1.0～1.3级、穗瘟2.5级（单点最高3级）；感白叶枯病（Ⅸ型菌7级）。米质鉴定达部标优质3级，糙米率78%～78.7%，整精米率54.5%～55.3%，垩白度1.0%～1.5%，透明度2.0级，碱消值4.8～5.1级，胶稠度74～78毫米，直链淀粉14.1%，粒型（长宽比）3.2。2020年早造参加省区试，平均亩产为515.74公斤，比对照种深两优58香油占增产3.96%，增产未达显著水平。2021年早造参加省区试，平均亩产为510.11公斤，比对照种深两优58香油占增产6.20%，增产达显著水平。2021年早造生产试验平均亩产532.53公斤，比深两优58香油占增产8.08%。日产量4.00～4.08公斤。

该品种经过两年区试和一年生产试验，表现丰产性较好，米质达部标优质3级，抗稻瘟病，感白叶枯病，耐寒性中等。建议粤北以外稻作区早、晚造种植。栽培上注意防治白叶枯病。推荐省品种审定。

（7）来香优178　全生育期123～128天，与对照种深两优58香油占相当。株型中集，分蘖力中等，株高适中，抗倒力中强，耐寒性中强。科高105.5～106.4厘米，亩有效穗18.2万～18.3万，穗长21.5～22.1厘米，每穗总粒数152～163粒，结实率78.1%～83.2%，千粒重23.3～24.0克。抗稻瘟病，全群抗性频率85.7%～88.2%，病圃鉴定叶瘟1.5～2.0级、穗瘟2.5～3.0级（单点最高7级）；高感白叶枯病（Ⅸ型菌9级）。米质鉴定未达部标优质等级，糙米率80.1%～80.4%，整精米率51.3%～54.8%，垩白度

1.2%～1.5%，透明度2.0级，碱消值4.3～5.3级，胶稠度70～80毫米，直链淀粉13.6%～13.7%，粒型（长宽比）3.2。2020年早造参加省区试，平均亩产为530.86公斤，比对照种深两优58香油占增产5.56%，增产达显著水平。2021年早造参加省区试，平均亩产为505.50公斤，比对照种深两优58香油占增产5.24%，增产达显著水平。2021年早造生产试验平均亩产545.62公斤，比深两优58香油占增产10.74%。日产量4.11～4.15公斤。

该品种经过两年区试和一年生产试验，表现丰产性好，米质未达部标优质等级，抗稻瘟病，高感白叶枯病，耐寒性中强。建议粤北以外稻作区早、晚造种植。栽培上特别注意防治白叶枯病。推荐省品种审定。

（8）宽仁优国泰　全生育期123～127天，比对照种深两优58香油占短0～2天。株型中集，分蘖力中等，株高适中，抗倒力强，耐寒性中等。科高101.7～103.0厘米，亩有效穗18.6万～18.9万，穗长21.6～22.2厘米，每穗总粒数120～125粒，结实率85.3%～86.6%，千粒重27.1～27.7克。感稻瘟病，全群抗性频率58.8%～65.7%，病圃鉴定叶瘟2.3～2.5级、穗瘟2.5～5.0级（单点最高7级）；高感白叶枯病（Ⅸ型菌9级）。米质鉴定达部标优质2级，糙米率80.1%～80.2%，整精米率52.8%～55.6%，垩白度0.6%～2.2%，透明度2.0级，碱消值6.5～6.6级，胶稠度66～74毫米，直链淀粉15.3%，粒型（长宽比）3.1～3.2。2020年早造参加省区试，平均亩产为499.17公斤，比对照种深两优58香油占减产0.74%，减产未达显著水平。2021年早造参加省区试，平均亩产为503.04公斤，比对照种深两优58香油占增产4.72%，增产未达显著水平。2021年早造生产试验平均亩产543.63公斤，比深两优58香油占增产10.33%。日产量3.93～4.09公斤。

该品种经过两年区试和一年生产试验，表现产量与对照相当，米质达部标优质2级，感稻瘟病，高感白叶枯病，耐寒性中等。建议粤北以外稻作区早、晚造种植。栽培上特别注意防治稻瘟病和白叶枯病。推荐省品种审定。

（9）深两优2018　全生育期128～130天，比对照种深两优58香油占长1～5天。株型中集，分蘖力中等，株高适中，抗倒力中强，耐寒性中等。科高115.1～118.0厘米，亩有效穗17.3万～17.5万，穗长24.1～25.0厘米，每穗总粒数145～160粒，结实率83.1%～86.8%，千粒重22.7～22.9克。抗稻瘟病，全群抗性频率85.7%～100.0%，病圃鉴定叶瘟1.3～1.8级、穗瘟2.0～3.5级（单点最高7级）；感白叶枯病（Ⅸ型菌7级）。米质鉴定达部标优质3级，糙米率78.3%～78.8%，整精米率56.0%～57.1%，垩白度0.2%～0.3%，透明度2.0级，碱消值6.4～6.5级，胶稠度72毫米，直链淀粉14.1%～14.9%，粒型（长宽比）3.2。2020年早造参加省区试，平均亩产为475.5公斤，比对照种深两优58香油占减产4.15%，减产未达显著水平。2021年早造参加省区试，平均亩产为492.35公斤，比对照种深两优58香油占增产2.50%，增产未达显著水平。2021年早造生产试验平均亩产505.45公斤，比深两优58香油占增产2.59%。日产量3.66～3.85公斤。

该品种经过两年区试和一年生产试验，表现产量与对照相当，米质达部标优质3级，抗稻瘟病，感白叶枯病，耐寒性中等。建议粤北以外稻作区早、晚造种植。栽培上注意防治白叶枯病。推荐省品种审定。

（10）玮两优1019　全生育期128～131天，比对照种深两优58香油占长2～5天。株型中集，分蘖力中等，株高适中，抗倒力中强，耐寒性中弱。科高114.1～115.8厘米，亩有效穗17.3万～17.9万，穗长22.8～23.3厘米，每穗总粒数124～135粒，结实率79.9%～87.6%，千粒重26.6～27.2克。抗稻瘟病，全群抗性频率77.1%～100.0%，病圃鉴定叶瘟1.3～1.5级、穗瘟1.5～2.0级（单点最高3级）；感白叶枯病（Ⅸ型菌7级）。米质鉴定未达部标优质等级，糙米率77.7%～77.8%，整精米率52.0%～53.5%，垩白度0.4%～0.5%，透明度2.0级，碱消值3.2～4.0级，胶稠度78～81毫米，直链淀粉13.1%～13.2%，粒型（长宽比）3.2～3.3。2020年早造参加省区试，平均亩产为506.35公斤，比对照种深两优58香油占增产2.07%，增产未达显著水平。2021年早造参加省区试，平均亩产为489.07公斤，比对照种深两优58香油占增产1.82%，增产未达显著水平。2021年早造生产试验平均亩产506.72公斤，比深两优58香油占增产2.84%。日产量3.82～3.87公斤。

该品种经过两年区试和一年生产试验，表现产量与对照相当，米质未达部标优质等级，抗稻瘟病，感白叶枯病，耐寒性中弱。建议广东省中南和西南稻作区的平原地区早、晚造种植。栽培上注意防治白叶枯病。推荐省品种审定。

（11）春9两优121　全生育期123～128天，与对照种深两优58香油占相当。株型中集，分蘖力中等，株高适中，抗倒力中强，耐寒性强。科高113.1～115.1厘米，亩有效穗15.6万～16.2万，穗长22.7～23.6厘米，每穗总粒数154～162粒，结实率83.4%～84.1%，千粒重26.7～26.9克。中感稻瘟病，全群抗性频率65.7%～76.5%，病圃鉴定叶瘟1.3～1.5级、穗瘟2.0～3.5级（单点最高7级）；高感白叶枯病（Ⅸ型菌9级）。米质鉴定未达部标优质等级，糙米率79.8%～80.7%，整精米率50.7%～56.2%，垩白度4.8%～6.6%，透明度1.0～2.0级，碱消值6.7～6.8级，胶稠度44～48毫米，直链淀粉22.8%～24.1%，粒型（长宽比）3.0～3.1。2020年早造参加省区试，平均亩产为503.06公斤，比对照种深两优58香油占增产0.03%，增产未达显著水平。2021年早造参加省区试，平均亩产为524.89公斤，比对照种深两优58香油占增产5.57%，增产达显著水平。2021年早造生产试验平均亩产545.61公斤，比深两优58香油占增产10.74%。日产量3.93～4.27公斤。

该品种经过两年区试和一年生产试验，表现丰产性较好，米质未达部标优质等级，中感稻瘟病，高感白叶枯病，耐寒性强。建议粤北以外稻作区早、晚造种植。栽培上特别注意防治稻瘟病和白叶枯病。推荐省品种审定。

（12）中泰优银粘　全生育期124～129天，与对照种深两优58香油占相当。株型中集，分蘖力中等，株高适中，抗倒力中等，耐寒性中弱。科高117.3～120.3厘米，亩有效穗16.8万～17.3万，穗长22.6～22.7厘米，每穗总粒数154～157粒，结实率80.9%～82.9%，千粒重25.4～25.9克。抗稻瘟病，全群抗性频率88.6%～100.0%，病圃鉴定叶瘟1.3级、穗瘟1.5～2.0级（单点最高3级）；中抗白叶枯病（Ⅸ型菌1～3级）。米质鉴定未达部标优质等级，糙米率80.0%～80.7%，整精米率49.5%～51.8%，垩白度0.3%～1.0%，透明度2.0级，碱消值4.8～4.9级，胶稠度72～79毫米，直链淀粉

12.9%～13.6%，粒型（长宽比）3.2。2020年早造参加省区试，平均亩产为524.35公斤，比对照种深两优58香油占增产5.70%，增产达显著水平。2021年早造参加省区试，平均亩产为506.22公斤，比对照种深两优58香油占增产1.81%，增产未达显著水平。2021年早造生产试验平均亩产511.38公斤，比深两优58香油占增产3.79%。日产量4.06～4.08公斤。

该品种经过两年区试和一年生产试验，表现丰产性较好，米质未达部标优质等级，抗稻瘟病，中抗白叶枯病，耐寒性中弱。建议广东省中南和西南稻作区的平原地区早、晚造种植。推荐省品种审定。

（13）兴两优492　全生育期124～130天，比对照种深两优58香油占长1天。株型中集，分蘖力中等，株高适中，抗倒力强，耐寒性中等。科高105.2～107.3厘米，亩有效穗17.8万～18.3万，穗长21.7～22.4厘米，每穗总粒数157～164粒，结实率82.0%～84.6%，千粒重21.6～22.4克。中感稻瘟病，全群抗性频率68.6%～82.4%，病圃鉴定叶瘟1.0级、穗瘟2.0～3.0级（单点最高3级）；高感白叶枯病（Ⅸ型菌5～9级）。米质鉴定达部标优质3级，糙米率79.5%～80.5%，整精米率53.9%～60.6%，垩白度0.5%～1.2%，透明度2.0级，碱消值4.5～5.2级，胶稠度62～80毫米，直链淀粉13.7%～15.1%，粒型（长宽比）3.0～3.1。2020年早造参加省区试，平均亩产为514.67公斤，比对照种深两优58香油占增产2.99%，增产未达显著水平。2021年早造参加省区试，平均亩产为502.36公斤，比对照种深两优58香油占增产1.04%，增产未达显著水平。2021年早造生产试验平均亩产515.74公斤，比深两优58香油占增产4.67%。日产量3.96～4.05公斤。

该品种经过两年区试和一年生产试验，表现产量与对照相当，米质达部标优质3级，中感稻瘟病，高感白叶枯病，耐寒性中等。建议粤北以外稻作区早、晚造种植。栽培上特别注意防治稻瘟病和白叶枯病。推荐省品种审定。

（14）中泰优5511　全生育期119～127天，比对照种深两优58香油占短2～4天。株型中集，分蘖力中等，株高适中，抗倒力中等，耐寒性中等。科高113.3～113.8厘米，亩有效穗17.5万～17.8万，穗长24.5厘米，每穗总粒数136～139粒，结实率86.0%～86.2%，千粒重22.8～23.2克。感稻瘟病，全群抗性频率70.6%～71.4%，病圃鉴定叶瘟1.3～2.5级、穗瘟2.5～6.0级（单点最高7级）；高感白叶枯病（Ⅸ型菌7～9级）。米质鉴定未达部标优质等级，糙米率78.7%～79.0%，整精米率49.0%～50.7%，垩白度0.6%～1.2%，透明度2.0级，碱消值3.5～4.3级，胶稠度78毫米，直链淀粉13.7%～14.5%，粒型（长宽比）3.3～3.4。2020年早造参加省区试，平均亩产为481.82公斤，比对照种深两优58香油占减产4.19%，减产未达显著水平。2021年早造参加省区试，平均亩产为463.40公斤，比对照种深两优58香油占减产6.80%，减产达显著水平。2021年早造生产试验平均亩产498.88公斤，比深两优58香油占增产1.25%。日产量3.79～3.89公斤。

该品种经过两年区试和一年生产试验，表现丰产性较差，米质未达部标优质等级，感稻瘟病，高感白叶枯病，耐寒性中等。建议粤北以外稻作区早、晚造种植。栽培上特别注意防治稻瘟病和白叶枯病。推荐省品种审定。

（15）信两优127　全生育期128～130天，比深两优58香油占长1～5天。株型中集，分蘖力中强，植株较高，抗倒力中等，耐寒性中强。科高118.2～127.3厘米，亩有效穗16.3万～16.8万，穗长22.1～22.2厘米，每穗总粒数163～170粒，结实率75.5%～80.4%，千粒重23.5～23.9克。抗稻瘟病，全群抗性频率100.0%，病圃鉴定叶瘟1.3～1.6级、穗瘟1.4～3.0级（单点最高7级）；感白叶枯病（Ⅳ型菌5级，Ⅴ型菌7级，Ⅸ型菌7级）。米质鉴定未达部标优质等级，整精米率45.9%～51.6%，垩白度0.9%～1.0%，透明度1.0～2.0级，碱消值6.0级，胶稠度68～74毫米，直链淀粉26.5%～27.2%，粒型（长宽比）3.2。2019年早造参加省区试，平均亩产为456.33公斤，比对照种深两优58香油占增产2.92%，增产未达显著水平。2020年早造参加省区试，平均亩产为511.36公斤，比对照种深两优58香油占增产3.08%，增产未达显著水平。2021年早造生产试验平均亩产496.50公斤，比深两优58香油占增产0.77%。日产量3.59～3.93公斤。

该品种经过两年区试，表现产量与对照相当，米质未达部标优质等级，抗稻瘟病，感白叶枯病，耐寒性中强。建议粤北以外稻作区早、晚造种植。栽培上注意防治白叶枯病。推荐省品种审定。

（二）初试品种

1. 中早熟组

（1）广泰优816　全生育期120天，与对照种华优665相当。株型中集，分蘖力中强，株高适中，抗倒力中等。科高104.4厘米，亩有效穗18.6万，穗长20.9厘米，每穗总粒数145粒，结实率85.1%，千粒重25.3克。米质鉴定未达部标优质等级，糙米率81.4%，整精米率51.4%，垩白度1.3%，透明度1.0级，碱消值6.6级，胶稠度76毫米，直链淀粉16.3%，粒型（长宽比）3.1。抗稻瘟病，全群抗性频率85.7%，病圃鉴定叶瘟1.3级、穗瘟2.5级（单点最高3级）；高感白叶枯病（Ⅸ型菌9级）。2021年早造参加省区试，平均亩产511.54公斤，比对照种华优665增产9.56%，增产达显著水平。日产量4.26公斤。该品种丰产性好，米质未达部标优质等级，抗稻瘟病，2022年安排复试并进行生产试验。

（2）宽仁优9374　全生育期122天，比对照种华优665长2天。株型中集，分蘖力强，株高适中，抗倒力中强。科高103.9厘米，亩有效穗19.2万，穗长21.5厘米，每穗总粒数130粒，结实率86.3%，千粒重25.3克。米质鉴定达部标优质2级，糙米率81.4%，整精米率56.5%，垩白度1.4%，透明度1.0级，碱消值6.5级，胶稠度77毫米，直链淀粉15.2%，粒型（长宽比）3.0。高抗稻瘟病，全群抗性频率94.3%，病圃鉴定叶瘟1.3级、穗瘟2.0级（单点最高3级）；高感白叶枯病（Ⅸ型菌9级）。2021年早造参加省区试，平均亩产508.02公斤，比对照种华优665增产8.81%，增产达显著水平。日产量4.16公斤。该品种丰产性好，米质达部标优质2级，高抗稻瘟病，2022年安排复试并进行生产试验。

（3）中丝优738　全生育期119天，比对照种华优665短1天。株型中集，分蘖力中强，株高适中，抗倒力中等。科高101.0厘米，亩有效穗18.5万，穗长21.6厘米，每穗总粒数164粒，结实率83.7%，千粒重21.8克。米质鉴定达部标优质2级，糙米率81.6%，整精米率55.0%，垩白度0.7%，透明度2.0级，碱消值6.7级，胶稠度74毫米，直链淀粉13.9%，粒型（长宽比）3.3。中抗稻瘟病，全群抗性频率97.1%，病圃鉴定叶瘟1.3级、穗瘟5.0级（单点最高5级）；高感白叶枯病（Ⅸ型菌9级）。2021年早造参加省区试，平均亩产470.63公斤，比对照种华优665增产0.80%，增产未达显著水平。日产量3.95公斤。该品种产量与对照相当，米质达部标优质2级，中抗稻瘟病，2022年安排复试并进行生产试验。

（4）粤禾优1055　全生育期123天，比对照种华优665长3天。株型中集，分蘖力中强，株高适中，抗倒力强。科高107.5厘米，亩有效穗19.3万，穗长20.1厘米，每穗总粒数130粒，结实率85.2%，千粒重25.7克。米质鉴定未达部标优质等级，糙米率80.9%，整精米率44.5%，垩白度0.7%，透明度2.0级，碱消值4.2级，胶稠度82毫米，直链淀粉14.1%，粒型（长宽比）2.9。抗稻瘟病，全群抗性频率97.1%，病圃鉴定叶瘟1.5级、穗瘟3.0级（单点最高3级）；中抗白叶枯病（Ⅸ型菌3级）。2021年早造参加省区试，平均亩产515.31公斤，比对照种华优665增产8.20%，增产达显著水平。日产量4.19公斤。该品种丰产性好，米质未达部标优质等级，抗稻瘟病，中抗白叶枯病，2022年安排复试并进行生产试验。

（5）银香优玉占　全生育期120天，与对照种华优665相当。株型中集，分蘖力中强，株高适中，抗倒力中等。科高99.1厘米，亩有效穗19.6万，穗长20.3厘米，每穗总粒数143粒，结实率85.1%，千粒重25.8克。米质鉴定未达部标优质等级，糙米率80.6%，整精米率51.3%，垩白度0.5%，透明度2.0级，碱消值4.2级，胶稠度84毫米，直链淀粉13.0%，粒型（长宽比）3.1。抗稻瘟病，全群抗性频率80.0%，病圃鉴定叶瘟1.8级、穗瘟3.5级（单点最高5级）；中抗白叶枯病（Ⅸ型菌3级）。2021年早造参加省区试，平均亩产511.81公斤，比对照种华优665增产7.46%，增产未达显著水平。日产量4.27公斤。该品种产量与对照相当，米质未达部标优质等级，抗稻瘟病，中抗白叶枯病，2022年安排复试并进行生产试验。

（6）广泰优4486　全生育期120天，与对照种华优665相当。株型中集，分蘖力中强，株高适中，抗倒力中等。科高110.3厘米，亩有效穗19.8万，穗长21.1厘米，每穗总粒数136粒，结实率86.0%，千粒重25.1克。米质鉴定达部标优质3级，糙米率80.9%，整精米率52.5%，垩白度1.2%，透明度2.0级，碱消值5.0级，胶稠度75毫米，直链淀粉14.2%，粒型（长宽比）3.1。抗稻瘟病，全群抗性频率85.7%，病圃鉴定叶瘟1.0级、穗瘟3.0级（单点最高5级）；高感白叶枯病（Ⅸ型菌9级）。2021年早造参加省区试，平均亩产505.07公斤，比对照种华优665增产6.05%，增产未达显著水平。日产量4.21公斤。该品种产量与对照相当，米质达部标优质3级，抗稻瘟病，2022年安排复试并进行生产试验。

（7）固香优珍香丝苗　全生育期117天，比对照种华优665短3天。株型中集，分蘖力中强，株高适中，抗倒力中等。科高108.6厘米，亩有效穗19.1万，穗长23.1厘米，每穗总粒数144粒，结实率81.7%，千粒重23.8克。米质鉴定未达部标优质等级，糙米率81.9%，整精米率49.7%，垩白度1.6%，透明度2.0级，碱消值6.7级，胶稠度72

毫米，直链淀粉15.6%，粒型（长宽比）3.8。抗稻瘟病，全群抗性频率91.4%，病圃鉴定叶瘟2.0级、穗瘟3.5级（单点最高5级）；高感白叶枯病（Ⅸ型菌9级）。2021年早造参加省区试，平均亩产479.15公斤，比对照种华优665增产0.60%，增产未达显著水平。日产量4.10公斤。该品种产量与对照相当，米质未达部标优质等级，抗稻瘟病，2022年安排复试并进行生产试验。

（8）思源优喜占　全生育期122天，比对照种华优665长2天。株型中集，分蘖力中等，株高适中，抗倒力中等。科高113.2厘米，亩有效穗18.1万，穗长23.0厘米，每穗总粒数154粒，结实率79.6%，千粒重26.6克。米质鉴定未达部标优质等级，糙米率80.2%，整精米率48.8%，垩白度1.8%，透明度2.0级，碱消值6.7级，胶稠度80毫米，直链淀粉14.8%，粒型（长宽比）3.2。中感稻瘟病，全群抗性频率85.7%，病圃鉴定叶瘟1.5级、穗瘟6.0级（单点最高7级）；感白叶枯病（Ⅸ型菌7级）。2021年早造参加省区试，平均亩产506.06公斤，比对照种华优665增产8.39%，增产达显著水平。日产量4.15公斤。该品种米质未达部标优质等级，中感稻瘟病，感白叶枯病，建议终止试验。

（9）广泰优1862　全生育期121天，比对照种华优665长1天。株型中集，分蘖力中强，株高适中，抗倒力中等。科高106.1厘米，亩有效穗17.8万，穗长21.6厘米，每穗总粒数155粒，结实率81.9%，千粒重24.3克。米质鉴定达部标优质3级，糙米率81.2%，整精米率54.6%，垩白度0.9%，透明度1.0级，碱消值6.4级，胶稠度77毫米，直链淀粉15.3%，粒型（长宽比）3.6。中抗稻瘟病，全群抗性频率88.6%，病圃鉴定叶瘟1.0级、穗瘟4.5级（单点最高5级）；高感白叶枯病（Ⅸ型菌9级）。2021年早造参加省区试，平均亩产490.19公斤，比对照种华优665增产4.99%，增产未达显著水平。日产量4.05公斤。该品种产量与对照相当，中抗稻瘟病，高感白叶枯病，建议终止试验。

（10）吉田优1978　全生育期124天，比对照种华优665长4天。株型中集，分蘖力中强，株高适中，抗倒力中等。科高110.1厘米，亩有效穗18.5万，穗长22.5厘米，每穗总粒数165粒，结实率81.4%，千粒重22.3克。米质鉴定达部标优质3级，糙米率80.6%，整精米率52.6%，垩白度0.4%，透明度2.0级，碱消值5.1级，胶稠度79毫米，直链淀粉14.8%，粒型（长宽比）3.2。抗稻瘟病，全群抗性频率85.7%，病圃鉴定叶瘟1.0级、穗瘟3.0级（单点最高5级）；高感白叶枯病（Ⅸ型菌9级）。2021年早造参加省区试，平均亩产485.23公斤，比对照种华优665增产3.93%，增产未达显著水平。日产量3.91公斤。该品种全生育期比对照种华优665长4天，建议终止试验。

（11）银两优泰香　全生育期127天，比对照种华优665长7天。株型中集，分蘖力中强，株高适中，抗倒力强。科高109.7厘米，亩有效穗19.5万，穗长23.2厘米，每穗总粒数141粒，结实率79.8%，千粒重23.5克。米质鉴定未达部标优质等级，糙米率79.6%，整精米率48.1%，垩白度0.9%，透明度2.0级，碱消值6.7级，胶稠度76毫米，直链淀粉15.5%，粒型（长宽比）3.6。中感稻瘟病，全群抗性频率60.0%，病圃鉴定叶瘟2.3级、穗瘟3.0级（单点最高7级）；高感白叶枯病（Ⅸ型菌9级）。2021年早造参加省区试，平均亩产462.00公斤，比对照种华优665减产1.05%，减产未达显著水平。日产量3.64公斤。该品种全生育期比对照种华优665长7天，建议终止试验。

（12）金香优喜占　全生育期124天，比对照种华优665长4天。株型中集，分蘖力中强，株高适中，抗倒力强。科高103.9厘米，亩有效穗20.8万，穗长20.8厘米，每穗总粒数131粒，结实率80.6%，千粒重23.5克。米质鉴定未达部标优质等级，糙米率80.8%，整精米率49.7%，垩白度0.3%，透明度1.0级，碱消值5.2级，胶稠度76毫米，直链淀粉15.1%，粒型（长宽比）3.2。中抗稻瘟病，全群抗性频率97.1%，病圃鉴定叶瘟1.0级、穗瘟4.0级（单点最高5级）；中抗白叶枯病（Ⅸ型菌3级）。2021年早造参加省区试，平均亩产461.23公斤，比对照种华优665减产1.21%，减产未达显著水平。日产量3.72公斤。该品种全生育期比对照种华优665长4天，建议终止试验。

（13）耕香优163　全生育期119天，比对照种华优665短1天。株型中集，分蘖力中强，株高适中，抗倒力中等。科高105.5厘米，亩有效穗18.4万，穗长22.6厘米，每穗总粒数167粒，结实率83.7%，千粒重21.4克。米质鉴定未达部标优质等级，糙米率80.7%，整精米率51.6%，垩白度2.9%，透明度2.0级，碱消值5.8级，胶稠度76毫米，直链淀粉15.0%，粒型（长宽比）3.2。中抗稻瘟病，全群抗性频率97.1%，病圃鉴定叶瘟1.8级、穗瘟4.0级（单点最高5级）；中抗白叶枯病（Ⅸ型菌3级）。2021年早造参加省区试，平均亩产490.29公斤，比对照种华优665增产2.94%，增产未达显著水平。日产量4.12公斤。该品种产量与对照相当，米质未达部标优质等级，中抗稻瘟病，中抗白叶枯病，建议终止试验。

（14）和丰优1127　全生育期117天，比对照种华优665短3天。株型中集，分蘖力中强，株高适中，抗倒力强。科高99.2厘米，亩有效穗19.5万，穗长20.4厘米，每穗总粒数125粒，结实率83.8%，千粒重25.2克。米质鉴定未达部标优质等级，糙米率81.6%，整精米率56.5%，垩白度0.4%，透明度2.0级，碱消值4.3级，胶稠度74毫米，直链淀粉14.1%，粒型（长宽比）3.4。高感稻瘟病，全群抗性频率65.7%，病圃鉴定叶瘟1.3级、穗瘟7.0级（单点最高7级）；高感白叶枯病（Ⅸ型菌9级）。2021年早造参加省区试，平均亩产468.69公斤，比对照种华优665减产1.59%，减产未达显著水平。日产量4.01公斤。该品种产量与对照相当，米质未达部标优质等级，高感稻瘟病，高感白叶枯病，建议终止试验。

（15）泼优1127　全生育期111天，比对照种华优665短9天。株型中集，分蘖力中强，植株较矮，抗倒力强。科高92.1厘米，亩有效穗18.7万，穗长19.2厘米，每穗总粒数118粒，结实率77.6%，千粒重25.0克。米质鉴定未达部标优质等级，糙米率79.0%，整精米率42.3%，垩白度0.4%，透明度2.0级，碱消值4.0级，胶稠度75毫米，直链淀粉13.8%，粒型（长宽比）3.7。中抗稻瘟病，全群抗性频率85.7%，病圃鉴定叶瘟1.5级、穗瘟5.0级（单点最高7级）；高感白叶枯病（Ⅸ型菌9级）。2021年早造参加省区试，平均亩产387.73公斤，比对照种华优665减产18.59%，减产极达显著水平。日产量3.49公斤。该品种丰产性差，米质未达部标优质等级，中抗稻瘟病，高感白叶枯病，建议终止试验。

2. 中迟熟组

（1）广泰优9海28　全生育期116天，比对照种五丰优615短1天。株型中集，分蘖力中等，株高适中，抗倒力中等。科高104.2厘米，亩有效穗18.1万，穗长22.4厘米，每穗总粒数142粒，结实率89.1%，千粒重24.7克。米质鉴定未达部标优质等级，糙米率80.1%，整精米率43.6%，垩白度1.8%，透明度1.0级，碱消值6.7级，胶稠度79毫米，直链淀粉15.9%，粒型（长宽比）2.9。抗稻瘟病，全群抗性频率85.7%，病圃鉴定叶瘟2.3级、穗瘟3.5级（单点最高7级）；高感白叶枯病（Ⅸ型菌9级）。2021年早造参加省区试，平均亩产510.21公斤，比对照种五丰优615增产4.66%，增产未达显著水平。日产量4.40公斤。该品种产量与对照相当，米质未达部标优质等级，抗稻瘟病，2022年安排复试并进行生产试验。

（2）金隆优083　全生育期120天，比对照种五丰优615长3天。株型中集，分蘖力中等，株高适中，抗倒力较弱。科高112.3厘米，亩有效穗16.9万，穗长24.9厘米，每穗总粒数164粒，结实率82.3%，千粒重23.1克。米质鉴定未达部标优质等级，糙米率79.9%，整精米率50.6%，垩白度1.0%，透明度2.0级，碱消值6.4级，胶稠度74毫米，直链淀粉14.1%，粒型（长宽比）3.5。抗稻瘟病，全群抗性频率85.7%，病圃鉴定叶瘟1.3级、穗瘟2.5级（单点最高3级）；高感白叶枯病（Ⅸ型菌9级）。2021年早造参加省区试，平均亩产482.0公斤，比对照种五丰优615减产1.12%，减产未达显著水平。日产量4.02公斤。该品种产量与对照相当，米质未达部标优质等级，抗稻瘟病，2022年安排复试并进行生产试验。

（3）耕香优200　全生育期118天，比对照种五丰优615长1天。株型中集，分蘖力中等，株高适中，抗倒力中等。科高99.2厘米，亩有效穗17.8万，穗长23.2厘米，每穗总粒数175粒，结实率83.5%，千粒重19.6克。米质鉴定未达部标优质等级，糙米率80.4%，整精米率45.0%，垩白度0.7%，透明度2.0级，碱消值5.6级，胶稠度80毫米，直链淀粉11.9%，粒型（长宽比）3.2。抗稻瘟病，全群抗性频率100.0%，病圃鉴定叶瘟1.3级、穗瘟3.0级（单点最高5级）；高感白叶枯病（Ⅸ型菌9级）。2021年早造参加省区试，平均亩产481.72公斤，比对照种五丰优615减产1.18%，减产未达显著水平。日产量4.08公斤。该品种产量与对照相当，米质未达部标优质等级，抗稻瘟病，2022年安排复试并进行生产试验。

（4）金隆优033　全生育期120天，比对照种五丰优615长3天。株型中集，分蘖力中等，株高适中，抗倒力中弱。科高113.7厘米，亩有效穗17.4万，穗长24.6厘米，每穗总粒数154粒，结实率85.1%，千粒重22.3克。米质鉴定未达部标优质等级，糙米率78.7%，整精米率36.7%，垩白度0.3%，透明度2.0级，碱消值6.2级，胶稠度74毫米，直链淀粉15.0%，粒型（长宽比）3.8。抗稻瘟病，全群抗性频率82.9%，病圃鉴定叶瘟2.0级、穗瘟3.5级（单点最高5级）；抗白叶枯病（Ⅸ型菌1级）。2021年早造参加省区试，平均亩产469.81公斤，比对照种五丰优615减产3.62%，减产未达显著水平。日产量3.92公斤。该品种产量与对照相当，米质未达部标优质等级，抗稻瘟病，抗白叶枯病，2022年安排复试并进行生产试验。

（5）弘优2903　全生育期120天，比对照种五丰优615长3天。株型中集，分蘖力中等，株高适中，抗倒力强。科高116.9厘米，亩有效穗18.0万，穗长23.4厘米，每穗总粒数154粒，结实率83.5%，千粒重22.3克。米质鉴定达部标优质3级，糙米率

79.6%，整精米率52.0%，垩白度1.7%，透明度2.0级，碱消值6.5级，胶稠度73毫米，直链淀粉14.2%，粒型（长宽比）3.1。抗稻瘟病，全群抗性频率88.6%，病圃鉴定叶瘟1.0级、穗瘟3.0级（单点最高5级）；感白叶枯病（Ⅸ型菌7级）。2021年早造参加省区试，平均亩产495.85公斤，比对照种五丰优615增产1.97%，增产未达显著水平。日产量4.13公斤。该品种产量与对照相当，米质达部标优质3级，抗稻瘟病，2022年安排复试并进行生产试验。

（6）品香优200　全生育期120天，比对照种五丰优615长3天。株型中集，分蘖力中等，株高适中，抗倒力中等。科高97.4厘米，亩有效穗17.6万，穗长22.3厘米，每穗总粒数173粒，结实率81.1%，千粒重21.4克。米质鉴定未达部标优质等级，糙米率78.8%，整精米率46.8%，垩白度0.2%，透明度2.0级，碱消值4.0级，胶稠度80毫米，直链淀粉12.2%，粒型（长宽比）3.2。高抗稻瘟病，全群抗性频率100.0%，病圃鉴定叶瘟1.5级、穗瘟2.5级（单点最高3级）；感白叶枯病（Ⅸ型菌7级）。2021年早造参加省区试，平均亩产509.09公斤，比对照种五丰优615增产5.70%，增产达显著水平。日产量4.24公斤。该品种丰产性好，米质未达部标优质等级，高抗稻瘟病，2022年安排复试并进行生产试验。

（7）台两优粤桂占　全生育期118天，比对照种五丰优615长1天。株型中集，分蘖力中等，株高适中，抗倒力中弱。科高111.9厘米，亩有效穗17.2万，穗长23.5厘米，每穗总粒数169粒，结实率81.9%，千粒重22.4克。米质鉴定未达部标优质等级，糙米率80.8%，整精米率56.8%，垩白度3.3%，透明度2.0级，碱消值4.8级，胶稠度80毫米，直链淀粉14.5%，粒型（长宽比）3.0。抗稻瘟病，全群抗性频率88.6%，病圃鉴定叶瘟1.8级、穗瘟3.5级（单点最高5级）；抗白叶枯病（Ⅸ型菌1级）。2021年早造参加省区试，平均亩产467.71公斤，比对照种五丰优615减产3.69%，减产未达显著水平。日产量3.96公斤。该品种产量与对照相当，米质未达部标优质等级，抗稻瘟病，抗白叶枯病，2022年安排复试并进行生产试验。

（8）福香优2202　全生育期120天，比对照种五丰优615长3天。株型中集，分蘖力中等，株高适中，抗倒力中强。科高110.4厘米，亩有效穗18.4万，穗长22.9厘米，每穗总粒数158粒，结实率84.4%，千粒重21.6克。米质鉴定未达部标优质等级，糙米率78.0%，整精米率46.4%，垩白度1.6%，透明度2.0级，碱消值4.0级，胶稠度72毫米，直链淀粉12.9%，粒型（长宽比）3.4。中抗稻瘟病，全群抗性频率97.1%，病圃鉴定叶瘟1.3级、穗瘟4.0级（单点最高7级）；感白叶枯病（Ⅸ型菌7级）。2021年早造参加省区试，平均亩产495.62公斤，比对照种五丰优615增产2.91%，增产未达显著水平。日产量4.13公斤。该品种产量与对照相当，米质未达部标优质等级，中抗稻瘟病，感白叶枯病，建议终止试验。

（9）新兆优9531　全生育期127天，比对照种五丰优615长10天。株型中集，分蘖力中强，株高适中，抗倒力强。科高111.0厘米，亩有效穗19.0万，穗长23.7厘米，每穗总粒数132粒，结实率79.0%，千粒重25.0克。米质鉴定未达部标优质等级，糙米率78.2%，整精米率42.1%，垩白度0.4%，透明度1.0级，碱消值6.4级，胶稠度78毫米，直链淀粉15.4%，粒型（长宽比）3.5。抗稻瘟病，全群抗性频率88.6%，病圃鉴定叶瘟1.8级、穗瘟2.0级（单点最高5级）；感白叶枯病（Ⅸ型菌7级）。2021年早造参加省区试，平均亩产466.68公斤，比对照种五丰优615减产4.27%，减产未达显著水平。日产量3.67公斤。该品种全生育期比对照种五丰优615长10天，建议终止试验。

（10）宽仁优6319 全生育期121天，比对照种五丰优615长4天。株型中集，分蘖力中等，株高适中，抗倒力中等。科高111.1厘米，亩有效穗18.6万，穗长23.5厘米，每穗总粒数123粒，结实率87.3%，千粒重26.9克。米质鉴定未达部标优质等级，糙米率81.6%，整精米率52.7%，垩白度2.9%，透明度2.0级，碱消值4.8级，胶稠度80毫米，直链淀粉13.4%，粒型（长宽比）2.9。感稻瘟病，全群抗性频率60.0%，病圃鉴定叶瘟3.8级、穗瘟4.5级（单点最高7级）；高感白叶枯病（Ⅸ型菌9级）。2021年早造参加省区试，平均亩产508.73公斤，比对照种五丰优615增产4.76%，增产达显著水平。日产量4.20公斤。该品种全生育期比对照种五丰优615长4天，建议终止试验。

（11）隆晶优蒂占 全生育期122天，比对照种五丰优615长5天。株型中集，分蘖力中等，株高适中，抗倒力强。科高111.2厘米，亩有效穗17.9万，穗长25.4厘米，每穗总粒数145粒，结实率84.6%，千粒重25.2克。米质鉴定达部标优质3级，糙米率79.5%，整精米率54.2%，垩白度0.0%，透明度1.0级，碱消值6.7级，胶稠度80毫米，直链淀粉15.0%，粒型（长宽比）3.8。抗稻瘟病，全群抗性频率85.7%，病圃鉴定叶瘟1.3级、穗瘟2.5级（单点最高5级）；高感白叶枯病（Ⅸ型菌9级）。2021年早造参加省区试，平均亩产490.10公斤，比对照种五丰优615增产0.92%，增产未达显著水平。日产量4.02公斤。该品种全生育期比对照种五丰优615长5天，建议终止试验。

（12）扬泰优2388 全生育期118天，比对照种五丰优615长1天。株型中集，分蘖力中等，株高适中，抗倒力中等。科高109.2厘米，亩有效穗17.2万，穗长24.1厘米，每穗总粒数138粒，结实率85.1%，千粒重25.4克。米质鉴定未达部标优质等级，糙米率80.4%，整精米率37.5%，垩白度1.6%，透明度2.0级，碱消值5.1级，胶稠度79毫米，直链淀粉13.5%，粒型（长宽比）3.4。中感稻瘟病，全群抗性频率77.1%，病圃鉴定叶瘟1.8级、穗瘟4.0级（单点最高5级）；高感白叶枯病（Ⅸ型菌9级）。2021年早造参加省区试，平均亩产473.63公斤，比对照种五丰优615减产2.47%，减产未达显著水平。日产量4.01公斤。该品种产量与对照相当，米质未达部标优质等级，中感稻瘟病，高感白叶枯病，建议终止试验。

（13）航19两优1978 全生育期120天，比对照种五丰优615长3天。株型中集，分蘖力中等，株高适中，抗倒力中等。科高108.6厘米，亩有效穗16.9万，穗长23.4厘米，每穗总粒数159粒，结实率79.9%，千粒重22.8克。米质鉴定未达部标优质等级，糙米率79.8%，整精米率49.2%，垩白度1.0%，透明度2.0级，碱消值5.3级，胶稠度80毫米，直链淀粉13.7%，粒型（长宽比）3.2。中感稻瘟病，全群抗性频率74.3%，病圃鉴定叶瘟1.0级、穗瘟4.0级（单点最高7级）；高感白叶枯病（Ⅸ型菌9级）。2021年早造参加省区试，平均亩产472.97公斤，比对照种五丰优615减产2.61%，减产未达显著水平。日产量3.94公斤。该品种产量与对照相当，米质未达部标优质等级，中感稻瘟病，高感白叶枯病，建议终止试验。

（14）胜优033 全生育期121天，比对照种五丰优615长4天。株型中集，分蘖力中等，株高适中，抗倒力较弱。科高110.3厘米，亩有效穗18.2万，穗长23.6厘米，每穗总粒数148粒，结实率82.7%，千粒重23.2克。米质鉴定未达部标优质等级，糙米率79.2%，整精米率41.0%，垩白度0.6%，透明度1.0级，碱消值6.6级，胶稠度77毫米，直链淀粉15.2%，粒型（长宽比）3.6。中抗稻瘟病，全群抗性频率71.4%，病圃鉴定叶瘟2.5级、穗瘟3.5级（单点最高5级）；中抗白叶枯病（Ⅸ型菌3级）。2021年早造参加省区试，平均亩产456.96公斤，比对照种五丰优615减产5.9%，减产未达显著水平。日产量3.78公斤。该品种全生育期比对照种五丰优615长4天，建议终止试验。

（15）软华优168　全生育期120天，比对照种五丰优615长3天。株型中集，分蘖力中等，株高适中，抗倒力较弱。科高121.3厘米，亩有效穗17.9万，穗长25.0厘米，每穗总粒数160粒，结实率82.1%，千粒重20.3克。米质鉴定未达部标优质等级，糙米率77.9%，整精米率43.0%，垩白度0.0%，透明度2.0级，碱消值4.6级，胶稠度76毫米，直链淀粉13.8%，粒型（长宽比）4.2。高感稻瘟病，全群抗性频率60.0%，病圃鉴定叶瘟2.0级、穗瘟7.0级（单点最高9级）；高感白叶枯病（Ⅸ型菌9级）。2021年早造参加省区试，平均亩产421.65公斤，比对照种五丰优615减产13.17%，减产达极显著水平。日产量3.51公斤。该品种丰产性差，米质未达部标优质等级，高感稻瘟病，高感白叶枯病，建议终止试验。

（16）香龙优喜占　全生育期122天，比对照种五丰优615长5天。株型中集，分蘖力中等，株高适中，抗倒力中等。科高118.5厘米，亩有效穗16.7万，穗长24.0厘米，每穗总粒数143粒，结实率84.9%，千粒重27.1克。米质鉴定未达部标优质等级，糙米率79.9%，整精米率49.3%，垩白度2.4%，透明度2.0级，碱消值5.0级，胶稠度72毫米，直链淀粉14.3%，粒型（长宽比）3.0。抗稻瘟病，全群抗性频率80.0%，病圃鉴定叶瘟2.0级、穗瘟2.5级（单点最高5级）；高感白叶枯病（Ⅸ型菌9级）。2021年早造参加省区试，平均亩产514.91公斤，比对照种五丰优615增产5.89%，增产达显著水平。日产量4.22公斤。该品种全生育期比对照种五丰优615长5天，建议终止试验。

（17）隆晶优5368　全生育期122天，比对照种五丰优615长5天。株型中集，分蘖力中等，株高适中，抗倒力中等。科高112.5厘米，亩有效穗18.0万，穗长26.0厘米，每穗总粒数151粒，结实率83.8%，千粒重24.4克。米质鉴定未达部标优质等级，糙米率79.2%，整精米率52.0%，垩白度1.0%，透明度2.0级，碱消值4.7级，胶稠度82毫米，直链淀粉14.5%，粒型（长宽比）3.7。抗稻瘟病，全群抗性频率88.6%，病圃鉴定叶瘟1.3级、穗瘟1.5级（单点最高3级）；感白叶枯病（Ⅸ型菌7级）。2021年早造参加省区试，平均亩产513.38公斤，比对照种五丰优615增产5.58%，增产达显著水平。日产量4.21公斤。该品种全生育期比对照种五丰优615长5天，建议终止试验。

（18）信两优277　全生育期122天，比对照种五丰优615长5天。株型中集，分蘖力中强，株高适中，抗倒力较弱。科高120.4厘米，亩有效穗18.3万，穗长21.8厘米，每穗总粒数155粒，结实率79.1%，千粒重24.2克。米质鉴定未达部标优质等级，糙米率80.2%，整精米率43.0%，垩白度1.7%，透明度2.0级，碱消值4.8级，胶稠度82毫米，直链淀粉25.1%，粒型（长宽比）3.0。抗稻瘟病，全群抗性频率88.6%，病圃鉴定叶瘟1.5级、穗瘟3.5级（单点最高5级）；高感白叶枯病（Ⅸ型菌9级）。2021年早造参加省区试，平均亩产488.94公斤，比对照种五丰优615增产0.55%，增产未达显著水平。日产量4.01公斤。该品种全生育期比对照种五丰优615长5天，建议终止试验。

（19）振两优玉占　全生育期124天，比对照种五丰优615长7天。株型中集，分蘖力中等，株高适中，抗倒力中等。科高121.8厘米，亩有效穗17.6万，穗长25.8厘米，每穗总粒数144粒，结实率83.9%，千粒重23.0克。米质鉴定未达部标优质等级，糙米率78.0%，整精米率42.4%，垩白度0.3%，透明度2.0级，碱消值6.7级，胶稠度71毫米，直链淀粉14.2%，粒型（长宽比）4.0。抗稻瘟病，全群抗性频率77.1%，病圃鉴定叶瘟1.3级、穗瘟2.5级（单点最高5级）；感白叶枯病（Ⅸ型菌7级）。2021年早造参加省区试，平均亩产476.49公斤，比对照种五丰优615减产2.01%，减产未达显著水平。日产量3.84公斤。该品种全生育期比对照种五丰优615长7天，建议终止试验。

（20）泓两优39537　全生育期123天，比对照种五丰优615长6天。株型中集，分蘖力中等，株高适中，抗倒力强。科高111.0厘米，亩有效穗18.3万，穗长23.7厘米，每穗总粒数141粒，结实率83.4%，千粒重23.2克。米质鉴定达部标优质2级，糙米率79.2%，整精米率58.8%，垩白度0.2%，透明度1.0级，碱消值6.7级，胶稠度79毫米，直链淀粉14.9%，粒型（长宽比）3.3。抗稻瘟病，全群抗性频率88.6%，病圃鉴定叶瘟1.3级、穗瘟3.0级（单点最高7级）；感白叶枯病（Ⅸ型菌7级）。2021年早造参加省区试，平均亩产472.77公斤，比对照种五丰优615减产2.77%，减产未达显著水平。日产量3.84公斤。该品种全生育期比对照种五丰优615长6天，建议终止试验。

（21）胜优1978　全生育期122天，比对照种五丰优615长5天。株型中集，分蘖力中等，株高适中，抗倒力中弱。科高118.1厘米，亩有效穗18.0万，穗长24.1厘米，每穗总粒数159粒，结实率80.2%，千粒重22.7克。米质鉴定未达部标优质等级，糙米率79.1%，整精米率50.2%，垩白度1.2%，透明度2.0级，碱消值6.5级，胶稠度69毫米，直链淀粉15.2%，粒型（长宽比）3.1。抗稻瘟病，全群抗性频率85.7%，病圃鉴定叶瘟1.3级、穗瘟2.5级（单点最高3级）；高感白叶枯病（Ⅸ型菌9级）。2021年早造参加省区试，平均亩产463.53公斤，比对照种五丰优615减产4.67%，减产未达显著水平。日产量3.80公斤。该品种全生育期比对照种五丰优615长5天，建议终止试验。

（22）金隆优032　全生育期121天，比对照种五丰优615长4天。株型中集，分蘖力中弱，株高适中，抗倒力较弱。科高114.1厘米，亩有效穗16.4万，穗长25.1厘米，每穗总粒数170粒，结实率80.6%，千粒重23.3克。米质鉴定未达部标优质等级，糙米率78.5%，整精米率48.0%，垩白度1.3%，透明度2.0级，碱消值4.8级，胶稠度78毫米，直链淀粉14.5%，粒型（长宽比）3.7。抗稻瘟病，全群抗性频率88.6%，病圃鉴定叶瘟1.5级、穗瘟2.0级（单点最高3级）；高感白叶枯病（Ⅸ型菌9级）。2021年早造参加省区试，平均亩产492.91公斤，比对照种五丰优615增产2.35%，增产未达显著水平。日产量4.07公斤。该品种全生育期比对照种五丰优615长4天，建议终止试验。

（23）中政优6899　全生育期123天，比对照种五丰优615长6天。株型中集，分蘖力中等，株高适中，抗倒力强。科高116.8厘米，亩有效穗16.8万，穗长24.0厘米，每穗总粒数158粒，结实率84.4%，千粒重21.6克。米质鉴定达部标优质2级，糙米率79.4%，整精米率60.2%，垩白度2.5%，透明度1.0级，碱消值6.7级，胶稠度78毫米，直链淀粉14.1%，粒型（长宽比）3.4。抗稻瘟病，全群抗性频率80.0%，病圃鉴定叶瘟1.0级、穗瘟3.5级（单点最高7级）；中感白叶枯病（Ⅸ型菌5级）。2021年早造参加省区试，平均亩产462.47公斤，比对照种五丰优615减产3.98%，减产未达显著水平。日产量3.76公斤。该品种全生育期比对照种五丰优615长6天，建议终止试验。

（24）金隆优99香　全生育期121天，比对照种五丰优615长4天。株型中集，分蘖力中等，株高适中，抗倒力较弱。科高116.1厘米，亩有效穗17.5万，穗长25.9厘米，每穗总粒数172粒，结实率78.4%，千粒重21.7克。米质鉴定未达部标优质等级，糙米率77.5%，整精米率38.8%，垩白度0.6%，透明度1.0级，碱消值6.5级，胶稠度74毫米，直链淀粉14.1%，粒型（长宽比）4.0。感稻瘟病，全群抗性频率65.7%，病圃鉴定叶瘟2.8级、穗瘟4.0级（单点最高7级）；高感白叶枯病（Ⅸ型菌9级）。2021年早造参加省区试，平均亩产460.65公斤，比对照种五丰优615减产4.35%，减产未达显著水平。日产量3.81公斤。该品种全生育期比对照种五丰优615长4天，建议终止试验。

（25）Q两优银泰香占　全生育期126天，比对照种五丰优615长9天。株型中集，分蘖力中强，株高适中，抗倒力强。科高119.0厘米，亩有效穗18.5万，穗长25.9厘米，每穗总粒数150粒，结实率74.4%，千粒重22.7克。米质鉴定未达部标优质等级，糙米率78.3%，整精米率51.8%，垩白度1.1%，透明度2.0级，碱消值5.3级，胶稠度80毫米，直链淀粉13.9%，粒型（长宽比）3.7。感稻瘟病，全群抗性频率54.3%，病圃鉴定叶瘟3.0级、穗瘟5.0级（单点最高7级）；高感白叶枯病（Ⅸ型菌9级）。2021年早造参加省区试，平均亩产439.42公斤，比对照种五丰优615减产8.76%，减产未达显著水平。日产量3.49公斤。该品种全生育期比对照种五丰优615长9天，建议终止试验。

3. 迟熟组

（1）贵优新占　全生育期121天，比对照种深两优58香油占短2天。株型中集，分蘖力中等，株高适中，抗倒力强。科高113.0厘米，亩有效穗17.8万，穗长23.1厘米，每穗总粒数154粒，结实率84.9%，千粒重23.1克。米质鉴定达部标优质2级，糙米率80.5%，整精米率55.9%，垩白度0.9%，透明度2.0级，碱消值6.6级，胶稠度79毫米，直链淀粉13.3%，粒型（长宽比）3.3。中抗稻瘟病，全群抗性频率74.3%，病圃鉴定叶瘟2.3级、穗瘟3.0级（单点最高5级）；感白叶枯病（Ⅸ型菌7级）。2021年早造参加省区试，平均亩产492.76公斤，比对照种深两优58香油占增产3.93%，增产未达显著水平。日产量4.07公斤。该品种产量与对照相当，米质达部标优质2级，中抗稻瘟病，2022年安排复试并进行生产试验。

（2）金恒优5511　全生育期125天，比对照种深两优58香油占长2天。株型中集，分蘖力中等，株高适中，抗倒力中等。科高114.2厘米，亩有效穗19.3万，穗长26.0厘米，每穗总粒数136粒，结实率78.9%，千粒重26.0克。米质鉴定未达部标优质等级，糙米率80.5%，整精米率39.5%，垩白度2.8%，透明度2.0级，碱消值4.3级，胶稠度49毫米，直链淀粉20.5%，粒型（长宽比）3.2。抗稻瘟病，全群抗性频率82.9%，病圃鉴定叶瘟1.5级、穗瘟2.5级（单点最高5级）；抗白叶枯病（Ⅸ型菌1级）。2021年早造参加省区试，平均亩产473.14公斤，比对照种深两优58香油占减产0.21%，减产未达显著水平。日产量3.79公斤。该品种产量与对照相当，米质未达部标优质等级，抗稻瘟病，抗白叶枯病，2022年安排复试并进行生产试验。

（3）峰软优612　全生育期119天，比对照种深两优58香油占短4天。株型中集，分蘖力中等，株高适中，抗倒力较强。科高108.9厘米，亩有效穗17.4万，穗长22.8厘米，每穗总粒数155粒，结实率83.7%，千粒重22.3克。米质鉴定未达部标优质等级，糙米率79.4%，整精米率47.9%，垩白度0.6%，透明度1.0级，碱消值6.6级，胶稠度71毫米，直链淀粉13.2%，粒型（长宽比）3.2。高抗稻瘟病，全群抗性频率100.0%，病圃鉴定叶瘟1.3级、穗瘟2.0级（单点最高3级）；高感白叶枯病（Ⅸ型菌9级）。2021年早造参加省区试，平均亩产460.97公斤，比对照种深两优58香油占减产2.78%，减产未达显著水平。日产量3.87公斤。该品种产量与对照相当，米质未达部标优质等级，高抗稻瘟病，2022年安排复试并进行生产试验。

（4）特优3628　全生育期121天，比对照种深两优58香油占短2天。株型中集，分蘖力中等，株高适中，抗倒力中弱。科高110.2厘米，亩有效穗17.1万，穗长22.1厘米，每穗总粒数135粒，结实率88.7%，千粒重26.6克。米质鉴定未达部标优质等级，糙米率80.8%，整精米率47.8%，垩白度8.9%，透明度3.0级，碱消值5.8级，胶稠度46毫米，直链淀粉21.9%，粒型（长宽比）2.5。抗稻瘟病，全群抗性频率91.4%，病圃鉴定叶瘟2.3级、穗瘟3.0级（单点最高7级）；抗白叶枯病（Ⅸ型菌1级）。2021年早造参加省区试，平均亩产523.03公斤，比对照种深两优58香油占增产8.89%，增产达极显著水平。日产量4.32公斤。该品种丰产性好，米质未达部标优质等级，抗稻瘟病，抗白叶枯病，2022年安排复试并进行生产试验。

（5）深香优国泰　全生育期128天，比对照种深两优58香油占长5天。株型中集，分蘖力中等，株高适中，抗倒力强。科高116.5厘米，亩有效穗18.0万，穗长24.3厘米，每穗总粒数149粒，结实率78.4%，千粒重25.3克。米质鉴定未达部标优质等级，糙米率78.8%，整精米率41.5%，垩白度0.5%，透明度2.0级，碱消值6.5级，胶稠度74毫米，直链淀粉15.1%，粒型（长宽比）3.6。高抗稻瘟病，全群抗性频率94.3%，病圃鉴定叶瘟1.5级、穗瘟1.5级（单点最高3级）；感白叶枯病（Ⅸ型菌7级）。2021年早造参加省区试，平均亩产502.04公斤，比对照种深两优58香油占增产4.52%，增产未达显著水平。日产量3.92公斤。该品种产量与对照相当，米质未达部标优质等级，高抗稻瘟病，2022年安排复试并进行生产试验。

（6）沃两优粤银软占　全生育期123天，与对照种深两优58香油占相当。株型中集，分蘖力中等，株高适中，抗倒力中等。科高111.0厘米，亩有效穗17.9万，穗长23.5厘米，每穗总粒数148粒，结实率84.2%，千粒重23.8克。米质鉴定未达部标优质等级，糙米率79.6%，整精米率55.8%，垩白度1.6%，透明度2.0级，碱消值4.6级，胶稠度82毫米，直链淀粉14.8%，粒型（长宽比）3.4。高抗稻瘟病，全群抗性频率97.1%，病圃鉴定叶瘟1.3级、穗瘟1.5级（单点最高3级）；抗白叶枯病（Ⅸ型菌1级）。2021年早造参加省区试，平均亩产494.17公斤，比对照种深两优58香油占增产2.88%，增产未达显著水平。日产量4.02公斤。该品种产量与对照相当，米质未达部标优质等级，高抗稻瘟病，抗白叶枯病，2022年安排复试并进行生产试验。

（7）臻两优玉占　全生育期129天，比对照种深两优58香油占长6天。株型中集，分蘖力中等，株高适中，抗倒力强。科高124.9厘米，亩有效穗16.8万，穗长25.8厘米，每穗总粒数151粒，结实率79.8%，千粒重25.1克。米质鉴定未达部标优质等级，糙米率78.1%，整精米率50.4%，垩白度1.0%，透明度2.0级，碱消值4.7级，胶稠度76毫米，直链淀粉13.4%，粒型（长宽比）3.6。高抗稻瘟病，全群抗性频率100.0%，病圃鉴定叶瘟1.3级、穗瘟1.5级（单点最高3级）；感白叶枯病（Ⅸ型菌7级）。2021年早造参加省区试，平均亩产495.50公斤，比对照种深两优58香油占减产0.34%，减产未达显著水平。日产量3.84公斤。该品种产量与对照相当，米质未达部标优质等级，高抗稻瘟病，2022年安排复试并进行生产试验。

（8）纤优银粘　全生育期123天，与对照种深两优58香油占相当。株型中集，分蘖力中等，株高适中，抗倒力中强。科高114.6厘米，亩有效穗17.7万，穗长23.3厘米，每穗总粒数155粒，结实率82.7%，千粒重22.4克。米质鉴定达部标优质3级，糙米率81.2%，整精米率52.3%，垩白度1.9%，透明度2.0级，碱消值6.7级，胶稠度76毫米，直链淀粉15.1%，粒型（长宽比）3.5。高抗稻瘟病，全群抗性频率100.0%，病圃鉴定叶瘟1.0级、穗瘟1.5级（单点最高3级）；抗白叶枯病（Ⅸ型菌1级）。2021年早造参加省区试，平均亩产488.46公斤，比对照种深两优58香油占减产1.76%，减产未达显著水平。日产量3.97公斤。该品种产量与对照相当，米质达部标优质3级，高抗稻瘟病，抗白叶枯病，2022年安排复试并进行生产试验。

（9）隆晶优1378　全生育期122天，比对照种深两优58香油占短1天。株型中集，分蘖力中等，株高适中，抗倒力中等。科高115.1厘米，亩有效穗17.6万，穗长24.7厘米，每穗总粒数150粒，结实率83.9%，千粒重24.2克。米质鉴定达部标优质2级，糙米率80.0%，整精米率58.0%，垩白度0.2%，透明度2.0级，碱消值6.7级，胶稠度78毫米，直链淀粉14.5%，粒型（长宽比）3.4。抗稻瘟病，全群抗性频率80.0%，病圃鉴定叶瘟1.0级、穗瘟2.0级（单点最高5级）；高感白叶枯病（Ⅸ型菌9级）。2021年早造参加省区试，平均亩产505.42公斤，比对照种深两优58香油占增产1.65%，增产未达显著水平。日产量4.14公斤。该品种产量与对照相当，米质达部标优质2级，抗稻瘟病，2022年安排复试并进行生产试验。

（10）民升优332　全生育期128天，比对照种深两优58香油占长5天。株型中集，分蘖力中等，株高适中，抗倒力中等。科高121.6厘米，亩有效穗17.5万，穗长26.3厘米，每穗总粒数155粒，结实率75.0%，千粒重26.2克。米质鉴定未达部标优质等级，糙米率78.1%，整精米率41.2%，垩白度1.3%，透明度2.0级，碱消值6.7级，胶稠度52毫米，直链淀粉24.4%，粒型（长宽比）3.3。抗稻瘟病，全群抗性频率88.6%，病圃鉴定叶瘟1.8级、穗瘟2.5级（单点最高5级）；感白叶枯病（Ⅸ型菌7级）。2021年早造参加省区试，平均亩产491.51公斤，比对照种深两优58香油占增产3.66%，增产未达显著水平。日产量3.84公斤。该品种产量与对照相当，米质未达部标优质等级，抗性差于对照，建议终止试验。

（11）贵优2877　全生育期123天，与对照种深两优58香油占相当。株型中集，分蘖力中等，株高适中，抗倒力中强。科高 111.4 厘米，亩有效穗 18.0 万，穗长 24.1 厘米，每穗总粒数 165 粒，结实率 86.1%，千粒重 20.6 克。米质鉴定未达部标优质等级，糙米率77.9%，整精米率51.1%，垩白度0.7%，透明度1.0级，碱消值6.2级，胶稠度72 毫米，直链淀粉 15.3%，粒型（长宽比）3.4。抗稻瘟病，全群抗性频率 85.7%，病圃鉴定叶瘟 1.8 级、穗瘟 2.0 级（单点最高 3 级）；感白叶枯病（Ⅸ型菌 7 级）。2021 年早造参加省区试，平均亩产 488.60 公斤，比对照种深两优 58 香油占增产 3.05%，增产未达显著水平。日产量 3.97 公斤。该品种产量与对照相当，米质未达部标优质等级，抗性差于对照，建议终止试验。

（12）青香优 132　全生育期 121 天，比对照种深两优 58 香油占短 2 天。株型中集，分蘖力中等，株高适中，抗倒力中等。科高 109.7 厘米，亩有效穗 18.7 万，穗长 23.9 厘米，每穗总粒数 147 粒，结实率 81.4%，千粒重 21.6 克。米质鉴定未达部标优质等级，糙米率76.2%，整精米率32.1%，垩白度1.0%，透明度1.0级，碱消值5.1级，胶稠度72 毫米，直链淀粉 13.3%，粒型（长宽比）3.6。抗稻瘟病，全群抗性频率 88.6%，病圃鉴定叶瘟 2.0 级、穗瘟 2.0 级（单点最高 3 级）；感白叶枯病（Ⅸ型菌 7 级）。2021 年早造参加省区试，平均亩产 444.11 公斤，比对照种深两优 58 香油占减产 6.33%，减产达显著水平。日产量 3.67 公斤。该品种丰产性差，米质未达部标优质等级，抗性差于对照，建议终止试验。

（13）峰软优 1219　全生育期 120 天，比对照种深两优 58 香油占短 3 天。株型中集，分蘖力中等，株高适中，抗倒力较强。科高 110.0 厘米，亩有效穗 17.3 万，穗长 22.4 厘米，每穗总粒数 175 粒，结实率 84.1%，千粒重 22.6 克。米质鉴定未达部标优质等级，糙米率79.5%，整精米率46.0%，垩白度1.0%，透明度2.0级，碱消值4.1级，胶稠度75 毫米，直链淀粉 13.2%，粒型（长宽比）3.2。抗稻瘟病，全群抗性频率 97.1%，病圃鉴定叶瘟 1.0 级、穗瘟 3.0 级（单点最高 5 级）；感白叶枯病（Ⅸ型菌 7 级）。2021 年早造参加省区试，平均亩产 514.28 公斤，比对照种深两优 58 香油占增产 3.43%，增产未达显著水平。日产量 4.29 公斤。该品种产量与对照相当，米质未达部标优质等级，抗性差于对照，建议终止试验。

（14）中丝优 852　全生育期 123 天，与对照种深两优 58 香油占相当。株型中集，分蘖力中等，株高适中，抗倒力中等。科高 110.5 厘米，亩有效穗 18.5 万，穗长 23.7 厘米，每穗总粒数 164 粒，结实率 81.5%，千粒重 21.3 克。米质鉴定达部标优质 3 级，糙米率 79.3%，整精米率 57.8%，垩白度 0.6%，透明度 2.0 级，碱消值 5.2 级，胶稠度72 毫米，直链淀粉 13.7%，粒型（长宽比）3.2。抗稻瘟病，全群抗性频率 80.0%，病圃鉴定叶瘟 1.0 级、穗瘟 2.0 级（单点最高 3 级）；感白叶枯病（Ⅸ型菌 7 级）。2021 年早造参加省区试，平均亩产 513.15 公斤，比对照种深两优 58 香油占增产 3.21%，增产未达显著水平。日产量 4.17 公斤。该品种产量与对照相当，米质达部标优质 3 级，抗性差于对照，建议终止试验。

（15）贵优 2012　全生育期 122 天，比对照种深两优 58 香油占短 1 天。株型中集，分蘖力中等，株高适中，抗倒力中等。科高 108.8 厘米，亩有效穗 17.2 万，穗长 23.4 厘米，每穗总粒数 165 粒，结实率 84.6%，千粒重 21.7 克。米质鉴定未达部标优质等级，糙米率80.1%，整精米率45.1%，垩白度0.4%，透明度2.0级，碱消值6.7级，胶稠度77毫米，直链淀粉14.8%，粒型（长宽比）3.4。抗稻瘟病，全群抗性频率80.0%，病圃鉴定叶瘟1.3级、穗瘟2.0级（单点最高3级）；高感白叶枯病（Ⅸ型菌9级）。2021年早造参加省区试，平均亩产496.75公斤，比对照种深两优58香油占增产3.41%，增产未达显著水平。日产量4.07公斤。该品种产量与对照相当，米质鉴定未达部标优质等级，抗性差于对照，建议终止试验。

（16）青香优032　全生育期122天，比对照种深两优58香油占短1天。株型中集，分蘖力中等，株高适中，抗倒力中等。科高108.4厘米，亩有效穗17.3万，穗长23.8厘米，每穗总粒数157粒，结实率79.6%，千粒重22.9克。米质鉴定未达部标优质等级，糙米率80.2%，整精米率34.9%，垩白度1.4%，透明度2.0级，碱消值6.7级，胶稠度36毫米，直链淀粉22.8%，粒型（长宽比）3.4。抗稻瘟病，全群抗性频率80.0%，病圃鉴定叶瘟2.0级、穗瘟2.5级（单点最高3级）；高感白叶枯病（Ⅸ型菌9级）。2021年早造参加省区试，平均亩产486.86公斤，比对照种深两优58香油占增产1.36%，增产未达显著水平。日产量3.99公斤。该品种产量与对照相当，米质未达部标优质等级，抗性差于对照，建议终止试验。

（17）鹏香优国泰　全生育期126天，比对照种深两优58香油占长3天。株型中集，分蘖力中等，株高适中，抗倒力较强。科高117.8厘米，亩有效穗17.9万，穗长24.8厘米，每穗总粒数142粒，结实率80.3%，千粒重25.7克。米质鉴定未达部标优质等级，糙米率78.0%，整精米率41.1%，垩白度0.4%，透明度1.0级，碱消值6.5级，胶稠度77毫米，直链淀粉15.1%，粒型（长宽比）3.6。中感稻瘟病，全群抗性频率77.1%，病圃鉴定叶瘟2.3级、穗瘟4.0级（单点最高7级）；高感白叶枯病（Ⅸ型菌9级）。2021年早造参加省区试，平均亩产487.78公斤，比对照种深两优58香油占增产1.55%，增产未达显著水平。日产量3.87公斤。该品种产量与对照相当，米质未达部标优质等级，中感稻瘟病，高感白叶枯病，建议终止试验。

（18）香龙优260　全生育期121天，比对照种深两优58香油占短2天。株型中集，分蘖力中等，株高适中，抗倒力中等。科高114.2厘米，亩有效穗17.6万，穗长23.2厘米，每穗总粒数159粒，结实率82.2%，千粒重25.3克。米质鉴定未达部标优质等级，糙米率80.1%，整精米率51.3%，垩白度2.9%，透明度2.0级，碱消值6.3级，胶稠度78毫米，直链淀粉15.4%，粒型（长宽比）3.1。高感稻瘟病，全群抗性频率62.9%，病圃鉴定叶瘟1.5级、穗瘟7.0级（单点最高7级）；高感白叶枯病（Ⅸ型菌9级）。2021年早造参加省区试，平均亩产536.56公斤，比对照种深两优58香油占增产7.91%，增产达极显著水平。日产量4.43公斤。该品种高感稻瘟病，高感白叶枯病，建议终止试验。

（19）软华优197　全生育期120天，比对照种深两优58香油占短3天。株型中集，分蘖力中等，株高适中，抗倒力中等。科高116.6厘米，亩有效穗18.1万，穗长23.9厘米，每穗总粒数152粒，结实率81.1%，千粒重21.0克。米质鉴定未达部标优质等级，糙米率77.7%，整精米率44.8%，垩白度0.2%，透明度2.0级，碱消值6.7级，胶稠度70毫米，直链淀粉14.6%，粒型（长宽比）3.7。高感稻瘟病，全群抗性频率74.3%，病圃鉴定叶瘟3.3级、穗瘟7.0级（单点最高7级）；中感白叶枯病（Ⅸ型菌5级）。2021年早造参加省区试，平均亩产428.94公斤，比对照种深两优58香油占减产13.73%，减产达极显著水平。日产量3.57公斤。该品种丰产性差，米质未达部标优质等级，高感稻瘟病，中感白叶枯病，建议终止试验。

早造杂交水稻各试点小区平均产量及生产试验产量见表3-35至表3-38。

表3-35　中早熟组各试点小区平均产量（公斤）

组别	品种	和平	蕉岭	乐昌	连山	梅州	南雄	韶关	英德	平均
中早熟A组	广泰优816	11.636 7	11.150 0	11.320 0	10.216 7	8.613 3	11.166 7	10.610 0	7.133 3	10.230 8
	宽仁优9374	10.956 7	11.966 7	9.996 7	10.700 0	9.233 3	11.333 3	9.313 3	7.783 3	10.160 4
	思源优喜占	11.006 7	10.183 3	10.196 7	11.033 3	9.686 7	10.466 7	10.680 0	7.716 7	10.121 3
	广泰优1862	10.993 3	9.350 0	10.080 0	11.450 0	8.540 0	11.233 3	9.966 7	6.816 7	9.803 7
	吉田优1978	10.830 0	11.500 0	9.680 0	10.880 0	7.633 3	11.500 0	9.113 3	6.500 0	9.704 6
	金恒优金丝苗（复试）	9.946 7	11.183 3	9.720 0	10.383 3	8.633 3	10.166 7	10.480 0	6.833 3	9.668 3
	中丝优738	10.083 3	11.650 0	8.096 7	9.466 7	8.380 0	9.833 3	10.690 0	7.100 0	9.412 5
	华优665（CK）	9.253 3	9.916 7	10.333 3	10.083 3	7.760 0	11.133 3	9.040 0	7.183 3	9.337 9
	银两优泰香	9.360 0	10.533 3	9.980 0	9.883 3	7.593 3	10.033 3	8.703 3	7.833 3	9.240 0
	金香优喜占	11.556 7	9.766 7	9.150 0	9.970 0	7.446 7	9.033 3	9.773 3	7.100 0	9.224 6
	诚优5373（复试）	9.690 0	12.166 7	9.003 3	8.270 0	8.573 3	9.866 7	9.886 7	6.183 3	9.205 0
	启源优492（复试）	10.320 0	8.450 0	9.683 3	10.270 0	7.493 3	9.666 7	10.846 7	6.766 7	9.187 1
中早熟B组	诚优亨占（复试）	9.810 0	10.550 0	8.943 3	9.050 0	7.740 0	9.700 0	10.083 3	7.166 7	9.130 4
	耕香优163	11.613 3	11.266 7	10.396 7	10.200 0	7.293 3	10.666 7	9.610 0	7.400 0	9.805 8
	固香优珍香丝苗	9.160 0	10.300 0	10.183 3	10.350 0	7.860 0	11.133 3	11.910 0	5.766 7	9.582 9
	广泰优4486	10.140 0	11.550 0	10.220 0	11.096 7	8.420 0	11.100 0	10.400 0	7.883 3	10.101 3
	和丰优1127	8.310 0	10.533 3	9.576 7	9.916 7	7.406 7	10.766 7	10.846 7	7.633 3	9.373 8
	华优665（CK）	9.183 3	10.116 7	10.696 7	9.633 3	8.246 7	11.133 3	9.643 3	7.550 0	9.525 4
	泼优1127	6.626 7	8.600 0	8.356 7	6.600 0	7.153 3	9.100 0	10.000 0	5.600 0	7.754 6
	庆优喜占（复试）	11.006 7	10.866 7	10.520 0	10.216 7	8.353 3	11.033 3	11.796 7	7.633 3	10.178 3
	银香优玉占	10.496 7	11.850 0	11.080 0	10.066 7	8.313 3	10.666 7	11.633 3	7.783 3	10.236 3
	粤禾优1055	11.590 0	11.833 3	10.026 7	10.183 3	7.986 7	11.066 7	10.443 3	9.320 0	10.306 3
	中银优金丝苗（复试）	10.586 7	11.566 7	9.623 3	9.600 0	8.913 3	11.366 7	8.920 0	7.950 0	9.815 8

表 3-36　中迟熟组各试点小区平均产量（公斤）

组别	品种	潮州	高州	广州	惠来	惠州	江门	龙川	罗定	梅州	清远	阳江	湛江	肇庆	平均
中迟熟A组	恒丰优 3316（复试）	7.980 0	10.983 3	10.440 0	12.753 3	11.773 3	11.266 7	10.913 3	10.990 0	9.080 0	9.550 0	9.896 7	9.840 0	9.243 3	10.362 3
	恒丰优 53（复试）	9.060 0	10.653 3	11.083 3	12.860 0	11.146 7	11.053 3	11.066 7	11.323 3	9.440 0	8.533 3	8.586 7	9.306 7	8.810 0	10.224 9
	广泰优 9 海 28	8.380 0	10.940 0	11.236 7	12.233 3	11.930 0	10.353 3	11.033 3	10.280 0	8.600 0	8.516 7	10.093 3	9.490 0	9.566 7	10.204 1
	裕优丝占（复试）	8.603 3	9.810 0	10.900 0	12.426 7	10.840 0	10.153 3	9.623 3	10.830 0	8.693 3	7.916 7	8.533 3	8.990 0	8.783 3	9.700 2
	金隆优 083	7.686 7	10.093 3	10.436 7	11.500 0	9.550 0	9.450 0	9.366 7	11.386 7	9.793 3	8.216 7	9.090 0	9.126 7	9.623 3	9.640 0
	耕香优 200	8.473 3	9.690 0	10.153 3	11.726 7	10.120 0	10.413 3	9.600 0	10.893 3	8.440 0	8.083 3	9.126 7	9.086 7	9.440 0	9.634 4
	青香优新禾占（复试）	7.140 0	9.400 0	10.686 7	12.220 0	10.353 3	9.503 3	9.933 3	11.416 7	8.660 0	8.900 0	8.133 3	9.193 3	9.266 7	9.600 5
	金隆优 033	7.700 0	9.550 0	10.523 3	10.740 0	10.030 0	9.886 7	8.866 7	10.703 3	9.273 3	8.216 7	8.526 7	8.533 3	9.600 0	9.396 2
	新兆优 9531	7.940 0	10.793 3	8.986 7	11.206 7	9.550 0	9.816 7	11.933 3	10.260 0	8.193 3	8.916 7	6.820 0	9.053 3	7.866 7	9.333 6
	耕香优新丝苗（复试）	7.820 0	9.900 0	9.060 0	12.240 0	9.616 7	9.680 0	10.546 7	10.486 7	8.726 7	8.583 3	7.763 3	8.486 7	8.100 0	9.308 5
	软华优 157（复试）	6.793 3	9.383 3	10.920 0	10.466 7	7.756 7	9.503 3	9.783 3	8.800 0	8.213 3	8.433 3	5.133 3	6.556 7	8.350 0	8.468 7
中迟熟B组	宽仁优 6319	9.256 7	10.773 3	9.463 3	11.933 3	11.856 7	11.193 3	10.383 3	10.730 0	8.733 3	9.766 7	9.063 3	9.530 0	9.586 7	10.174 6
	金香优 301（复试）	9.373 3	10.780 0	9.240 0	11.600 0	11.363 3	11.066 7	10.823 3	11.823 3	8.473 3	8.433 3	8.593 3	9.836 7	9.690 0	10.084 3
	勤两优华宝（复试）	8.526 7	10.273 3	10.413 3	11.293 3	10.483 3	9.510 0	11.050 0	11.210 0	9.126 7	9.800 0	8.313 3	9.640 0	9.733 3	9.951 8
	隆晶优蒂占	8.186 7	10.896 7	8.333 3	12.173 3	10.160 0	11.023 3	10.220 0	11.616 7	9.060 0	8.916 7	8.643 3	8.516 7	9.680 0	9.802 1
	五丰优 615（CK）	8.623 3	10.246 7	10.276 7	11.700 0	10.720 0	9.660 0	10.233 3	10.786 7	8.913 3	9.083 3	7.840 0	8.680 0	9.500 0	9.712 6
	扬泰优 2388	7.673 3	10.443 3	9.350 0	10.960 0	10.123 3	9.723 3	9.530 0	11.153 3	9.280 0	8.616 7	7.173 3	8.933 3	10.183 3	9.472 5
	航 19 两优 1978	8.326 7	10.356 7	7.990 0	13.060 0	9.853 3	10.393 3	8.683 3	10.466 7	8.033 3	9.016 7	7.590 0	8.936 7	10.266 7	9.459 5
	台两优粤桂占	8.473 3	9.516 7	9.530 0	11.066 7	9.326 7	9.613 3	9.700 0	10.216 7	9.533 3	8.100 0	8.786 7	8.640 0	9.100 0	9.354 1
	耕香优银粘（复试）	8.560 0	9.186 7	8.363 3	11.046 7	9.723 3	9.490 0	9.383 3	10.063 3	9.780 0	8.683 3	8.976 7	8.543 3	8.616 7	9.262 8
	胜优 033	7.733 3	9.663 3	7.700 0	11.000 0	9.910 0	9.666 7	9.176 7	10.523 3	9.386 7	8.500 0	7.930 0	8.323 3	9.296 7	9.139 2
	软华优 168	7.346 7	7.400 0	7.280 0	11.206 7	7.730 0	8.933 3	8.100 0	10.150 0	8.693 3	8.383 3	7.573 3	7.450 0	9.383 3	8.433 1

（续）

组别	品种	潮州	高州	广州	惠来	惠州	江门	龙川	罗定	梅州	清远	阳江	湛江	肇庆	平均
中迟熟C组	银恒优金桂丝苗（复试）	10.640 0	10.906 7	9.953 3	13.293 3	11.566 7	11.773 3	9.366 7	12.330 0	8.800 0	9.483 3	10.006 7	8.966 7	9.600 0	10.514 4
	台两优粤福占（复试）	10.473 3	9.483 3	10.956 7	13.793 3	11.793 3	11.573 3	8.616 7	11.470 0	9.953 3	8.400 0	8.593 3	9.676 7	9.336 7	10.316 9
	香龙优喜占	10.023 3	9.250 0	9.933 3	12.806 7	11.516 7	11.873 3	10.026 7	11.806 7	9.613 3	9.516 7	8.476 7	8.850 0	10.183 3	10.298 2
	隆晶优5368	10.093 3	10.390 0	8.366 7	14.066 7	10.430 0	11.860 0	9.966 7	11.663 3	9.893 3	8.500 0	9.430 0	8.966 7	9.853 3	10.267 7
	弘优2903	9.393 3	10.606 7	8.030 0	13.320 0	10.270 0	10.983 3	9.696 7	11.420 0	10.200 0	9.700 0	7.533 3	8.163 3	9.603 3	9.916 9
	信两优277	8.716 7	10.426 7	9.930 0	11.513 3	9.770 0	11.460 0	7.933 3	11.490 0	9.833 3	9.083 3	8.796 7	9.403 3	8.766 7	9.778 7
	莹两优821（复试）	9.020 0	10.456 7	9.226 7	12.206 7	11.013 3	10.600 0	8.426 7	11.350 0	8.906 7	8.133 3	8.486 7	9.353 3	9.490 0	9.743 9
	五丰优615（CK）	8.880 0	9.793 3	10.130 0	12.053 3	10.343 3	9.686 7	9.516 7	11.583 3	9.520 0	8.833 3	7.736 7	9.116 7	9.233 3	9.725 1
	振两优玉占	9.056 7	10.470 0	8.220 0	12.426 7	9.210 0	11.206 7	9.386 7	10.473 3	9.200 0	8.800 0	7.833 3	8.170 0	9.433 3	9.529 7
	泓两优39537	9.160 0	10.906 7	8.100 0	12.753 3	9.426 7	10.866 7	7.283 3	9.696 7	9.660 0	9.416 7	7.930 0	8.270 0	9.450 0	9.455 4
	胜优1978	8.340 0	8.316 7	8.970 0	12.213 3	9.466 7	10.170 0	7.716 7	11.143 3	10.040 0	8.216 7	8.570 0	8.820 0	8.533 3	9.270 5
中迟熟D组	中映优银粘（复试）	10.360 0	10.150 0	10.806 7	12.740 0	11.110 0	10.920 0	8.716 7	12.380 0	9.066 7	8.816 7	9.360 0	9.820 0	9.950 0	10.322 8
	品香优200	9.883 3	10.913 3	9.830 0	13.000 0	9.670 0	11.543 3	9.700 0	12.270 0	9.226 7	8.683 3	9.486 7	9.323 3	8.833 3	10.181 8
	粤禾优3628（复试）	9.426 7	10.676 7	9.296 7	13.206 7	9.976 7	10.336 7	9.650 0	12.433 3	9.640 0	8.100 0	9.126 7	10.110 0	8.916 7	10.069 0
	福香优2202	9.786 7	10.536 7	11.523 3	12.386 7	9.296 7	10.700 0	7.483 3	10.833 3	9.833 3	8.866 7	8.296 7	9.916 7	9.400 0	9.912 3
	金隆优032	10.086 7	9.196 7	9.426 7	12.800 0	10.853 3	10.320 0	7.240 0	11.563 3	10.126 7	9.150 0	8.886 7	9.373 3	9.133 3	9.858 2
	金香优6号（复试）	10.533 3	8.426 7	9.493 3	13.180 0	9.856 7	10.923 3	7.330 0	11.150 0	9.400 0	8.583 3	8.063 3	9.683 3	8.786 7	9.646 9
	五丰优615（CK）	9.813 3	9.826 7	10.410 0	12.453 3	9.633 3	9.750 0	8.473 3	10.323 3	9.706 7	8.966 7	7.670 0	9.243 3	8.950 0	9.632 3
	中银优珍丝苗（复试）	9.090 0	7.440 0	9.466 7	12.743 3	8.556 7	11.553 3	7.280 0	11.416 7	9.973 3	8.650 0	8.500 0	9.546 7	8.150 0	9.412 8
	中政优6899	9.256 7	9.576 7	9.063 3	11.393 3	9.536 7	9.566 7	9.730 0	9.923 3	9.773 3	8.250 0	7.630 0	8.543 3	8.000 0	9.249 5
	金隆优99香	8.726 7	9.936 7	8.580 0	12.020 0	9.783 3	9.873 3	6.650 0	10.490 0	9.546 7	8.416 7	7.723 3	8.990 0	9.033 3	9.213 1
	Q两优银泰香占	9.030 0	8.556 7	9.013 3	11.866 7	8.190 0	11.370 0	7.440 0	10.306 7	9.346 7	8.016 7	6.806 7	6.440 0	7.866 7	8.788 5

表 3-37 迟熟组各试点小区平均产量（公斤）

组别	品种	潮州	高州	广州	惠来	惠州	江门	龙川	罗定	清远	阳江	湛江	肇庆	平均值
迟熟A组	C两优557（复试）	9.8467	10.7667	10.6667	13.0933	10.6967	11.1000	11.5967	12.2900	9.5500	9.2167	9.9700	9.5000	10.6911
	金恒优金桂丝苗（复试）	9.4733	10.8367	10.5167	14.0933	9.0067	11.2733	9.9667	12.5933	8.6167	7.2700	9.8300	9.6233	10.2583
	香龙优泰占（复试）	9.9900	10.0000	9.1033	12.2533	9.4867	11.7700	10.2833	12.2733	8.6500	8.8667	9.5167	9.1167	10.1092
	贵优新占	9.0267	9.8333	9.8067	12.8267	8.4300	10.5333	9.2300	12.5500	9.1500	8.1167	9.7200	9.0400	9.8553
	民升优332	9.2700	9.5833	8.3700	13.4267	9.8800	11.2333	10.4300	11.0600	8.6000	7.6000	9.2267	9.2833	9.8303
	贵优2877	8.1333	9.4900	9.4667	12.8833	8.8633	11.2667	10.6033	12.4433	8.4000	8.1600	9.1033	8.4500	9.7719
	川种优360（复试）	9.0767	9.3600	9.0200	11.5467	9.2000	11.7900	10.4633	11.4100	8.6500	8.1433	9.1300	8.6000	9.6992
	深两优58香油占（CK）	9.1967	8.9533	8.6800	11.4200	8.7167	9.6500	10.2167	10.4767	9.5000	8.2000	9.3333	9.4500	9.4828
	金恒优5511	9.2033	9.3067	8.5500	13.9733	9.1500	9.7800	9.0333	10.4333	8.3333	7.7267	9.5133	8.5500	9.4628
	春两优20（复试）	9.5700	10.2000	6.8600	11.6933	7.8000	11.1600	9.4000	11.4833	8.3333	7.7533	9.0233	9.9167	9.4328
	峰软优612	8.4700	10.1533	7.3900	12.4467	8.5100	9.6433	8.6167	11.8867	8.6667	7.2433	9.1067	8.5000	9.2194
	青香优132	7.7333	8.5567	8.1533	12.1667	7.9900	9.8267	9.5333	10.5333	8.5500	6.5400	8.5200	8.4833	8.8822
迟熟B组	特优3628	9.7667	9.9767	8.9567	13.8267	9.7600	11.4800	11.6633	12.3267	9.6667	8.7233	10.5200	8.8600	10.4606
	兴两优124（复试）	9.5800	10.9767	8.5200	12.7567	10.0433	9.8367	12.2000	11.4767	8.9667	8.1133	9.2900	10.6667	10.2022
	来香优178（复试）	10.0200	8.8633	9.5300	13.4400	8.3633	10.8600	12.5533	11.7700	9.4167	8.3000	9.8200	8.3833	10.1100
	宽仁优国泰（复试）	8.5667	10.4433	9.7633	11.5600	10.0233	11.3267	11.0133	11.6067	9.6333	8.0100	9.4333	9.3500	10.0608
	深香优国泰	9.8800	10.7533	8.4733	13.6933	10.1300	11.0067	10.5800	11.4167	9.6500	7.0800	9.3400	8.4867	10.0408
	贵优2012	8.4800	9.8133	8.6267	13.2633	9.6867	10.6467	11.2500	11.7400	8.9667	8.4300	9.5167	8.8000	9.9350

（续）

组别	品种	潮州	高州	广州	惠来	惠州	江门	龙川	罗定	清远	阳江	湛江	肇庆	平均值
迟熟B组	沃两优粤银软占	9.393 3	9.873 3	9.570 0	13.130 0	9.753 3	11.053 3	10.920 0	11.133 3	8.533 3	7.930 0	8.943 3	8.366 7	9.883 3
	深两优2018（复试）	9.400 0	10.320 0	9.563 3	12.360 0	9.150 0	10.436 7	10.200 0	10.546 7	9.316 7	8.293 3	8.910 0	9.666 7	9.846 9
	玮两优1019（复试）	8.606 7	10.796 7	7.463 3	13.146 7	8.920 0	9.950 0	10.516 7	11.026 7	10.250 0	7.863 3	9.053 3	9.783 3	9.781 4
	鹏香优国泰	9.506 7	10.566 7	8.510 0	12.933 3	9.450 0	10.633 3	11.300 0	10.363 3	8.633 3	7.816 7	8.886 7	8.466 7	9.755 6
	青香优032	8.460 0	9.026 7	7.663 3	12.836 7	9.530 0	10.640 0	11.533 3	11.943 3	8.616 7	7.523 3	9.893 3	9.180 0	9.737 2
	深两优58香油占（CK）	8.693 3	9.126 7	8.630 0	12.366 7	9.260 0	9.633 3	11.033 3	10.360 0	9.983 3	7.686 7	9.443 3	9.066 7	9.606 9
迟熟C组	香龙优260	10.683 3	10.506 7	9.970 0	13.200 0	10.190 0	11.130 0	12.470 0	12.233 3	9.100 0	9.313 3	10.516 7	9.460 0	10.731 1
	春9两优121（复试）	10.963 3	10.566 7	9.000 0	13.100 0	9.756 7	10.780 0	10.166 7	12.210 0	10.333 3	9.943 3	9.886 7	9.266 7	10.497 8
	峰软优1219	10.853 3	10.676 7	7.650 0	13.753 3	9.356 7	9.916 7	11.650 0	11.706 7	9.900 0	8.540 0	10.223 3	9.200 0	10.285 6
	中丝优852	10.573 3	9.860 0	9.270 0	12.543 3	9.123 3	11.593 3	12.450 0	11.633 3	8.766 7	8.586 7	9.866 7	8.890 0	10.263 1
	中泰优银粘（复试）	10.676 7	10.256 7	7.420 0	12.746 7	9.150 0	9.646 7	11.183 3	12.080 0	9.533 3	9.413 3	10.123 3	9.263 3	10.124 4
	隆晶优1378	10.190 0	10.876 7	7.930 0	13.790 0	8.903 3	10.510 0	10.450 0	11.463 3	9.683 3	8.510 0	9.426 7	9.566 7	10.108 3
	兴两优492（复试）	10.633 3	10.210 0	8.573 3	12.410 0	9.400 0	9.656 7	11.400 0	11.633 3	8.366 7	8.970 0	9.813 3	9.500 0	10.047 2
	深两优58香油占（CK）	10.596 7	9.523 3	8.530 0	12.006 7	9.746 7	9.606 7	11.170 0	11.523 3	9.783 3	8.153 3	9.573 3	9.116 7	9.944 2
	臻两优玉占	11.006 7	10.326 7	7.406 7	13.320 0	9.930 0	10.376 7	11.200 0	11.336 7	9.316 7	7.170 0	8.860 0	8.670 0	9.910 0
	纤优银粘	11.033 3	8.960 0	7.496 7	12.306 7	8.116 7	9.296 7	11.716 7	11.730 0	9.466 7	8.703 3	10.136 7	8.266 7	9.769 2
	中泰优5511（复试）	10.480 0	9.930 0	7.176 7	12.680 0	7.990 0	9.496 7	8.680 0	11.790 0	8.716 7	7.196 7	9.013 3	8.066 7	9.268 1
	软华优197	8.306 7	9.093 3	6.786 7	12.153 3	6.556 7	9.543 3	7.850 0	10.556 7	8.350 0	6.290 0	8.643 3	8.816 7	8.578 9

表 3－38　生产试验产量

组别	品　种	平均亩产（公斤）	比 CK±（%）
杂早熟组	金恒优金丝苗	508.85	13.19
	庆优喜占	490.71	9.16
	中银优金丝苗	462.38	2.86
	诚优 5373	452.99	0.77
	华优 665（CK）	449.54	—
	启源优 492	443.10	－1.43
	诚优亨占	406.05	－9.67
杂中熟组	粤禾优 3628	551.32	8.79
	中映优银粘	550.20	8.57
	银恒优金桂丝苗	548.57	8.24
	勤两优华宝	527.27	4.04
	金香优 6 号	526.55	3.90
	台两优粤福占	525.06	3.60
	恒丰优 3316	523.27	3.25
	裕优丝占	518.88	2.38
	莹两优 821	518.01	2.21
	恒丰优 53	510.48	0.73
	五丰优 615（CK）	506.79	—
	金香优 301	499.40	－1.46
	耕香优银粘	499.18	－1.50
	中银优珍丝苗	497.28	－1.88
	耕香优新丝苗	486.18	－4.07
	青香优新禾占	480.03	－5.28
	软华优 157	444.01	－12.39
杂迟熟组	金恒优金桂丝苗	557.77	13.21
	来香优 178	545.62	10.74
	春 9 两优 121	545.61	10.74
	宽仁优国泰	543.63	10.33
	兴两优 124	532.53	8.08
	C 两优 557	531.73	7.92
	香龙优泰占	519.08	5.35
	兴两优 492	515.74	4.67
	中泰优银粘	511.38	3.79
	川种优 360	508.00	3.10
	玮两优 1019	506.72	2.84
	深两优 2018	505.45	2.59
	中泰优 5511	498.88	1.25
	信两优 127	496.50	0.77
	深两优 58 香油占（CK）	492.71	—
	春两优 20	466.51	－5.32

第四章　广东省2021年晚造杂交水稻新品种区域试验总结

一、试验概况

（一）参试品种

2021年晚造安排参试的新品种58个，加上复试品种28个，参试品种共86个（不含CK）。试验分感温中熟组、感温迟熟组、弱感光组共3个组，感温中熟组以深优9708作对照，感温迟熟组以广8优2168作对照，弱感光组以吉丰优1002作对照（表4-1）。

生产试验有35个，其中中早熟组生有4个、感温中熟组有11个、感温迟熟组有11个、弱感光组有9个。

（二）承试单位

1. 感温中熟组

承试单位8个，分别是和平县良种繁育场、梅州市农林科学院、蕉岭县农业科学研究所、南雄市农业科学研究所、连山县农业科学研究所、乐昌市现代农业产业发展中心、英德市农业科学研究所、韶关市农业科技推广中心。

2. 感温迟熟组

承试单位13个，分别是梅州市农林科学院、肇庆市农业科学研究所、江门市新会区农业农村综合服务中心、高州市良种繁育场、清远市农业科技推广服务中心、广州市农业科学研究院、罗定市农业技术推广试验场、湛江市农业科学研究院、潮州市农业科技发展中心、龙川县农业科学研究所、阳江市农业科学研究所、惠来县农业科学研究所、惠州市农业科学研究所。

3. 弱感光组

承试单位12个，分别是肇庆市农业科学研究所、江门市新会区农业农村综合服务中心、高州市良种繁育场、清远市农业科技推广服务中心、罗定市农业技术推广试验场、广州市农业科学研究院、湛江市农业科学研究院、潮州市农业科技发展中心、龙川县农业科学研究所、阳江市农业科学研究所、惠来县农业科学研究所、惠州市农业科学研究所。

表 4-1 参试品种

序号	感温中熟 A 组	感温中熟 B 组	感温中熟 C 组	感温迟熟 A 组	感温迟熟 B 组	感温迟熟 C 组	弱感光 A 组	弱感光 B 组
1	裕优 083（复试）	金隆优 075（复试）	中丝优银粘（复试）	广 8 优源美丝苗（复试）	臻两优 785（复试）	金龙优 520（复试）	金象优 579（复试）	秋香优 1255（复试）
2	胜优 088（复试）	峰软优天弘油占（复试）	泰丰优 1132（复试）	春两优 30（复试）	胜优 083（复试）	峰软优 49（复试）	峰软优天弘丝苗（复试）	南新优 698（复试）
3	贵优 76（复试）	航 93 两优 212（复试）	青香优 028（复试）	珍野优粤福占（复试）	贵优 117（复试）	又美优金丝苗（复试）	贵优 55（复试）	诚优荀占（复试）
4	恒丰优 219	广泰优 6177	诚优 305（复试）	中政优 856	贵优 313（复试）	悦两优 8549	Ⅱ优 5522（复试）	金恒优 5522（复试）
5	宽仁优 2160	豪香优 075	广泰优 2916	贵优油香	金隆优 018	新兆优 9432	香禾优 6355	诚优 1512
6	扬泰优 5956	乐优 2 号	福香优金粘	春 9 两优 1002	玉晶两优 2916	金隆优 002	银恒优 5522	广泰优 611
7	峰软优福农占	珍野优粤芽丝苗	青香优 088	纤优香丝苗	金丝优晶占	中泰优玉占	新兆优 6615	鹏香优 2039
8	金香优 360	贵优 145	航 93 两优香丝苗	联优 307	南 13 优 698	天弘优 1214	中发优香丝苗	金隆优 009
9	又得优香占	八丰优 57	广帝优 908	协禾优 1036	航 1 两优 1378	金龙优 8812	广星优 19 香	协禾优 6355
10	纳优 5351	两优 513	京两优香占	益两优 116	803 优 1466	金龙优 171	软华优 621	丽两优秋香
11	振两优 6076	广帝优 313	Y 两优 R15	明 1 优 92	广 8 优 2168（CK）	深两优乐占	吉丰优 1002（CK）	智龙优 366
12	深优 9708（CK）	深优 9708（CK）	深优 9708（CK）	广 8 优 2168（CK）		广 8 优 2168（CK）		吉丰优 1002（CK）

4. 生产试验

感温中熟组承试单位5个，由和平县良种繁育场、南雄市农业科学研究所、连山县农业科学研究所、乐昌市现代农业产业发展中心、韶关市农业科技推广中心承担。感温迟熟组承试单位7个，由阳春市农业研究与技术推广中心、信宜市农业技术推广中心、雷州市农业技术推广中心、云浮市农业综合服务中心、潮安区农业工作总站、茂名市农业科技推广中心、惠州市农业科学研究所承担。弱感光组承试单位7个，由阳春市农业研究与技术推广中心、信宜市农业技术推广中心、雷州市农业技术推广中心、云浮市农业综合服务中心、潮安区农业工作总站、茂名市农业科技推广中心、惠州市农业科学研究所承担。早熟组承试单位5个，由阳春市农业研究与技术推广中心、广东天之源农业科技有限公司、信宜市农业技术推广中心、雷州市农业技术推广中心、潮安区农业工作总站承担。

（三）试验方法

各试点统一按《广东省农作物品种试验办法》进行试验和记载。区域试验采用随机区组排列，小区面积0.02亩，长方形，3次重复，同组试验安排在同一田块进行，统一种植规格。生产试验采用大区随机排列，不设重复，大区面积不少于0.5亩。栽培管理按当地的生产水平进行，试验期间防虫不防病，在各个生育阶段对品种的生长特征、经济性状进行田间调查记载和室内考种。区域试验产量联合方差分析采用试点效应随机模型，品种间差异多重比较采用最小显著差数法（LSD法），品种动态稳产性分析采用Shukla互作方差分解法。

（四）米质分析

稻米品质检验委托农业农村部稻米及制品质量监督检验测试中心进行，复试品种依据NY/T 593—2013《食用稻品种品质》标准进行鉴定，初试品种依据NY/T 593—2021《食用稻品种品质》标准进行鉴定。样品为当造收获的种子，由江门市新会区农业农村综合服务中心采集，经广东省农业技术推广中心统一编号标识后提供。

（五）抗性鉴定

参试品种稻瘟病和白叶枯病抗性由广东省农业科学院植物保护研究所进行鉴定。样品由广东省农业技术推广中心统一编号标识。鉴定采用人工接菌与病区自然诱发相结合的方法。

（六）耐寒鉴定

复试品种耐寒性委托华南农业大学农学院采用人工气候室模拟鉴定。样品由广东省农业技术推广中心统一编号标识。

二、试验结果

（一）产量

对产量进行联合方差分析表明，各熟组品种间 F 值均达极显著水平，说明各熟组品种间产量存在极显著差异（表4-2至表4-9）。

表4-2 感温中熟A组产量方差分析

变异来源	*df*	*SS*	*MS*	*F*
地点内区组	16	2.476 5	0.154 8	0.588 7
地点	7	327.105 2	46.729 3	30.707**
品种	11	415.602 1	37.782	24.827 5**
品种×地点	77	117.177 3	1.521 8	5.788 4**
试验误差	176	46.271 1	0.262 9	
总变异	287	908.632 2		

表4-3 感温中熟B组产量方差分析

变异来源	*df*	*SS*	*MS*	*F*
地点内区组	16	3.599 9	0.225 0	1.31
地点	7	255.756	36.536 6	28.682 8**
品种	11	98.514 7	8.955 9	7.030 8**
品种×地点	77	98.083 7	1.273 8	7.416 8**
试验误差	176	30.227 6	0.171 7	
总变异	287	486.181 9		

表4-4 感温中熟C组产量方差分析

变异来源	*df*	*SS*	*MS*	*F*
地点内区组	16	1.762 7	0.110 2	0.574 8
地点	7	268.007 4	38.286 8	12.137 4**
品种	11	110.431 4	10.039 2	3.182 6**
品种×地点	77	242.891 8	3.154 4	16.457 9**
试验误差	176	33.733 4	0.191 7	
总变异	287	656.826 7		

表4-5 感温迟熟A组产量方差分析

变异来源	*df*	*SS*	*MS*	*F*
地点内区组	26	2.138 1	0.082 2	0.881 5
地点	12	149.406 8	12.450 6	12.380 7**
品种	11	84.433 1	7.675 7	7.632 7**
品种×地点	132	132.745 1	1.005 6	10.78**
试验误差	286	26.680 5	0.093 3	
总变异	467	395.403 5		

表4-6　感温迟熟B组产量方差分析

变异来源	df	SS	MS	F
地点内区组	26	2.010 0	0.077 3	0.922 3
地点	12	259.595 3	21.632 9	30.198**
品种	10	9.923 7	0.992 4	1.385 3**
品种×地点	120	85.964 4	0.716 4	8.546 9**
试验误差	260	21.792 2	0.083 8	
总变异	428	379.285 5		

表4-7　感温迟熟C组产量方差分析

变异来源	df	SS	MS	F
地点内区组	26	3.045 9	0.117 2	1.491 2
地点	12	176.526 7	14.710 6	22.099 1**
品种	11	41.417 3	3.765 2	5.656 3**
品种×地点	132	87.867 6	0.665 7	8.473 4**
试验误差	286	22.468 0	0.078 6	
总变异	467	331.325 5		

表4-8　弱感光A组产量方差分析

变异来源	df	SS	MS	F
地点内区组	24	1.776 9	0.074 0	1.056 2
地点	11	217.980 9	19.816 4	23.553 6**
品种	10	80.101 3	8.010 1	9.520 7**
品种×地点	110	92.546 9	0.841 3	12.002 5**
试验误差	240	16.823 2	0.070 1	
总变异	395	409.229 2		

表4-9　弱感光B组产量方差分析

变异来源	df	SS	MS	F
地点内区组	24	2.751 1	0.114 6	1.853 6
地点	11	168.503 3	15.318 5	11.839 7**
品种	11	11.763 2	1.069 4	0.826 5**
品种×地点	121	156.553 0	1.293 8	20.921 8**
试验误差	264	16.326 0	0.061 8	
总变异	431	355.896 6		

1. 感温中熟组（A组）

该组品种亩产为254.25～488.25公斤，对照种深优9708亩产460.79公斤。除裕优083（复试）、扬泰优5956、恒丰优219、纳优5351、胜优088（复试）、振两优6076分别比对照增产5.96%、5.53%、4.25%、2.23%、0.71%、0.64%外，其余品种均比对照减产，减产幅度为0.72%～44.82%（表4-10、表4-11）。

表4-10　感温中熟组参试品种产量情况

组别	品种名称	小区平均产量（公斤）	折算平均亩产（公斤）	比CK±（%）	比组平均±（%）	差异显著性		产量名次	比CK增产试点比例（%）	日产量（公斤）
						0.05	0.01			
感温中熟A组	裕优083（复试）	9.7650	488.25	5.96	9.52	a	A	1	87.50	4.32
	扬泰优5956	9.7254	486.27	5.53	9.08	ab	A	2	75.00	4.30
	恒丰优219	9.6075	480.38	4.25	7.76	ab	A	3	75.00	4.29
	纳优5351	9.4217	471.08	2.23	5.67	abc	AB	4	62.50	4.24
	胜优088（复试）	9.2817	464.08	0.71	4.10	abcd	AB	5	62.50	4.11
	振两优6076	9.2750	463.75	0.64	4.03	abcd	AB	6	50.00	4.00
	深优9708（CK）	9.2158	460.79	—	3.36	abcd	AB	7	—	4.19
	贵优76（复试）	9.1496	457.48	−0.72	2.62	abcd	AB	8	37.50	4.05
	峰软优福农占	9.0179	450.90	−2.15	1.15	bcd	AB	9	50.00	3.96
	金香优360	8.8604	443.02	−3.86	−0.62	cd	AB	10	50.00	3.99
	宽仁优2160	8.5846	429.23	−6.85	−3.71	d	B	11	25.00	3.77
	又得优香占	5.0850	254.25	−44.82	−42.97	e	C	12	0.00	2.19
感温中熟B组	金隆优075（复试）	9.9921	499.60	6.45	8.09	a	A	1	87.50	4.38
	航93两优212（复试）	9.7279	486.40	3.64	5.23	ab	A	2	62.50	4.34
	广泰优6177	9.7233	486.17	3.59	5.18	ab	A	3	75.00	4.42
	峰软优天弘油占（复试）	9.6379	481.90	2.68	4.26	ab	A	4	87.50	4.30
	深优9708（CK）	9.3867	469.33	—	1.54	ab	A	5	—	4.27
	贵优145	9.3812	469.06	−0.06	1.48	ab	A	6	62.50	4.15
	豪香优075	9.2904	464.52	−1.03	0.50	b	A	7	50.00	4.15
	两优513	9.2737	463.69	−1.20	0.32	b	A	8	25.00	4.00
	广帝优313	9.2367	461.83	−1.60	−0.08	b	A	9	50.00	4.16
	珍野优粤芽丝苗	9.1721	458.60	−2.29	−0.78	b	A	10	62.50	4.09
	乐优2号	8.2167	410.83	−12.47	−11.12	c	B	11	0.00	3.80
	八丰优57	7.8937	394.69	−15.90	−14.61	c	B	12	0.00	3.34
感温中熟C组	青香优028（复试）	9.7800	489.00	5.46	8.75	a	A	1	75.00	4.41
	中丝优银粘（复试）	9.6408	482.04	3.96	7.20	ab	A	2	75.00	4.27
	航93两优香丝苗	9.4829	474.15	2.26	5.44	abc	A	3	37.50	4.23
	深优9708（CK）	9.2738	463.69	—	3.12	abc	A	4	—	4.22
	福香优金粘	9.2233	461.17	−0.54	2.56	abc	A	5	50.00	4.08
	诚优305（复试）	9.1592	457.96	−1.24	1.84	abc	A	6	37.50	4.05

（续）

组别	品种名称	小区平均产量（公斤）	折算平均亩产（公斤）	比CK±（%）	比组平均±（%）	差异显著性		产量名次	比CK增产试点比例（%）	日产量（公斤）
						0.05	0.01			
感温中熟C组	青香优088	9.1362	456.81	−1.48	1.59	abc	A	7	37.50	4.08
	泰丰优1132（复试）	8.8983	444.92	−4.05	−1.06	abc	A	8	37.50	4.12
	广帝优908	8.7533	437.67	−5.61	−2.67	bc	A	9	25.00	4.02
	京两优香占	8.6525	432.62	−6.70	−3.79	bc	AB	10	37.50	3.83
	广泰优2916	8.6042	430.21	−7.22	−4.33	c	AB	11	50.00	3.62
	Y两优R15	7.3171	365.85	−21.10	−18.64	d	B	12	12.50	3.18

表4-11　感温中熟A组各品种Shukla方差及其显著性检验（*F*测验）

品　种	Shukla方差	*df*	*F*值	概率	互作方差	品种均值（公斤）	Shukla变异系数（%）	差异显著性	
								0.05	0.01
又得优香占	1.1440	7	13.0538	0	0.1651	5.0850	21.0337	a	A
恒丰优219	1.1185	7	12.7629	0	0.1012	9.6075	11.0078	ab	A
振两优6076	1.0411	7	11.8796	0	0.1195	9.2750	11.0008	ab	A
裕优083（复试）	0.5679	7	6.4808	0	0.0744	9.7650	7.7175	abc	A
宽仁优2160	0.4289	7	4.8939	0	0.0509	8.5846	7.6286	abc	AB
扬泰优5956	0.3989	7	4.5516	0.0001	0.0590	9.7254	6.4940	abc	AB
深优9708（CK）	0.3322	7	3.7903	0.0007	0.0356	9.2158	6.2538	abc	AB
贵优76（复试）	0.3000	7	3.4233	0.0019	0.0445	9.1496	5.9863	bc	AB
峰软优福农占	0.2744	7	3.1311	0.0039	0.0406	9.0179	5.8087	c	AB
胜优088（复试）	0.2347	7	2.6783	0.0117	0.0273	9.2817	5.2196	cd	AB
纳优5351	0.1786	7	2.0376	0.0529	0.0271	9.4217	4.4851	cd	AB
金香优360	0.0681	7	0.7772	0.6072	0.0099	8.8604	2.9455	d	B

注：各品种Shukla方差同质性检验（Bartlett测验）$P=0.01498$，不同质，各品种稳定性差异显著。

2. 感温中熟组（B组）

该组品种亩产为394.69～499.60公斤，对照种深优9708亩产469.33公斤。除金隆优075（复试）、航93两优212（复试）、广泰优6177、峰软优天弘油占（复试）分别比对照增产6.45%、3.64%、3.59%、2.68%外，其余品种均比对照减产，减产幅度为0.06%～15.90%（表4-10、表4-12）。

表 4-12 感温中熟 B 组各品种 Shukla 方差及其显著性检验（*F* 测验）

品　种	Shukla 方差	*df*	*F* 值	概率	互作方差	品种均值（公斤）	Shukla 变异系数（%）	差异显著性	
								0.05	0.01
珍野优粤芽丝苗	1.159 1	7	20.246 9	0	0.167 6	9.172 1	11.738 0	a	A
乐优 2 号	0.682 0	7	11.912 5	0	0.050 4	8.216 7	10.050 6	ab	AB
八丰优 57	0.527 2	7	9.208 6	0	0.072 2	7.893 8	9.198 1	abc	AB
峰软优天弘油占	0.476 7	7	8.327 6	0	0.065 4	9.637 9	7.164 1	abc	AB
贵优 145	0.450 8	7	7.875 1	0	0.051 9	9.381 3	7.157 3	abc	AB
广帝优 313	0.386 5	7	6.750 9	0	0.046 4	9.236 7	6.730 6	abc	AB
航 93 两优 212	0.358 1	7	6.255 9	0	0.035 0	9.727 9	6.151 9	abc	AB
广泰优 6177	0.346 6	7	6.054 6	0	0.022 4	9.723 3	6.055 0	abc	AB
豪香优 075	0.208 5	7	3.641 7	0.001 1	0.031 4	9.290 4	4.914 8	bc	AB
金隆优 075（复试）	0.190 7	7	3.330 8	0.002 3	0.027 2	9.992 1	4.370 2	bc	AB
两优 513	0.165 7	7	2.893 8	0.006 9	0.022 0	9.273 8	4.389 0	c	B
深优 9708（CK）	0.143 3	7	2.503 1	0.017 8	0.021 9	9.386 7	4.032 8	c	B

注：各品种 Shukla 方差同质性检验（Bartlett 测验）*P*=0.184 65，同质，各品种稳定性差异不显著。

3. 感温中熟组（C 组）

该组品种亩产为 365.85～489.0 公斤，对照种深优 9708 亩产 463.69 公斤。除青香优 028（复试）、中丝优银粘（复试）、航 93 两优香丝苗分别比对照增产 5.46%、3.96%、2.26%外，其余品种均比对照减产，减产幅度为 0.54%～21.10%（表 4-10、表 4-13）。

表 4-13 感温中熟 C 组各品种 Shukla 方差及其显著性检验（*F* 测验）

品　种	Shukla 方差	*df*	*F* 值	概率	互作方差	品种均值（公斤）	Shukla 变异系数（%）	差异显著性	
								0.05	0.01
Y 两优 R15	5.298 5	7	82.932 2	0	0.757 5	7.317 1	31.458 4	a	A
泰丰优 1132（复试）	1.812 3	7	28.366 3	0	0.265 6	8.898 3	15.128 8	ab	AB
广泰优 2916	1.610 6	7	25.209 3	0	0.150 8	8.604 2	14.749 7	abc	AB
航 93 两优香丝苗	0.582 3	7	9.113 8	0	0.074 4	9.482 9	8.046 8	bcd	BC
广帝优 908	0.580 5	7	9.086 4	0	0.078 9	8.753 3	8.704 3	bcd	BC
青香优 088	0.579 4	7	9.069 5	0	0.064 7	9.136 3	8.331 8	bcd	BC
诚优 305（复试）	0.474 1	7	7.420 0	0	0.070 6	9.159 2	7.517 3	cd	BC
京两优香占	0.464 9	7	7.276 6	0	0.025 9	8.652 5	7.880 1	cd	BC
中丝优银粘（复试）	0.430 1	7	6.732 6	0	0.064 4	9.640 8	6.802 8	cd	BC
福香优金粘	0.370 5	7	5.799 0	0	0.017 0	9.223 3	6.599 4	d	BC
青香优 028（复试）	0.213 7	7	3.345 1	0.002 3	0.032 7	9.780 0	4.726 9	d	C
深优 9708（CK）	0.200 9	7	3.144 1	0.003 7	0.030 9	9.273 8	4.832 9	d	C

注：各品种 Shukla 方差同质性检验（Bartlett 测验）*P*=0.000 02，不同质，各品种稳定性差异极显著。

4. 感温迟熟组（A组）

该组品种亩产为383.45～462.62公斤，对照种广8优2168亩产425.14公斤。除协禾优1036、广8优源美丝苗（复试）、春9两优1002、春两优30（复试）、明1优92分别比对照增产8.82%、4.65%、1.82%、1.49%、0.34%外，其余品种均比对照减产，减产幅度为1.28%～9.81%（表4-14、表4-15）。

表4-14 感温迟熟组参试品种产量情况

组别	品种名称	小区平均产量（公斤）	折算平均亩产（公斤）	比CK±（%）	比组平均±（%）	差异显著性		产量名次	比CK增产试点比例（%）	日产量（公斤）
						0.05	0.01			
感温迟熟A组	协禾优1036	9.2523	462.62	8.82	10.24	a	A	1	92.31	4.21
	广8优源美丝苗（复试）	8.8979	444.90	4.65	6.01	ab	AB	2	84.62	4.01
	春9两优1002	8.6572	432.86	1.82	3.14	bc	BC	3	61.54	3.86
	春两优30（复试）	8.6295	431.47	1.49	2.81	bc	BC	4	46.15	3.78
	明1优92	8.5318	426.59	0.34	1.65	bcd	BCD	5	53.85	3.68
	广8优2168（CK）	8.5028	425.14	—	1.30	bcde	BCD	6	—	3.76
	珍野优粤福占（复试）	8.3944	419.72	−1.28	0.01	cdef	BCD	7	46.15	3.85
	联优307	8.1051	405.26	−4.68	−3.43	defg	CDE	8	23.08	3.55
	纤优香丝苗	8.0810	404.05	−4.96	−3.72	efg	CDE	9	46.15	3.61
	中政优856	8.0010	400.05	−5.90	−4.67	fg	DE	10	15.38	3.57
	贵优油香	7.9974	399.87	−5.94	−4.72	fg	DE	11	23.08	3.54
	益两优116	7.6690	383.45	−9.81	−8.63	g	E	12	15.38	3.42
感温迟熟B组	金丝优晶占	8.9236	446.18	3.99	3.66	a	A	1	61.54	4.13
	臻两优785（复试）	8.7879	439.40	2.41	2.08	ab	AB	2	53.85	3.85
	航1两优1378	8.7631	438.15	2.12	1.79	ab	AB	3	69.23	3.95
	玉晶两优2916	8.6238	431.19	0.50	0.17	ab	AB	4	61.54	3.78
	南13优698	8.6079	430.40	0.31	−0.01	ab	AB	5	69.23	3.88
	贵优313（复试）	8.5931	429.65	0.14	−0.18	ab	AB	6	46.15	3.87
	广8优2168（CK）	8.5810	429.05	—	−0.32	ab	AB	7	—	3.80
	贵优117（复试）	8.4769	423.85	−1.21	−1.53	b	AB	8	53.85	3.82
	803优1466	8.4721	423.60	−1.27	−1.59	b	AB	9	38.46	3.65
	胜优083（复试）	8.4574	422.87	−1.44	−1.76	b	AB	10	30.77	3.81
	金隆优018	8.4108	420.54	−1.98	−2.30	b	B	11	30.77	3.75
感温迟熟C组	深两优乐占	9.1954	459.77	6.26	4.35	a	A	1	69.23	4.14
	金隆优002	9.1695	458.47	5.96	4.05	a	AB	2	61.54	4.13
	悦两优8549	9.0659	453.29	4.76	2.88	ab	ABC	3	76.92	4.08
	金龙优8812	8.9408	447.04	3.32	1.46	abc	ABC	4	61.54	3.96
	金龙优520（复试）	8.9192	445.96	3.07	1.22	abc	ABC	5	76.92	3.95
	峰软优49（复试）	8.7964	439.82	1.65	−0.18	bc	ABC	6	53.85	3.96

（续）

组别	品种名称	小区平均产量（公斤）	折算平均亩产（公斤）	比CK±（%）	比组平均±（%）	差异显著性		产量名次	比CK增产试点比例（%）	日产量（公斤）
						0.05	0.01			
感温迟熟C组	中泰优玉占	8.792 6	439.63	1.60	−0.22	bc	ABC	7	53.85	3.93
	天弘优1214	8.755 6	437.78	1.18	−0.64	bc	ABC	8	53.85	3.94
	金龙优171	8.745 6	437.28	1.06	−0.75	bc	ABC	9	53.85	3.90
	又美优金丝苗（复试）	8.704 1	435.21	0.58	−1.22	bc	BC	10	46.15	3.89
	广8优2168（CK）	8.653 8	432.69	—	−1.80	c	C	11	—	3.83
	新兆优9432	8.005 9	400.29	−7.49	−9.15	d	D	12	23.08	3.39

表4-15　感温迟熟A组各品种Shukla方差及其显著性检验（*F*测验）

品　种	Shukla方差	*df*	*F*值	概率	互作方差	品种均值（公斤）	Shukla变异系数（%）	差异显著性	
								0.05	0.01
贵优油香	0.724 9	12	23.310 3	0	0.055 8	7.997 4	10.645 7	a	A
联优307	0.471 7	12	15.167 7	0	0.039 6	8.105 1	8.473 3	ab	A
珍野优粤福占	0.459 0	12	14.762 3	0	0.038 7	8.394 4	8.071 3	ab	A
纤优香丝苗	0.400 9	12	12.893 4	0	0.033 3	8.081 0	7.835 6	ab	A
协禾优1036	0.340 1	12	10.936 4	0	0.026 8	9.252 3	6.302 9	ab	A
益两优116	0.324 5	12	10.436 9	0	0.016 8	7.669 0	7.428 5	ab	AB
明1优92	0.283 1	12	9.104 5	0	0.023 4	8.531 8	6.236 5	ab	AB
春两优30（复试）	0.245 0	12	7.878 3	0	0.020 6	8.629 5	5.735 7	b	AB
广8优源美丝苗	0.235 1	12	7.560 6	0	0.019 5	8.897 9	5.449 3	b	AB
广8优2168（CK）	0.234 8	12	7.550 2	0	0.016 3	8.502 8	5.698 6	b	AB
中政优856	0.224 0	12	7.203 4	0	0.017 5	8.001 0	5.915 3	b	AB
春9两优1002	0.079 5	12	2.555 8	0.003 2	0.005 8	8.657 2	3.256 4	c	B

注：各品种Shukla方差同质性检验（Bartlett测验）*P*=0.097 34，同质，各品种稳定性差异不显著。

5. 感温迟熟组（B组）

该组品种亩产为420.54～446.18公斤，对照种广8优2168亩产429.05公斤。除贵优117（复试）、803优1466、胜优083（复试）、金隆优018比对照种减产1.21%、1.27%、1.44%、1.98%外，其余品种均比对照种增产，增幅名列前三位的金丝优晶占、臻两优785、航1两优1378分别比对照增产3.99%、2.41%、2.12%（表4-14、表4-16）。

表4-16　感温迟熟B组各品种Shukla方差及其显著性检验（F测验）

品　　种	Shukla方差	df	F值	概率	互作方差	品种均值（公斤）	Shukla变异系数（%）	差异显著性	
								0.05	0.01
南13优698	0.461 1	12	16.503 6	0	0.038 6	8.607 9	7.888 5	a	A
臻两优785（复试）	0.302 4	12	10.822 1	0	0.025 1	8.787 9	6.257 1	ab	A
金丝优晶占	0.298 1	12	10.670 6	0	0.016 8	8.923 6	6.118 7	ab	A
玉晶两优2916	0.285 0	12	10.201 1	0	0.024 1	8.623 8	6.190 5	ab	A
金隆优018	0.267 2	12	9.562 9	0	0.021 9	8.410 8	6.145 6	ab	A
贵优117（复试）	0.199 0	12	7.121 3	0	0.016 6	8.476 9	5.261 9	ab	A
航1两优1378	0.198 1	12	7.089 0	0	0.016 7	8.763 1	5.078 5	ab	A
胜优083（复试）	0.180 6	12	6.463 7	0	0.013 1	8.457 4	5.024 6	ab	A
803优1466	0.170 4	12	6.097 8	0	0.009 2	8.472 1	4.871 9	b	A
贵优313（复试）	0.150 7	12	5.395 3	0	0.012 2	8.593 1	4.518 1	b	A
广8优2168（CK）	0.114 2	12	4.088 9	0	0.009 6	8.581 0	3.938 8	b	A

注：各品种Shukla方差同质性检验（Bartlett测验）$P=0.49977$，同质，各品种稳定性差异不显著。

6. 感温迟熟组（C组）

该组品种亩产为400.29～459.77公斤，对照种广8优2168亩产432.69公斤。除新兆优9432比对照种减产7.49%外，其余品种均比对照种增产，增幅名列前三位的深两优乐占、金隆优002、悦两优8549分别比对照增产6.26%、5.96%、4.76%（表4-14、表4-17）。

表4-17　感温迟熟C组各品种Shukla方差及其显著性检验（F测验）

品　　种	Shukla方差	df	F值	概率	互作方差	品种均值（公斤）	Shukla变异系数（%）	差异显著性	
								0.05	0.01
新兆优9432	0.466 4	12	17.810 7	0	0.039 1	8.005 9	8.530 4	a	A
深两优乐占	0.341 5	12	13.041 2	0	0.028 7	9.195 4	6.355 2	ab	AB
金龙优520（复试）	0.329 5	12	12.581 5	0	0.027 3	8.919 2	6.435 4	ab	AB
广8优2168（CK）	0.245 4	12	9.372 8	0	0.019 8	8.653 8	5.724 8	abc	AB
又美优金丝苗（复试）	0.238 7	12	9.116 5	0	0.019 7	8.704 1	5.613 4	abc	AB
金隆优002	0.229 3	12	8.755 1	0	0.018 7	9.169 5	5.221 8	abcd	AB
中泰优玉占	0.192 2	12	7.339 8	0	0.014 9	8.792 6	4.986 2	abcd	AB
峰软优49（复试）	0.182 9	12	6.982 9	0	0.015 4	8.796 4	4.861 3	abcd	AB
悦两优8549	0.159 0	12	6.070 0	0	0.011 1	9.065 9	4.397 7	bcd	AB
金龙优171	0.104 7	12	3.999 0	0	0.008 6	8.745 6	3.700 2	cd	B
金龙优8812	0.087 7	12	3.349 3	0.000 1	0.007 4	8.940 8	3.312 4	d	B

注：各品种Shukla方差同质性检验（Bartlett测验）$P=0.07403$，同质，各品种稳定性差异不显著。

7. 弱感光组（A组）

该组品种亩产为392.64～461.90公斤，对照种吉丰优1002亩产449.43公斤。除银恒优5522、香禾优6355分别比对照增产2.77%、0.71%外，其余品种均比对照减产，减产幅度为0.58%～12.64%（表4-18、表4-19）。

表4-18 弱感光组参试品种产量情况

组别	品种名称	小区平均产量（公斤）	折算平均亩产（公斤）	比CK ±（%）	比组平均 ±（%）	差异显著性 0.05	差异显著性 0.01	产量名次	比CK增产试点比例（%）	日产量（公斤）
弱感光A组	银恒优5522	9.2381	461.90	2.77	7.56	a	A	1	58.33	4.05
	香禾优6355	9.0519	452.60	0.71	5.39	ab	A	2	41.67	3.94
	吉丰优1002（CK）	8.9886	449.43	—	4.65	ab	AB	3	—	3.84
	峰软优天弘丝苗（复试）	8.9361	446.81	−0.58	4.04	ab	ABC	4	58.33	3.99
	贵优55（复试）	8.8033	440.17	−2.06	2.50	bc	ABCD	5	33.33	3.79
	金象优579（复试）	8.6725	433.62	−3.52	0.97	bcd	ABCD	6	25.00	3.80
	中发优香丝苗	8.4439	422.19	−6.06	−1.69	cd	BCD	7	16.67	3.61
	Ⅱ优5522（复试）	8.3856	419.28	−6.71	−2.37	cd	CDE	8	16.67	3.58
	广星优19香	8.2508	412.54	−8.21	−3.94	de	DE	9	8.33	3.47
	新兆优6615	7.8558	392.79	−12.60	−8.54	e	E	10	8.33	3.30
	软华优621	7.8528	392.64	−12.64	−8.57	e	E	11	0.00	3.41
弱感光B组	吉丰优1002（CK）	8.9697	448.49	—	3.78	a	A	1	—	3.83
	广泰优611	8.8544	442.72	−1.29	2.45	a	A	2	33.33	3.85
	金恒优5522（复试）	8.7356	436.78	−2.61	1.07	ab	A	3	58.33	3.70
	协禾优6355	8.7264	436.32	−2.71	0.97	ab	A	4	16.67	3.83
	诚优1512	8.6669	433.35	−3.37	0.28	ab	A	5	16.67	3.87
	南新优698（复试）	8.6375	431.88	−3.70	−0.06	ab	A	6	16.67	3.76
	智龙优366	8.6344	431.72	−3.74	−0.10	ab	A	7	25.00	3.72
	鹏香优2039	8.6033	430.17	−4.08	−0.46	ab	A	8	16.67	3.71
	金隆优009	8.5608	428.04	−4.56	−0.95	ab	A	9	25.00	3.96
	秋香优1255（复试）	8.5500	427.50	−4.68	−1.07	ab	A	10	25.00	3.82
	丽两优秋香	8.4611	423.06	−5.67	−2.10	ab	A	11	16.67	3.85
	诚优荀占（复试）	8.3128	415.64	−7.32	−3.82	b	A	12	16.67	3.71

表4-19 弱感光A组各品种Shukla方差及其显著性检验（*F*测验）

品种	Shukla方差	*df*	*F*值	概率	互作方差	品种均值（公斤）	Shukla变异系数（%）	差异显著性 0.05	差异显著性 0.01
新兆优6615	0.4341	11	18.5775	0	0.0375	7.8558	8.3867	a	A
Ⅱ优5522（复试）	0.3968	11	16.9835	0	0.026	8.3856	7.5123	a	A

（续）

品　　种	Shukla方差	df	F值	概率	互作方差	品种均值（公斤）	Shukla变异系数（%）	差异显著性	
								0.05	0.01
金象优579（复试）	0.366 1	11	15.668 0	0	0.027 4	8.672 5	6.976 7	a	A
银恒优5522	0.358 2	11	15.328 4	0	0.025 3	9.238 1	6.478 2	a	A
贵优55（复试）	0.315 4	11	13.497 6	0	0.027 8	8.803 3	6.379 3	a	A
软华优621	0.294 4	11	12.597 7	0	0.025 8	7.852 8	6.908 9	a	A
广星优19香	0.263 5	11	11.275 9	0	0.024 6	8.250 8	6.221 1	ab	A
香禾优6355	0.204 2	11	8.740 9	0	0.016 2	9.051 9	4.992 6	ab	A
峰软优天弘丝苗	0.178 0	11	7.617 7	0	0.008 2	8.936 1	4.721 2	ab	A
中发优香丝苗	0.174 7	11	7.477 6	0	0.004 6	8.443 9	4.950 2	ab	A
吉丰优1002（CK）	0.099 6	11	4.262 6	0	0.007 7	8.988 6	3.511 0	b	A
新兆优6615	0.434 1	11	18.577 5	0	0.037 5	7.855 8	8.386 7	a	A

注：各品种Shukla方差同质性检验（Bartlett测验）P=0.467 25，同质，各品种稳定性差异不显著。

8. 弱感光组（B组）

该组品种亩产为415.64～448.49公斤，对照种吉丰优1002亩产448.49公斤。该品种所有参试品种均比对照吉丰优1002减产，减产幅度为1.29%～7.32%（表4-18、表4-20）。

表4-20　弱感光B组各品种Shukla方差及其显著性检验（F测验）

品　　种	Shukla方差	df	F值	概率	互作方差	品种均值（公斤）	Shukla变异系数（%）	差异显著性	
								0.05	0.01
金隆优009	1.398 4	11	67.839 9	0	0.054 4	8.560 8	13.813 5	a	A
丽两优秋香	0.880 4	11	42.707 5	0	0.048 9	8.461 1	11.089 2	ab	AB
金恒优5522	0.612 9	11	29.730 9	0	0.034 4	8.735 6	8.961 7	abc	ABC
诚优荀占（复试）	0.534 3	11	25.919 8	0	0.047 9	8.312 8	8.793 2	abc	ABC
秋香优1255	0.461 2	11	22.374 7	0	0.025 3	8.550 0	7.943 1	bc	ABC
智龙优366	0.296 5	11	14.383 3	0	0.020 1	8.634 4	6.306 3	cd	BC
广泰优611	0.277 7	11	13.471 6	0	0.026 5	8.854 4	5.951 5	cd	BC
鹏香优2039	0.259 4	11	12.582 6	0	0.024 1	8.603 3	5.919 7	cd	BCD
诚优1512	0.228 3	11	11.073 1	0	0.022 2	8.666 9	5.512 5	cd	BCD
吉丰优1002（CK）	0.140 3	11	6.807 7	0	0.007 0	8.969 7	4.176 4	de	CD
南新优698	0.061 7	11	2.994 2	0.000 9	0.006 9	8.637 5	2.876 3	ef	DE
协禾优6355	0.024 3	11	1.176 7	0.303 3	0.003 1	8.726 4	1.784 7	f	E

注：各品种Shukla方差同质性检验（Bartlett测验）P=0.000 00，不同质，各品种稳定性差异极显著。

（二）米质

晚造杂交水稻品种各组稻米米质检测结果见表4－21至表4－23。

表4－21　感温中熟组参试品种米质

组别	品种名称	NY/T 593—2013	NY/T 593—2021	糙米率（%）	整精米率（%）	垩白度（%）	透明度（级）	碱消值（级）	胶稠度（毫米）	直链淀粉（干基）（%）	粒型（长宽比）
感温中熟A组	裕优083（复试）	3		80.6	58.1	0.8	2	5.8	80	13.8	3.4
	扬泰优5956		—	81.6	54.4	0.2	2	4.5	78	15.5	3.9
	恒丰优219		3	80.8	55.5	0.3	2	5.3	77	16.8	3.3
	纳优5351		3	81.2	64.3	0.3	2	5.0	84	15.7	3.5
	胜优088（复试）	1		81.8	60.4	0.3	1	6.8	72	17.3	3.3
	振两优6076		—	79.6	46.8	0.0	1	7.0	72	16.2	4.6
	深优9708（CK）	—	3	79.6	60.2	1.6	2	4.5	83	15.0	2.9
	贵优76（复试）	3		81.7	65.0	0.1	2	5.2	73	16.2	3.5
	峰软优福农占		1	80.5	63.7	0.2	1	7.0	80	15.8	3.5
	金香优360		1	81.5	62.2	0.2	1	7.0	76	17.6	3.3
	宽仁优2160		3	81.2	54.8	0.2	2	5.3	79	17.2	3.7
	又得优香占		—	78.5	42.6	0.9	1	7.0	50	20.6	4.5
感温中熟B组	金隆优075（复试）	3		81.4	59.0	0.2	2	5.2	82	14.1	3.7
	航93两优212（复试）	—		80.1	59.2	0.8	2	4.0	76	14.9	3.3
	广泰优6177		3	82.1	50.3	0.4	1	7.0	74	16.8	3.2
	峰软优天弘油占（复试）	1		81.0	62.2	0.1	1	7.0	72	15.7	3.3
	深优9708（CK）	—	3	79.6	60.2	1.6	2	4.5	83	15.0	2.9
	贵优145		1	81.1	61.1	0.6	1	7.0	71	15.6	3.5
	豪香优075		—	80.8	52.1	0.3	2	4.3	78	14.5	3.7
	两优513		1	80.9	62.1	0.0	1	7.0	76	16.1	3.9
	广帝优313		2	80.9	60.3	0.3	2	6.8	73	15.7	4.1
	珍野优粤芽丝苗		1	81.2	61.6	0.1	1	7.0	75	16.5	3.5
	乐优2号		3	81.4	53.9	2.0	2	6.0	78	21.4	3.7
	八丰优57		—	80.8	45.8	1.5	1	6.8	76	25.0	3.7
感温中熟C组	青香优028（复试）	3		81.5	52.1	0.8	2	7.0	74	17.6	3.7
	中丝优银粘（复试）	2		81.4	63.9	0.2	2	7.0	80	16.2	3.3
	航93两优香丝苗		—	80.5	61.5	0.3	2	4.8	78	15.7	3.4
	深优9708（CK）	—	3	79.6	60.2	1.6	2	4.5	83	15.0	2.9
	福香优金粘		3	80.7	53.1	0.8	2	5.3	82	15.1	4.1
	诚优305（复试）	3		82.2	58.7	0.3	2	5.8	78	17.0	3.9

（续）

组别	品种名称	NY/T 593—2013	NY/T 593—2021	糙米率（%）	整精米率（%）	垩白度（%）	透明度（级）	碱消值（级）	胶稠度（毫米）	直链淀粉（干基）（%）	粒型（长宽比）
感温中熟C组	青香优088		3	82.2	50.7	0.5	2	6.7	78	15.8	3.8
	泰丰优1132（复试）	2		82.0	61.9	0.2	2	6.8	78	16.3	3.8
	广帝优908		3	82.2	54.3	0.3	2	5.0	78	14.0	4.2
	京两优香占		3	80.4	48.1	0.5	2	5.3	66	19.4	4.3
	广泰优2916		3	80.0	48.8	0.1	2	5.5	77	17.8	3.1
	Y两优R15		—	81.0	58.8	1.1	1	6.8	52	22.5	4.1

表4-22　感温迟熟组参试品种米质

组别	品种名称	NY/T 593—2013	NY/T 593—2021	糙米率（%）	整精米率（%）	垩白度（%）	透明度（级）	碱消值（级）	胶稠度（毫米）	直链淀粉（干基）（%）	粒型（长宽比）
感温迟熟A组	协禾优1036		—	79.4	37.5	0.1	1	7.0	72	15.6	4.3
	广8优源美丝苗（复试）	—		78.8	46.2	1.4	2	7.0	61	15.6	3.6
	春9两优1002		—	78.8	41.4	5.7	2	6.8	72	15.3	3.1
	春两优30（复试）	—		79.0	51.0	2.7	2	5.4	54	20.7	3.4
	明1优92		—	79.6	35.8	2.0	1	5.2	81	15.3	3.9
	广8优2168（CK）	—	—	80.2	39.0	0.8	2	5.0	78	14.0	3.8
	珍野优粤福占（复试）	—		80.4	51.4	0.5	1	7.0	72	14.7	3.4
	联优307		—	80.1	39.9	1.2	2	7.0	70	15.7	3.7
	纤优香丝苗		—	79.4	37.0	0.1	2	7.0	80	14.1	4.4
	中政优856		3	75.3	50.3	2.5	2	7.0	59	14.1	3.5
	贵优油香		—	77.7	40.6	0.2	2	7.0	69	15.1	4.0
	益两优116		—	68.8	29.1	0.6	1	5.3	72	13.0	4.2
感温迟熟B组	金丝优晶占		3	80.2	56.0	1.4	1	5.5	80	15.8	3.6
	臻两优785（复试）	3		81.2	64.8	0.6	2	5.2	74	14.0	3.2
	航1两优1378		2	81.2	63.0	1.9	2	6.0	83	15.9	3.4
	玉晶两优2916		—	80.3	62.6	1.6	2	4.3	82	14.8	3.3
	南13优698		2	81.2	62.6	0.5	2	7.0	68	16.4	3.5
	贵优313（复试）	3		78.7	54.5	0.4	1	7.0	68	16.1	3.9
	广8优2168（CK）	—	—	80.2	39.0	0.8	2	5.0	78	14.0	3.8
	贵优117（复试）	3		80.9	61.8	1.0	2	5.0	80	16.1	3.7
	803优1466		—	79.8	53.9	0.6	1	4.8	84	15.0	3.9
	胜优083（复试）	—		79.9	50.7	0.8	1	6.8	75	14.9	3.5
	金隆优018		2	80.2	58.8	1.0	2	7.0	63	16.1	4.0

（续）

组别	品种名称	NY/T 593—2013	NY/T 593—2021	糙米率（%）	整精米率（%）	垩白度（%）	透明度（级）	碱消值（级）	胶稠度（毫米）	直链淀粉（干基）（%）	粒型（长宽比）
感温迟熟C组	深两优乐占		3	80.6	55.2	3.0	2	5.7	50	20.8	3.3
	金隆优002		2	81.4	58.6	0.8	2	7.0	73	15.9	3.7
	悦两优8549		1	79.2	58.2	0.4	1	7.0	83	15.3	3.9
	金龙优8812		3	80.7	58.4	3.6	2	6.8	74	16.2	3.3
	金龙优520（复试）	2		81.8	62.1	1.8	2	6.8	72	17.2	3.4
	峰软优49（复试）	—		81.8	63.2	3.5	2	4.8	78	15.2	3.2
	中泰优玉占		—	81.0	57.9	1.3	2	4.0	82	14.3	3.3
	天弘优1214		3	80.8	55.4	1.7	2	5.7	78	14.1	4.0
	金龙优171		3	81.6	62.0	1.1	1	7.0	74	21.8	3.4
	又美优金丝苗（复试）	—		80.4	48.0	1.6	2	5.5	76	15.2	3.8
	广8优2168（CK）	—	—	80.2	39.0	0.8	2	5.0	78	14.0	3.8
	新兆优9432		3	79.6	49.0	0.3	1	7.0	66	17.2	4.2

表4-23　弱感光组参试品种米质

组别	品种名称	NY/T 593—2013	NY/T 593—2021	糙米率（%）	整精米率（%）	垩白度（%）	透明度（级）	碱消值（级）	胶稠度（毫米）	直链淀粉（干基）（%）	粒型（长宽比）
弱感光A组	银恒优5522		2	82.1	53.2	1.0	2	6.0	78	16.4	3.2
	香禾优6355		2	82.1	57.5	1.8	1	7.0	72	16.9	3.9
	吉丰优1002（CK）	—	—	82.0	53.9	2.5	1	6.4	78	23.3	3.1
	峰软优天弘丝苗（复试）	2		81.0	63.9	1.0	2	6.8	74	15.4	3.5
	贵优55（复试）	1		81.5	60.4	0.8	1	7.0	70	16.2	3.5
	金象优579（复试）	2		81.0	59.8	0.6	2	7.0	70	16.0	3.5
	中发优香丝苗		—	80.9	47.9	0.3	1	6.0	80	17.2	3.9
	Ⅱ优5522（复试）	—		82.3	60.9	2.6	2	6.4	68	23.1	2.6
	广星优19香		—	81.4	47.0	0.3	1	6.8	81	23.6	3.8
	新兆优6615		3	81.4	50.3	2.3	1	7.0	69	18.2	4.1
	软华优621		3	81.1	63.1	1.6	1	7.0	58	20.7	3.5
	银恒优5522		2	82.1	53.2	1.0	2	6.0	78	16.4	3.2
弱感光B组	吉丰优1002（CK）	—	—	82.0	53.9	2.5	1	6.4	78	23.3	3.1
	广泰优611		1	81.4	56.2	0.1	1	7.0	64	17.8	3.2
	金恒优5522（复试）	—		81.6	56.4	1.4	2	4.7	78	16.9	3.4
	协禾优6355		—	81.4	44.0	1.2	1	6.8	74	16.8	4.4
	诚优1512		3	81.4	54.4	1.8	2	5.5	74	16.2	3.8
	南新优698（复试）	2		81.4	63.0	1.2	2	7.0	68	16.9	3.0

（续）

组别	品种名称	NY/T 593—2013	NY/T 593—2021	糙米率（%）	整精米率（%）	垩白度（%）	透明度（级）	碱消值（级）	胶稠度（毫米）	直链淀粉（干基）（%）	粒型（长宽比）
弱感光B组	智龙优366		1	81.6	58.1	0.6	1	6.3	68	17.2	3.6
	鹏香优2039		3	81.5	48.8	0.8	1	6.7	82	21.5	4.0
	金隆优009		2	81.6	54.0	1.2	2	6.7	74	16.4	3.7
	秋香优1255（复试）	3		79.8	59.7	1.0	2	5.5	78	14.9	3.6
	丽两优秋香		—	79.3	33.4	0.3	1	5.2	70	14.9	4.6
	诚优荀占（复试）	2		81.5	57.0	3.0	2	7.0	68	17.6	3.8

1. 复试品种

根据两年鉴定结果，按米质从优原则，胜优088、峰软优天弘油占、珍野优粤福占、贵优313、峰软优天弘丝苗、贵优55达部标1级，泰丰优1132、中丝优银粘、广8优源美丝苗、胜优083、贵优117、臻两优785、金龙优520、金象优579、南新优698、诚优荀占、秋香优1255达部标2级，贵优76、裕优083、航93两优212、金隆优075、青香优028、诚优305、峰软优49、又美优金丝苗达部标3级，其余品种均未达优质标准。

2. 新参试品种

首次鉴定结果，峰软优福农占、金香优360、珍野优粤芽丝苗、贵优145、两优513、悦两优8549、广泰优611、智龙优366达部标1级，广帝优313、金隆优018、南13优698、航1两优1378、金隆优002、香禾优6355、银恒优5522、金隆优009达部标2级，恒丰优219、宽仁优2160、纳优5351、广泰优6177、乐优2号、广泰优2916、福香优金粘、青香优088、广帝优908、京两优香占、中政优856、金丝优晶占、新兆优9432、天弘优1214、金龙优8812、金龙优171、深两优乐占、新兆优6615、软华优621、诚优1512、鹏香优2039达部标3级，其余品种均未达优质标准。

（三）抗病性

晚造杂交水稻各组品种抗病性鉴定结果见表4-24至表4-26。

表4-24　感温中熟组参试品种抗病性鉴定结果

组别	品种名称	稻瘟病					白叶枯病	
		总抗性频率（%）	叶、穗瘟病级（级）			综合评价	Ⅸ型菌（级）	抗性评价
			叶瘟	穗瘟	穗瘟最高级			
感温中熟A组	裕优083（复试）	91.4	1.3	2.5	5	高抗	3	中抗
	扬泰优5956	88.6	1.8	4.0	7	中抗	9	高感
	恒丰优219	94.3	1.3	4.0	7	中抗	9	高感
	纳优5351	97.1	1.3	3.5	7	抗	9	高感
	胜优088（复试）	91.4	1.5	5.5	7	中抗	7	感
	振两优6076	91.4	1.5	2.5	5	高抗	9	高感

（续）

组别	品种名称	稻瘟病					白叶枯病	
		总抗性频率（%）	叶、穗瘟病级（级）			综合评价	Ⅸ型菌（级）	抗性评价
			叶瘟	穗瘟	穗瘟最高级			
感温中熟A组	深优 9708（CK）	100.0	1.5	3.5	5	抗	9	高感
	贵优 76（复试）	82.9	1.8	4.0	7	中抗	7	感
	峰软优福农占	94.3	1.5	3.5	7	抗	7	感
	金香优 360	94.3	1.0	4.0	5	中抗	9	高感
	宽仁优 2160	5.7	4.5	8.0	9	高感	9	高感
	又得优香占	88.6	1.0	4.0	7	中抗	9	高感
感温中熟B组	金隆优 075（复试）	100.0	1.0	2.5	5	高抗	1	抗
	航 93 两优 212（复试）	94.3	1.5	5.0	7	中抗	9	高感
	广泰优 6177	97.1	1.0	4.0	7	中抗	9	高感
	峰软优天弘油占（复试）	100.0	1.0	2.0	3	高抗	7	感
	深优 9708（CK）	100.0	1.5	3.5	5	抗	9	高感
	贵优 145	71.4	2.5	6.0	7	感	7	感
	豪香优 075	91.4	1.3	3.0	5	抗	3	中抗
	两优 513	80.0	2.5	2.0	3	抗	7	感
	广帝优 313	97.1	1.3	3.5	5	抗	7	感
	珍野优粤芽丝苗	91.4	2.0	3.0	5	抗	9	高感
	乐优 2 号	100.0	1.0	4.5	7	中抗	7	感
	八丰优 57	71.4	1.8	3.0	7	中抗	7	感
感温中熟C组	青香优 028（复试）	91.4	1.5	4.0	7	中抗	9	高感
	中丝优银粘（复试）	97.1	1.5	2.5	5	高抗	3	中抗
	航 93 两优香丝苗	85.7	1.5	3.5	5	抗	9	高感
	深优 9708（CK）	100.0	1.5	3.5	5	抗	9	高感
	福香优金粘	48.6	1.8	6.0	9	感	9	高感
	诚优 305（复试）	82.9	1.3	2.0	3	抗	9	高感
	青香优 088	82.9	1.5	5.5	9	中抗	3	中抗
	泰丰优 1132（复试）	88.6	1.5	4.0	7	中抗	9	高感
	广帝优 908	80.0	1.0	4.5	7	中抗	9	高感
	京两优香占	85.7	1.0	5.0	7	中抗	9	高感
	广泰优 2916	74.3	2.3	5.5	9	中感	7	感
	Y 两优 R15	45.7	2.8	7.5	9	高感	7	感

表4-25　感温迟熟组参试品种抗病性鉴定结果

组别	品种名称	稻瘟病					白叶枯病	
		总抗性频率（%）	叶、穗瘟病级（级）			综合评价	Ⅸ型菌（级）	抗性评价
			叶瘟	穗瘟	穗瘟最高级			
感温迟熟A组	协禾优1036	91.4	1.3	4.0	5	中抗	9	高感
	广8优源美丝苗（复试）	97.1	1.0	1.5	3	高抗	5	中感
	春9两优1002	40.0	1.5	5.0	9	感	7	感
	春两优30（复试）	48.6	1.3	1.3	3	抗	7	感
	明1优92	85.7	1.8	3.0	5	抗	7	感
	广8优2168（CK）	85.7	1.5	2.0	3	抗	7	感
	珍野优粤福占（复试）	80.0	1.5	1.5	3	抗	9	高感
	联优307	88.6	2.0	3.5	7	抗	7	感
	纤优香丝苗	100.0	1.5	2.5	5	高抗	9	高感
	中政优856	85.7	1.8	3.5	7	抗	5	中感
	贵优油香	62.9	2.0	6.5	9	感	7	感
	益两优116	68.6	3.0	6.0	9	感	9	高感
感温迟熟B组	金丝优晶占	97.1	1.0	4.5	7	中抗	9	高感
	臻两优785（复试）	97.1	1.0	2.3	5	高抗	5	中感
	航1两优1378	88.6	1.0	3.0	7	抗	9	高感
	玉晶两优2916	34.3	1.8	5.5	9	感	7	感
	南13优698	100.0	1.0	3.0	5	抗	3	中抗
	贵优313（复试）	85.7	1.3	2.0	5	抗	9	高感
	广8优2168（CK）	85.7	1.5	2.0	3	抗	7	感
	贵优117（复试）	91.4	1.5	2.0	3	高抗	7	感
	803优1466	71.4	1.3	2.0	3	抗	7	感
	胜优083（复试）	82.9	1.0	2.5	5	抗	3	中抗
	金隆优018	88.6	1.0	2.0	5	抗	7	感
感温迟熟C组	深两优乐占	100.0	1.0	2.5	5	高抗	7	感
	金隆优002	60.0	2.0	4.5	7	感	5	中感
	悦两优8549	94.3	1.0	2.5	3	高抗	5	中感
	金龙优8812	97.1	1.0	2.0	3	高抗	9	高感
	金龙优520（复试）	100.0	2.3	2.5	5	高抗	9	高感
	峰软优49（复试）	100.0	1.0	3.0	5	抗	7	感
	中泰优玉占	71.4	1.3	2.5	5	抗	3	中抗
	天弘优1214	97.1	1.0	3.0	5	抗	7	感
	金龙优171	77.1	2.0	5.0	7	中感	9	高感
	又美优金丝苗（复试）	85.7	1.8	3.0	5	抗	3	中抗
	广8优2168（CK）	85.7	1.5	2.0	3	抗	7	感
	新兆优9432	88.6	1.0	1.5	3	抗	7	感

表4-26 弱感光组参试品种抗病性鉴定结果

组别	品种名称	稻瘟病					白叶枯病	
		总抗性频率（%）	叶、穗瘟病级（级）			综合评价	Ⅸ型菌（级）	抗性评价
			叶瘟	穗瘟	穗瘟最高级			
弱感光A组	银恒优5522	80.0	1.5	2.0	5	抗	1	抗
	香禾优6355	91.4	1.3	1.8	3	高抗	7	感
	吉丰优1002（CK）	77.1	1.0	3.5	7	中抗	5	中感
	峰软优天弘丝苗（复试）	85.7	1.3	2.0	3	抗	7	感
	贵优55（复试）	62.9	1.0	3.0	5	中感	7	感
	金象优579（复试）	82.9	2.0	3.0	5	抗	3	中抗
	中发优香丝苗	97.1	1.0	2.0	3	高抗	7	感
	Ⅱ优5522（复试）	77.1	1.8	2.0	5	抗	3	中抗
	广星优19香	91.4	2.0	5.5	7	中抗	7	感
	新兆优6615	62.9	1.5	3.5	7	中感	5	中感
	软华优621	17.1	5.3	7.0	7	高感	7	感
弱感光B组	吉丰优1002（CK）	77.1	1.0	3.5	7	中抗	5	中感
	广泰优611	74.3	1.5	3.0	5	中抗	9	高感
	金恒优5522（复试）	77.1	1.5	2.5	5	抗	1	抗
	协禾优6355	88.6	2.3	2.0	3	抗	7	感
	诚优1512	68.6	1.8	3.0	5	中感	7	感
	南新优698（复试）	85.7	1.0	3.0	5	抗	3	中抗
	智龙优366	94.3	1.3	1.5	3	高抗	3	中抗
	鹏香优2039	80.0	1.3	2.5	5	抗	7	感
	金隆优009	28.6	3.8	7.5	9	高感	7	感
	秋香优1255（复试）	88.6	1.0	1.5	3	抗	7	感
	丽两优秋香	94.3	1.5	2.0	3	高抗	9	高感
	诚优荀占（复试）	68.6	1.8	3.5	5	中感	9	高感

1. 稻瘟病抗性

（1）复试品种　根据两年鉴定结果，按抗病性从差原则，峰软优天弘油占、中丝优银粘、广8优源美丝苗、臻两优785、金龙优520为高抗，裕优083、诚优305、春两优30、珍野优粤福占、胜优083、贵优117、贵优313、峰软优49、又美优金丝苗、峰软优天弘丝苗、Ⅱ优5522、金象优579、南新优698、金恒优5522、秋香优1255为抗，胜优088、贵优76、航93两优212、金隆优075、泰丰优1132、青香优028为中抗，贵优55、诚优荀占为中感。

（2）新参试品种　首次鉴定结果，振两优6076、纤优香丝苗、悦两优8549、金龙优8812、深两优乐占、香禾优6355、中发优香丝苗、丽两优秋香、智龙优366为高抗，峰软优福农占、纳优5351、豪香优075、珍野优粤芽丝苗、两优513、广帝优313、航93两优香丝苗、中政优856、联优307、明1优92、金隆优018、南13优698、航1两优1378、803优1466、新兆优9432、中泰优玉占、天弘优1214、银恒优5522、鹏香优2039、协禾优6355为抗，恒丰优219、扬泰优5956、金香优360、又得优香占、广泰优6177、乐优2号、八丰优57、青香优088、广帝优908、京两优香占、协禾优1036、金丝优晶占、广星优19香、广泰优611为中抗，广泰优2916、金龙优171、新兆优6615、诚优1512为中感，贵优145、福香优金粘、贵优油香、春9两优1002、益两优116、玉晶两优2916、金隆优002为感，宽仁优2160、Y两优R15、软华优621、金隆优009为高感。

2. 白叶枯病抗性

（1）复试品种　根据两年鉴定结果，按抗病性从差原则，金隆优075、金恒优5522为抗，裕优083、中丝优银粘、胜优083、Ⅱ优5522、金象优579、南新优698为中抗，胜优088、贵优76、峰软优天弘油占、广8优源美丝苗、峰软优49、又美优金丝苗、峰软优天弘丝苗、贵优55为感，航93两优212、泰丰优1132、青香优028、诚优305、春两优30、珍野优粤福占、贵优117、贵优313、臻两优785、金龙优520、诚优荀占、秋香优1255为高感。

（2）新参试品种　银恒优5522为抗，豪香优075、青香优088、南13优698、中泰优玉占、智龙优366为中抗，中政优856、悦两优8549、金隆优002、新兆优6615为中感，峰软优福农占、乐优2号、贵优145、八丰优57、两优513、广帝优313、广泰优2916、Y两优R15、贵优油香、春9两优1002、联优307、明1优92、金隆优018、玉晶两优2916、803优1466、新兆优9432、天弘优1214、深两优乐占、香禾优6355、中发优香丝苗、广星优19香、软华优621、诚优1512、鹏香优2039、金隆优009、协禾优6355为感，恒丰优219、宽仁优2160、扬泰优5956、金香优360、又得优香占、纳优5351、振两优6076、广泰优6177、珍野优粤芽丝苗、福香优金粘、航93两优香丝苗、广帝优908、京两优香占、纤优香丝苗、协禾优1036、益两优116、金丝优晶占、航1两优1378、金龙优8812、金龙优171、广泰优611、丽两优秋香为高感。

（四）耐寒性

人工气候室模拟耐寒性鉴定结果见表4-27：南新优698为强，航93两优212、金隆优075、青香优028、诚优305、中丝优银粘、臻两优785、又美优金丝苗、金香优579、诚优荀占为中强，胜优088、贵优76、裕优083、峰软优天弘油占、春两优30、珍野优粤福占、广8优源美丝苗、胜优083、贵优117、贵优313、峰软优49、峰软优天弘丝苗、贵优55、Ⅱ优5522、金恒优5522为中等，泰丰优1132、金龙优520、秋香优1255为中弱。

表4-27　耐寒性鉴定结果

参试品种名称	孕穗期低温结实率降低值（百分点）	开花期低温结实率降低值（百分点）	孕穗期耐寒性	开花期耐寒性
胜优088（复试）	−10.5	−12.9	中	中
贵优76（复试）	−8.8	−12.7	中强	中

（续）

参试品种名称	孕穗期低温结实率降低值（百分点）	开花期低温结实率降低值（百分点）	孕穗期耐寒性	开花期耐寒性
裕优083（复试）	−13.2	−15.6	中	中
峰软优天弘油占（复试）	−10.4	−11.5	中	中
航93两优212（复试）	−7.1	−8.2	中强	中强
金隆优075（复试）	−7.3	−9.1	中强	中强
泰丰优1132（复试）	−16.7	−22.3	中	中弱
青香优028（复试）	−8.5	−9.2	中强	中强
诚优305（复试）	−6.8	−7.7	中强	中强
中丝优银粘（复试）	−7.3	−7.9	中强	中强
深优9708（CK）	−3.6	−3.9	强	强
春两优30（复试）	−8	−10.3	中强	中
珍野优粤福占（复试）	−7.2	−10.4	中强	中
广8优源美丝苗（复试）	−17.6	−18.2	中	中
胜优083（复试）	−13.6	−16.8	中	中
贵优117（复试）	−12.4	−14.2	中	中
贵优313（复试）	−8.3	−10.5	中强	中
臻两优785（复试）	−8.6	−8.3	中强	中强
峰软优49（复试）	−11.1	−11.7	中	中
又美优金丝苗（复试）	−5.2	−7.6	中强	中强
金龙优520（复试）	−20.1	−21.2	中弱	中弱
广8优2168（CK）	−13.2	−15.1	中	中
峰软优天弘丝苗（复试）	−12.5	−13.3	中	中
贵优55（复试）	−8.9	−10.8	中强	中
Ⅱ优5522（复试）	−16.2	−19.4	中	中
金象优579（复试）	−7.1	−8.8	中强	中强
南新优698（复试）	−4.6	−4.1	强	强
诚优荀占（复试）	−3.8	−6.5	强	中强
金恒优5522（复试）	−16.6	−18.3	中	中
秋香优1255（复试）	−17.6	−20.9	中	中弱
吉丰优1002（CK）	−18.3	−21.5	中	中弱

（五）其他主要农艺性状

晚造杂交水稻各组品种主要农艺性状见表4-28至表4-30。

表4-28　感温中熟组（A组、B组、C组）品种主要农艺性状综合表

组别	品种名称	全生育期（天）	基本苗（万苗/亩）	最高苗（万苗/亩）	分蘖率（%）	有效穗（万穗/亩）	成穗率（%）	株高（厘米）	穗长（厘米）	总粒数（粒/穗）	实粒数（粒/穗）	结实率（%）	千粒重（克）	抗倒情况（个，试点数）		
														直	斜	倒
感温中熟A组	裕优083（复试）	113	4.9	24.5	421.2	16.8	68.5	115.4	22.4	182	131	72.4	23.5	5	3	0
	扬泰优5956	113	4.7	25.0	374.7	18.0	72.0	108.6	22.8	148	113	76.9	24.8	6	2	0
	恒丰优219	112	5.2	23.4	368.9	16.8	70.6	109.4	22.3	162	127	78.6	23.2	7	1	0
	纳优5351	111	5.3	25.2	389.1	17.5	69.2	110.6	22.3	171	138	80.4	22.5	5	3	0
	胜优088（复试）	113	5.5	27.3	417.8	18.2	66.7	108.9	22.5	159	112	70.5	24.5	6	2	0
	振两优6076	116	4.8	25.2	441.2	16.9	67.6	121.6	26.3	158	117	75.1	23.3	7	1	0
	深优9708（CK）	110	5.2	23.4	364.5	16.7	71.4	115.6	25.2	153	121	79.0	24.1	6	2	0
	贵优76（复试）	113	5.4	25.6	391.7	16.8	62.1	113.7	22.6	171	128	74.6	22.2	7	1	0
	峰软优福农占	114	5.6	26.5	399.8	18.1	68.3	112.3	21.0	165	126	76.5	21.5	6	2	0
	金香优360	111	5.2	26.2	428.0	18.1	69.7	109.9	22.3	162	114	71.2	22.4	5	3	0
	宽仁优2160	114	5.6	26.9	391.4	17.9	67.1	104.8	21.6	135	100	74.5	24.6	8	0	0
	又得优香占	116	5.3	25.4	384.5	16.6	65.2	104.8	23.3	151	76	49.5	21.9	7	1	0
感温中熟B组	金隆优075（复试）	114	5.1	23.8	384.1	17.6	74.1	112.8	24.3	168	129	76.8	23.1	6	2	0
	航93两优212	112	5.1	25.2	409.2	17.7	70.7	113.1	22.8	169	132	77.9	22.1	6	2	0
	广泰优6177	110	4.8	23.9	429.5	17.8	74.3	111.2	21.9	155	121	77.2	24.4	6	2	0
	峰软优天弘油占	112	5.1	26.5	445.1	18.1	69.3	109.5	21.1	162	124	76.8	21.4	6	1	1
	深优9708（CK）	110	4.8	24.1	430.3	16.6	70.4	116.8	24.9	151	120	79.9	23.9	5	3	0
	贵优145	113	5.4	27.6	449.0	18.5	68.0	113.2	23.6	154	125	81.3	21.8	5	3	0
	豪香优075	112	4.6	23.4	436.9	17.0	72.6	115.2	23.6	166	129	77.6	22.3	4	4	0
	两优513	116	5.2	27.6	473.0	18.9	68.8	110.6	23.7	136	107	78.8	23.0	8	0	0
	广帝优313	111	5.1	24.5	414.1	17.7	72.6	113.1	23.3	156	125	80.1	21.5	5	3	0
	珍野优粤芽丝苗	112	4.8	24.4	426.6	17.8	73.2	117.0	24.6	176	133	75.6	21.1	5	3	0
	乐优2号	108	5.2	26.5	433.4	18.3	69.5	105.4	26.6	150	106	71.0	22.5	6	2	0
	八丰优57	118	5.7	29.6	448.7	18.2	63.1	115.4	23.5	128	94	72.7	25.1	8	0	0
感温中熟C组	青香优028（复试）	111	4.9	23.8	405.8	16.7	70.7	112.2	23.5	164	132	80.5	23.3	6	2	0
	中丝优银粘（复试）	113	5.3	27.9	448.4	18.8	69.7	110.9	22.7	171	130	76.1	21.6	7	1	0
	航93两优香丝苗	112	5.0	24.8	409.5	16.8	68.0	110.2	21.8	165	126	76.9	22.2	7	1	0
	深优9708（CK）	110	5.0	24.8	410.5	16.8	69.7	118.0	24.8	155	121	79.3	24.0	7	1	0
	福香优金粘	113	5.1	28.8	503.0	20.2	73.0	112.7	23.5	141	110	78.1	23.3	6	2	0
	诚优305（复试）	113	5.1	26.2	453.5	18.2	70.3	106.4	22.9	139	111	80.3	24.3	6	2	0
	青香优088	112	4.9	24.5	416.7	17.0	69.8	111.2	24.1	162	123	75.5	23.3	7	1	0
	泰丰优1132（复试）	108	5.2	25.6	410.0	18.3	71.9	109.5	21.9	135	110	80.9	24.0	6	2	0
	广帝优908	109	4.9	26.2	455.7	18.4	70.4	104.6	22.8	142	113	80.4	22.5	7	1	0
	京两优香占	113	5.4	24.5	375.5	17.8	72.4	113.3	23.9	145	109	74.7	24.0	7	1	0
	广泰优2916	119	4.9	24.5	417.3	16.9	68.7	114.3	20.9	157	111	72.7	25.2	7	1	0
	Y两优R15	115	5.1	27.5	470.5	18.1	67.7	115.1	27.3	137	90	67.1	22.3	6	2	0

表 4-29 感温迟熟组（A组、B组、C组）品种主要农艺性状综合表

组别	品种名称	全生育期（天）	基本苗（万苗/亩）	最高苗（万苗/亩）	分蘖率（%）	有效穗（万穗/亩）	成穗率（%）	株高（厘米）	穗长（厘米）	总粒数（粒/穗）	实粒数（粒/穗）	结实率（%）	千粒重（克）	抗倒情况（个，试点数）		
														直	斜	倒
感温迟熟A组	协禾优1036	110	5.9	25.0	330.6	17.0	69.4	109.7	24.9	168	137	81.2	21.7	12	1	0
	广8优源美丝苗	111	6.6	30.1	370.0	17.6	58.8	110.9	22.9	162	128	79.1	20.5	11	2	0
	春9两优1002	112	6.1	28.7	377.9	16.6	59.0	104.5	22.9	156	111	71.5	25.7	12	1	0
	春两优30（复试）	114	5.7	27.1	388.0	15.6	58.5	110.4	23.0	163	133	81.0	23.1	12	0	1
	明1优92	116	6.0	24.9	322.3	14.9	60.8	110.2	25.8	167	119	71.9	26.6	12	1	0
	广8优2168（CK）	113	6.0	29.2	401.8	16.6	57.5	114.7	23.9	146	116	79.3	23.6	11	2	0
	珍野优粤福占	109	6.2	28.9	371.9	17.2	60.7	107.7	23.0	163	127	78.0	21.1	11	1	1
	联优307	114	6.2	29.6	392.5	16.6	56.8	111.2	24.1	175	120	69.1	21.8	10	2	1
	纤优香丝苗	112	6.5	30.4	380.2	17.5	58.9	111.1	25.2	158	117	74.3	22.0	7	4	2
	中政优856	112	6.2	26.5	333.2	16.4	62.6	116.6	23.1	154	120	78.5	20.5	9	2	2
	贵优油香	113	6.4	28.5	356.2	16.7	59.6	108.2	24.7	182	132	72.5	19.3	11	2	0
	益两优116	112	6.6	31.1	382.5	17.6	57.3	120.4	26.5	166	125	75.8	18.4	7	4	2
感温迟熟B组	金丝优晶占	108	6.2	28.9	372.0	17.3	61.1	101.0	23.3	158	132	83.9	20.9	12	1	0
	臻两优785（复试）	114	5.9	29.2	401.8	16.3	57.4	113.5	23.1	152	122	79.5	23.5	13	0	0
	航1两优1378	111	6.3	29.4	372.7	17.0	59.1	110.6	22.2	170	133	78.4	20.9	12	1	0
	玉晶两优2916	114	6.1	28.7	389.8	17.2	61.0	98.7	22.8	148	116	78.6	22.0	13	0	0
	南13优698	111	6.4	30.3	378.8	17.7	59.8	108.0	22.3	159	126	79.6	19.4	12	1	0
	贵优313（复试）	111	6.0	28.1	376.9	16.6	60.8	106.7	23.1	170	138	81.1	19.9	11	2	0
	广8优2168（CK）	113	5.8	27.6	388.5	17.0	62.5	113.6	23.8	146	117	79.7	23.6	11	2	0
	贵优117（复试）	111	6.2	29.9	388.5	18.3	62.3	105.7	23.0	163	125	76.6	18.9	9	4	0
	803优1466	116	6.5	31.7	403.1	18.1	58.2	104.1	24.0	154	119	77.3	20.6	13	0	0
	胜优083（复试）	111	6.1	28.1	365.5	16.5	60.3	106.6	22.6	163	125	77.3	22.2	10	2	1
	金隆优018	112	6.1	28.8	381.9	17.4	61.8	110.4	24.5	166	122	74.6	20.7	9	3	1
感温迟熟C组	深两优乐占	111	5.6	30.9	480.3	17.6	57.8	108.5	23.7	152	120	79.4	23.0	12	0	1
	金隆优002	111	5.9	25.2	335.6	16.3	66.2	107.2	24.6	170	137	80.1	21.1	10	2	1
	悦两优8549	111	6.2	30.1	395.5	18.9	63.9	106.0	23.2	149	125	83.8	20.0	12	1	0
	金龙优8812	113	5.8	26.5	365.9	16.5	62.7	109.9	23.4	148	114	77.3	25.9	13	0	0
	金龙优520（复试）	113	5.3	27.8	431.9	17.1	62.1	106.9	23.5	160	118	74.5	23.4	11	1	1
	峰软优49（复试）	111	5.9	27.6	378.8	16.8	61.7	108.7	20.9	162	127	79.1	21.3	10	2	1
	中泰优玉占	112	5.9	28.3	384.0	17.1	61.5	107.6	22.9	148	116	78.3	23.5	10	2	1
	天弘优1214	111	5.5	28.8	431.0	17.6	62.5	102.6	23.5	157	124	78.7	20.6	13	0	0
	金龙优171	112	6.0	27.4	366.8	16.9	62.4	114.4	23.9	151	112	74.6	25.3	10	2	1
	又美优金丝苗（复试）	112	6.1	30.4	406.0	18.8	62.6	106.7	23.1	153	119	77.5	20.7	10	2	1
	广8优2168（CK）	113	5.6	29.4	439.8	16.6	57.8	114.1	24.4	148	119	80.3	23.9	12	1	0
	新兆优9432	118	5.7	28.3	412.5	16.0	56.9	106.7	24.6	148	110	74.6	23.6	13	0	0

表4-30　弱感光组（A组、B组）品种主要农艺性状综合表

组别	品种名称	全生育期（天）	基本苗（万苗/亩）	最高苗（万苗/亩）	分蘖率（%）	有效穗（万穗/亩）	成穗率（%）	株高（厘米）	穗长（厘米）	总粒数（粒/穗）	实粒数（粒/穗）	结实率（%）	千粒重（克）	抗倒情况（个，试点数）		
														直	斜	倒
弱感光A组	银恒优5522	114	5.8	29.1	415.9	17.7	61.6	111.4	22.5	152	115	75.9	25.2	12	0	0
	中发优香丝苗	117	5.9	28.4	398.4	15.6	55.8	115.6	23.2	166	122	73.6	23.9	12	0	0
	香禾优6355	115	5.9	27.6	387.4	16.4	60.1	118.7	23.1	153	123	81.4	24.3	11	1	0
	吉丰优1002（CK）	117	5.9	28.7	401.3	16.4	58.0	109.3	21.2	148	119	80.9	25.2	12	0	0
	峰软优天弘丝苗（复试）	112	5.6	26.3	382.9	16.1	61.9	118.0	22.2	178	149	83.4	19.7	11	1	0
	贵优55（复试）	116	5.6	30.1	458.2	16.8	56.7	109.5	23.1	161	134	82.8	20.7	11	1	0
	金象优579（复试）	114	5.9	29.5	412.8	17.0	58.5	107.0	22.5	156	124	80.1	21.9	11	1	0
	Ⅱ优5522（复试）	117	5.8	28.7	404.9	15.6	55.9	113.8	22.8	154	116	75.8	25.0	11	1	0
	广星优19香	119	5.7	25.5	364.8	15.0	60.0	115.8	24.1	182	128	71.0	23.5	12	0	0
	新兆优6615	119	5.8	30.0	434.3	18.1	60.9	102.4	24.2	130	99	76.8	24.0	11	1	0
	软华优621	115	6.1	27.2	352.1	16.5	62.3	119.1	23.1	159	116	73.0	21.8	12	0	0
弱感光B组	吉丰优1002（CK）	117	5.7	29.0	418.8	16.5	57.7	108.0	21.4	148	118	80.2	25.1	12	0	0
	广泰优611	115	6.0	28.1	377.0	16.7	59.7	115.6	21.7	161	120	74.6	23.1	12	0	0
	金恒优5522（复试）	118	5.9	28.2	387.7	16.9	60.5	112.4	24.1	152	112	74.2	24.5	12	0	0
	协禾优6355	114	5.7	25.1	349.5	15.8	63.7	120.8	25.1	153	120	78.7	24.0	12	0	0
	诚优1512	112	5.7	27.2	395.2	16.8	62.8	106.7	22.5	139	112	80.7	24.1	12	0	0
	南新优698（复试）	115	5.7	29.4	423.9	17.5	60.3	112.8	22.2	156	123	79.0	21.6	12	0	0
	智龙优366	116	5.8	27.9	390.3	16.8	60.8	119.1	24.7	154	125	81.0	22.4	12	0	0
	鹏香优2039	116	5.7	28.7	419.6	16.4	57.8	116.4	23.9	168	128	76.4	21.6	12	0	0
	金隆优009	108	5.8	25.8	359.9	16.8	65.7	106.0	23.5	152	130	86.0	21.3	11	1	0
	秋香优1255（复试）	112	5.8	27.6	377.0	16.6	61.1	111.3	24.1	159	130	81.8	21.3	11	1	0
	丽两优秋香	110	5.7	26.9	385.2	16.7	63.1	112.8	23.8	143	122	85.1	21.6	12	0	0
	诚优荀占（复试）	112	6.0	29.9	420.6	17.5	59.5	110.2	22.0	149	115	77.7	22.4	12	0	0

三、品种评述

（一）复试品种

1. 感温中熟组（A组）

（1）裕优083　全生育期113～114天，比对照种深优9708长2～3天。株型中集，分蘖力中等，株高适中，抗倒力中弱，耐寒性中等。科高114.6～115.4厘米，亩有效穗16.8万～17.3万，穗长22.1～22.4厘米，每穗总粒数161～182粒，结实率71.4%～

72.4%，千粒重23.5～25.0克。抗稻瘟病，全群抗性频率88.9%～91.4%，病圃鉴定叶瘟1.3～1.5级、穗瘟2.0～2.5级（单点最高5级）；中抗白叶枯病（Ⅸ型菌1～3级）。米质鉴定达部标优质3级，糙米率80.6%～82.7%，整精米率50.9%～58.1%，垩白度0.8%～2.1%，透明度1.0～2.0级，碱消值5.8～6.2级，胶稠度74.0～80.0毫米，直链淀粉13.8%～17.1%，粒型（长宽比）3.4～3.5。2020年晚造参加省区试，平均亩产为444.37公斤，比对照种深优9708减产0.86%，减产未达显著水平。2021年晚造参加省区试，平均亩产为488.25公斤，比对照种深优9708增产5.96%，增产未达显著水平。2021年晚造生产试验平均亩产535.22公斤，比深优9708增产0.65%。日产量3.90～4.32公斤。

该品种经过两年区试和一年生产试验，表现产量与对照相当，米质达部标优质3级，抗稻瘟病，中抗白叶枯病，耐寒性中等。建议粤北稻作区和中北稻作区早、晚造种植。推荐省品种审定。

（2）胜优088　全生育期113～114天，比对照种深优9708长2～3天。株型中集，分蘖力中等，株高适中，抗倒力中等，耐寒性中等。科高108.9～109.5厘米，亩有效穗17.5万～18.2万，穗长22.3～22.5厘米，每穗总粒数159～165粒，结实率70.5%～71.7%，千粒重24.1～24.5克。中抗稻瘟病，全群抗性频率86.7%～91.4%，病圃鉴定叶瘟1.5～2.0级、穗瘟4.0～5.5级（单点最高7级）；感白叶枯病（Ⅸ型菌7级）。米质鉴定达部标优质1级，糙米率81.8%～83.1%，整精米率48.2%～60.4%，垩白度0.3%～1.3%，透明度1.0级，碱消值6.8～7.0级，胶稠度64.0～72.0毫米，直链淀粉17.0%～17.3%，粒型（长宽比）3.3。2020年晚造参加省区试，平均亩产为434.13公斤，比对照种深优9708减产3.15%，减产未达显著水平。2021年晚造参加省区试，平均亩产为464.08公斤，比对照种深优9708增产0.71%，增产未达显著水平。2021年晚造生产试验平均亩产523.86公斤，比深优9708减产1.49%。日产量3.81～4.11公斤。

该品种经过两年区试和一年生产试验，表现产量与对照相当，米质达部标优质1级，中抗稻瘟病，感白叶枯病，耐寒性中等。建议粤北稻作区和中北稻作区早、晚造种植。栽培上注意防治稻瘟病和白叶枯病。推荐省品种审定。

（3）贵优76　全生育期113～116天，比对照种深优9708长3～4天。株型中集，分蘖力中等，株高适中，抗倒力中等，耐寒性中等。科高113.7～114.7厘米，亩有效穗16.8万～17.4万，穗长22.6～22.8厘米，每穗总粒数168～171粒，结实率74.5%～74.6%，千粒重22.2～22.9克。中抗稻瘟病，全群抗性频率82.2%～82.9%，病圃鉴定叶瘟1.25～1.8级、穗瘟3.0～4.0级（单点最高7级）；感白叶枯病（Ⅸ型菌7级）。米质鉴定达部标优质3级，糙米率81.7%～83.8%，整精米率47.7%～65.0%，垩白度0.1%～0.3%，透明度1.0～2.0级，碱消值5.2～6.5级，胶稠度68.0～73.0毫米，直链淀粉16.2%～17.6%，粒型（长宽比）3.5～3.6。2020年晚造参加省区试，平均亩产为460.27公斤，比对照种深优9708减产2.2%，减产未达显著水平。2021年晚造参加省区试，平均亩产为457.48公斤，比对照种深优9708减产0.72%，减产未达显著水平。2021年晚造生产试验平均亩产527.93公斤，比深优9708减产0.72%。日产量3.97～4.05公斤。

该品种经过两年区试和一年生产试验，表现产量与对照相当，米质达部标优质3级，中抗稻瘟病，感白叶枯病，耐寒性中等。建议粤北稻作区和中北稻作区早、晚造种植。栽培上注意防治稻瘟病和白叶枯病。推荐省品种审定。

2. 感温中熟组（B组）

（1）金隆优075　全生育期114～116天，比对照种深优9708长4天。株型中集，分蘖力中等，株高适中，抗倒力中等，耐寒性中强。科高112.8～117.5厘米，亩有效穗17.1万～17.6万，穗长23.0～24.3厘米，每穗总粒数163～168粒，结实率76.6%～76.8%，千粒重23.1～23.3克。中抗稻瘟病，全群抗性频率95.6%～100.0%，病圃鉴定叶瘟1.0～2.75级、穗瘟2.5～5.0级（单点最高7级）；抗白叶枯病（Ⅸ型菌1级）。米质鉴定达部标优质3级，糙米率81.4%～82.5%，整精米率44.3%～59.0%，垩白度0.2%～1.6%，透明度1.0～2.0级，碱消值5.2～6.5级，胶稠度65.0～82.0毫米，直链淀粉14.1%～17.4%，粒型（长宽比）3.5～3.7。2020年晚造参加省区试，平均亩产为452.54公斤，比对照种深优9708增产0.96%，增产未达显著水平。2021年晚造参加省区试，平均亩产为499.6公斤，比对照种深优9708增产6.45%，增产未达显著水平。2021年晚造生产试验平均亩产525.19公斤，比深优9708减产1.24%。日产量3.90～4.38公斤。

该品种经过两年区试和一年生产试验，表现产量与对照相当，米质达部标优质3级，中抗稻瘟病，抗白叶枯病，耐寒性中强。建议粤北稻作区和中北稻作区早、晚造种植。栽培上注意防治稻瘟病。推荐省品种审定。

（2）航93两优212　全生育期112～115天，比对照种深优9708长2～3天。株型中集，分蘖力中等，株高适中，抗倒力中等，耐寒性中强。科高110.9～113.1厘米，亩有效穗15.9万～17.7万，穗长21.9～22.8厘米，每穗总粒数160～169粒，结实率77.8%～77.9%，千粒重22.1～22.9克。中抗稻瘟病，全群抗性频率88.9%～94.3%，病圃鉴定叶瘟1.5～1.75级、穗瘟4.5～5.0级（单点最高7级）；高感白叶枯病（Ⅸ型菌9级）。米质鉴定达部标优质3级，糙米率80.1%～82.5%，整精米率53.0%～59.2%，垩白度0.8%～2.0%，透明度1.0～2.0级，碱消值4.0～6.1级，胶稠度72.0～76.0毫米，直链淀粉14.9%～17.2%，粒型（长宽比）3.3～3.4。2020年晚造参加省区试，平均亩产为452.42公斤，比对照种深优9708增产0.43%，增产未达显著水平。2021年晚造参加省区试，平均亩产为486.4公斤，比对照种深优9708增产3.64%，增产未达显著水平。2021年晚造生产试验平均亩产511.58公斤，比深优9708减产3.8%。日产量3.93～4.34公斤。

该品种经过两年区试和一年生产试验，表现产量与对照相当，米质达部标优质3级，中抗稻瘟病，高感白叶枯病，耐寒性中强。建议粤北稻作区和中北稻作区早、晚造种植。栽培上注意防治稻瘟病和白叶枯病。推荐省品种审定。

（3）峰软优天弘油占　全生育期112～114天，比对照种深优9708长2天。株型中集，分蘖力中等，株高适中，抗倒力中等，耐寒性中等。科高108.1～109.5厘米，亩有效穗17.5万～18.1万，穗长20.6～21.1厘米，每穗总粒数160～162粒，结实率76.8%，千粒重21.4～21.6克。高抗稻瘟病，全群抗性频率95.1%～100.0%，病圃鉴定叶瘟1.0～1.25级、穗瘟2.0级（单点最高3级）；感白叶枯病（Ⅸ型菌7级）。米质鉴定达部标优质1级，糙米率81.0%～83.0%，整精米率58.2%～62.2%，垩白度0.1%～0.6%，透明度1.0级，碱消值7.0级，胶稠度61.0～72.0毫米，直链淀粉15.7%～17.5%，粒型（长宽比）3.3～3.4。2020年晚造参加省区试，平均亩产为458.1公斤，比对照种深优9708增产1.69%，增产未达显著水平。2021年晚造参加省区试，平均亩产为481.9公斤，比对照种深优9708增产2.68%，增产未达显著水平。2021年晚造生产试验平均亩产531.50公斤，比深优9708减产0.05%。日产量4.02～4.30公斤。

该品种经过两年区试和一年生产试验，表现产量与对照相当，米质达部标优质1级，高抗稻瘟病，感白叶枯病，耐寒性中等。建议粤北稻作区和中北稻作区早、晚造种植。栽培上注意防治白叶枯病。推荐省品种审定。

3. 感温中熟组（C组）

（1）青香优028　全生育期111～115天，比对照种深优9708长1～3天。株型中集，分蘖力中等，株高适中，抗倒力中等，耐寒性中强。科高111.6～112.2厘米，亩有效穗16.7万～17.6万，穗长22.7～23.5厘米，每穗总粒数151～164粒，结实率80.5%～81.6%，千粒重22.7～23.3克。中抗稻瘟病，全群抗性频率88.9%～91.4%，病圃鉴定叶瘟1.5～2.0级、穗瘟4.0级（单点最高7级）；高感白叶枯病（Ⅸ型菌1～9级）。米质鉴定达部标优质3级，糙米率81.5%～82.5%，整精米率47.2%～52.1%，垩白度0.8%～2.0%，透明度1.0～2.0级，碱消值6.4～7.0级，胶稠度74.0毫米，直链淀粉17.3%～17.6%，粒型（长宽比）3.5～3.7。2020年晚造参加省区试，平均亩产为451.87公斤，比对照种深优9708增产0.31%，增产未达显著水平。2021年晚造参加省区试，平均亩产为489.0公斤，比对照种深优9708增产5.46%，增产未达显著水平。2021年晚造生产试验平均亩产536.68公斤，比深优9708增产0.92%。日产量3.93～4.41公斤。

该品种经过两年区试和一年生产试验，表现产量与对照相当，米质达部标优质3级，中抗稻瘟病，高感白叶枯病，耐寒性中强。建议粤北稻作区和中北稻作区早、晚造种植。栽培上注意防治稻瘟病和白叶枯病。推荐省品种审定。

（2）中丝优银粘　全生育期113～115天，比对照种深优9708长3天。株型中集，分蘖力中等，株高适中，抗倒力中强，耐寒性中强。科高110.9～112.4厘米，亩有效穗17.3万～18.8万，穗长22.0～22.7厘米，每穗总粒数165～171粒，结实率76.1%～78.9%，千粒重21.6克。高抗稻瘟病，全群抗性频率97.1%～97.7%，病圃鉴定叶瘟1.0～1.5级、穗瘟2.5级（单点最高5级）；中抗白叶枯病（Ⅸ型菌1～3级）。米质鉴定达部标优质2级，糙米率81.4%～82.8%，整精米率52.2%～63.9%，垩白度0.2%，透明度1.0～2.0级，碱消值6.8～7.0级，胶稠度46.0～80.0毫米，直链淀粉16.2%～16.9%，粒型（长宽比）3.3～3.4。2020年晚造参加省区试，平均亩产为455.87公斤，比对照种深优9708增产1.20%，增产未达显著水平。2021年晚造参加省区试，平均亩产为482.04公斤，比对照种深优9708增产3.96%，增产未达显著水平。2021年晚造生产试验平均亩产526.27公斤，比深优9708减产1.04%。日产量3.96～4.27公斤。

该品种经过两年区试和一年生产试验，表现产量与对照相当，米质达部标优质2级，高抗稻瘟病，中抗白叶枯病，耐寒性中强。建议粤北稻作区和中北稻作区早、晚造种植。推荐省品种审定。

（3）诚优305　全生育期113～114天，比对照种深优9708长2～3天。株型中集，分蘖力中等，株高适中，抗倒力中等，耐寒性中强。科高106.3～106.4厘米，亩有效穗18.2万～18.5万，穗长22.2～22.9厘米，每穗总粒数126～139粒，结实率80.3%～80.8%，千粒重24.3～25.2克。抗稻瘟病，全群抗性频率82.9%～84.4%，病圃鉴定叶瘟1.3～1.75级、穗瘟2.0～3.5级（单点最高7级）；高感白叶枯病（Ⅸ型菌9级）。米质鉴定达部标优质3级，糙米率82.2%～84.2%，整精米率46.6%～58.7%，垩白度0.3%～1.0%，透明度1.0～2.0级，碱消值5.8～6.3级，胶稠度65.0～78.0毫米，直链淀粉16.7%～17.0%，粒型（长宽比）3.9。2020年晚造参加省区试，平均亩产为474.88公斤，比对照种深优9708增产0.91%，增产未达显著水平。2021年晚造参加省区试，平均亩产为457.96公斤，比对照种深优9708减产1.24%，减产未达显著水平。2021年晚造生产试验平均亩产494.66公斤，比深优9708减产6.98%。日产量4.05～4.17公斤。

该品种经过两年区试和一年生产试验，表现产量与对照相当，米质达部标优质3级，抗稻瘟病，高感白叶枯病，耐寒性中强。建议粤北稻作区和中北稻作区早、晚造种植。栽培上注意防治白叶枯病。推荐省品种审定。

（4）泰丰优1132　全生育期108～112天，比对照种深优9708短0～2天。株型中集，分蘖力中等，株高适中，抗倒力中等，耐寒性中弱。科高108.8～109.5厘米，亩有效穗17.6万～18.3万，穗长21.5～21.9厘米，每穗总粒数135～136粒，结实率76.0%～80.9%，千粒重24.0～24.8克。中抗稻瘟病，全群抗性频率88.6%～91.1%，病圃鉴定叶瘟1.25～1.5级、穗瘟3.5～4.0级（单点最高7级）；高感白叶枯病（Ⅸ型菌9级）。米质鉴定达部标优质2级，糙米率82.0%～83.0%，整精米率54.2%～61.9%，垩白度0.2%～0.4%，透明度1.0～2.0级，碱消值6.8级，胶稠度68.0～78.0毫米，直链淀粉16.3%～16.9%，粒型（长宽比）3.7～3.8。2020年晚造参加省区试，平均亩产为423.63公斤，比对照种深优9708减产5.96%，减产未达显著水平。2021年晚造参加省区试，平均亩产为444.92公斤，比对照种深优9708减产4.05%，减产未达显著水平。2021年晚造生产试验平均亩产556.05公斤，比深优9708增产4.56%。日产量3.78～4.12公斤。

该品种经过两年区试和一年生产试验，表现产量与对照相当，米质达部标优质2级，中抗稻瘟病，高感白叶枯病，耐寒性中弱。建议广东省中北稻作区的平原地区早、晚造种植。栽培上注意防治稻瘟病和白叶枯病。推荐省品种审定。

4. 感温迟熟组（A组）

（1）广8优源美丝苗　全生育期110～111天，比对照种广8优2168短2～3天。株型中集，分蘖力中等，株高适中，抗倒力中强，耐寒性中等。科高110.9～111.7厘米，亩有效穗17.6万～18.4万，穗长22.2～22.9厘米，每穗总粒数151～162粒，结实率79.1%～84.8%，千粒重20.5～21.0克。高抗稻瘟病，全群抗性频率95.6%～97.1%，病圃鉴定叶瘟1.0～1.5级、穗瘟1.5级（单点最高3级）；感白叶枯病（Ⅸ型菌5～7

级）。米质鉴定达部标优质2级，糙米率78.8%～81.5%，整精米率46.2%～58.8%，垩白度0.2%～1.4%，透明度2.0级，碱消值7.0级，胶稠度61.0～74.0毫米，直链淀粉15.6%～16.1%，粒型（长宽比）3.6。2020年晚造参加省区试，平均亩产为480.17公斤，比对照种广8优2168增产4.08%，增产未达显著水平。2021年晚造参加省区试，平均亩产为444.9公斤，比对照种广8优2168增产4.65%，增产未达显著水平。2021年晚造生产试验平均亩产455.26公斤，比广8优2168增产8.37%。日产量4.01～4.37公斤。

该品种经过两年区试和一年生产试验，表现产量与对照相当，米质达部标优质2级，高抗稻瘟病，感白叶枯病，耐寒性中等。建议粤北以外稻作区早、晚造种植。栽培上注意防治白叶枯病。推荐省品种审定。

（2）春两优30　全生育期114天，比对照种广8优2168长1天。株型中集，分蘖力中等，株高适中，抗倒力中强，耐寒性中等。科高110.4～112.1厘米，亩有效穗15.6万～16.5万，穗长22.7～23.0厘米，每穗总粒数159～163粒，结实率81.0%～82.9%，千粒重23.1～24.3克。抗稻瘟病，全群抗性频率48.6%～82.2%，病圃鉴定叶瘟1.3～2.5级、穗瘟1.3～2.0级（单点最高3级）；高感白叶枯病（Ⅸ型菌7～9级）。米质鉴定未达部标优质等级，糙米率79.0%～80.7%，整精米率51.0%～58.8%，垩白度2.0%～2.7%，透明度1.0～2.0级，碱消值5.4～6.4级，胶稠度54.0～74.0毫米，直链淀粉20.7%～23.7%，粒型（长宽比）3.4。2020年晚造参加省区试，平均亩产为490.71公斤，比对照种广8优2168增产6.36%，增产达极显著水平。2021年晚造参加省区试，平均亩产为431.47公斤，比对照种广8优2168增产1.49%，增产未达显著水平。2021年晚造生产试验平均亩产455.54公斤，比广8优2168增产8.44%。日产量3.78～4.30公斤。

该品种经过两年区试和一年生产试验，表现丰产性较好，米质未达部标优质等级，抗稻瘟病，高感白叶枯病，耐寒性中等。建议粤北以外稻作区早、晚造种植。栽培上注意防治白叶枯病。推荐省品种审定。

（3）珍野优粤福占　全生育期108～109天，比对照种广8优2168短4～5天。株型中集，分蘖力中等，株高适中，抗倒力中等，耐寒性中等。科高107.7～107.9厘米，亩有效穗17.2万～17.5万，穗长22.6～23.0厘米，每穗总粒数157～163粒，结实率78.0%～83.3%，千粒重21.1～21.4克。抗稻瘟病，全群抗性频率80.0%～88.9%，病圃鉴定叶瘟1.25～1.5级、穗瘟1.5～2.5级（单点最高3级）；高感白叶枯病（Ⅸ型菌9级）。米质鉴定达部标优质1级，糙米率80.4%～81.5%，整精米率51.4%～61.4%，垩白度0.5%～0.6%，透明度1.0级，碱消值7.0级，胶稠度70.0～72.0毫米，直链淀粉14.7%～16.1%，粒型（长宽比）3.4。2020年晚造参加省区试，平均亩产为467.27公斤，比对照种广8优2168增产2.28%，增产未达显著水平。2021年晚造参加省区试，平均亩产为419.72公斤，比对照种广8优2168减产1.28%，减产未达显著水平。2021年晚造生产试验平均亩产448.79公斤，比广8优2168增产6.83%。日产量3.85～4.33公斤。

该品种经过两年区试和一年生产试验，表现产量与对照相当，米质达部标优质1级，抗稻瘟病，高感白叶枯病，耐寒性中等。建议粤北以外稻作区早、晚造种植。栽培上特别注意防治白叶枯病。推荐省品种审定。

5. 感温迟熟组（B组）

（1）臻两优785　全生育期114天，比对照种广8优2168长1天。株型中集，分蘖力中等，株高适中，抗倒力强，耐寒性中强。科高112.6～113.5厘米，亩有效穗16.3万～17.0万，穗长22.9～23.1厘米，每穗总粒数150～152粒，结实率79.5%～84.3%，千粒重23.5～24.1克。高抗稻瘟病，全群抗性频率97.1%～100.0%，病圃鉴定叶瘟1.0～1.25级、穗瘟2.3～2.5级（单点最高5级）；高感白叶枯病（Ⅸ型菌5～9级）。米质鉴定达部标优质2级，糙米率80.4%～81.2%，整精米率62.3%～64.8%，垩白度0.6%～1.7%，透明度2.0级，碱消值5.2～6.2级，胶稠度74.0～77.0毫米，直链淀粉14.0%～15.1%，粒型（长宽比）3.2。2020年晚造参加省区试，平均亩产为475.81公斤，比对照种广8优2168增产3.14%，增产未达显著水平。2021年晚造参加省区试，平均亩产为439.4公斤，比对照种广8优2168增产2.41%，增产未达显著水平。2021年晚造生产试验平均亩产448.99公斤，比广8优2168增产6.88%。日产量3.85～4.17公斤。

该品种经过两年区试和一年生产试验，表现产量与对照相当，米质达部标优质2级，高抗稻瘟病，高感白叶枯病，耐寒性中强。建议粤北以外稻作区早、晚造种植。栽培上特别注意防治白叶枯病。推荐省品种审定。

（2）贵优313　全生育期111天，比对照种广8优2168短2天。株型中集，分蘖力中等，株高适中，抗倒力中等，耐寒性中等。科高106.7～109.8厘米，亩有效穗16.6万～17.0万，穗长23.1～23.3厘米，每穗总粒数162～170粒，结实率81.1%～82.9%，千粒重19.9～20.9克。抗稻瘟病，全群抗性频率85.7%～86.7%，病圃鉴定叶瘟1.3～1.5级、穗瘟2.0～3.0级（单点最高5级）；高感白叶枯病（Ⅸ型菌7～9级）。米质鉴定达部标优质1级，糙米率78.7%～81.3%，整精米率54.5%～60.2%，垩白度0.1%～0.4%，透明度1.0级，碱消值7.0级，胶稠度68.0～74.0毫米，直链淀粉16.1%～16.7%，粒型（长宽比）3.8～3.9。2020年晚造参加省区试，平均亩产为456.05公斤，比对照种广8优2168减产0.17%，减产未达显著水平。2021年晚造参加省区试，平均亩产为429.65公斤，比对照种广8优2168增产0.14%，增产未达显著水平。2021年晚造生产试验平均亩产450.43公斤，比广8优2168增产7.22%。日产量3.87～4.11公斤。

该品种经过两年区试和一年生产试验，表现产量与对照相当，米质达部标优质1级，抗稻瘟病，高感白叶枯病，耐寒性中等。建议粤北以外稻作区早、晚造种植。栽培上特别注意防治白叶枯病。推荐省品种审定。

（3）贵优117　全生育期111天，比对照种广8优2168短2天。株型中集，分蘖力中等，株高适中，抗倒力中弱，耐寒性中等。科高105.7～108.0厘米，亩有效穗18.3万，穗长23.0～23.1厘米，每穗总粒数158～163粒，结实率76.6%～81.3%，千粒重18.9～20.2克。抗稻瘟病，全群抗性频率91.1%～91.4%，病圃鉴定叶瘟1.25～1.5级、穗瘟2.0～3.0级（单点最高5级）；高感白叶枯病（Ⅸ型菌7～9级）。米质鉴定达部标优质2级，糙米率80.8%～80.9%，整精米率57.7%～61.8%，垩白度0.7%～1.0%，透明度2.0级，碱消值5.0～6.2级，胶稠度78.0～80.0毫米，直链淀粉15.9%～16.1%，粒型（长宽比）3.7。2020年晚造参加省区试，平均亩产为454.87公斤，比对照种广8优2168减产0.43%，减产未达显著水平。2021年晚造参加省区试，平均亩产为423.85公斤，比对照种广8优2168减产1.21%，减产未达显著水平。2021年晚造生产试验平均亩产450.57公斤，比广8优2168增产7.26%。日产量3.82～4.10公斤。

该品种经过两年区试和一年生产试验，表现产量与对照相当，米质达部标优质2级，抗稻瘟病，高感白叶枯病，耐寒性中等。建议粤北以外稻作区早、晚造种植。栽培上特别注意防治白叶枯病。推荐省品种审定。

（4）胜优083　全生育期109～111天，比对照种广8优2168短2～4天。株型中集，分蘖力中等，株高适中，抗倒力中弱，耐寒性中等。科高106.6～108.0厘米，亩有效穗16.5万～16.6万，穗长22.3～22.6厘米，每穗总粒数158～163粒，结实率77.3%～81.2%，千粒重22.2～23.1克。抗稻瘟病，全群抗性频率82.2%～82.9%，病圃鉴定叶瘟1.0～1.75级、穗瘟2.5～3.5级（单点最高5级）；中抗白叶枯病（Ⅸ型菌1～3级）。米质鉴定达部标优质2级，糙米率79.9%～80.2%，整精米率50.7%～56.9%，垩白度0.8%～1.2%，透明度1.0～2.0级，碱消值6.8～7.0级，胶稠度74.0～75.0毫米，直链淀粉13.7%～14.9%，粒型（长宽比）3.5。2020年晚造参加省区试，平均亩产为456.03公斤，比对照种广8优2168减产0.18%，减产未达显著水平。2021年晚造参加省区试，平均亩产为422.87公斤，比对照种广8优2168减产1.44%，减产未达显著水平。2021年晚造生产试验平均亩产461.96公斤，比广8优2168增产9.97%。日产量3.81～4.18公斤。

该品种经过两年区试和一年生产试验，表现产量与对照相当，米质达部标优质2级，抗稻瘟病，中抗白叶枯病，耐寒性中等。建议粤北以外稻作区早、晚造种植。推荐省品种审定。

6. 感温迟熟组（C组）

（1）金龙优520　全生育期113天，与对照种广8优2168相当。株型中集，分蘖力中等，株高适中，抗倒力中等，耐寒性中弱。科高106.9～108.1厘米，亩有效穗17.1万～17.9万，穗长22.8～23.5厘米，每穗总粒数147～160粒，结实率74.5%～78.0%，千粒重23.4～24.6克。高抗稻瘟病，全群抗性频率100.0%，病圃鉴定叶瘟1.5～2.3级、穗瘟1.5～2.5级（单点最高5级）；高感白叶枯病（Ⅸ型菌9级）。米质鉴定达部标优质2级，糙米率81.3%～81.8%，整精米率57.8%～62.1%，垩白度0.1%～1.8%，透明度1.0～2.0级，碱消值6.8～7.0级，胶稠度72.0～76.0毫米，直链淀粉17.1%～17.2%，粒型（长宽比）3.3～3.4。2020年晚造参加省区试，平均亩产为474.47公斤，比对照种广8优2168增产4.21%，增产未达显著水平。2021年晚造参加省区试，平均亩产为445.96公斤，比对照种广8优2168增产3.07%，增产未达显著水平。2021年晚造生产试验平均亩产472.58公斤，比广8优2168增产12.50%。日产量3.95～4.20公斤。

该品种经过两年区试和一年生产试验，表现产量与对照相当，米质达部标优质2级，高抗稻瘟病，高感白叶枯病，耐寒性中弱。建议广东省中南和西南稻作区的平原地区早、晚造种植。栽培上特别注意防治白叶枯病。推荐省品种审定。

（2）峰软优49　全生育期110～111天，比对照种广8优2168短2～3天。株型中集，分蘖力中等，株高适中，抗倒力中等，耐寒性中等。科高108.7～109.2厘米，亩有效穗16.8万～17.2万，穗长20.1～20.9厘米，每穗总粒数155～162粒，结实率79.1%～

80.9%，千粒重21.3～22.4克。抗稻瘟病，全群抗性频率91.1%～100.0%，病圃鉴定叶瘟1.0～1.5级、穗瘟2.5～3.0级（单点最高5级）；感白叶枯病（Ⅸ型菌7级）。米质鉴定达部标优质3级，糙米率81.8%，整精米率61.5%～63.2%，垩白度0.1%～3.5%，透明度1.0～2.0级，碱消值4.8～5.5级，胶稠度78.0～80.0毫米，直链淀粉15.2%～15.7%，粒型（长宽比）3.2～3.3。2020年晚造参加省区试，平均亩产为471.58公斤，比对照种广8优2168增产3.58%，增产未达显著水平。2021年晚造参加省区试，平均亩产为439.82公斤，比对照种广8优2168增产1.65%，增产未达显著水平。2021年晚造生产试验平均亩产457.28公斤，比广8优2168增产8.85%。日产量3.96～4.29公斤。

该品种经过两年区试和一年生产试验，表现产量与对照相当，米质达部标优质3级，抗稻瘟病，感白叶枯病，耐寒性中等。建议粤北以外稻作区早、晚造种植。栽培上注意防治白叶枯病。推荐省品种审定。

（3）又美优金丝苗　全生育期112天，比对照种广8优2168短1天。株型中集，分蘖力中等，株高适中，抗倒力中等，耐寒性中强。科高106.5～106.7厘米，亩有效穗18.8万～18.9万，穗长22.7～23.1厘米，每穗总粒数152～153粒，结实率77.5%～78.8%，千粒重20.7～21.5克。抗稻瘟病，全群抗性频率85.7%～88.9%，病圃鉴定叶瘟1.5～1.8级、穗瘟3.0～3.5级（单点最高7级）；感白叶枯病（Ⅸ型菌3～7级）。米质鉴定达部标优质3级，糙米率80.4%～81.3%，整精米率48.0%～54.6%，垩白度1.0%～1.6%，透明度2.0级，碱消值5.5～6.4级，胶稠度76.0～82.0毫米，直链淀粉15.2%～17.9%，粒型（长宽比）3.7～3.8。2020年晚造参加省区试，平均亩产为475.96公斤，比对照种广8优2168增产4.18%，增产未达显著水平。2021年晚造参加省区试，平均亩产为435.21公斤，比对照种广8优2168增产0.58%，增产未达显著水平。2021年晚造生产试验平均亩产443.36公斤，比广8优2168增产5.54%。日产量3.89～4.25公斤。

该品种经过两年区试和一年生产试验，表现产量与对照相当，米质达部标优质3级，抗稻瘟病，感白叶枯病，耐寒性中强。建议粤北以外稻作区早、晚造种植。栽培上注意防治白叶枯病。推荐省品种审定。

7. 弱感光组（A组）

（1）峰软优天弘丝苗　全生育期112～114天，比对照种吉丰优1002短4～5天。株型中集，分蘖力中等，株高适中，抗倒力中强，耐寒性中等。科高116.6～118.0厘米，亩有效穗16.1万～16.3万，穗长22.1～22.2厘米，每穗总粒数166～178粒，结实率83.4%～84.6%，千粒重19.7～21.4克。抗稻瘟病，全群抗性频率84.4%～85.7%，病圃鉴定叶瘟1.3～1.5级、穗瘟2.0～3.5级（单点最高7级）；感白叶枯病（Ⅸ型菌7级）。米质鉴定达部标优质1级，糙米率81.0%～81.7%，整精米率63.9%～64.5%，垩白度0.9%～1.0%，透明度1.0～2.0级，碱消值6.8～7.0级，胶稠度74.0～76.0毫米，直链淀粉15.4%～15.8%，粒型（长宽比）3.4～3.5。2020年晚造参加省区试，平均亩产为469.32公斤，比对照种吉丰优1002减产2.02%，减产未达显著水平。2021年晚造参加省区试，平均亩产为446.81公斤，比对照种吉丰优1002减产0.58%，减产未达显著水平。2021年晚造生产试验平均亩产453.28公斤，比吉丰优1002减产0.41%。日产量3.99～4.12公斤。

该品种经过两年区试和一年生产试验，表现产量与对照相当，米质达部标优质1级，抗稻瘟病，感白叶枯病，耐寒性中等。建议粤北以外稻作区晚造种植。栽培上注意防治白叶枯病。推荐省品种审定。

（2）贵优55　全生育期116～117天，比对照种吉丰优1002短1天。株型中集，分蘖力中强，株高适中，抗倒力中等，耐寒性中等。科高105.2～109.5厘米，亩有效穗16.8万～18.0万，穗长22.7～23.1厘米，每穗总粒数153～161粒，结实率82.4%～82.8%，千粒重20.7～22.3克。中感稻瘟病，全群抗性频率62.9%～80.0%，病圃鉴定叶瘟1.0～2.0级、穗瘟3.0～5.0级（单点最高7级）；感白叶枯病（Ⅸ型菌5～7级）。米质鉴定达部标优质1级，糙米率81.5%～81.6%，整精米率59.9%～60.4%，垩白度0.8%～1.6%，透明度1.0级，碱消值7.0级，胶稠度70.0～76.0毫米，直链淀粉16.2%～17.0%，粒型（长宽比）3.4～3.5。2020年晚造参加省区试，平均亩产为479.33公斤，比对照种吉丰优1002增产0.07%，增产未达显著水平。2021年晚造参加省区试，平均亩产为440.17公斤，比对照种吉丰优1002减产2.06%，减产未达显著水平。2021年晚造生产试验平均亩产421.23公斤，比吉丰优1002减产7.45%。日产量3.79～4.10公斤。

该品种经过两年区试和一年生产试验，表现产量与对照相当，米质达部标优质1级，中感稻瘟病，感白叶枯病，耐寒性中等。建议粤北以外稻作区晚造种植。栽培上注意防治稻瘟病和白叶枯病。推荐省品种审定。

（3）金象优579　全生育期114～115天，比对照种吉丰优1002短3天。株型中集，分蘖力中等，株高适中，抗倒力中强，耐寒性中强。科高104.9～107.0厘米，亩有效穗17.0万～17.5万，穗长22.5～23.0厘米，每穗总粒数144～156粒，结实率80.1%～83.5%，千粒重21.9～23.0克。抗稻瘟病，全群抗性频率82.9%～86.7%，病圃鉴定叶瘟1.25～2.0级、穗瘟2.0～3.0级（单点最高5级）；中抗白叶枯病（Ⅸ型菌3级）。米质鉴定达部标优质2级，糙米率80.4%～81.0%，整精米率56.9%～59.8%，垩白度0.6%，透明度1.0～2.0级，碱消值7.0级，胶稠度70.0～74.0毫米，直链淀粉16.0%～16.2%，粒型（长宽比）3.4～3.5。2020年晚造参加省区试，平均亩产为466.97公斤，比对照种吉丰优1002减产5.38%，减产未达显著水平。2021年晚造参加省区试，平均亩产为433.62公斤，比对照种吉丰优1002减产3.52%，减产未达显著水平。2021年晚造生产试验平均亩产456.13公斤，比吉丰优1002增产0.22%。日产量3.80～4.06公斤。

该品种经过两年区试和一年生产试验，表现产量与对照相当，米质达部标优质2级，抗稻瘟病，中抗白叶枯病，耐寒性中强。建议粤北以外稻作区晚造种植。推荐省品种审定。

（4）Ⅱ优5522　全生育期117～118天，与对照种吉丰优1002相当。株型中集，分蘖力中等，株高适中，抗倒力中强，耐寒性中等。科高109.4～113.8厘米，亩有效穗15.6万～16.4万，穗长22.8～23.1厘米，每穗总粒数153～154粒，结实率75.8%～82.3%，千粒重25.0～26.3克。抗稻瘟病，全群抗性频率77.1%～84.4%，病圃鉴定叶瘟1.0～1.8级、穗瘟1.5～2.0级（单点最高5级）；中抗白叶枯病（Ⅸ型菌3级）。米质鉴定未达部标优质等级，糙米率81.7%～82.3%，整精米率46.7%～60.9%，垩白度2.6%～5.4%，透明度2.0级，碱消值5.1～6.4级，胶稠度60.0～68.0毫米，直链淀粉23.1%～23.5%，粒型（长宽比）2.5～2.6。2020年晚造参加省区试，平均亩产为485.22公斤，比对照种吉丰优1002增产1.30%，增产未达显著水平。2021年晚造参加省区试，平均亩产为419.28公斤，比对照种吉丰优1002减产6.71%，减产达极显著水平。2021年晚造生产试验平均亩产452.11公斤，比吉丰优1002减产0.67%。日产量3.58～4.11公斤。

该品种经过两年区试和一年生产试验，表现丰产性一般，米质未达部标优质等级，抗稻瘟病，中抗白叶枯病，耐寒性中等。建议粤北以外稻作区晚造种植。推荐省品种审定。

8. 弱感光组（B组）

（1）金恒优5522　全生育期118天，比对照种吉丰优1002长0～1天。株型中集，分蘖力中等，株高适中，抗倒力强，耐寒性中等。科高107.5～112.4厘米，亩有效穗16.9万～17.7万，穗长23.9～24.1厘米，每穗总粒数149～152粒，结实率74.2%～76.5%，千粒重24.5～26.4克。抗稻瘟病，全群抗性频率77.1%～86.7%，病圃鉴定叶瘟1.0～1.5级、穗瘟2.0～2.5级（单点最高5级）；抗白叶枯病（Ⅸ型菌1级）。米质鉴定未达部标优质等级，糙米率80.6%～81.6%，整精米率35.2%～56.4%，垩白度1.4%～2.1%，透明度1.0～2.0级，碱消值4.0～4.7级，胶稠度78.0～84.0毫米，直链淀粉16.9%～17.1%，粒型（长宽比）3.3～3.4。2020年晚造参加省区试，平均亩产为467.75公斤，比对照种吉丰优1002减产2.35%，减产未达显著水平。2021年晚造参加省区试，平均亩产为436.78公斤，比对照种吉丰优1002减产2.61%，减产未达显著水平。2021年晚造生产试验平均亩产469.11公斤，比吉丰优1002增产3.07%。日产量3.70～3.96公斤。

该品种经过两年区试和一年生产试验，表现产量与对照相当，米质未达部标优质等级，抗稻瘟病，抗白叶枯病，耐寒性中等。建议粤北以外稻作区晚造种植。推荐省品种审定。

（2）南新优698　全生育期115～117天，比对照种吉丰优1002短1～2天。株型中集，分蘖力中等，株高适中，抗倒力强，耐寒性强。科高109.7～112.8厘米，亩有效穗17.5万～17.6万，穗长22.2～22.8厘米，每穗总粒数146～156粒，结实率79.0%～85.6%，千粒重21.6～23.0克。抗稻瘟病，全群抗性频率85.7%～91.1%，病圃鉴定叶瘟1.0～1.25级、穗瘟2.0～3.0级（单点最高5级）；中抗白叶枯病（Ⅸ型菌3级）。米质鉴定达部标优质2级，糙米率81.4%～81.9%，整精米率61.7%～63.0%，垩白度1.2%～2.5%，透明度1.0～2.0级，碱消值7.0级，胶稠度68.0～76.0毫米，直链淀粉16.9%～17.3%，粒型（长宽比）2.9～3.0。2020年晚造参加省区试，平均亩产为465.75公斤，比对照种吉丰优1002减产2.76%，减产未达显著水平。2021年晚造参加省区试，平均亩产为431.88公斤，比对照种吉丰优1002减产3.7%，减产未达显著水平。2021年晚造生产试验平均亩产443.10公斤，比吉丰优1002减产2.64%。日产量3.76～3.98公斤。

该品种经过两年区试和一年生产试验，表现产量与对照相当，米质达部标优质2级，抗稻瘟病，中抗白叶枯病，耐寒性强。建议粤北以外稻作区晚造种植。推荐省品种审定。

（3）秋香优1255　全生育期112～114天，比对照种吉丰优1002短4～5天。株型中集，分蘖力中等，株高适中，抗倒力中等，耐寒性中弱。科高110.3～111.3厘米，亩有效穗16.6万～17.6万，穗长24.1～24.2厘米，每穗总粒数143～159粒，结实率81.8%～86.1%，千粒重21.3～22.7克。抗稻瘟病，全群抗性频率86.7%～88.6%，病圃鉴定叶瘟1.0～1.5级、穗瘟1.5级（单点最高3级）；高感白叶枯病（Ⅸ型菌7～9级）。米质鉴定达部标优质2级，糙米率79.8%～80.5%，整精米率59.7%～61.5%，垩白度0.1%～1.0%，透明度2.0级，碱消值5.5～6.2级，胶稠度76.0～78.0毫米，直链淀粉14.9%～15.3%，粒型（长宽比）3.5～3.6。2020年晚造参加省区试，平均亩产为463.85公斤，比对照种吉丰优1002减产3.16%，减产未达显著水平。2021年晚造参加省区试，平均亩产为427.5公斤，比对照种吉丰优1002减产4.68%，减产未达显著水平。2021年晚造生产试验平均亩产427.61公斤，比吉丰优1002减产6.05%。日产量3.82～4.07公斤。

该品种经过两年区试和一年生产试验，表现产量与对照相当，米质达部标优质2级，抗稻瘟病，高感白叶枯病，耐寒性中弱。建议广东省中南和西南稻作区的平原地区晚造种植。栽培上特别注意防治白叶枯病。推荐省品种审定。

（4）诚优荀占　全生育期112～113天，比对照种吉丰优1002短5天。株型中集，分蘖力中强，株高适中，抗倒力强，耐寒性中强。科高108.3～110.2厘米，亩有效穗17.5万～18.3万，穗长21.7～22.0厘米，每穗总粒数141～149粒，结实率77.7%～82.2%，千粒重22.4～23.4克。中感稻瘟病，全群抗性频率68.6%～88.9%，病圃鉴定叶瘟1.25～1.8级、穗瘟1.5～3.5级（单点最高5级）；高感白叶枯病（Ⅸ型菌9级）。米质鉴定达部标优质2级，糙米率81.5%～81.6%，整精米率57.0%，垩白度2.0%～3.0%，透明度1.0～2.0级，碱消值7.0级，胶稠度68.0～76.0毫米，直链淀粉17.4%～17.6%，粒型（长宽比）3.8。2020年晚造参加省区试，平均亩产为469.32公斤，比对照种吉丰优1002减产2.02%，减产未达显著水平。2021年晚造参加省区试，平均亩产为415.64公斤，比对照种吉丰优1002减产7.32%，减产达显著水平。2021年晚造生产试验平均亩产446.63公斤，比吉丰优1002减产1.87%。日产量3.71～4.15公斤。

该品种经过两年区试和一年生产试验，表现丰产性较差，米质达部标优质2级，中感稻瘟病，高感白叶枯病，耐寒性中强。建议粤北以外稻作区晚造种植。栽培上注意特别防治稻瘟病和白叶枯病。推荐省品种审定。

（二）初试品种

1. 感温中熟组（A组）

（1）峰软优福农占　全生育期114天，比对照种深优9708长4天。株型中集，分蘖力中等，株高适中，抗倒力中等。科高112.3厘米，亩有效穗18.1万，穗长21.0厘米，每穗总粒数165粒，结实率76.5%，千粒重21.5克。米质鉴定达部标优质1级，糙米率80.5%，整精米率63.7%，垩白度0.2%，透明度1.0级，碱消值7.0级，胶稠度80.0毫米，直链淀粉15.8%，粒型（长宽比）3.5。抗稻瘟病，全群抗性频率94.3%，病圃鉴定叶瘟1.5级、穗瘟3.5级（单点最高7级）；感白叶枯病（Ⅸ型菌7级）。2021年晚造参加省区试，平均亩产450.9公斤，比对照种深优9708减产2.15%，减产未达显著水平。日产量3.96公斤。该品种产量与对照相当，米质达部标优质1级，抗稻瘟病，2022年安排复试并进行生产试验。

（2）金香优360　全生育期111天，比对照种深优9708长1天。株型中集，分蘖力中等，株高适中，抗倒力中弱。科高109.9厘米，亩有效穗18.1万，穗长22.3厘米，每穗总粒数162粒，结实率71.2%，千粒重22.4克。米质鉴定达部标优质1级，糙米率81.5%，整精米率62.2%，垩白度0.2%，透明度1.0级，碱消值7.0级，胶稠度76.0毫米，直链淀粉17.6%，粒型（长宽比）3.3。中抗稻瘟病，全群抗性频率94.3%，病圃鉴定叶瘟1.0级、穗瘟4.0级（单点最高5级）；高感白叶枯病（Ⅸ型菌9级）。2021年晚造参加省区试，平均亩产443.02公斤，比对照种深优9708减产3.86%，减产未达显著水平。日产量3.99公斤。该品种产量与对照相当，米质达部标优质1级，中抗稻瘟病，2022年安排复试并进行生产试验。

（3）扬泰优5956　全生育期113天，比对照种深优9708长3天。株型中集，分蘖力中等，株高适中，抗倒力中等。科高108.6厘米，亩有效穗18.0万，穗长22.8厘米，每穗总粒数148粒，结实率76.9%，千粒重24.8克。米质鉴定未达部标优质等级，糙米率81.6%，整精米率54.4%，垩白度0.2%，透明度2.0级，碱消值4.5级，胶稠度78.0毫米，直链淀粉15.5%，粒型（长宽比）3.9。中抗稻瘟病，全群抗性频率88.6%，病圃鉴定叶瘟1.8级、穗瘟4.0级（单点最高7级）；高感白叶枯病（Ⅸ型菌9级）。2021年晚造参加省区试，平均亩产486.27公斤，比对照种深优9708增产5.53%，增产未达显著水平。日产量4.30公斤。该品种产量与对照相当，米质未达部标优质等级，中抗稻瘟病，高感白叶枯病，建议终止试验。

（4）恒丰优219　全生育期112天，比对照种深优9708长2天。株型中集，分蘖力中等，株高适中，抗倒力中强。科高109.4厘米，亩有效穗16.8万，穗长22.3厘米，每穗总粒数162粒，结实率78.6%，千粒重23.2克。米质鉴定达部标优质3级，糙米率80.8%，整精米率55.5%，垩白度0.3%，透明度2.0级，碱消值5.3级，胶稠度77.0毫米，直链淀粉16.8%，粒型（长宽比）3.3。中抗稻瘟病，全群抗性频率94.3%，病圃鉴定叶瘟1.3级、穗瘟4.0级（单点最高7级）；高感白叶枯病（Ⅸ型菌9级）。2021年晚造参加省区试，平均亩产480.38公斤，比对照种深优9708增产4.25%，增产未达显著水平。日产量4.29公斤。该品种产量与对照相当，米质达部标优质3级，中抗稻瘟病，高感白叶枯病，建议终止试验。

（5）纳优5351　全生育期111天，比对照种深优9708长1天。株型中集，分蘖力中等，株高适中，抗倒力中等。科高110.6厘米，亩有效穗17.5万，穗长22.3厘米，每穗总粒数171粒，结实率80.4%，千粒重22.5克。米质鉴定达部标优质3级，糙米率81.2%，整精米率64.3%，垩白度0.3%，透明度2.0级，碱消值5.0级，胶稠度84.0毫米，直链淀粉15.7%，粒型（长宽比）3.5。抗稻瘟病，全群抗性频率97.1%，病圃鉴定叶瘟1.3级、穗瘟3.5级（单点最高7级）；高感白叶枯病（Ⅸ型菌9级）。2021年晚造参加省区试，平均亩产471.08公斤，比对照种深优9708增产2.23%，增产未达显著水平。日产量4.24公斤。该品种产量、抗性、米质均与对照相当，建议终止试验。

（6）振两优6076　全生育期116天，比对照种深优9708长6天。株型中集，分蘖力中等，植株较高，抗倒力中强。科高121.6厘米，亩有效穗16.9万，穗长26.3厘米，每穗总粒数158粒，结实率75.1%，千粒重23.3克。米质鉴定未达部标优质等级，糙米率79.6%，整精米率46.8%，垩白度0.0%，透明度1.0级，碱消值7.0级，胶稠度72.0毫米，直链淀粉16.2%，粒型（长宽比）4.6。高抗稻瘟病，全群抗性频率91.4%，病圃鉴定叶瘟1.5级、穗瘟2.5级（单点最高5级）；高感白叶枯病（Ⅸ型菌9级）。2021年晚造参加省区试，平均亩产463.75公斤，比对照种深优9708增产0.64%，增产未达显著水平。日产量4.00公斤。该品种生育期比对照长6天，建议终止试验。

（7）宽仁优2160　全生育期114天，比对照种深优9708长4天。株型中集，分蘖力中等，株高适中，抗倒力强。科高104.8厘米，亩有效穗17.9万，穗长21.6厘米，每穗总粒数135粒，结实率74.5%，千粒重24.6克。米质鉴定达部标优质3级，糙米率81.2%，整精米率54.8%，垩白度0.2%，透明度2.0级，碱消值5.3级，胶稠度79.0毫米，直链淀粉17.2%，粒型（长宽比）3.7。高感稻瘟病，全群抗性频率5.7%，病圃鉴定叶瘟4.5级、穗瘟8.0级（单点最高9级）；高感白叶枯病（Ⅸ型菌9级）。2021年晚造参加省区试，平均亩产429.23公斤，比对照种深优9708减产6.85%，减产未达显著水平。日产量3.77公斤。该品种丰产性较差，高感稻瘟病，建议终止试验。

（8）又得优香占　全生育期116天，比对照种深优9708长6天。株型中集，分蘖力中等，结实率低，株高适中，抗倒力中强。科高104.8厘米，亩有效穗16.6万，穗长23.3厘米，每穗总粒数151粒，结实率49.5%，千粒重21.9克。米质鉴定未达部标优质等级，糙米率78.5%，整精米率42.6%，垩白度0.9%，透明度1.0级，碱消值7.0级，胶稠度50.0毫米，直链淀粉20.6%，粒型（长宽比）4.5。中抗稻瘟病，全群抗性频率88.6%，病圃鉴定叶瘟1.0级、穗瘟4.0级（单点最高7级）；高感白叶枯病（Ⅸ型菌9级）。2021年晚造参加省区试，平均亩产254.25公斤，比对照种深优9708减产44.82%，减产达极显著水平。日产量2.19公斤。该品种丰产性差，生育期比对照长6天，建议终止试验。

2. 感温中熟组（B组）

（1）贵优145　全生育期113天，比对照种深优9708长3天。株型中集，分蘖力中等，株高适中，抗倒力中弱。科高113.2厘米，亩有效穗18.5万，穗长23.6厘米，每穗总粒数154粒，结实率81.3%，千粒重21.8克。米质鉴定达部标优质1级，糙米率81.1%，整精米率61.1%，垩白度0.6%，透明度1.0级，碱消值7.0级，胶稠度71.0毫米，直链淀粉15.6%，粒型（长宽比）3.5。感稻瘟病，全群抗性频率71.4%，病圃鉴定叶瘟2.5级、穗瘟6.0级（单点最高7级）；感白叶枯病（Ⅸ型菌7级）。2021年晚造参加省区试，平均亩产469.06公斤，比对照种深优9708减产0.06%，减产未达显著水平。日产量4.15公斤。该品种产量与对照相当，米质达部标优质1级，2022年安排复试并进行生产试验。

（2）豪香优075　全生育期112天，比对照种深优9708长2天。株型中集，分蘖力中等，株高适中，抗倒力中弱。科高115.2厘米，亩有效穗17.0万，穗长23.5厘米，每穗总粒数166粒，结实率77.6%，千粒重22.3克。米质鉴定未达部标优质等级，糙米率80.8%，整精米率52.1%，垩白度0.3%，透明度2.0级，碱消值4.3级，胶稠度78.0毫米，直链淀粉14.5%，粒型（长宽比）3.7。抗稻瘟病，全群抗性频率91.4%，病圃鉴定叶瘟1.3级、穗瘟3.0级（单点最高5级）；中抗白叶枯病（Ⅸ型菌3级）。2021年晚造参加省区试，平均亩产464.52公斤，比对照种深优9708减产1.03%，减产未达显著水平。日产量4.15公斤。该品种产量与对照相当，抗稻瘟病，中抗白叶枯病，2022年安排复试并进行生产试验。

（3）广帝优313　全生育期111天，比对照种深优9708长1天。株型中集，分蘖力中等，株高适中，抗倒力中弱。科高113.1厘米，亩有效穗17.7万，穗长23.3厘米，每穗总粒数156粒，结实率80.1%，千粒重21.5克。米质鉴定达部标优质2级，糙米率80.9%，整精米率60.3%，垩白度0.3%，透明度2.0级，碱消值6.8级，胶稠度73.0毫米，直链淀粉15.7%，粒型（长宽比）4.1。抗稻瘟病，全群抗性频率97.1%，病圃鉴定叶瘟1.3级、穗瘟3.5级（单点最高5级）；感白叶枯病（Ⅸ型菌7级）。2021年晚造参加省区试，平均亩产461.83公斤，比对照种深优9708减产1.6%，减产未达显著水平。日产量4.16公斤。该品种产量与对照相当，米质达部标优质2级，抗稻瘟病，2022年安排复试并进行生产试验。

（4）珍野优粤芽丝苗　全生育期112天，比对照种深优9708长2天。株型中集，分蘖力中等，株高适中，抗倒力中弱。科高117.0厘米，亩有效穗17.8万，穗长24.6厘米，每穗总粒数176粒，结实率75.6%，千粒重21.1克。米质鉴定达部标优质1级，糙米率81.2%，整精米率61.6%，垩白度0.1%，透明度1.0级，碱消值7.0级，胶稠度75.0毫米，直链淀粉16.5%，粒型（长宽比）3.5。抗稻瘟病，全群抗性频率91.4%，病圃鉴定叶瘟2.0级、穗瘟3.0级（单点最高5级）；高感白叶枯病（Ⅸ型菌9级）。2021年晚造参加省区试，平均亩产458.6公斤，比对照种深优9708减产2.29%，减产未达显著水平。日产量4.09公斤。该品种产量与对照相当，米质达部标优质1级，抗稻瘟病，2022年安排复试并进行生产试验。

（5）广泰优6177　全生育期110天，与对照种深优9708相当。株型中集，分蘖力中等，株高适中，抗倒力中等。科高111.2厘米，亩有效穗17.8万，穗长21.9厘米，每穗总粒数155粒，结实率77.2%，千粒重24.4克。米质鉴定达部标优质3级，糙米率82.1%，整精米率50.3%，垩白度0.4%，透明度1.0级，碱消值7.0级，胶稠度74.0毫米，直链淀粉16.8%，粒型（长宽比）3.2。中抗稻瘟病，全群抗性频率97.1%，病圃鉴定叶瘟1.0级、穗瘟4.0级（单点最高7级）；高感白叶枯病（Ⅸ型菌9级）。2021年晚造参加省区试，平均亩产486.17公斤，比对照种深优9708增产3.59%，增产未达显著水平。日产量4.42公斤。该品种产量、米质与对照相当，中抗稻瘟病，高感白叶枯病，建议终止试验。

（6）两优513　全生育期116天，比对照种深优9708长6天。株型中集，分蘖力较强，株高适中，抗倒力强。科高110.6厘米，亩有效穗18.9万，穗长23.7厘米，每穗总粒数136粒，结实率78.8%，千粒重23.0克。米质鉴定达部标优质1级，糙米率80.9%，整精米率62.1%，垩白度0.0%，透明度1.0级，碱消值7.0级，胶稠度76.0

毫米，直链淀粉16.1%，粒型（长宽比）3.9。抗稻瘟病，全群抗性频率80.0%，病圃鉴定叶瘟2.5级、穗瘟2.0级（单点最高3级）；感白叶枯病（Ⅸ型菌7级）。2021年晚造参加省区试，平均亩产463.69公斤，比对照种深优9708减产1.2%，减产未达显著水平。日产量4.00公斤。该品种生育期比对照长6天，建议终止试验。

（7）乐优2号　全生育期108天，比对照种深优9708短2天。株型中集，分蘖力中等，株高适中，抗倒力中等。科高105.4厘米，亩有效穗18.3万，穗长26.6厘米，每穗总粒数150粒，结实率71.0%，千粒重22.5克。米质鉴定达部标优质3级，糙米率81.4%，整精米率53.9%，垩白度2.0%，透明度2.0级，碱消值6.0级，胶稠度78.0毫米，直链淀粉21.4%，粒型（长宽比）3.7。中抗稻瘟病，全群抗性频率100.0%，病圃鉴定叶瘟1.0级、穗瘟4.5级（单点最高7级）；感白叶枯病（Ⅸ型菌7级）。2021年晚造参加省区试，平均亩产410.83公斤，比对照种深优9708减产12.47%，减产达极显著水平。日产量3.80公斤。该品种丰产性差，中抗稻瘟病，感白叶枯病，建议终止试验。

（8）八丰优57　全生育期118天，比对照种深优9708长8天。株型中集，分蘖力中等，株高适中，抗倒力强。科高115.4厘米，亩有效穗18.2万，穗长23.5厘米，每穗总粒数128粒，结实率72.7%，千粒重25.1克。米质鉴定未达部标优质等级，糙米率80.8%，整精米率45.8%，垩白度1.5%，透明度1.0级，碱消值6.8级，胶稠度76.0毫米，直链淀粉25.0%，粒型（长宽比）3.7。中抗稻瘟病，全群抗性频率71.4%，病圃鉴定叶瘟1.8级、穗瘟3.0级（单点最高7级）；感白叶枯病（Ⅸ型菌7级）。2021年晚造参加省区试，平均亩产394.69公斤，比对照种深优9708减产15.9%，减产达极显著水平。日产量3.34公斤。该品种生育期比对照长8天，建议终止试验。

3. 感温中熟组（C组）

（1）航93两优香丝苗　全生育期112天，比对照种深优9708长2天。株型中集，分蘖力中等，株高适中，抗倒力中等。科高110.2厘米，亩有效穗16.8万，穗长21.8厘米，每穗总粒数165粒，结实率76.9%，千粒重22.2克。米质鉴定未达部标优质等级，糙米率80.5%，整精米率61.5%，垩白度0.3%，透明度2.0级，碱消值4.8级，胶稠度78.0毫米，直链淀粉15.7%，粒型（长宽比）3.4。抗稻瘟病，全群抗性频率85.7%，病圃鉴定叶瘟1.5级、穗瘟3.5级（单点最高5级）；高感白叶枯病（Ⅸ型菌9级）。2021年晚造参加省区试，平均亩产474.15公斤，比对照种深优9708增产2.26%，增产未达显著水平。日产量4.23公斤。该品种产量、抗性均与对照相当，米质未达部标优质等级，建议终止试验。

（2）福香优金粘　全生育期113天，比对照种深优9708长3天。株型中集，分蘖力强，株高适中，抗倒力中等。科高112.7厘米，亩有效穗20.2万，穗长23.5厘米，每穗总粒数141粒，结实率78.1%，千粒重23.3克。米质鉴定达部标优质3级，糙米率80.7%，整精米率53.1%，垩白度0.8%，透明度2.0级，碱消值5.3级，胶稠度82.0毫米，直链淀粉15.1%，粒型（长宽比）4.1。感稻瘟病，全群抗性频率48.6%，病圃鉴定叶瘟1.8级、穗瘟6.0级（单点最高9级）；高感白叶枯病（Ⅸ型菌9级）。2021年晚造参加省区试，平均亩产461.17公斤，比对照种深优9708减产0.54%，减产未达显著水平。日产量4.08公斤。该品种产量、米质均与对照相当，感稻瘟病，单点最高穗瘟9

级，高感白叶枯病，建议终止试验。

（3）青香优088　全生育期112天，比对照种深优9708长2天。株型中集，分蘖力中等，株高适中，抗倒力中强。科高111.2厘米，亩有效穗17.0万，穗长24.1厘米，每穗总粒数162粒，结实率75.5%，千粒重23.3克。米质鉴定达部标优质3级，糙米率82.2%，整精米率50.7%，垩白度0.5%，透明度2.0级，碱消值6.7级，胶稠度78.0毫米，直链淀粉15.8%，粒型（长宽比）3.8。中抗稻瘟病，全群抗性频率82.9%，病圃鉴定叶瘟1.5级、穗瘟5.5级（单点最高9级）；中抗白叶枯病（Ⅸ型菌3级）。2021年晚造参加省区试，平均亩产456.81公斤，比对照种深优9708减产1.48%，减产未达显著水平。日产量4.08公斤。该品种产量、米质均与对照相当，中抗稻瘟病，单点最高穗瘟9级，建议终止试验。

（4）广帝优908　全生育期109天，比对照种深优9708短1天。株型中集，分蘖力中强，株高适中，抗倒力中强。科高104.6厘米，亩有效穗18.4万，穗长22.8厘米，每穗总粒数142粒，结实率80.4%，千粒重22.5克。米质鉴定达部标优质3级，糙米率82.2%，整精米率54.3%，垩白度0.3%，透明度2.0级，碱消值5.0级，胶稠度78.0毫米，直链淀粉14.0%，粒型（长宽比）4.2。中抗稻瘟病，全群抗性频率80.0%，病圃鉴定叶瘟1.0级、穗瘟4.5级（单点最高7级）；高感白叶枯病（Ⅸ型菌9级）。2021年晚造参加省区试，平均亩产437.67公斤，比对照种深优9708减产5.61%，减产未达显著水平。日产量4.02公斤。该品种产量、米质均与对照相当，中抗稻瘟病，高感白叶枯病，建议终止试验。

（5）京两优香占　全生育期113天，比对照种深优9708长3天。株型中集，分蘖力中等，株高适中，抗倒力中强。科高113.3厘米，亩有效穗17.8万，穗长23.9厘米，每穗总粒数145粒，结实率74.7%，千粒重24.0克。米质鉴定达部标优质3级，糙米率80.4%，整精米率48.1%，垩白度0.5%，透明度2.0级，碱消值5.3级，胶稠度66.0毫米，直链淀粉19.4%，粒型（长宽比）4.3。中抗稻瘟病，全群抗性频率85.7%，病圃鉴定叶瘟1.0级、穗瘟5.0级（单点最高7级）；高感白叶枯病（Ⅸ型菌9级）。2021年晚造参加省区试，平均亩产432.62公斤，比对照种深优9708减产6.7%，减产未达显著水平。日产量3.83公斤。该品种产量、米质均与对照相当，中抗稻瘟病，高感白叶枯病，建议终止试验。

（6）广泰优2916　全生育期119天，比对照种深优9708长9天。株型中集，分蘖力中等，株高适中，抗倒力中强。科高114.3厘米，亩有效穗16.9万，穗长20.9厘米，每穗总粒数157粒，结实率72.7%，千粒重25.2克。米质鉴定达部标优质3级，糙米率80.0%，整精米率48.8%，垩白度0.1%，透明度2.0级，碱消值5.5级，胶稠度77.0毫米，直链淀粉17.8%，粒型（长宽比）3.1。中感稻瘟病，全群抗性频率74.3%，病圃鉴定叶瘟2.3级、穗瘟5.5级（单点最高9级）；感白叶枯病（Ⅸ型菌7级）。2021年晚造参加省区试，平均亩产430.21公斤，比对照种深优9708减产7.22%，减产未达显著水平。日产量3.62公斤。该品种生育期比对照长9天，建议终止试验。

（7）Y两优R15　全生育期115天，比对照种深优9708长5天。株型中集，分蘖力中强，株高适中，抗倒力中等。科高115.1厘米，亩有效穗18.1万，穗长27.3厘米，每穗总粒数137粒，结实率67.1%，千粒重22.3克。米质鉴定未达部标优质等级，糙米率81.0%，整精米率58.8%，垩白度1.1%，透明度1.0级，碱消值6.8级，胶稠度52.0毫米，直链淀粉22.5%，粒型（长宽比）4.1。高感稻瘟病，全群抗性频率45.7%，病圃鉴定叶瘟2.8级、穗瘟7.5级（单点最高9级）；感白叶枯病（Ⅸ型菌7级）。2021年晚造参加省区试，平均亩产365.85公斤，比对照种深优9708减产21.1%，减产达极显著水平。日产量3.18公斤。该品种生育期比对照长5天，建议终止试验。

4. 感温迟熟组（A组）

（1）协禾优1036　全生育期110天，比对照种广8优2168短3天。株型中集，分蘖力中等，株高适中，抗倒力中强。科高109.7厘米，亩有效穗17.0万，穗长24.9厘米，每穗总粒数168粒，结实率81.2%，千粒重21.7克。米质鉴定未达部标优质等级，糙米率79.4%，整精米率37.5%，垩白度0.1%，透明度1.0级，碱消值7.0级，胶稠度72.0毫米，直链淀粉15.6%，粒型（长宽比）4.3。中抗稻瘟病，全群抗性频率91.4%，病圃鉴定叶瘟1.3级、穗瘟4.0级（单点最高5级）；高感白叶枯病（Ⅸ型菌9级）。2021年晚造参加省区试，平均亩产462.62公斤，比对照种广8优2168增产8.82%，增产达极显著水平。日产量4.21公斤。该品种丰产性好，中抗稻瘟病，2022年安排复试并进行生产试验。

（2）明1优92　全生育期116天，比对照种广8优2168长3天。株型中集，分蘖力中弱，株高适中，抗倒力中强。科高110.2厘米，亩有效穗14.9万，穗长25.8厘米，每穗总粒数167粒，结实率71.9%，千粒重26.6克。米质鉴定未达部标优质等级，糙米率79.6%，整精米率35.8%，垩白度2.0%，透明度1.0级，碱消值5.2级，胶稠度81.0毫米，直链淀粉15.3%，粒型（长宽比）3.9。抗稻瘟病，全群抗性频率85.7%，病圃鉴定叶瘟1.8级、穗瘟3.0级（单点最高5级）；感白叶枯病（Ⅸ型菌7级）。2021年晚造参加省区试，平均亩产426.59公斤，比对照种广8优2168增产0.34%，增产未达显著水平。日产量3.68公斤。该品种产量与对照相当，抗稻瘟病，2022年安排复试并进行生产试验。

（3）联优307　全生育期114天，比对照种广8优2168长1天。株型中集，分蘖力中等，株高适中，抗倒力中等。科高111.2厘米，亩有效穗16.6万，穗长24.1厘米，每穗总粒数175粒，结实率69.1%，千粒重21.8克。米质鉴定未达部标优质等级，糙米率80.1%，整精米率39.9%，垩白度1.2%，透明度2.0级，碱消值7.0级，胶稠度70.0毫米，直链淀粉15.7%，粒型（长宽比）3.7。抗稻瘟病，全群抗性频率88.6%，病圃鉴定叶瘟2.0级、穗瘟3.5级（单点最高7级）；感白叶枯病（Ⅸ型菌7级）。2021年晚造参加省区试，平均亩产405.26公斤，比对照种广8优2168减产4.68%，减产未达显著水平。日产量3.55公斤。该品种产量与对照相当，抗稻瘟病，2022年安排复试并进行生产试验。

（4）纤优香丝苗　全生育期112天，比对照种广8优2168短1天。株型中集，分蘖力中等，株高适中，抗倒力中弱。科高111.1厘米，亩有效穗17.5万，穗长25.2厘米，每穗总粒数158粒，结实率74.3%，千粒重22.0克。米质鉴定未达部标优质等级，糙米率79.4%，整精米率37.0%，垩白度0.1%，透明度2.0级，碱消值7.0级，胶稠度80.0毫米，直链淀粉14.1%，粒型（长宽比）4.4。高抗稻瘟病，全群抗性频率100.0%，病圃鉴定叶瘟1.5级、穗瘟2.5级（单点最高5级）；高感白叶枯病（Ⅸ型菌9级）。2021年晚造参加省区试，平均亩产404.05公斤，比对照种广8优2168减产4.96%，减产未达显著水平。日产量3.61公斤。该品种产量与对照相当，高抗稻瘟病，2022年安排复试并进行生产试验。

（5）春9两优1002　全生育期112天，比对照种广8优2168短1天。株型中集，分蘖力中等，株高适中，抗倒力中强。科高104.5厘米，亩有效穗16.6万，穗长22.9厘米，每穗总粒数156粒，结实率71.5%，千粒重25.7克。米质鉴定未达部标优质等级，糙米率78.8%，整精米率41.4%，垩白度5.7%，透明度2.0级，碱消值6.8级，胶稠度72.0毫米，直链淀粉15.3%，粒型（长宽比）3.1。感稻瘟病，全群抗性频率40.0%，病圃鉴定叶瘟1.5级、穗瘟5.0级（单点最高9级）；感白叶枯病（Ⅸ型菌7级）。2021年晚造参加省区试，平均亩产432.86公斤，比对照种广8优2168增产1.82%，增产未达显著水平。日产量3.86公斤。该品种产量与对照相当，米质未达部标优质等级，感稻瘟病，单点最高穗瘟9级，建议终止试验。

（6）中政优856　全生育期112天，比对照种广8优2168短1天。株型中集，分蘖力中等，株高适中，抗倒力中弱。科高116.6厘米，亩有效穗16.4万，穗长23.1厘米，每穗总粒数154粒，结实率78.5%，千粒重20.5克。米质鉴定达部标优质3级，糙米率75.3%，整精米率50.3%，垩白度2.5%，透明度2.0级，碱消值7.0级，胶稠度59.0毫米，直链淀粉14.1%，粒型（长宽比）3.5。抗稻瘟病，全群抗性频率85.7%，病圃鉴定叶瘟1.8级、穗瘟3.5级（单点最高7级）；中感白叶枯病（Ⅸ型菌5级）。2021年晚造参加省区试，平均亩产400.05公斤，比对照种广8优2168减产5.9%，减产达显著水平。日产量3.57公斤。该品种丰产性差，米质达部标优质3级，抗稻瘟病，中感白叶枯病，建议终止试验。

（7）贵优油香　全生育期113天，与对照种广8优2168相当。株型中集，分蘖力中等，株高适中，抗倒力中等。科高108.2厘米，亩有效穗16.7万，穗长24.7厘米，每穗总粒数182粒，结实率72.5%，千粒重19.3克。米质鉴定未达部标优质等级，糙米率77.7%，整精米率40.6%，垩白度0.2%，透明度2.0级，碱消值7.0级，胶稠度69.0毫米，直链淀粉15.1%，粒型（长宽比）4.0。感稻瘟病，全群抗性频率62.9%，病圃鉴定叶瘟2.0级、穗瘟6.5级（单点最高9级）；感白叶枯病（Ⅸ型菌7级）。2021年晚造参加省区试，平均亩产399.87公斤，比对照种广8优2168减产5.94%，减产达显著水平。日产量3.54公斤。该品种丰产性差，米质未达部标优质等级，感稻瘟病，单点最高穗瘟9级，感白叶枯病，建议终止试验。

（8）益两优116　全生育期112天，比对照种广8优2168短1天。株型中集，分蘖力中等，植株较高，抗倒力中弱。科高120.4厘米，亩有效穗17.6万，穗长26.5厘米，每穗总粒数166粒，结实率75.8%，千粒重18.4克。米质鉴定未达部标优质等级，糙米率68.8%，整精米率29.1%，垩白度0.6%，透明度1.0级，碱消值5.3级，胶稠度72.0毫米，直链淀粉13.0%，粒型（长宽比）4.2。感稻瘟病，全群抗性频率68.6%，病圃鉴定叶瘟3.0级、穗瘟6.0级（单点最高9级）；高感白叶枯病（Ⅸ型菌9级）。2021年晚造参加省区试，平均亩产383.45公斤，比对照种广8优2168减产9.81%，减产达极显著水平。日产量3.42公斤。该品种丰产性差，米质未达部标优质等级，感稻瘟病，单点最高穗瘟9级，高感白叶枯病，建议终止试验。

5. 感温迟熟组（B组）

（1）金丝优晶占　全生育期108天，比对照种广8优2168短5天。株型中集，分蘖力中等，株高适中，抗倒力中强。科高101.0厘米，亩有效穗17.3万，穗长23.3厘米，每穗总粒数158粒，结实率83.9%，千粒重20.9克。米质鉴定达部标优质3级，糙米率80.2%，整精米率56.0%，垩白度1.4%，透明度1.0级，碱消值5.5级，胶稠度80.0毫米，直链淀粉15.8%，粒型（长宽比）3.6。中抗稻瘟病，全群抗性频率97.1%，病圃鉴定叶瘟1.0级、穗瘟4.5级（单点最高7级）；高感白叶枯病（Ⅸ型菌9级）。2021年晚造参加省区试，平均亩产446.18公斤，比对照种广8优2168增产3.99%，增产未达显著水平。日产量4.13公斤。该品种丰产性较好，米质达部标优质3级，中抗稻瘟病，2022年安排复试并进行生产试验。

（2）航1两优1378　全生育期111天，比对照种广8优2168短2天。株型中集，分蘖力中等，株高适中，抗倒力中强。科高110.6厘米，亩有效穗17.0万，穗长22.2厘米，每穗总粒数170粒，结实率78.4%，千粒重20.9克。米质鉴定达部标优质2级，糙米率81.2%，整精米率63.0%，垩白度1.9%，透明度2.0级，碱消值6.0级，胶稠度83.0毫米，直链淀粉15.9%，粒型（长宽比）3.4。抗稻瘟病，全群抗性频率88.6%，病圃鉴定叶瘟1.0级、穗瘟3.0级（单点最高7级）；高感白叶枯病（Ⅸ型菌9级）。2021年晚造参加省区试，平均亩产438.15公斤，比对照种广8优2168增产2.12%，增产未达显著水平。日产量3.95公斤。该品种产量与对照相当，米质达部标优质2级，抗稻瘟病，2022年安排复试并进行生产试验。

（3）南13优698　全生育期111天，比对照种广8优2168短2天。株型中集，分蘖力中等，株高适中，抗倒力中强。科高108.0厘米，亩有效穗17.7万，穗长22.3厘米，每穗总粒数159粒，结实率79.6%，千粒重19.4克。米质鉴定达部标优质2级，糙米率81.2%，整精米率62.6%，垩白度0.5%，透明度2.0级，碱消值7.0级，胶稠度68.0毫米，直链淀粉16.4%，粒型（长宽比）3.5。抗稻瘟病，全群抗性频率100.0%，病圃鉴定叶瘟1.0级、穗瘟3.0级（单点最高5级）；中抗白叶枯病（Ⅸ型菌3级）。2021年晚造参加省区试，平均亩产430.4公斤，比对照种广8优2168增产0.31%，增产未达显著水平。日产量3.88公斤。该品种产量与对照相当，米质达部标优质2级，抗稻瘟病，中抗白叶枯病，2022年安排复试并进行生产试验。

（4）金隆优018　全生育期112天，比对照种广8优2168短1天。株型中集，分蘖力中等，株高适中，抗倒力中弱。科高110.4厘米，亩有效穗17.4万，穗长24.5厘米，每穗总粒数166粒，结实率74.6%，千粒重20.7克。米质鉴定达部标优质2级，糙米率80.2%，整精米率58.8%，垩白度1.0%，透明度2.0级，碱消值7.0级，胶稠度63.0毫米，直链淀粉16.1%，粒型（长宽比）4.0。抗稻瘟病，全群抗性频率88.6%，病圃鉴定叶瘟1.0级、穗瘟2.0级（单点最高5级）；感白叶枯病（Ⅸ型菌7级）。2021年晚造参加省区试，平均亩产420.54公斤，比对照种广8优2168减产1.98%，减产未达显著水平。日产量3.75公斤。该品种产量与对照相当，米质达部标优质2级，抗稻瘟病，2022年安排复试并进行生产试验。

（5）玉晶两优2916　全生育期114天，比对照种广8优2168长1天。株型中集，分蘖力中等，株高适中，抗倒力强。科高98.7厘米，亩有效穗17.2万，穗长22.8厘米，每穗总粒数148粒，结实率78.6%，千粒重22.0克。米质鉴定未达部标优质等级，糙米率80.3%，整精米率62.6%，垩白度1.6%，透明度2.0级，碱消值4.3级，胶稠度82.0毫米，直链淀粉14.8%，粒型（长宽比）3.3。感稻瘟病，全群抗性频率34.3%，病圃鉴定叶瘟1.8级、穗瘟5.5级（单点最高9级）；感白叶枯病（Ⅸ型菌7级）。2021年晚造参加省区试，平均亩产431.19公斤，比对照种广8优2168增产0.50%，增产未达显著水平。日产量3.78公斤。该品种产量与对照相当，米质未达部标优质等级，感稻瘟病，单点最高穗瘟9级，感白叶枯病，建议终止试验。

（6）803优1466　全生育期116天，比对照种广8优2168长3天。株型中集，分蘖力中等，株高适中，抗倒力强。科高104.1厘米，亩有效穗18.1万，穗长24.0厘米，每穗总粒数154粒，结实率77.3%，千粒重20.6克。米质鉴定未达部标优质等级，糙米率79.8%，整精米率53.9%，垩白度0.6%，透明度1.0级，碱消值4.8级，胶稠度84.0毫米，直链淀粉15.0%，粒型（长宽比）3.9。抗稻瘟病，全群抗性频率71.4%，病圃鉴定叶瘟1.3级、穗瘟2.0级（单点最高3级）；感白叶枯病（Ⅸ型菌7级）。2021年晚造参加省区试，平均亩产423.6公斤，比对照种广8优2168减产1.27%，减产未达显著水平。日产量3.65公斤。该品种产量、米质、抗性均与对照相当，建议终止试验。

6. 感温迟熟组（C组）

（1）深两优乐占　全生育期111天，比对照种广8优2168短2天。株型中集，分蘖力中强，株高适中，抗倒力中强。科高108.5厘米，亩有效穗17.6万，穗长23.7厘米，每穗总粒数152粒，结实率79.4%，千粒重23.0克。米质鉴定达部标优质3级，糙米率80.6%，整精米率55.2%，垩白度3.0%，透明度2.0级，碱消值5.7级，胶稠度50.0毫米，直链淀粉20.8%，粒型（长宽比）3.3。高抗稻瘟病，全群抗性频率100.0%，病圃鉴定叶瘟1.0级、穗瘟2.5级（单点最高5级）；感白叶枯病（Ⅸ型菌7级）。2021年晚造参加省区试，平均亩产459.77公斤，比对照种广8优2168增产6.26%，增产达极显著水平。日产量4.14公斤。该品种丰产性好，米质达部标优质3级，高抗稻瘟病，2022年安排复试并进行生产试验。

（2）金隆优002　全生育期111天，比对照种广8优2168短2天。株型中集，分蘖力中等，穗长粒多，株高适中，抗倒力中等。科高107.2厘米，亩有效穗16.3万，穗长24.6厘米，每穗总粒数170粒，结实率80.1%，千粒重21.1克。米质鉴定达部标优质2级，糙米率81.4%，整精米率58.6%，垩白度0.8%，透明度2.0级，碱消值7.0级，胶稠度73.0毫米，直链淀粉15.9%，粒型（长宽比）3.7。感稻瘟病，全群抗性频率60.0%，病圃鉴定叶瘟2.0级、穗瘟4.5级（单点最高7级）；中感白叶枯病（Ⅸ型菌5级）。2021年晚造参加省区试，平均亩产458.47公斤，比对照种广8优2168增产

5.96%，增产达极显著水平。日产量4.13公斤。该品种丰产性好，米质达部标优质2级，2022年安排复试并进行生产试验。

（3）悦两优8549　全生育期111天，比对照种广8优2168短2天。株型中集，分蘖力中等，株高适中，抗倒力中强。科高106.0厘米，亩有效穗18.9万，穗长23.2厘米，每穗总粒数149粒，结实率83.8%，千粒重20.0克。米质鉴定达部标优质1级，糙米率79.2%，整精米率58.2%，垩白度0.4%，透明度1.0级，碱消值7.0级，胶稠度83.0毫米，直链淀粉15.3%，粒型（长宽比）3.9。高抗稻瘟病，全群抗性频率94.3%，病圃鉴定叶瘟1.0级、穗瘟2.5级（单点最高3级）；中感白叶枯病（Ⅸ型菌5级）。2021年晚造参加省区试，平均亩产453.29公斤，比对照种广8优2168增产4.76%，增产达显著水平。日产量4.08公斤。该品种丰产性好，米质达部标优质1级，高抗稻瘟病，2022年安排复试并进行生产试验。

（4）金龙优8812　全生育期113天，与对照种广8优2168相当。株型中集，分蘖力中等，株高适中，抗倒力强。科高109.9厘米，亩有效穗16.5万，穗长23.4厘米，每穗总粒数148粒，结实率77.3%，千粒重25.9克。米质鉴定达部标优质3级，糙米率80.7%，整精米率58.4%，垩白度3.6%，透明度2.0级，碱消值6.8级，胶稠度74.0毫米，直链淀粉16.2%，粒型（长宽比）3.3。高抗稻瘟病，全群抗性频率97.1%，病圃鉴定叶瘟1.0级、穗瘟2.0级（单点最高3级）；高感白叶枯病（Ⅸ型菌9级）。2021年晚造参加省区试，平均亩产447.04公斤，比对照种广8优2168增产3.32%，增产未达显著水平。日产量3.96公斤。该品种产量与对照相当，米质达部标优质3级，高抗稻瘟病，2022年安排复试并进行生产试验。

（5）中泰优玉占　全生育期112天，比对照种广8优2168短1天。株型中集，分蘖力中等，株高适中，抗倒力中等。科高107.6厘米，亩有效穗17.1万，穗长22.9厘米，每穗总粒数148粒，结实率78.3%，千粒重23.5克。米质鉴定未达部标优质等级，糙米率81.0%，整精米率57.9%，垩白度1.3%，透明度2.0级，碱消值4.0级，胶稠度82.0毫米，直链淀粉14.3%，粒型（长宽比）3.3。抗稻瘟病，全群抗性频率71.4%，病圃鉴定叶瘟1.3级、穗瘟2.5级（单点最高5级）；中抗白叶枯病（Ⅸ型菌3级）。2021年晚造参加省区试，平均亩产439.63公斤，比对照种广8优2168增产1.60%，增产未达显著水平。日产量3.93公斤。该品种产量与对照相当，抗稻瘟病，中抗白叶枯病，2022年安排复试并进行生产试验。

（6）天弘优1214　全生育期111天，比对照种广8优2168短2天。株型中集，分蘖力中等，株高适中，抗倒力强。科高102.6厘米，亩有效穗17.6万，穗长23.5厘米，每穗总粒数157粒，结实率78.7%，千粒重20.6克。米质鉴定达部标优质3级，糙米率80.8%，整精米率55.4%，垩白度1.7%，透明度2.0级，碱消值5.7级，胶稠度78.0毫米，直链淀粉14.1%，粒型（长宽比）4.0。抗稻瘟病，全群抗性频率97.1%，病圃鉴定叶瘟1.0级、穗瘟3.0级（单点最高5级）；感白叶枯病（Ⅸ型菌7级）。2021年晚造参加省区试，平均亩产437.78公斤，比对照种广8优2168增产1.18%，增产未达显著水平。日产量3.94公斤。该品种产量与对照相当，米质达部标优质3级，抗稻瘟病，2022年安排复试并进行生产试验。

（7）金龙优171　全生育期112天，比对照种广8优2168短1天。株型中集，分蘖力中等，株高适中，抗倒力中等。科高114.4厘米，亩有效穗16.9万，穗长23.9厘米，每穗总粒数151粒，结实率74.6%，千粒重25.3克。米质鉴定达部标优质3级，糙米率81.6%，整精米率62.0%，垩白度1.1%，透明度1.0级，碱消值7.0级，胶稠度74.0毫米，直链淀粉21.8%，粒型（长宽比）3.4。中感稻瘟病，全群抗性频率77.1%，病圃鉴定叶瘟2.0级、穗瘟5.0级（单点最高7级）；高感白叶枯病（Ⅸ型菌9级）。2021年晚造参加省区试，平均亩产437.28公斤，比对照种广8优2168增产1.06%，增产未达显著水平。日产量3.90公斤。该品种产量与对照相当，中感稻瘟病，高感白叶枯病，建议终止试验。

（8）新兆优9432　全生育期118天，比对照种广8优2168长5天。株型中集，分蘖力中等，株高适中，抗倒力强。科高106.7厘米，亩有效穗16.0万，穗长24.6厘米，每穗总粒数148粒，结实率74.6%，千粒重23.6克。米质鉴定达部标优质3级，糙米率79.6%，整精米率49.0%，垩白度0.3%，透明度1.0级，碱消值7.0级，胶稠度66.0毫米，直链淀粉17.2%，粒型（长宽比）4.2。抗稻瘟病，全群抗性频率88.6%，病圃鉴定叶瘟1.0级、穗瘟1.5级（单点最高3级）；感白叶枯病（Ⅸ型菌7级）。2021年晚造参加省区试，平均亩产400.29公斤，比对照种广8优2168减产7.49%，减产达极显著水平。日产量3.39公斤。该品种丰产性差，抗性与对照相当，米质达部标优质3级，建议终止试验。

7. 弱感光组（A组）

（1）银恒优5522　全生育期114天，比对照种吉丰优1002短3天。株型中集，分蘖力中等，株高适中，抗倒力强。科高111.4厘米，亩有效穗17.7万，穗长22.5厘米，每穗总粒数152粒，结实率75.9%，千粒重25.2克。米质鉴定达部标优质2级，糙米率82.1%，整精米率53.2%，垩白度1.0%，透明度2.0级，碱消值6.0级，胶稠度78.0毫米，直链淀粉16.4%，粒型（长宽比）3.2。抗稻瘟病，全群抗性频率80.0%，病圃鉴定叶瘟1.5级、穗瘟2.0级（单点最高5级）；抗白叶枯病（Ⅸ型菌1级）。2021年晚造参加省区试，平均亩产461.9公斤，比对照种吉丰优1002增产2.77%，增产未达显著水平。日产量4.05公斤。该品种产量与对照相当，米质达部标优质2级，抗稻瘟病，抗白叶枯病，2022年安排复试并进行生产试验。

（2）香禾优6355　全生育期115天，比对照种吉丰优1002短2天。株型中集，分蘖力中等，株高适中，抗倒力中强。科高118.7厘米，亩有效穗16.4万，穗长23.1厘米，每穗总粒数153粒，结实率81.4%，千粒重24.3克。米质鉴定达部标优质2级，糙米率82.1%，整精米率57.5%，垩白度1.8%，透明度1.0级，碱消值7.0级，胶稠度72.0毫米，直链淀粉16.9%，粒型（长宽比）3.9。高抗稻瘟病，全群抗性频率91.4%，病圃鉴定叶瘟1.3级、穗瘟1.8级（单点最高3级）；感白叶枯病（Ⅸ型菌7级）。2021年晚造参加省区试，平均亩产452.6公斤，比对照种吉丰优1002增产0.71%，增产未达显著水平。日产量3.94公斤。该品种产量与对照相当，米质达部标优质2级，高抗稻瘟病，2022年安排复试并进行生产试验。

（3）中发优香丝苗　全生育期117天，与对照种吉丰优1002相当。株型中集，分蘖力中等，株高适中，抗倒力强。科高115.6厘米，亩有效穗15.6万，穗长23.2厘米，每穗总粒数166粒，结实率73.6%，千粒重23.9克。米质鉴定未达部标优质等级，糙米率80.9%，整精米率47.9%，垩白度0.3%，透明度1.0级，碱消值6.0级，胶稠度80.0毫米，直链淀粉17.2%，粒型（长宽比）3.9。高抗稻瘟病，全群抗性频率97.1%，病圃鉴定叶瘟1.0级、穗瘟2.0级（单点最高3级）；感白叶枯病（Ⅸ型菌7级）。2021年晚造参加省区试，平均亩产422.19公斤，比对照种吉丰优1002减产6.06%，减产达极显著水平。日产量3.61公斤。该品种丰产性差，米质未达部标优质等级，感白叶枯病，建议终止试验。

（4）广星优19香　全生育期119天，比对照种吉丰优1002长2天。株型中集，分蘖力中等，株高适中，抗倒力强。科高115.8厘米，亩有效穗15.0万，穗长24.1厘米，每穗总粒数182粒，结实率71.0%，千粒重23.5克。米质鉴定未达部标优质等级，糙米率81.4%，整精米率47.0%，垩白度0.3%，透明度1.0级，碱消值6.8级，胶稠度81.0毫米，直链淀粉23.6%，粒型（长宽比）3.8。中抗稻瘟病，全群抗性频率91.4%，病圃鉴定叶瘟2.0级、穗瘟5.5级（单点最高7级）；感白叶枯病（Ⅸ型菌7级）。2021年晚造参加省区试，平均亩产412.54公斤，比对照种吉丰优1002减产8.21%，减产达极显著水平。日产量3.47公斤。该品种丰产性差，米质未达部标优质等级，中抗稻瘟病，感白叶枯病，建议终止试验。

（5）新兆优6615　全生育期119天，比对照种吉丰优1002长2天。株型中集，分蘖力中强，株高适中，抗倒力中强。科高102.4厘米，亩有效穗18.1万，穗长24.2厘米，每穗总粒数130粒，结实率76.8%，千粒重24.0克。米质鉴定达部标优质3级，糙米率81.4%，整精米率50.3%，垩白度2.3%，透明度1.0级，碱消值7.0级，胶稠度69.0毫米，直链淀粉18.2%，粒型（长宽比）4.1。中感稻瘟病，全群抗性频率62.9%，病圃鉴定叶瘟1.5级、穗瘟3.5级（单点最高7级）；中感白叶枯病（Ⅸ型菌5级）。2021年晚造参加省区试，平均亩产392.79公斤，比对照种吉丰优1002减产12.6%，减产达极显著水平。日产量3.30公斤。该品种丰产性差，中感稻瘟病，中感白叶枯病，建议终止试验。

（6）软华优621　全生育期115天，比对照种吉丰优1002短2天。株型中集，分蘖力中等，株高适中，抗倒力强。科高119.1厘米，亩有效穗16.5万，穗长23.1厘米，每穗总粒数159粒，结实率73.0%，千粒重21.8克。米质鉴定达部标优质3级，糙米率81.1%，整精米率63.1%，垩白度1.6%，透明度1.0级，碱消值7.0级，胶稠度58.0毫米，直链淀粉20.7%，粒型（长宽比）3.5。高感稻瘟病，全群抗性频率17.1%，病圃鉴定叶瘟5.3级、穗瘟7.0级（单点最高7级）；感白叶枯病（Ⅸ型菌7级）。2021年晚造参加省区试，平均亩产392.64公斤，比对照种吉丰优1002减产12.64%，减产达极显著水平。日产量3.41公斤。该品种丰产性差，高感稻瘟病，感白叶枯病，建议终止试验。

8. 弱感光组（B组）

（1）广泰优611　全生育期115天，比对照种吉丰优1002短2天。株型中集，分蘖力中等，株高适中，抗倒力强。科高115.6厘米，亩有效穗16.7万，穗长21.7厘米，每穗总粒数161粒，结实率74.6%，千粒重23.1克。米质鉴定达部标优质1级，糙米率81.4%，整精米率56.2%，垩白度0.1%，透明度1.0级，碱消值7.0级，胶稠度64.0毫米，直链淀粉17.8%，粒型（长宽比）3.2。中抗稻瘟病，全群抗性频率74.3%，病圃鉴定叶瘟1.5级、穗瘟3.0级（单点最高5级）；高感白叶枯病（Ⅸ型菌9级）。2021年晚造参加省区试，平均亩产442.72公斤，比对照种吉丰优1002减产1.29%，减产未达显著水平。日产量3.85公斤。该品种产量与对照相当，米质达部标优质1级，中抗稻瘟病，2022年安排复试并进行生产试验。

（2）协禾优6355　全生育期114天，比对照种吉丰优1002短3天。株型中集，分蘖力中等，植株较高，抗倒力强。科高120.8厘米，亩有效穗15.8万，穗长25.1厘米，每穗总粒数153粒，结实率78.7%，千粒重24.0克。米质鉴定未达部标优质等级，糙米率81.4%，整精米率44.0%，垩白度1.2%，透明度1.0级，碱消值6.8级，胶稠度74.0毫米，直链淀粉16.8%，粒型（长宽比）4.4。抗稻瘟病，全群抗性频率88.6%，病圃鉴定叶瘟2.3级、穗瘟2.0级（单点最高3级）；感白叶枯病（Ⅸ型菌7级）。2021年晚造参加省区试，平均亩产436.32公斤，比对照种吉丰优1002减产2.71%，减产未达显著水平。日产量3.83公斤。该品种产量与对照相当，抗稻瘟病，2022年安排复试并进行生产试验。

（3）智龙优366　全生育期116天，比对照种吉丰优1002短1天。株型中集，分蘖力中等，株高适中，抗倒力强。科高119.1厘米，亩有效穗16.8万，穗长24.7厘米，每穗总粒数154粒，结实率81.0%，千粒重22.4克。米质鉴定达部标优质1级，糙米率81.6%，整精米率58.1%，垩白度0.6%，透明度1.0级，碱消值6.3级，胶稠度68.0毫米，直链淀粉17.2%，粒型（长宽比）3.6。高抗稻瘟病，全群抗性频率94.3%，病圃鉴定叶瘟1.3级、穗瘟1.5级（单点最高3级）；中抗白叶枯病（Ⅸ型菌3级）。2021年晚造参加省区试，平均亩产431.72公斤，比对照种吉丰优1002减产3.74%，减产未达显著水平。日产量3.72公斤。该品种产量与对照相当，米质达部标优质1级，高抗稻瘟病，中抗白叶枯病，2022年安排复试并进行生产试验。

（4）鹏香优2039　全生育期116天，比对照种吉丰优1002短1天。株型中集，分蘖力中等，株高适中，抗倒力强。科高116.4厘米，亩有效穗16.4万，穗长23.9厘米，每穗总粒数168粒，结实率76.4%，千粒重21.6克。米质鉴定达部标优质3级，糙米率81.5%，整精米率48.8%，垩白度0.8%，透明度1.0级，碱消值6.7级，胶稠度82.0毫米，直链淀粉21.5%，粒型（长宽比）4.0。抗稻瘟病，全群抗性频率80.0%，病圃鉴定叶瘟1.3级、穗瘟2.5级（单点最高5级）；感白叶枯病（Ⅸ型菌7级）。2021年晚造参加省区试，平均亩产430.17公斤，比对照种吉丰优1002减产4.08%，减产未达显著水平。日产量3.71公斤。该品种产量与对照相当，米质达部标优质3级，抗稻瘟病，2022年安排复试并进行生产试验。

（5）丽两优秋香　全生育期110天，比对照种吉丰优1002短7天。株型中集，分蘖力中等，株高适中，抗倒力强。科高112.8厘米，亩有效穗16.7万，穗长23.8厘米，每穗总粒数143粒，结实率85.1%，千粒重21.6克。米质鉴定未达部标优质等级，糙米率

79.3%，整精米率33.4%，垩白度0.3%，透明度1.0级，碱消值5.2级，胶稠度70.0毫米，直链淀粉14.9%，粒型（长宽比）4.6。高抗稻瘟病，全群抗性频率94.3%，病圃鉴定叶瘟1.5级、穗瘟2.0级（单点最高3级）；高感白叶枯病（Ⅸ型菌9级）。2021年晚造参加省区试，平均亩产423.06公斤，比对照种吉丰优1002减产5.67%，减产未达显著水平。日产量3.85公斤。该品种产量与对照相当，高抗稻瘟病，2022年安排复试并进行生产试验。

（6）诚优1512　全生育期112天，比对照种吉丰优1002短5天。株型中集，分蘖力中等，株高适中，抗倒力强。科高106.7厘米，亩有效穗16.8万，穗长22.5厘米，每穗总粒数139粒，结实率80.7%，千粒重24.1克。米质鉴定达部标优质3级，糙米率81.4%，整精米率54.4%，垩白度1.8%，透明度2.0级，碱消值5.5级，胶稠度74.0毫米，直链淀粉16.2%，粒型（长宽比）3.8。中感稻瘟病，全群抗性频率68.6%，病圃鉴定叶瘟1.8级、穗瘟3.0级（单点最高5级）；感白叶枯病（Ⅸ型菌7级）。2021年晚造参加省区试，平均亩产433.35公斤，比对照种吉丰优1002减产3.37%，减产未达显著水平。日产量3.87公斤。该品种产量与对照相当，中感稻瘟病，感白叶枯病，建议终止试验。

（7）金隆优009　全生育期108天，比对照种吉丰优1002短9天。株型中集，分蘖力中等，株高适中，抗倒力中强。科高106.0厘米，亩有效穗16.8万，穗长23.5厘米，每穗总粒数152粒，结实率86.0%，千粒重21.3克。米质鉴定达部标优质2级，糙米率81.6%，整精米率54.0%，垩白度1.2%，透明度2.0级，碱消值6.7级，胶稠度74.0毫米，直链淀粉16.4%，粒型（长宽比）3.7。高感稻瘟病，全群抗性频率28.6%，病圃鉴定叶瘟3.8级、穗瘟7.5级（单点最高9级）；感白叶枯病（Ⅸ型菌7级）。2021年晚造参加省区试，平均亩产428.04公斤，比对照种吉丰优1002减产4.56%，减产未达显著水平。日产量3.96公斤。该品种产量与对照相当，高感稻瘟病，单点最高穗瘟9级，感白叶枯病，建议终止试验。

晚造杂交水稻各试点小区平均产量及生产试验产量见表4-31至表4-34。

表4-31　感温中熟组各试点小区平均产量（公斤）

组别	品种	和平	蕉岭	乐昌	连山	梅州	南雄	韶关	英德	平均值
感温中熟A组	裕优083（复试）	11.983 3	11.100 0	10.900 0	9.166 7	8.893 3	10.166 7	8.503 3	7.406 7	9.765 0
	扬泰优5956	10.150 0	11.866 7	10.166 7	10.683 3	8.613 3	9.666 7	8.096 7	8.560 0	9.725 4
	恒丰优219	11.000 0	11.200 0	8.800 0	9.276 7	8.880 0	9.000 0	9.166 7	9.536 7	9.607 5
	纳优5351	9.583 3	10.833 3	11.300 0	9.846 7	8.113 3	9.100 0	8.693 3	7.903 3	9.421 6
	胜优088（复试）	9.933 3	10.800 0	11.500 0	9.166 7	7.640 0	9.333 3	8.253 3	7.626 7	9.281 7
	振两优6076	10.316 7	10.700 0	12.066 7	8.286 7	7.786 7	9.533 3	9.103 3	6.406 7	9.275 0
	深优9708（CK）	9.516 7	10.233 3	10.700 0	8.836 7	8.586 7	9.733 3	8.010 0	8.110 0	9.215 8
	贵优76（复试）	9.400 0	11.533 3	9.866 7	8.910 0	8.286 7	9.366 7	8.833 3	7.000 0	9.149 6

（续）

组别	品种	和平	蕉岭	乐昌	连山	梅州	南雄	韶关	英德	平均值
感温中熟A组	峰软优福农占	9.650 0	10.883 3	10.166 7	9.606 7	8.540 0	8.133 3	8.353 3	6.810 0	9.017 9
	金香优360	9.983 3	10.933 3	9.800 0	8.856 7	7.513 3	8.166 7	8.063 3	7.566 7	8.860 4
	宽仁优2160	9.833 3	10.050 0	9.166 7	8.213 3	7.033 3	8.300 0	7.640 0	8.440 0	8.584 6
	又得优香占	6.283 3	6.183 3	5.733 3	7.096 7	2.620 0	4.733 3	5.133 3	2.896 7	5.085 0
感温中熟B组	金隆优075（复试）	11.533 3	11.133 3	10.966 7	10.266 7	9.313 3	9.766 7	8.610 0	8.346 7	9.992 1
	航93两优212	12.016 7	10.733 3	10.166 7	10.216 7	8.500 0	10.000 0	8.546 7	7.643 3	9.727 9
	广泰优6177	11.500 0	10.900 0	10.900 0	10.750 0	7.700 0	9.166 7	8.903 3	7.966 7	9.723 3
	峰软优天弘油占	10.000 0	10.700 0	11.100 0	10.166 7	8.720 0	8.500 0	9.653 3	8.263 3	9.637 9
	深优9708（CK）	9.900 0	10.350 0	10.366 7	9.983 3	8.160 0	10.100 0	8.400 0	7.833 3	9.386 7
	贵优145	10.200 0	10.833 3	10.700 0	9.933 3	8.273 3	9.200 0	9.360 0	6.550 0	9.381 2
	豪香优075	10.233 3	10.183 3	10.433 3	9.883 3	7.200 0	9.333 3	8.526 7	8.530 0	9.290 4
	两优513	10.633 3	10.016 7	10.100 0	9.616 7	7.140 0	9.800 0	9.086 7	7.796 7	9.273 8
	广帝优313	9.016 7	10.766 7	10.266 7	9.550 0	8.186 7	9.300 0	8.496 7	8.310 0	9.236 7
	珍野优粤芽丝苗	11.716 7	10.650 0	8.566 7	7.950 0	8.326 7	9.100 0	8.963 3	8.103 3	9.172 1
	乐优2号	8.766 7	7.850 0	9.566 7	8.166 7	7.660 0	8.666 7	7.360 0	7.696 7	8.216 7
	八丰优57	8.900 0	8.850 0	7.566 7	7.816 7	6.513 3	9.000 0	8.220 0	6.283 3	7.893 7
感温中熟C组	青香优028（复试）	9.550 0	11.633 3	10.700 0	9.000 0	8.993 3	9.933 3	10.536 7	7.893 3	9.780 0
	中丝优银粘（复试）	10.933 3	11.666 7	9.300 0	9.750 0	8.356 7	9.600 0	9.673 3	7.846 7	9.640 8
	航93两优香丝苗	9.783 3	11.766 7	9.933 3	10.000 0	7.720 0	10.100 0	9.526 7	7.033 3	9.482 9
	深优9708（CK）	9.883 3	10.450 0	10.466 7	8.816 7	8.220 0	10.333 3	8.220 0	7.800 0	9.273 8
	福香优金粘	10.716 7	11.083 3	10.566 7	8.766 7	7.866 7	9.533 3	8.693 3	6.560 0	9.223 3
	诚优305（复试）	8.783 3	11.166 7	10.433 3	9.550 0	7.900 0	9.133 3	9.103 3	7.203 3	9.159 2
	青香优088	9.233 3	11.416 7	11.233 3	7.283 3	8.193 3	9.266 7	8.910 0	7.553 3	9.136 2
	泰丰优1132（复试）	10.816 7	8.000 0	11.566 7	8.500 0	7.433 3	9.466 7	8.350 0	7.053 3	8.898 3
	广帝优908	9.650 0	9.083 3	10.300 0	8.300 0	6.653 3	9.033 3	8.913 3	8.093 3	8.753 3
	京两优香占	8.216 7	9.966 7	9.166 7	7.816 7	8.773 3	8.733 3	8.706 7	7.840 0	8.652 5
	广泰优2916	10.416 7	8.533 3	7.400 0	9.083 3	8.233 3	8.800 0	9.143 3	7.223 3	8.604 1
	Y两优R15	8.183 3	10.583 3	6.633 3	1.950 0	7.506 7	8.900 0	7.713 3	7.066 7	7.317 1

表 4-32　感温迟熟组各试点小区平均产量（公斤）

组别	品种	潮州	高州	广州	惠来	惠州	江门	龙川	罗定	梅州	清远	阳江	湛江	肇庆	平均
感温迟熟A组	协禾优 1036	8.400 0	9.716 7	9.093 3	9.833 3	9.866 7	8.066 7	9.433 3	10.510 0	9.326 7	8.283 3	9.596 7	8.826 7	9.326 7	9.252 3
	广 8 优源美丝苗	8.393 3	9.030 0	7.663 3	9.533 3	8.800 0	8.310 0	9.346 7	10.550 0	9.173 3	9.100 0	7.646 7	9.576 7	8.550 0	8.897 9
	春 9 两优 1002	7.933 3	8.956 7	8.290 0	8.780 0	9.050 0	7.623 3	9.150 0	10.336 7	8.680 0	9.216 7	7.530 0	8.313 3	8.683 3	8.657 2
	春两优 30	7.533 3	8.190 0	8.566 7	8.833 3	8.710 0	7.930 0	8.666 7	9.890 0	8.813 3	10.050 0	8.130 0	7.970 0	8.900 0	8.629 5
	明 1 优 92	8.293 3	9.220 0	8.216 7	8.640 0	8.116 7	7.356 7	9.200 0	10.110 0	8.666 7	9.300 0	7.043 3	8.816 7	7.933 3	8.531 8
	广 8 优 2168（CK）	7.966 7	8.433 3	8.983 3	8.806 7	8.290 0	7.290 0	8.813 3	10.270 0	8.973 3	9.183 3	6.676 7	8.683 3	8.166 7	8.502 8
	珍野优粤福占	7.766 7	8.126 7	8.050 0	9.213 3	9.366 7	7.420 0	7.500 0	10.340 0	8.600 0	7.733 3	8.923 3	7.666 7	8.420 0	8.394 4
	联优 307	7.900 0	7.313 3	8.100 0	8.446 7	8.016 7	8.500 0	8.413 3	10.616 7	7.033 3	8.150 0	7.760 0	7.060 0	8.056 7	8.105 1
	纤优香丝苗	8.003 3	8.090 0	7.130 0	9.073 3	8.266 7	7.466 7	7.353 3	9.556 7	9.106 7	7.416 7	8.060 0	7.143 3	8.386 7	8.081 0
	中政优 856	7.566 7	7.173 3	8.330 0	8.753 3	8.150 0	8.236 7	7.600 0	9.526 7	8.346 7	7.716 7	7.703 3	7.326 7	7.583 3	8.001 0
	贵优油香	7.806 7	7.853 3	8.370 0	9.040 0	8.216 7	7.420 0	9.100 0	9.303 3	8.206 7	7.883 3	4.810 0	8.256 7	7.700 0	7.997 4
	益两优 116	8.066 7	7.076 7	8.020 0	7.926 7	7.633 3	7.160 0	8.296 7	7.936 7	8.126 7	8.266 7	7.013 3	6.950 0	7.223 3	7.669 0
感温迟熟B组	金丝优晶占	8.306 7	8.550 0	9.333 3	10.233 3	9.550 0	9.096 7	8.850 0	9.663 3	9.400 0	8.466 7	8.273 3	8.260 0	8.023 3	8.923 6
	臻两优 785（复试）	7.700 0	8.833 3	8.270 0	10.546 7	9.433 3	8.276 7	7.533 3	10.400 0	9.300 0	9.533 3	7.680 0	8.870 0	7.866 7	8.787 9
	航 1 两优 1378	8.020 0	8.993 3	8.853 3	10.186 7	8.233 3	8.233 3	7.716 7	10.496 7	9.873 3	9.050 0	7.450 0	8.646 7	8.166 7	8.763 1
	玉晶两优 2916	7.953 3	9.600 0	8.346 7	9.913 3	8.283 3	7.710 0	9.463 3	9.716 7	8.873 3	8.916 7	6.503 3	8.560 0	8.270 0	8.623 8
	南 13 优 698	8.593 3	9.100 0	6.936 7	10.220 0	9.033 3	7.693 3	9.536 7	9.786 7	9.600 0	8.350 0	7.223 3	8.513 3	7.316 7	8.607 9
	贵优 313（复试）	8.233 3	8.623 3	8.836 7	10.246 7	8.433 3	7.400 0	9.383 3	10.296 7	8.480 0	8.583 3	7.380 0	8.530 0	7.283 3	8.593 1
	广 8 优 2168（CK）	7.996 7	9.076 7	8.910 0	9.686 7	8.316 7	7.456 7	8.680 0	10.446 7	8.726 7	8.800 0	6.883 3	8.423 3	8.150 0	8.581 0
	贵优 117（复试）	8.013 3	8.056 7	8.420 0	10.266 7	8.483 3	7.886 7	9.066 7	10.513 3	8.626 7	7.733 3	7.880 0	7.920 0	7.333 3	8.476 9
	803 优 1466	7.720 0	9.400 0	8.320 0	10.206 7	8.466 7	7.753 3	8.253 3	10.316 7	8.566 7	9.000 0	6.440 0	8.376 7	7.316 7	8.472 1
	胜优 083（复试）	7.893 3	8.206 7	8.763 3	9.906 7	8.306 7	7.700 0	8.283 3	10.243 3	8.200 0	8.000 0	7.943 3	8.156 7	8.343 3	8.457 4
	金隆优 018	7.783 3	9.030 0	8.243 3	9.820 0	8.150 0	8.190 0	7.566 7	10.176 7	9.020 0	7.366 7	8.100 0	8.410 0	7.483 3	8.410 8

（续）

组别	品种	潮州	高州	广州	惠来	惠州	江门	龙川	罗定	梅州	清远	阳江	湛江	肇庆	平均
感温迟熟C组	深两优乐占	7.816 7	9.456 7	8.600 0	11.040 0	9.050 0	8.363 3	8.516 7	10.300 0	9.646 7	9.583 3	9.410 0	9.173 3	8.583 3	9.195 4
	金隆优 002	8.446 7	9.646 7	9.660 0	10.573 3	9.326 7	8.646 7	9.053 3	10.413 3	8.566 7	8.650 0	9.080 0	8.473 3	8.666 7	9.169 5
	悦两优 8549	8.370 0	9.550 0	8.683 3	10.013 3	9.150 0	8.586 7	8.266 7	10.250 0	9.486 7	8.983 3	8.833 3	8.933 3	8.750 0	9.065 9
	金龙优 8812	7.940 0	9.483 3	8.380 0	9.320 0	8.650 0	8.750 0	9.366 7	10.750 0	9.026 7	8.300 0	8.870 0	8.476 7	8.916 7	8.940 8
	金龙优 520（复试）	8.500 0	9.143 3	8.880 0	9.120 0	8.266 7	8.833 3	9.753 3	10.800 0	8.346 7	8.966 7	9.113 3	7.476 7	8.750 0	8.919 2
	峰软优 49（复试）	7.406 7	8.963 3	8.496 7	9.480 0	8.100 0	8.203 3	9.566 7	9.886 7	9.946 7	8.850 0	8.350 0	8.253 3	8.850 0	8.796 4
	中泰优玉占	8.096 7	9.136 7	8.373 3	9.613 3	7.383 3	7.693 3	9.600 0	10.536 7	8.920 0	8.516 7	8.473 3	9.253 3	8.706 7	8.792 6
	天弘优 1214	7.990 0	9.526 7	7.943 3	9.733 3	8.366 7	7.773 3	9.500 0	10.053 3	9.146 7	8.550 0	8.596 7	8.493 3	8.150 0	8.755 6
	金龙优 171	7.846 7	9.136 7	8.736 7	9.406 7	8.116 7	8.193 3	9.400 0	10.616 7	8.380 0	7.983 3	8.570 0	8.390 0	8.916 7	8.745 7
	又美优金丝苗（复试）	8.050 0	8.840 0	8.876 7	9.546 7	7.733 3	8.310 0	7.766 7	10.396 7	9.260 0	8.533 3	8.900 0	8.356 7	8.583 3	8.704 1
	广 8 优 2168（CK）	8.086 7	9.373 3	8.700 0	8.900 0	8.166 7	7.466 7	9.166 7	10.573 3	9.133 3	8.733 3	7.153 3	8.530 0	8.516 7	8.653 8
	新兆优 9432	7.193 3	9.176 7	7.500 0	9.033 3	7.433 3	7.640 0	9.216 7	8.983 3	7.593 3	8.616 7	6.223 3	8.016 7	7.450 0	8.005 9

表 4-33　弱感光组各试点小区平均产量（公斤）

组别	品种	潮州	高州	广州	惠来	惠州	江门	龙川	罗定	清远	阳江	湛江	肇庆	平均值
弱感光A组	银恒优 5522	9.750 0	9.246 7	8.943 3	9.733 3	8.900 0	8.703 3	8.630 0	11.010 0	9.133 3	9.146 7	9.410 0	8.250 0	9.238 0
	香禾优 6355	9.856 7	9.623 3	8.736 7	8.973 3	8.260 0	8.183 3	8.533 3	10.406 7	10.000 0	8.536 7	8.663 3	8.850 0	9.051 9
	吉丰优 1002（CK）	9.976 7	9.043 3	9.023 3	9.446 7	7.843 3	8.336 7	9.033 3	10.580 0	10.233 3	7.450 0	8.646 7	8.250 0	8.988 6
	峰软优天弘丝苗（复试）	10.090 0	9.156 7	8.723 3	9.166 7	7.933 3	8.020 0	9.283 3	10.800 0	9.983 3	6.680 0	8.696 7	8.700 0	8.936 1
	贵优 55（复试）	9.756 7	8.250 0	8.980 0	9.080 0	7.150 0	8.886 7	9.596 7	9.876 7	9.316 7	8.043 3	7.813 3	8.890 0	8.803 3

（续）

组别	品种	潮州	高州	广州	惠来	惠州	江门	龙川	罗定	清远	阳江	湛江	肇庆	平均值
弱感光A组	金象优579（复试）	9.6467	8.4800	8.0500	8.5867	9.1333	8.6367	8.3667	10.3833	8.6000	7.9267	8.4767	7.7833	8.6725
	中发优香丝苗	9.8367	8.6933	8.6200	8.6267	6.9333	7.6900	8.4867	10.6900	8.5667	6.4333	8.3433	8.4067	8.4439
	Ⅱ优5522（复试）	9.8867	8.4700	8.8033	8.2200	6.9933	7.5500	9.1500	10.1767	8.5333	5.7800	8.3967	8.6667	8.3856
	广星优19香	9.2800	7.6733	8.5333	9.0333	6.7833	7.8667	7.5833	10.2767	8.6500	7.7767	7.8533	7.7000	8.2508
	新兆优6615	8.2233	8.5333	7.2567	8.3467	6.5967	8.4733	8.6000	8.5567	7.8833	5.8900	8.0400	7.8700	7.8558
	软华优621	9.2933	8.3767	7.6100	8.8600	7.7000	7.6100	7.7500	8.6400	7.3500	6.2300	7.3800	7.4333	7.8528
弱感光B组	吉丰优1002（CK）	10.0367	9.0167	9.2467	9.5733	7.4667	8.2100	8.9167	10.5600	9.9000	7.6133	8.5467	8.5500	8.9697
	广泰优611	9.5433	9.2000	8.2800	9.3667	7.3500	8.0833	9.2333	10.3433	8.9333	9.0600	8.1567	8.7033	8.8544
	金恒优5522（复试）	10.1800	9.4767	8.3767	9.7333	6.5167	8.5833	9.1300	10.1833	8.9000	6.2300	8.7000	8.8167	8.7356
	协禾优6355	9.9133	9.2767	8.5333	9.3133	7.4267	8.1333	8.1900	9.2767	9.6667	8.0900	8.4800	8.4167	8.7264
	诚优1512	9.8933	7.7667	8.7033	9.3400	8.2967	7.9000	8.3167	9.9933	9.2833	7.4800	8.6800	8.3500	8.6669
	南新优698（复试）	10.0167	8.8633	8.1633	9.2933	7.3500	8.4300	8.9367	9.1867	8.7667	7.5967	8.5300	8.5167	8.6375
	智龙优366	9.4900	9.1300	8.3900	8.8300	6.3833	8.3667	8.0200	10.1733	9.7500	7.5067	9.1233	8.4500	8.6344
	鹏香优2039	9.3867	8.4200	8.9967	9.2067	6.4833	8.0167	8.0333	10.1500	8.7833	8.6367	8.5000	8.6267	8.6033
	金隆优009	8.6133	8.3533	8.7367	9.4467	8.9667	8.7667	7.6833	7.4733	8.9000	9.9100	7.5467	8.3333	8.5608
	秋香优1255（复试）	10.1400	8.3700	9.0667	9.5533	6.4167	8.8667	7.7667	9.5600	9.3667	6.5267	8.8500	8.1167	8.5500
	丽两优秋香	9.3400	8.4300	8.3067	8.6400	8.4833	8.0267	7.5967	7.8167	9.4500	9.6433	7.6833	8.1167	8.4611
	诚优荀占（复试）	9.7167	8.8233	7.6733	8.2767	8.2833	8.0167	8.5500	8.6767	8.5000	6.2133	8.0567	8.9667	8.3128

表4-34　生产试验产量

组别	品种名称	平均亩产（公斤）	比CK±%
感温中熟品种	泰丰优1132	556.05	4.56
	青香优028	536.68	0.92
	裕优083	535.22	0.65
	深优9708（CK）	531.78	—
	峰软优天弘油占	531.50	−0.05
	贵优76	527.93	−0.72
	中丝优银粘	526.27	−1.04
	金隆优075	525.19	−1.24
	胜优088	523.86	−1.49
	航93两优212	511.58	−3.80
	诚优305	494.66	−6.98
感温迟熟品种	金龙优520	472.58	12.50
	胜优083	461.96	9.97
	峰软优49	457.28	8.85
	春两优30	455.54	8.44
	广8优源美丝苗	455.26	8.37
	贵优117	450.57	7.26
	贵优313	450.43	7.22
	臻两优785	448.99	6.88
	珍野优粤福占	448.79	6.83
	又美优金丝苗	443.36	5.54
	广8优2168（CK）	420.09	—
弱感光品种	金恒优5522	469.11	3.07
	金象优579	456.13	0.22
	吉丰优1002（CK）	455.14	—
	峰软优天弘丝苗	453.28	−0.41
	Ⅱ优5522	452.11	−0.67
	诚优荀占	446.63	−1.87
	南新优698	443.10	−2.64
	秋香优1255	427.61	−6.05
	贵优55	421.23	−7.45

第五章　广东省2021年粤北单季稻品种表证试验总结

一、试验概况

（一）参试品种

参试品种均为近年通过审定或已参加复试的水稻品种。2021年安排参试的品种共15个。试验不设重复，以深两优870作对照。

（二）承试单位

承试单位4个，分别是韶关、南雄、乐昌市农业科学研究所和连山县农业科学研究所。

（三）试验方法

各试点统一按《广东省农作物品种试验办法》进行试验和记载。采用小区随机排列，不设重复，小区面积0.03亩。栽培管理按当地的生产水平进行，试验期间防虫不防病，在各个生育阶段对品种的生长特征、经济性状进行田间调查记载和室内考种。

二、试验结果

粤北单季稻品种表证试验参试品种综合性状见表5-1。

表5-1　粤北单季稻品种表证试验参试品种综合性状

品种名称	平均亩产（公斤）	比CK±（%）	全生育期（天）	稻瘟病	白叶枯病	抗倒性
中映优166	564.16	3.04	113	无	无	倒
黄广香占	553.35	1.07	114	无	无	直
裕优033	548.76	0.23	110	无	无	直
深两优870（CK）	547.51	—	117	无	无	直
Y两优油占	536.68	−1.98	114	无	无	倒
广8优粤禾丝苗	530.86	−3.04	111	无	无	倒

（续）

品种名称	平均亩产（公斤）	比CK±（%）	全生育期（天）	稻瘟病	白叶枯病	抗倒性
黄广农占	530.43	−3.12	114	无	无	斜
青香优033	527.50	−3.65	114	无	无	倒
中映优852	525.85	−3.96	113	无	无	斜
19香	522.09	−4.64	115	无	无	直
青香优19香	520.02	−5.02	114	无	无	倒
广10优2156	506.26	−7.53	113	无	无	斜
黄广银占	503.76	−7.99	113	无	无	倒
粤香430	500.01	−8.68	114	无	无	斜
兴两优3088	492.08	−10.12	111	无	无	斜
耕香优792	489.58	−10.58	112	无	无	直

（一）产量

在Excel中每个参试品种在各试点的产量取平均值表明，中映优166、黄广香占、裕优033分别比对照种深两优870增产3.04%、1.07%、0.23%。

（二）生育期

所有参试品种生育期在110～117天，裕优033比对照种短7天，广8优粤禾丝苗和兴两优3088比对照种短6天，耕香优792比对照种短5天，中映优852、中映优166、广10优2156、黄广银占比对照种短4天，青香优033、青香优19香、黄广香占、Y两优油占、粤香430、黄广农占比对照种短3天，19香比对照种短2天。

（三）抗病性田间表现

稻瘟病抗性表现：所有参试品种均无明显发生。白叶枯病抗性表现：所有参试品种均无明显发生。

（四）抗倒性

中映优852和中映优166在连山点有轻斜发生，广10优2156、粤香430、黄广农占、兴两优3088在乐昌点有轻斜发生，中映优166、青香优033、青香优19香、Y两优油占、黄广银占、广8优粤禾丝苗在乐昌点有倒伏发生，其余参试品种在各点均无明显倒伏发生。

三、品种评述

（1）中映优166　2021年参加粤北单季稻品种表证试验，平均亩产564.16公斤，比对照种深两优870增产3.04%。全生育期113天，比深两优870短4天。田间表现无明显病害发生，抗倒性一般。推荐在粤北稻作区作单季稻种植。

（2）黄广香占　2021年参加粤北单季稻品种表证试验，平均亩产553.35公斤，比对照种深两优870增产1.07%。全生育期114天，比深两优870短3天。田间表现无明显病害发生，抗倒性好。推荐在粤北稻作区作单季稻种植。

（3）裕优033　2021年参加粤北单季稻品种表证试验，平均亩产548.76公斤，比对照种深两优870增产0.23%。全生育期110天，比深两优870短7天。田间表现无明显病害发生，抗倒性好。推荐在粤北稻作区作单季稻种植。

（4）Y两优油占　2021年参加粤北单季稻品种表证试验，平均亩产536.68公斤，比对照种深两优870减产1.98%。全生育期114天，比深两优870短3天。田间表现无明显病害发生，抗倒性一般。推荐在粤北稻作区作单季稻种植。

（5）广8优粤禾丝苗　2021年参加粤北单季稻品种表证试验，平均亩产530.86公斤，比对照种深两优870减产3.04%。全生育期111天，比深两优870短6天。田间表现无明显病害发生，抗倒性一般。

（6）黄广农占　2021年参加粤北单季稻品种表证试验，平均亩产530.43公斤，比对照种深两优870减产3.12%。全生育期114天，比深两优870短3天。田间表现无明显病害发生，抗倒性中等。

（7）青香优033　2021年参加粤北单季稻品种表证试验，平均亩产527.50公斤，比对照种深两优870减产3.65%。全生育期114天，比深两优870短3天。田间表现无明显病害发生，抗倒性一般。

（8）中映优852　2021年参加粤北单季稻品种表证试验，平均亩产525.85公斤，比对照种深两优870减产3.96%。全生育期113天，比深两优870短4天。田间表现无明显病害发生，抗倒性中等。

（9）19香　2021年参加粤北单季稻品种表证试验，平均亩产522.09公斤，比对照种深两优870减产4.64%。全生育期115天，比深两优870短2天。田间表现无明显病害发生，抗倒性好。

（10）青香优19香　2021年参加粤北单季稻品种表证试验，平均亩产520.02公斤，比对照种深两优870减产5.02%。全生育期114天，比深两优870短3天。田间表现无明显病害发生，抗倒性一般。

（11）广10优2156　2021年参加粤北单季稻品种表证试验，平均亩产506.26公斤，比对照种深两优870减产7.53%。全生育期113天，比深两优870短4天。田间表现无明显病害发生，抗倒性中等。

（12）黄广银占　2021年参加粤北单季稻品种表证试验，平均亩产503.76公斤，比对照种深两优870减产7.99%。全生育期113天，比深两优870短4天。田间表现无明显病害发生，抗倒性一般。

（13）粤香430　2021年参加粤北单季稻品种表证试验，平均亩产500.01公斤，比对照种深两优870减产8.68%。全生育期114天，比深两优870短3天。田间表现无明显病害发生，抗倒性中等。

（14）兴两优3088　2021年参加粤北单季稻品种表证试验，平均亩产492.08公斤，比对照种深两优870减产10.12%。全生育期111天，比深两优870短6天。田间表现无明显病害发生，抗倒性中等。

（15）耕香优792　2021年参加粤北单季稻品种表证试验，平均亩产489.58公斤，比对照种深两优870减产10.58%。全生育期112天，比深两优870短5天。田间表现无明显病害发生，抗倒性好。

第六章　广东省 2021 年晚造杂交水稻早熟组生产试验总结

一、试验概况

（一）参试品种

参试品种均为近年通过审定或进入复试及生产试验的杂交稻品种。2021 年晚造安排参试的品种共 3 个，试验不设重复，以深优 9708 作对照（表 6－1）。

表 6－1　杂交早熟组生产试验参试品种综合性状

序号	品种名称	平均亩产（公斤）	比 CK±（%）	全生育期（天）	稻瘟病	白叶枯病	抗倒性
1	济优 6377	494.45	11.06	113	抗	抗	好
2	青香优 086	456.64	2.56	107	中抗	中抗	较好
3	裕优 086	451.42	1.39	107	抗	中抗	好
4	深优 9708（CK）	445.22	—	108	高抗	中抗	一般

（二）承试单位

承试单位 5 个，分别是阳春市农技中心、雷州市农技中心、潮安区农业工作总站、信宜市农技推广中心和广东天之源农业科技有限公司。

（三）试验方法

各试点统一按《广东省农作物品种试验办法》进行试验和记载。采用大区随机排列，不设重复，大区面积 0.5 亩。栽培管理按当地的生产水平进行，试验期间防虫不防病，在各个生育阶段对品种的生长特征、经济性状进行田间调查记载和室内考种。

二、试验结果

（一）产量

每个参试品种在各试点的产量取平均值表明，济优 6377 比对照增产 11.06%，青香优086比对照增产2.56%，裕优086比对照增产1.39%（表6-1）。

（二）生育期

所有参试品种生育期在107～113天（表6-1）。

（三）抗病性田间表现

稻瘟病抗性表现：济优6377、青香优086、裕优086在潮安点有轻度发生，在其余各试点均无明显稻瘟病发生。

白叶枯病抗性表现：济优6377、青香优086在潮安点、雷州点有轻度发生，裕优086在潮安点中度发生，参试品种在其余各试点均无明显白叶枯病发生（表6-1）。

（四）抗倒性

青香优086在信宜点、潮安点有轻微倒伏，其余参试品种在各试点均无明显倒伏发生外（表6-1）。

（五）影响因素

早熟生产试验未受到异常天气影响，试验情况正常。

三、品种评述

（1）济优6377　2021年晚造参加杂交稻早熟组生产试验，平均亩产494.45公斤，比对照种深优9708增产11.06%。全生育期113天，比深优9708生育期长5天。田间表现无严重病害发生，在潮安点有轻度稻瘟病发生，在潮安点、雷州点有轻度白叶枯病发生。抗倒性好。建议适宜种植范围扩大，包括广东省中南和西南稻作区。栽培上注意防治稻瘟病和白叶枯病。

（2）青香优086　2021年晚造参加杂交稻早熟组生产试验，平均亩产456.64公斤，比对照种深优9708增产2.56%。全生育期107天，比深优9708短1天。田间表现无严重病害发生，在潮安点轻度稻瘟病发生，在潮安点、雷州点有轻度白叶枯病发生。抗倒性较好。建议适宜种植范围扩大，包括广东省中南和西南稻作区。栽培上注意防治稻瘟病和白叶枯病。

（3）裕优086　2021年晚造参加杂交稻早熟组生产试验，平均亩产451.42公斤，比对照种深优9708增产1.39%。全生育期107天，比深优9708短1天。田间表现无严重病害发生，在潮安点有轻度稻瘟病发生，在潮安点有中度白叶枯病发生。抗倒性好。建议适宜种植范围扩大，包括广东省中南和西南稻作区。栽培上注意防治稻瘟病和白叶枯病。

第七章　广东省2021年春植甜玉米新品种区域试验总结

2021年春季广东省农业技术推广中心对广东省选育及引进的25个新品种，分2组安排在全省多个不同类型区设点进行区域试验，以粤甜16号为产量对照种和粤甜13号为品质对照种，对参试品种的产量、品质、抗病性、适应性与稳定性等主要性状进行鉴定和分析，试验结果及分析评价归纳如下。

一、材料与方法

（一）参试品种

春植甜玉米参试品种见表7-1。

表7-1　参试品种

序　　号	甜玉米参试品种（A组）	甜玉米参试品种（B组）
1	珍甜18号	珍甜33号
2	创甜2号	清泰甜6号
3	农甜19号	仲甜11号
4	仲甜10号	广良甜402
5	广良甜36号	粤甜615
6	广甜205	粤美甜2号
7	粤甜618	粤甜黑珍珠1号
8	粤甜42号	华旺甜10号
9	圣甜1008	汕甜10号
10	汕甜61号	金双甜9370
11	金鲜甜8013	粤甜16号（CK1）
12	粤甜16号（CK1）	粤甜13号（CK2）
13	粤甜13号（CK2）	

（二）试验地点与承试单位

在广东省主要甜玉米种植类型区设置试验点8个、品质测定分析及抗病性鉴定点1个（表7-2）。

表7-2　试验地点及承试单位

试验点	承试单位	试验点	承试单位
广州点	广州市农业科学研究院	清远点	英德市农业科学研究所
韶关点	乐昌市农业科学研究所	阳江点	阳江市农作物技术推广站
河源点	东源县农业科学研究所	肇庆点	肇庆市农业科学研究所
湛江点	湛江市农业科学研究院	深圳点	深圳市农业科技促进中心
品质测定分析及抗病性鉴定		广东省农业科学院院作物研究所	

（三）试验设计与实施情况

1. 试验设计

各试验点统一按以下试验设计执行，并在试验区周围设置保护行。

排列方法：采用随机区组排列，按长6.4米、宽3.9米，分三畦六行一小区安排，每小区面积0.037 5亩（25米^2）。

重复次数：3次重复。

种植规格：每畦按1.3米（包沟）起畦，双行开沟移栽，畦面行距50厘米，每行22株，每小区132株，折合亩株数3 520株。

2. 试验实施情况

试验用地：各试验点均选用能代表当地生产条件的田块安排试验。

育苗移栽时间：各试验点均按方案要求安排在3月上、中旬育苗移栽。

栽培管理：各试验点按当地当前较高的生产水平进行栽培管理，全期除虫不防病。

（四）试验结果的处理方法

1. 试验方法

各试验点均在各生育时期对各品种的主要性状进行田间调查和登记，适收期每小区收获中间四行的鲜苞计算产量和进行室内考种，并对产量进行方差分析，品质测定分析、品尝鉴定组织专业人员对各品种套袋授粉果穗进行测定和评价，抗病性评价由专业人员进行接种鉴定和评判。

2. 结果汇总

产量结果综合分析采用一造多点的联合方差分析；产量差异显著性和稳定性分析采用Shukla稳定性方差分析；品质测定分析及抗病性鉴定委托广东省农业科学院作物研究所种植测定（鉴定），还原糖和总糖含量委托农业农村部蔬菜水果质量监督检验测试中心（广州）测定，同时组织专家对各品种套袋授粉果穗进行品质评分。

（五）其他影响

2021年春植气候前中期寡照，气温不高，雨水少。中后期气温高，阳光足，光温条件对玉米生长有利，玉米生长壮旺，开花、授粉及灌浆正常，各品种特征特性表现正常。深圳点由于采收测产错误，不纳入统计。

二、结果与分析

（一）产量结果

纳入全省汇总的试验点7个点，2组共25个品种（含对照种）。根据对各品种产量进行联合方差分析，结果表明地点间 F 值、品种间 F 值、品种与地点互作 F 值均达极显著水平，表明品种间产量存在极显著差异，同品种在不同地点的产量也存在极显著差异，不同品种在不同地点的产量同样存在极显著差异（表7－3、表7－4）。

表7－3　参试品种方差分析（A组）

变异来源	df	SS	MS	F
地点内区组	14	8.363 1	0.597 4	1.312 5
地点	6	3 007.601 3	501.266 9	39.539 6**
品种	12	1 192.035 2	99.336 3	7.835 6**
品种×地点	72	912.787	12.677 6	27.854 8**
试验误差	168	76.462	0.455 1	
总变异	272	5 197.248 6		

表7－4　参试品种方差分析（B组）

变异来源	df	SS	MS	F
地点内区组	14	5.954 6	0.425 3	1.105 1
地点	6	3 333.649 1	555.608 2	47.127 7**
品种	11	1 448.468 8	131.679	11.169 2**
品种×地点	66	778.102 1	11.789 4	30.632 1**
试验误差	154	59.270 3	0.384 9	
总变异	251	5 625.444 9		

A组参试品种的鲜苞平均亩产为1 101.18～1 349.12公斤，对照种粤甜16号（CK1）平均亩产鲜苞1 063.60公斤，粤甜13号（CK2）平均亩产鲜苞1 061.01公斤。该组所有参试品种均比对照种粤甜16号增产，增产幅度3.53%～26.84%，增产达极显著水平的有6个，增产达显著水平的有3个，增幅名列前3位的广良甜36号、创甜2号、汕甜61号分别比对照增产26.84%、21.43%、18.79%。其余2个品种粤甜42号和仲甜10号比对照粤甜16号增产7.97%和3.53%，增产未达显著水平（表7－5）。

表7－5　2021年春植甜玉米参试品种区试产量及稳定性分析（A组）

品种名称	折合亩产（公斤）	比CK1 ±（%）	比CK2 ±（%）	差异显著性		Shukla变异系数（%）	增产试点数（个）	增产试点率（%）
				0.05	0.01			
广良甜36号	1 349.12	26.84	27.15	a	A	5.874 6	7	100.00
创甜2号	1 291.58	21.43	21.73	ab	AB	6.007 7	7	100.00
汕甜61号	1 263.43	18.79	19.08	abc	ABC	10.080 0	6	85.71
珍甜18号	1 262.93	18.74	19.03	abc	ABC	5.665 9	7	100.00
粤甜618	1 219.03	14.61	14.89	bcd	BC	4.789 2	7	100.00

（续）

品种名称	折合亩产（公斤）	比CK1 ±（%）	比CK2 ±（%）	差异显著性		Shukla变异系数（%）	增产试点数（个）	增产试点率（%）
				0.05	0.01			
农甜19号	1 212.53	14.00	14.28	bcd	BCD	8.554 7	6	85.71
金鲜甜8013	1 177.41	10.70	10.97	cde	BCDE	8.851 2	6	85.71
广甜205	1 176.48	10.61	10.88	cde	BCDEF	5.111 8	7	100.00
圣甜1008	1 165.96	9.62	9.89	de	CDEF	6.610 8	6	85.71
粤甜42号	1 148.32	7.97	8.23	def	CDEF	8.747 5	6	85.71
仲甜10号	1 101.18	3.53	3.79	ef	DEF	2.514 3	5	71.43
粤甜16号（CK1）	1 063.60	—	0.24	f	EF	6.441 8	—	—
粤甜13号（CK2）	1 061.01	−0.24	—	f	F	6.048 5	3	42.86

B组参试品种的鲜苞平均亩产为872.30～1 212.21公斤，对照种粤甜16号（CK1）平均亩产鲜苞1 061.43公斤，粤甜13号（CK2）平均亩产鲜苞1 042.91公斤。除粤甜615、珍甜33号比对照粤甜16号减产6.47%、17.82%外，其余品种均比对照种增产。比对照粤甜16号增产的参试品种的增产幅度为0.32%～14.21%，增产达极显著水平的有4个，增产达显著水平的有1个，增幅名列前3位的粤美甜2号、广良甜402、金双甜9370分别比对照增产14.21%、12.80%、12.21%。其余3个品种华旺甜10号、粤甜黑珍珠1号和仲甜11号比对照粤甜16号增产7.10%、2.31%和0.32%，增产未达显著水平（表7-6）。

表7-6 2021年春植甜玉米参试品种区试产量及稳定性分析（B组）

品种名称	折合亩产（公斤）	比CK1 ±（%）	比CK2 ±（%）	差异显著性		Shukla变异系数（%）	增产试点数（个）	增产试点率（%）
				0.05	0.01			
粤美甜2号	1 212.21	14.21	16.23	a	A	9.619 9	7	100.00
广良甜402	1 197.31	12.80	14.80	a	AB	6.026 0	6	85.71
金双甜9370	1 191.05	12.21	14.20	a	AB	7.739 9	7	100.00
汕甜10号	1 183.14	11.47	13.45	a	AB	8.095 6	5	71.43
清泰甜6号	1 147.26	8.09	10.01	ab	ABC	5.514 1	5	71.43
华旺甜10号	1 136.74	7.10	9.00	abc	ABC	4.519 2	5	71.43
粤甜黑珍珠1号	1 085.96	2.31	4.13	bcd	BCD	4.834 9	5	71.43
仲甜11号	1 064.78	0.32	2.10	bcde	CD	7.656 9	4	57.14
粤甜16号（CK1）	1 061.43	—	1.78	cde	CD	6.933 8	—	—
粤甜13号（CK2）	1 042.91	−1.74	—	de	CD	9.016 3	3	42.86
粤甜615	992.78	−6.47	−4.81	e	D	7.197 1	3	42.86
珍甜33号	872.30	−17.82	−16.36	f	E	6.846 0	0	0.00

（二）品质分析

根据对各品种籽粒进行可溶性糖含量和果皮厚度测定，并组织专家进行品质评分，同时结合各试验点品质品尝评价结果综合分析，其中品质评分≥88分的优质品种有9个，分别是粤甜615、仲甜11号、珍甜33号、华旺甜10号、粤美甜2号、粤甜618、金鲜甜8013、粤甜42号、汕甜61号；其他参试品种未达优质标准（表7-7、表7-8）。

表7-7　2021年春植甜玉米参试品种主要性状综合表（A组）

品种	生育期（天）	植株高（厘米）	穗位高（厘米）	茎粗（厘米）	株型	植株整齐度	穗长（厘米）	穗粗（厘米）	秃尖长（厘米）	穗形	粒色	穗行数（行）	穗粒数（粒）	抗病性 纹枯病	抗病性 茎腐病	抗病性 大、小斑病	接种鉴定 纹枯病	接种鉴定 小斑病	倒伏率（%）	倒折率（%）	单苞鲜重（克）	单穗净重（克）	单穗鲜粒重（克）	千粒重（克）	出籽率（%）	一级果穗率（%）	可溶性糖含量（%）	果皮厚度测定值（微米）	品质评分
粤甜42号	72	221.0	68.1	2.1	半	好	21.0	5.0	1.5	筒	黄	17.0	624	R	HR	HR	HR	R	0.0	0.0	348	275.0	176.0	318	64	78.0	37.4	53.34	90.1
圣甜1008	75	232.3	72.4	2.2	紧	好	22.0	4.9	1.1	筒	黄	16.0	625	R	HR	R	HR	HR	0.0	0.0	396	279.0	178.0	324	64	82.0	34.7	57.56	85.7
汕甜61号	75	239.1	82.3	2.3	紧	好	21.0	5.2	1.0	筒	黄	16.0	584	HR	HR	R	HR	R	0.0	0.0	411	300.0	198.0	373	66	80.0	38.2	75.11	88.0
金鲜甜8013	73	192.3	62.0	2.1	半	好	19.0	5.1	0.9	筒	黄	17.0	621	R	HR	R	HR	R	0.0	0.0	368	286.0	193.0	341	67	78.0	36.8	55.56	88.5
珍甜18号	76	251.5	88.7	1.8	紧	好	21.0	5.2	0.5	筒	黄	17.0	683	R	HR	R	HR	R	0.0	0.0	425	313.0	195.0	319	62	87.0	37.3	61.19	85.4
创甜2号	74	211.2	67.7	2.1	紧	好	19.0	5.1	0.3	筒	黄	17.0	584	R	HR	R	MR	HR	0.0	0.0	394	268.0	164.0	314	61	79.0	37.0	63.12	86.6
农甜19号	76	251.4	96.6	2.1	半	好	21.0	5.2	1.2	筒	黄	17.0	609	R	HR	R	HR	R	0.0	0.0	390	284.0	180.0	344	63	83.0	34.2	60.00	85.2
仲甜10号	73	222.8	84.5	2.0	半	好	19.0	5.0	0.6	筒	黄	17.0	603	HR	HR	R	HR	R	0.0	1.0	357	267.0	184.0	347	69	85.0	28.9	71.63	85.9
广良甜36号	74	231.8	80.1	2.2	半	好	20.0	5.5	0.5	筒	黄	18.0	654	HR	HR	R	HR	HR	0.0	1.0	410	322.0	200.0	336	62	83.0	25.4	50.00	85.4
广甜205	72	217.7	65.3	1.8	半	好	19.0	5.0	0.4	筒	黄白	16.0	589	HR	HR	R	HR	HR	0.0	0.0	349	256.0	172.0	313	67	80.0	33.2	56.95	87.3
粤甜618	74	236.5	97.7	2.2	紧	好	21.0	5.2	0.8	筒	黄	17.0	696	HR	HR	R	HR	HR	0.0	0.0	379	304.0	206.0	315	68	85.0	38.6	58.14	89.0
粤甜16号（CK1）	71	209.5	80.1	1.9	半	好	18.0	5.0	0.7	筒	黄	17.0	602	R	HR	R	HR	R	0.0	0.0	326	247.0	176.0	323	71	79.0	24.5	65.75	85.0
粤甜13号（CK2）	71	203.4	65.2	2.0	半	好	20.0	4.8	0.4	筒	黄白	16.0	614	HR	HR	HR	R	R	0.0	0.0	335	260.0	167.0	315	65	84.0	34.7	59.70	88.0

表7-8　2021年春植甜玉米参试品种主要性状综合表（B组）

品种	生育期（天）	植株高（厘米）	穗位高（厘米）	茎粗（厘米）	株型	植株整齐度	穗长（厘米）	穗粗（厘米）	秃尖长（厘米）	穗形	粒色	穗行数（行）	穗粒数（粒）	抗病性			接种鉴定		倒伏率（%）	倒折率（%）	单苞鲜重（克）	单穗净重（克）	单穗鲜粒重（克）	千粒重（克）	出籽率（%）	一级果穗率（%）	可溶性糖含量（%）	果皮厚度测定值（微米）	品质评分
														纹枯病	茎腐病	大、小斑病	纹枯病	小斑病											
粤美甜2号	71	206.1	56.1	1.9	半	好	19.0	5.0	0.8	筒	黄白	16.0	579	R	HR	HR	R	R	0.0	0.0	364	267	178	351	67	85	40.8	57.31	90.2
粤甜黑珍珠1号	73	217.8	71.7	2.0	半	好	20.0	4.9	0.6	筒	紫	16.0	590	R	HR	R	HR	R	0.0	0.0	351	264	175	314	67	80	27.1	71.74	87.1
华旺甜10号	71	205.7	58.2	2.2	半	好	20.0	5.0	0.4	筒	黄白	17.0	608	R	R	R	HR	R	0.0	0.0	367	273	178	318	65	78	34.7	56.21	88.7
汕甜10号	72	219.2	79.0	2.1	紧	好	20.0	4.9	1.2	筒	黄白	13.0	506	HR	HR	R	R	R	0.0	0.0	377	270	171	373	64	79	32.8	63.13	85.1
金双甜9370	67	168.6	52.9	2.2	半	好	21.0	5.1	2.0	筒	黄白	16.0	562	R	HR	HR	MR	R	0.0	0.0	346	286	180	354	60	75	30.5	54.02	87.4
珍甜33号	67	159.7	33.9	1.7	半	好	20.0	4.6	1.3	筒	黄	15.0	521	HR	HR	R	MR	R	0.0	0.0	274	191	139	288	65	74	46.9	54.33	89.6
清泰甜6号	74	228.5	76.1	2.2	紧	好	18.0	5.0	0.2	筒	黄	16.0	555	R	HR	MR	HR	R	0.0	0.0	367	271	181	369	67	81	29.3	66.01	84.0
仲甜11号	71	188.3	61.8	1.9	半	好	20.0	4.6	1.0	筒	黄白	15.0	584	HR	HR	R	HR	R	0.0	0.0	343	234	146	282	62	85	55.4	57.57	88.6
广良甜402	73	217.5	91.2	2.1	紧	好	20.0	5.0	1.3	筒	黄白	17.0	616	R	HR	R	HR	R	0.0	0.0	380	274	166	314	61	73	27.2	71.58	86.7
粤甜615	68	180.2	56.8	2.0	半	好	18.0	4.7	0.7	筒	黄	13.0	484	R	HR	R	HR	HR	0.0	0.0	308	212	140	337	66	69	35.1	59.47	89.5
粤甜16号（CK1）	71	206.8	82.5	2.0	半	好	18.0	5.0	0.5	筒	黄	16.0	590	R	HR	R	R	R	1.0	0.0	336	256	179	322	70	79	25.9	63.62	85.0
粤甜13号（CK2）	71	199.0	64.0	2.1	半	好	20.0	4.8	0.4	筒	黄白	17.0	614	R	HR	HR	R	HR	0.0	0.0	336	260	178	319	69	87	34.7	49.11	88.0

（三）抗病性

对各品种进行纹枯病和小斑病接种鉴定，各试点对各品种进行纹枯病、茎腐病和大、小斑病进行田间调查鉴定（表7-7、表7-8）。

1. 甜玉米A组区域试验

小斑病接种鉴定结果：粤甜42号、汕甜61号、金鲜甜8013、珍甜18号、农甜19号、仲甜10号为抗，圣甜1008、创甜2号、广良甜36号、广甜205、粤甜618为高抗。对照种粤甜16号、粤甜13号均为抗。

纹枯病接种鉴定结果：粤甜42号、圣甜1008、汕甜61号、金鲜甜8013、珍甜18号、农甜19号、仲甜10号、广良甜36号、广甜205、粤甜618为高抗，创甜2号为中抗。对照种粤甜16号为高抗，对照种粤甜13号为抗。

田间调查鉴定：

纹枯病：粤甜42号、圣甜1008、金鲜甜8013、珍甜18号、创甜2号、农甜19号为抗病，汕甜61号、仲甜10号、广良甜36号、广甜205、粤甜618为高抗。

茎腐病：粤甜42号、圣甜1008、汕甜61号、金鲜甜8013、珍甜18号、创甜2号、农甜19号、仲甜10号、广良甜36号、广甜205、粤甜618为高抗。

大、小斑病：粤甜42号为高抗，圣甜1008、汕甜61号、金鲜甜8013、珍甜18号、创甜2号、农甜19号、仲甜10号、广良甜36号、广甜205、粤甜618为抗病。

2. 甜玉米B组区域试验

小斑病接种鉴定结果：粤美甜2号、粤甜黑珍珠1号、华旺甜10号、汕甜10号、金双甜9370、珍甜33号、清泰甜6号、仲甜11号、广良甜402为抗，粤甜615为高抗。对照种粤甜16号为抗，对照种粤甜13号为高抗。

纹枯病接种鉴定结果：粤美甜2号、汕甜10号为抗，粤甜黑珍珠1号、华旺甜10号、清泰甜6号、仲甜11号、广良甜402、粤甜615为高抗，金双甜9370、珍甜33号为中抗。对照种粤甜16号、粤甜13号均为抗。

田间调查鉴定：

纹枯病：粤美甜2号、粤甜黑珍珠1号、华旺甜10号、金双甜9370、清泰甜6号、广良甜402、粤甜615为抗病，汕甜10号、珍甜33号、仲甜11号为高抗。

茎腐病：粤美甜2号、粤甜黑珍珠1号、汕甜10号、金双甜9370、珍甜33号、清泰甜6号、仲甜11号、广良甜402、粤甜615为高抗，华旺甜10号为抗病。

大、小斑病：粤美甜2号、金双甜9370为高抗，粤甜黑珍珠1号、华旺甜10号、汕甜10号、珍甜33号、仲甜11号、广良甜402、粤甜615为抗病，清泰甜6号为中抗。

（四）生育期

A组品种的生育期为71～76天，对照粤甜16号和粤甜13号生育期均为71天，珍甜18号和农甜19号的生育期最长，均为76天，除对照种外，粤甜42号和广甜205的生育期最短，为72天（表7-7、表7-8）。

B组品种的生育期为67～74天，对照粤甜16号和粤甜13号生育期均为71天，清泰甜6号的生育期最长，均为74天，金双甜9370和珍甜33号的生育期最短，为67天（表7－7、表7－7）。

（五）其他性状

春植甜玉米参试品种主要性状见表7－7、表7－8。

三、品种评述

根据参试品种产量情况、品质评价和抗病性鉴定结果，以及各农艺性状综合分析，对各参试品种评述如下。

1. 甜玉米A组

（1）广良甜36号　2021年早造参加省区试，平均亩产鲜苞1 349.12公斤，比对照种粤甜16号增产26.84%，增产达极显著水平。7个试点均比对照增产，增产点率100%。生育期74天，比对照种粤甜16号迟熟3天。植株壮旺，整齐度好，株型半紧凑，前、中期生长势强，后期保绿度好。植株高231.8厘米，穗位高80.1厘米，穗长20.0厘米，穗粗5.5厘米，秃顶长0.5厘米。单苞鲜重410.0克，单穗净重322.0克，单穗鲜粒重200.0克，千粒重336.0克，出籽率62.0%，一级果穗率83.0%，果穗筒形，籽粒黄色，无倒伏，倒折率1.0%，抗倒力中等。可溶性糖含量25.4%，果皮厚度测定值50.00微米，果皮薄，品质评分85.4分，品质良。抗病性接种鉴定高抗小斑病和纹枯病；田间表现高抗茎腐病和纹枯病，抗大、小斑病。该品种达到高产、抗病标准，抗倒达标准，建议复试并进行生产试验。

（2）创甜2号　2021年早造参加省区试，平均亩产鲜苞1 291.58公斤，比对照种粤甜16号增产21.43%，增产达极显著水平。7个试点均比对照增产，增产点率100%。生育期74天，比对照种粤甜16号迟熟3天。植株壮旺，整齐度好，株型紧凑，前、中期生长势强，后期保绿度好。植株高211.2厘米，穗位高67.7厘米，穗长19.0厘米，穗粗5.1厘米，秃顶长0.3厘米。单苞鲜重394.0克，单穗净重268.0克，单穗鲜粒重164.0克，千粒重314.0克，出籽率61.0%，一级果穗率79.0%，果穗筒形，籽粒黄色，无倒伏倒折，抗倒力强。可溶性糖含量37.0%，果皮厚度测定值63.12微米，果皮薄，品质评分86.6分，品质良。抗病性接种鉴定高抗小斑病，中抗纹枯病；田间表现高抗茎腐病，抗大、小斑病和纹枯病。该品种达到高产、抗病标准，抗倒达标准，建议复试并进行生产试验。

（3）汕甜61号　2021年早造参加省区试，平均亩产鲜苞1 263.43公斤，比对照种粤甜16号增产18.79%，增产达极显著水平。7个试点种有6个比对照增产，增产点率85.71%。生育期75天，比对照种粤甜16号晚熟4天。植株壮旺，整齐度好，株型紧凑，前、中期生长势强，后期保绿度好。植株高239.1厘米，穗位高82.3厘米，穗长21.0厘米，穗粗5.2厘米，秃顶长1.0厘米。单苞鲜重411.0克，单穗净重300.0克，单穗鲜粒重198.0克，千粒重373.0克，出籽率66.0%，一级果穗率80.0%，果穗筒形，籽粒黄色，无倒伏倒折，抗倒力强。可溶性糖含量38.2%，果皮厚度测定值75.11微米，果皮较薄，品质评分88.0分，品质优。抗病性接种鉴定抗小斑病，高抗纹枯病；田间表现高抗茎腐病和纹枯病，抗病大、小斑病。该品种达到高产、优质、抗病标准，抗倒达标准，建议复试并进行生产试验。

（4）珍甜18号　2021年早造参加省区试，平均亩产鲜苞1 262.93公斤，比对照种粤甜16号增产18.74%，增产达极显著水平。7个试点均比对照增产，增产点率100%。生育期76天，比对照种粤甜16号晚熟5天。植株壮旺，整齐度好，株型紧凑，前、中期生长势强，后期保绿度好。植株高251.5厘米，穗位高88.7厘米，穗长21.0厘米，穗粗5.2厘米，秃顶长0.5厘米。单苞鲜重425.0克，单穗净重313.0克，单穗鲜粒重195.0克，千粒重319.0克，出籽率62.0%，一级果穗率87.0%，果穗筒形，籽粒黄色，无倒伏倒折，抗倒力强。可溶性糖含量37.3%，果皮厚度测定值61.19微米，果皮薄，品质评分85.4分，品质良。抗病性接种鉴定抗小斑病，高抗纹枯病；田间表现高抗茎腐病，抗纹枯病和大、小斑病。该品种达到高产、抗病标准，抗倒达标准，建议复试并进行生产试验。

（5）粤甜618　2021年早造参加省区试，平均亩产鲜苞1 219.03公斤，比对照种粤甜16号增产14.61%，增产达极显著水平。7个试点均比对照增产，增产点率100%。生育期74天，比对照种粤甜16号晚熟3天。植株壮旺，整齐度好，株型紧凑，前、中期生长势强，后期保绿度好。植株高236.5厘米，穗位高97.7厘米，穗长21.0厘米，穗粗5.2厘米，秃顶长0.8厘米。单苞鲜重379.0克，单穗净重304.0克，单穗鲜粒重206.0克，千粒重315.0克，出籽率68.0%，一级果穗率85.0%，果穗筒形，籽粒黄色，无倒伏倒折，抗倒力强。可溶性糖含量38.6%，果皮厚度测定值58.14微米，果皮薄，品质评分89.0分，品质优。抗病性接种鉴定高抗小斑病和纹枯病；田间表现高抗茎腐病和纹枯病，抗大、小斑病。该品种达到高产、优质、抗病标准，抗倒达标准，建议复试并进行生产试验。

（6）农甜19号　2021年早造参加省区试，平均亩产鲜苞1 212.53公斤，比对照种粤甜16号增产14.00%，增产达极显著水平。7个试点中有6个比对照增产，增产点率85.71%。生育期76天，比对照种粤甜16号晚熟5天。植株壮旺，整齐度好，株型半紧凑，前、中期生长势强，后期保绿度好。植株高251.4厘米，穗位高96.6厘米，穗长21.0厘米，穗粗5.2厘米，秃顶长1.2厘米。单苞鲜重390.0克，单穗净重284.0克，单穗鲜粒重180.0克，千粒重344.0克，出籽率63.0%，一级果穗率83.0%，果穗筒形，籽粒黄色，无倒伏倒折，抗倒力强。可溶性糖含量34.2%，果皮厚度测定值60.00微米，果皮薄，品质评分85.2分，品质良。抗病性接种鉴定抗小斑病，高抗纹枯病；田间表现高抗茎腐病，抗纹枯病和大、小斑病。该品种达到高产、抗病标准，抗倒达标准，建议复试并进行生产试验。

（7）金鲜甜8013　2021年早造参加省区试，平均亩产鲜苞1 177.41公斤，比对照种粤甜16号增产10.70%，增产达显著水平。7个试点中有6个比对照增产，增产点率85.71%。生育期73天，比对照种粤甜16号长2天。植株壮旺，整齐度好，株型半紧凑，前、中期生长势强，后期保绿度好。植株高192.3厘米，穗位高62.0厘米，穗长19.0厘米，穗粗5.1厘米，秃顶长0.9厘米。单苞鲜重368.0克，单穗净重286.0克，单穗鲜粒重193.0克，千粒重341.0克，出籽率67.0%，一级果穗率78.0%，果穗筒形，籽粒黄色，无倒伏倒折，抗倒力强。可溶性糖含量 36.8%，果皮厚度测定值 55.56 微米，果皮薄，品质评分 88.5 分，品质优。抗病性接种鉴定抗小斑病，高抗纹枯病；田间表现高抗茎腐病，抗纹枯病和大、小斑病。该品种达到高产、优质、抗病标准，抗倒达标准，建议复试并进行生产试验。

（8）广甜 205　2021 年早造参加省区试，平均亩产鲜苞 1 176.48 公斤，比对照种粤甜 16 号增产 10.61%，增产达显著水平。7 个试点均比对照增产，增产点率 100%。生育期 72 天，比对照种粤甜 16 号迟熟 1 天。植株壮旺，整齐度好，株型半紧凑，前、中期生长势强，后期保绿度好。植株高 217.7 厘米，穗位高 65.3 厘米，穗长 19.0 厘米，穗粗 5.0 厘米，秃顶长 0.4 厘米。单苞鲜重 349.0 克，单穗净重 256.0 克，单穗鲜粒重 172.0 克，千粒重 313.0 克，出籽率 67.0%，一级果穗率 80.0%，果穗筒形，籽粒黄白色，无倒伏倒折，抗倒力强。可溶性糖含量 33.2%，果皮厚度测定值 56.95 微米，果皮薄，品质评分 87.3 分，品质良。抗病性接种鉴定高抗小斑病和纹枯病；田间表现高抗茎腐病和纹枯病，抗大、小斑病。该品种达到高产、抗病标准，抗倒达标准，建议复试并进行生产试验。

（9）圣甜 1008　2021 年早造参加省区试，平均亩产鲜苞 1 165.96 公斤，比对照种粤甜 16 号增产 9.62%，增产达显著水平。7 个试点中有 6 个比对照增产，增产点率 85.71%。生育期 75 天，比对照种粤甜 16 号迟熟 4 天。植株壮旺，整齐度好，株型紧凑，前、中期生长势强，后期保绿度好。植株高 232.3 厘米，穗位高 72.4 厘米，穗长 22.0 厘米，穗粗 4.9 厘米，秃顶长 1.1 厘米。单苞鲜重 396.0 克，单穗净重 279.0 克，单穗鲜粒重 178.0 克，千粒重 324.0 克，出籽率 64.0%，一级果穗率 82.0%，果穗筒形，籽粒黄色，无倒伏倒折，抗倒力强。可溶性糖含量 34.7%，果皮厚度测定值 57.56 微米，果皮薄，品质评分 85.7 分，品质良。抗病性接种鉴定高抗小斑病和纹枯病；田间表现高抗茎腐病，抗纹枯病和大、小斑病。该品种达到高产、抗病标准，抗倒达标准，建议复试并进行生产试验。

（10）粤甜 42 号　2021 年早造参加省区试，平均亩产鲜苞 1 148.32 公斤，比对照种粤甜 16 号增产 7.97%，增产未达显著水平。7 个试点中有 6 个比对照增产，增产点率 85.71%。生育期 72 天，比对照种粤甜 16 号迟熟 1 天。植株壮旺，整齐度好，株型半紧凑，前、中期生长势强，后期保绿度好。植株高 221.0 厘米，穗位高 68.1 厘米，穗长 21.0 厘米，穗粗 5.0 厘米，秃顶长 1.5 厘米。单苞鲜重 348.0 克，单穗净重 275.0 克，单穗鲜粒重 176.0 克，千粒重 318.0 克，出籽率 64.0%，一级果穗率 78.0%，果穗筒形，籽粒黄色，无倒伏倒折，抗倒力强。可溶性糖含量 37.4%，果皮厚度测定值 53.34 微米，果皮薄，品质评分 90.1 分，品质优。抗病性接种鉴定抗小斑病，高抗纹枯病；田间表现高抗茎腐病和大、小斑病，抗纹枯病。该品种达到优质、抗病标准，抗倒达标准，建议复试并进行生产试验。

（11）仲甜 10 号　2021 年早造参加省区试，平均亩产鲜苞 1 101.18 公斤，比对照种粤甜 16 号增产 3.53%，增产未达显著水平。7 个试点中有 5 个比对照增产，增产点率 71.43%。生育期 73 天，比对照种粤甜 16 号迟熟 2 天。植株壮旺，整齐度好，株型半紧凑，前、中期生长势强，后期保绿度好。植株高 222.8 厘米，穗位高 84.5 厘米，穗长

19.0厘米，穗粗5.0厘米，秃顶长0.6厘米。单苞鲜重357.0克，单穗净重267.0克，单穗鲜粒重184.0克，千粒重347.0克，出籽率69.0%，一级果穗率85.0%，果穗筒形，籽粒黄色，无倒伏，倒折率1.0%，抗倒力中等。可溶性糖含量28.9%，果皮厚度测定值71.63微米，果皮薄，品质评分85.9分，品质良。抗病性接种鉴定抗小斑病，高抗纹枯病；田间表现高抗茎腐病和纹枯病，抗病大、小斑病。该品种达到抗病标准，抗倒达标准，建议复试并进行生产试验。

2. 甜玉米B组

（1）粤美甜2号　2021年早造参加省区试，平均亩产鲜苞1 212.21公斤，比对照种粤甜16号增产14.21%，增产达极显著水平。7个试点均比对照增产，增产点率100%。生育期71天，与对照种粤甜16号相当。植株壮旺，整齐度好，株型半紧凑，前、中期生长势强，后期保绿度好。植株高206.1厘米，穗位高56.1厘米，穗长19.0厘米，穗粗5.0厘米，秃顶长0.8厘米。单苞鲜重364.0克，单穗净重267.0克，单穗鲜粒重178.0克，千粒重351.0克，出籽率67.0%，一级果穗率85.0%，果穗筒形，籽粒黄白色，无倒伏倒折，抗倒力强。可溶性糖含量40.8%，果皮厚度测定值57.31微米，果皮薄，品质评分90.2分，品质优。抗病性接种鉴定抗小斑病和纹枯病；田间表现高抗茎腐病和大、小斑病，抗纹枯病。该品种达到高产、优质、抗病标准，抗倒达标准，建议复试并进行生产试验。

（2）广良甜402　2021年早造参加省区试，平均亩产鲜苞1 197.31公斤，比对照种粤甜16号增产12.80%，增产达极显著水平。7个试点中有6个比对照增产，增产点率85.71%。生育期73天，比对照种粤甜16号迟熟2天。植株壮旺，整齐度好，株型紧凑，前、中期生长势强，后期保绿度好。植株高217.5厘米，穗位高91.2厘米，穗长20.0厘米，穗粗5.0厘米，秃顶长1.3厘米。单苞鲜重380.0克，单穗净重274.0克，单穗鲜粒重166.0克，千粒重314.0克，出籽率61.0%，一级果穗率73.0%，果穗筒形，籽粒黄白色，无倒伏倒折，抗倒力强。可溶性糖含量27.2%，果皮厚度测定值71.58微米，果皮薄，品质评分86.7分，品质良。抗病性接种鉴定抗小斑病，高抗纹枯病；田间表现高抗茎腐病，抗纹枯病和大、小斑病。该品种达到高产、抗病标准，抗倒达标准，建议复试并进行生产试验。

（3）金双甜9370　2021年早造参加省区试，平均亩产鲜苞1 191.05公斤，比对照种粤甜16号增产12.21%，增产达极显著水平。7个试点均比对照增产，增产点率100%。生育期67天，比对照种粤甜16号早熟4天。植株壮旺，整齐度好，株型半紧凑，前、中期生长势强，后期保绿度好。植株高168.6厘米，穗位高52.9厘米，穗长21.0厘米，穗粗5.1厘米，秃顶长2.0厘米。单苞鲜重346.0克，单穗净重286.0克，单穗鲜粒重180.0克，千粒重354.0克，出籽率60.0%，一级果穗率75.0%，果穗筒形，籽粒黄白色，无倒伏倒折，抗倒力强。可溶性糖含量30.5%，果皮厚度测定值54.02微米，果皮薄，品质评分87.4分，品质良。抗病性接种鉴定抗小斑病，中抗纹枯病；田间表现高抗茎腐病和大、小斑病，抗纹枯病。该品种达到高产、抗病标准，抗倒达标准，建议复试并进行生产试验。

（4）汕甜10号　2021年早造参加省区试，平均亩产鲜苞1 183.14公斤，比对照种粤甜16号增产11.47%，增产达极显著水平。7个试点中有5个比对照增产，增产点率71.43%。生育期72天，比对照种粤甜16号迟熟1天。植株壮旺，整齐度好，株型紧凑，前、中期生长势强，后期保绿度好。植株高219.2厘米，穗位高79.0厘米，穗长20.0厘米，穗粗4.9厘米，秃顶长1.2厘米。单苞鲜重377.0克，单穗净重270.0克，单穗鲜粒重171.0克，千粒重373.0克，出籽率64.0%，一级果穗率79.0%，果穗筒形，籽粒黄白色，无倒伏倒折，抗倒力强。可溶性糖含量32.8%，果皮厚度测定值63.13微米，果皮薄，品质评分85.1分，品质良。抗病性接种鉴定抗小斑病和纹枯病；田间表现高抗茎腐病和纹枯病，抗大、小斑病。该品种达到高产、抗病标准，抗倒达标准，建议复试并进行生产试验。

（5）清泰甜6号　2021年早造参加省区试，平均亩产鲜苞1 147.26公斤，比对照种粤甜16号增产8.09%，增产达显著水平。7个试点中有5个比对照增产，增产点率71.43%。生育期74天，比对照种粤甜16号迟熟3天。植株壮旺，整齐度好，株型紧凑，前、中期生长势强，后期保绿度好。植株高228.5厘米，穗位高76.1厘米，穗长18.0厘米，穗粗5.0厘米，秃顶长0.2厘米。单苞鲜重367.0克，单穗净重271.0克，单穗鲜粒重181.0克，千粒重369.0克，出籽率67.0%，一级果穗率81.0%，果穗筒形，籽粒黄色，无倒伏倒折，抗倒力强。可溶性糖含量29.3%，果皮厚度测定值66.01微米，果皮薄，品质评分84.0分，品质良。抗病性接种鉴定抗小斑病，高抗纹枯病；田间表现高抗茎腐病，抗纹枯病，中抗大、小斑病。该品种达到高产、抗病标准，抗倒达标准，建议复试并进行生产试验。

（6）华旺甜10号　2021年早造参加省区试，平均亩产鲜苞1 136.74公斤，比对照种粤甜16号增产7.10%，增产未达显著水平。7个试点中有5个比对照增产，增产点率71.43%。生育期71天，与对照种粤甜16号相当。植株壮旺，整齐度好，株型半紧凑，前、中期生长势强，后期保绿度好。植株高205.7厘米，穗位高58.2厘米，穗长20.0厘米，穗粗5.0厘米，秃顶长0.4厘米。单苞鲜重367.0克，单穗净重273.0克，单穗鲜粒重178.0克，千粒重318.0克，出籽率65.0%，一级果穗率78.0%，果穗筒形，籽粒黄白色，无倒伏倒折，抗倒力强。可溶性糖含量34.7%，果皮厚度测定值56.21微米，果皮薄，品质评分88.7分，品质优。抗病性接种鉴定高抗纹枯病，抗小斑病；田间表现抗病茎腐病、纹枯病和大、小斑病。该品种达到优质、抗病标准，抗倒达标准，建议复试并进行生产试验。

（7）粤甜黑珍珠1号　2021年早造参加省区试，平均亩产鲜苞1 085.96公斤，比对照种粤甜16号增产2.31%，增产未达显著水平。7个试点中有5个比对照增产，增产点率71.43%，生育期73天，比对照种粤甜16号迟熟2天。植株壮旺，整齐度好，株型半紧凑，前、中期生长势强，后期保绿度好。植株高217.8厘米，穗位高71.7厘米，穗长20.0厘米，穗粗4.9厘米，秃顶长0.6厘米。单苞鲜重351.0克，单穗净重264.0克，单穗鲜粒重175.0克，千粒重314.0克，出籽率67.0%，一级果穗率80.0%，果穗筒形，籽粒紫色，无倒伏倒折，抗倒力强。可溶性糖含量27.1%，果皮厚度测定值71.74微米，果皮薄，品质评分87.1分，品质良。抗病性接种鉴定抗小斑病，高抗纹枯病；田间表现高抗茎腐病，抗纹枯病和大、小斑病。该品种达抗病标准，抗倒达标准，建议复试并进行生产试验。

（8）仲甜11号　2021年早造参加省区试，平均亩产鲜苞1 064.78公斤，比对照种粤甜16号增产0.32%，增产未达显著水平。7个试点中有4个比对照增产，增产点率57.14%。生育期71天，与对照种粤甜16号相当。植株壮旺，整齐度好，前、中期生长势强，后期保绿度好。植株高188.3厘米，穗位高61.8厘米，穗长20.0厘米，穗粗4.6厘米，秃顶长1.0厘米。单苞鲜重343.0克，单穗净重234.0克，单穗鲜粒重146.0克，千粒重282.0克，出籽率62.0%，一级果穗率85.0%，果穗筒形，籽粒黄白色，无倒伏倒折，抗倒力强。可溶性糖含量55.4%，果皮厚度测定值57.57微米，果皮薄，品质评分88.6分，品质优。抗病性接种鉴定抗小斑病，高抗纹枯病；田间表现高抗茎腐病和纹枯病，抗大、小斑病。该品种达到优质、抗病标准，抗倒达标准，建议复试并进行生产试验。

（9）粤甜615　2021年早造参加省区试，平均亩产鲜苞992.78公斤，比对照种粤甜16号减产6.47%，减产未达显著水平。生育期68天，比对照种粤甜16号早熟3天。植株壮旺，整齐度好，株型半紧凑，前、中期生长势强，后期保绿度好。植株高180.2厘米，穗位高56.8厘米，穗长18.0厘米，穗粗4.7厘米，秃顶长0.7厘米。单苞鲜重308.0克，单穗净重212.0克，单穗鲜粒重140.0克，千粒重337.0克，出籽率66.0%，一级果穗率69.0%，果穗筒形，籽粒黄色，无倒伏倒折，抗倒力强。可溶性糖含量35.1%，果皮厚度测定值59.47微米，果皮薄，品质评分89.5分，品质优。抗病性接种鉴定高抗小斑病和纹枯病；田间表现高抗茎腐病，抗纹枯病和大、小斑病。该品种达到优质、抗病标准，抗倒达标准，建议复试并进行生产试验。

（10）珍甜33号　2021年早造参加省区试，平均亩产鲜苞872.3公斤，比对照种粤甜16号减产17.82%，减产达极显著水平；比对照种粤甜13号减产16.36%，减产达极显著水平。生育期67天，比对照种粤甜16号早熟4天。植株壮旺，整齐度好，株型半紧凑，前、中期生长势强，后期保绿度好。植株高159.7厘米，穗位高33.9厘米，穗长20.0厘米，穗粗4.6厘米，秃顶长1.3厘米。单苞鲜重274.0克，单穗净重191.0克，单穗鲜粒重139.0克，千粒重288.0克，出籽率65%，一级果穗率74.0%，果穗筒形，籽粒黄色，无倒伏倒折，抗倒力强。可溶性糖含量46.9%，果皮厚度测定值54.33微米，果皮薄，品质评分89.6分，品质优。抗病性接种鉴定抗小斑病，中抗纹枯病；田间表现高抗茎腐病和纹枯病，抗大、小斑病。该品种达优质、抗病标准，抗倒达标准，建议复试并进行生产试验。

春植甜玉米参试品种各试点小区平均产量见表7-9、表7-10。

表7-9　2021年春植甜玉米（A组）参试品种各试点小区平均产量（公斤）

品　种	东源县农业科学研究所	广州市农业科学研究院	乐昌市现代农业产业发展中心	阳江市农作物技术推广站	英德市农业科学研究所	湛江市农业科学研究院	肇庆市农业科学研究所	平均值
粤甜42号	23.833 3	27.720 0	26.420 0	33.266 7	32.316 7	25.590 0	31.810 0	28.708 1
圣甜1008	23.466 7	31.680 0	24.883 3	37.033 3	25.766 7	28.430 0	32.783 3	29.149 0
汕甜61号	24.400 0	33.676 7	26.100 0	41.866 7	30.483 3	26.830 0	37.743 3	31.585 7

（续）

品　　种	东源县农业科学研究所	广州市农业科学研究院	乐昌市现代农业产业发展中心	阳江市农作物技术推广站	英德市农业科学研究所	湛江市农业科学研究院	肇庆市农业科学研究所	平均值
金鲜甜 8013	26.666 7	28.366 7	26.566 7	31.633 3	31.950 0	27.303 3	33.560 0	29.435 2
珍甜 18 号	29.100 0	33.116 7	29.863 3	40.300 0	28.550 0	27.283 3	32.800 0	31.573 3
创甜 2 号	30.133 3	32.266 7	29.870 0	35.233 3	33.050 0	31.180 0	34.293 3	32.289 5
农甜 19 号	28.300 0	33.470 0	29.026 7	38.400 0	26.050 0	23.863 3	33.083 3	30.313 3
仲甜 10 号	23.033 3	29.420 0	25.876 7	33.433 3	25.616 7	24.483 3	30.843 3	27.529 5
广良甜 36 号	31.033 3	32.590 0	28.873 3	42.766 7	30.733 3	31.933 3	38.166 7	33.728 1
广甜 205	27.166 7	31.710 0	24.820 0	33.166 7	28.533 3	27.993 3	32.493 3	29.411 9
粤甜 618	27.566 7	32.926 7	27.710 0	38.300 0	26.850 0	27.926 7	32.050 0	30.475 7
粤甜 16 号（CK1）	26.433 3	26.663 3	24.120 0	31.633 3	23.336 7	24.746 7	29.196 7	26.590 0
粤甜 13 号（CK2）	22.733 3	25.970 0	25.416 7	30.500 0	26.416 7	25.526 7	29.113 3	26.525 2

表 7-10　2021 年春植甜玉米（B 组）参试品种各试点小区平均产量（公斤）

品　　种	东源县农业科学研究所	广州市农业科学研究院	乐昌市现代农业产业发展中心	阳江市农作物技术推广站	英德市农业科学研究所	湛江市农业科学研究院	肇庆市农业科学研究所	平均值
粤美甜 2 号	29.133 3	27.040 0	25.363 3	34.166 7	26.656 7	33.266 7	36.510 0	30.305 2
粤甜黑珍珠 1 号	26.766 7	29.320 0	23.403 3	33.566 7	21.050 0	26.496 7	29.440 0	27.149 1
华旺甜 10 号	28.533 3	27.270 0	24.650 0	35.266 7	23.013 3	28.160 0	32.036 7	28.418 6
汕甜 10 号	25.333 3	32.930 0	25.816 7	36.700 0	26.060 0	24.993 3	35.216 7	29.578 6
金双甜 9370	28.966 7	27.300 0	26.010 0	37.033 3	24.113 3	27.300 0	37.710 0	29.776 2
珍甜 33 号	19.733 3	24.500 0	18.673 3	24.600 0	17.490 0	20.936 7	26.720 0	21.807 6
清泰甜 6 号	27.333 3	31.820 0	24.930 0	36.166 7	21.986 7	26.233 3	32.300 0	28.681 4
仲甜 11 号	21.266 7	28.800 0	25.576 7	32.266 7	20.970 0	25.023 3	32.433 3	26.619 5
广良甜 402	27.700 0	31.460 0	26.153 3	38.833 3	22.980 0	27.236 7	35.166 7	29.932 9
粤甜 615	24.233 3	27.040 0	19.106 7	28.933 3	19.036 7	25.993 3	29.393 3	24.819 5
粤甜 16 号（CK1）	26.533 3	26.130 0	25.006 7	31.366 7	23.393 3	25.043 3	28.276 7	26.535 7
粤甜 13 号（CK2）	23.766 7	25.650 0	25.960 0	29.733 3	23.706 7	25.690 0	28.003 3	26.072 9

第八章　广东省2021年秋植甜玉米新品种区域试验和生产试验总结

2021年秋季，广东省农业技术推广中心将进入复试的20个甜玉米新品种，在全省多个试点进行区域试验和生产试验，以粤甜16号为产量对照、粤甜13号为品质对照，对参试品种的产量、品质、抗病性、适应性与稳定性等主要性状进行鉴定和分析。结合2020年区域试验结果，现总结如下。

一、材料与方法

（一）参试品种

参试品种均为复试品种。

（二）试验地点与承试单位

在广东省主要甜玉米种植类型区设置区域试验点8个、生产试验点8个、品质测定分析及抗病性鉴定点1个（表8-1）。

表8-1　试验地点及承试单位

试验点	2021年区域试验承试单位	试验点	2021年生产试验承试单位
韶关	乐昌市现代农业产业发展中心	惠州	惠州市农业科学研究所
清远	英德市农业科学研究所	云浮	云浮市农业科学及技术推广中心
湛江	湛江市农业科学研究院	梅州	蕉岭县农业科学研究所
河源	东源县农业科学研究所（报废）	江门	江门市农业科学研究所
阳江	阳江市农作物技术推广站	阳江	阳春市农业技术推广中心（报废）
广州	广州市农业科学研究院	茂名	茂名市农业科技推广中心
肇庆	肇庆市农业科学研究所	湛江	湛江市农业技术推广中心
深圳	深圳市农业科技促进中心	清远	英德市农业科学研究所
品质测定分析及抗病性鉴定		广东省农业科学院作物研究所	

（三）试验设计与实施情况

1. 试验设计

各区域试验点统一按以下试验设计执行，并在试验区周围设置保护行。

排列方法：采用随机区组排列，按长6.4米、宽3.9米，分三畦六行一小区安排，每小区面积0.037 5亩（计产面积0.025亩）。

重复次数：3次重复。

种植规格：每畦按1.3米（包沟）起畦，双行开沟移栽种植，每小区132株，折合每亩3 520株。

各生产试验点每个品种种植面积300米^2，种植密度每亩3 500株。

2. 试验实施情况

试验用地：各试验点均选用能代表当地生产条件的田块安排试验。

播种时间：各试验点均按方案要求安排在8月中、下旬育苗播种。

栽培管理：各试验点按当地目前较高的生产水平进行栽培管理，区域试验防虫不防病，生产试验防虫防病。

（四）试验结果的处理方法

1. 各点试验结果处理

各试验点均在各生育时期对各品种的主要性状进行田间调查和登记，适收期每小区收获中间四行的鲜苞计算产量和进行室内考种，并对产量进行方差分析。品质测定分析、品尝鉴定组织专业人员对各品种套袋授粉果穗进行测定和评价，抗病性评价由专业人员进行接种鉴定和评判。

2. 全省结果汇总

产量结果综合分析采用一造多点的联合方差分析。

产量差异显著性和稳定性分析采用Shukla稳定性方差分析。

品质测定分析委托广东省农业科学院作物研究所对各品种进行田间种植，适时采收后组织专家对各品种套袋授粉果穗进行适口性品尝评分及其他品质性状测定，其中籽粒可溶性糖含量送农业农村部蔬菜水果质量监督检验测试中心（广州）测定。

抗病性接种鉴定委托广东省农业科学院作物研究所于田间种植接种鉴定，各区试点对参试品种的田间自然发病情况调查记载。

（五）影响因素

2021年秋植天气情况较好，区域试验点除东源试点外，生产试点除阳春试点外，其余试点玉米生长发育良好，各参试品种性状和产量结果表现正常。东源点因前中期中午频繁出现时雨时晴的高温高湿天气，大部分参试品种细菌性茎腐病发生严重，出现严重缺株现象，导致无法正常测产，该点数据未列入统计分析；阳春点因前期发生涝害，苗势不齐，植株长势弱，影响参试品种特征特性的正常表现，该试点数据未列入统计分析。

二、结果与分析

(一) 产量结果

全省纳入汇总的试验点有7个，共24个品种（含对照种）。对各品种产量进行联合方差分析，结果表明品种间 F 值、品种与地点互作 F 值均达极显著水平，表明品种间产量存在极显著差异，不同品种在不同地点的产量同样存在极显著差异（表8-2、表8-3）。

表8-2 参试品种方差分析（A组）

变异来源	df	SS	MS	F
地点内区组	14	14.890 8	1.063 6	1.278 3
地点	6	1 672.393 3	278.732 2	43.469 7**
品种	11	953.137 2	86.648 8	13.513 3**
品种×地点	66	423.198 8	6.412 1	7.706 5**
试验误差	154	128.134 2	0.832	
总变异	251	3 191.754 3		

表8-3 参试品种方差分析（B组）

变异来源	df	SS	MS	F
地点内区组	14	21.427	1.530 5	1.737
地点	6	2 330.235 2	388.372 5	38.628 5**
品种	11	1 935.936 7	175.994 2	17.504 8**
品种×地点	66	663.567 1	10.054	11.410 6**
试验误差	154	135.692	0.881 1	
总变异	251	5 086.858		

A组：参试品种的鲜苞平均亩产为1 022.84～1 232.91公斤，对照种粤甜13号平均亩产鲜苞982.44公斤，对照种粤甜16号平均亩产鲜苞1 007.64公斤。参试品种均比对照种粤甜16号增产，增产幅度为1.51%～22.36%，其中华美甜26号、珍甜32号、华旺甜9号、泰美甜3号、清科甜1号、浙甜808、粤甜405增产达极显著水平，仲甜9号增产达显著水平，粤甜39号和粤甜高维E2号增产未达显著水平（表8-4）。

表8-4 2021年秋植甜玉米参试品种产量及稳定性分析（A组）

品　种	折合亩产（公斤）	比CK1±（%）	比CK2±（%）	比CK1差异显著		Shukla变异系数（%）	增产试点数（个）	增产试点率（%）
				0.05	0.01			
华美甜26号	1 232.91	22.36	25.49	a	A	4.031 6	7	100.00
珍甜32号	1 195.81	18.67	21.72	ab	AB	3.326	7	100.00
华旺甜9号	1 179.92	17.10	20.10	ab	AB	3.786 5	7	100.00
泰美甜3号	1 165.35	15.65	18.62	b	ABC	5.862	7	100.00
清科甜1号	1 150.51	14.18	17.11	bc	ABC	6.307 7	7	100.00

（续）

品　　种	折合亩产（公斤）	比CK1±（%）	比CK2±（%）	比CK1差异显著		Shukla变异系数（%）	增产试点数（个）	增产试点率（%）
				0.05	0.01			
浙甜808	1 149.98	14.13	17.05	bc	BC	4.075 3	7	100.00
粤甜405	1 148.36	13.97	16.89	bc	BC	6.029 3	7	100.00
仲甜9号	1 088.84	8.06	10.83	cd	CD	9.614 2	6	85.71
粤甜39号	1 055.33	4.73	7.42	de	DE	4.711 7	5	71.43
粤甜高维E2号	1 022.84	1.51	4.11	ef	DE	3.894 4	4	57.14
粤甜16号（CK1）	1 007.64	—	2.57	ef	DE	2.249 9	—	—
粤甜13号（CK2）	982.44	−2.50	—	f	E	5.123 3	3	42.86

B组：参试品种的鲜苞平均亩产为1 001.35～1 250.93公斤，对照种粤甜13号平均亩产鲜苞973.35公斤，对照种粤甜16号平均亩产鲜苞1 023.98公斤。除粤甜415和粤白甜2号比对照种粤甜16号减产外，其余参试品种均比对照种粤甜16号增产，增产幅度为7.60%～22.16%，其中广良甜21号、新美甜658、珍甜38号、华美甜33号、华美甜12号、佛甜8号、粤甜黑珍珠2号增产达极显著水平，江甜028增产未达显著水平，粤甜415减产未达显著水平，粤白甜2号减产达极显著水平（表8-5）。

表8-5　2021年秋植甜玉米参试品种产量及稳定性分析（B组）

品　　种	折合亩产（公斤）	比CK1±（%）	比CK2±（%）	比CK1差异显著		Shukla变异系数（%）	增产试点数（个）	增产试点率（%）
				0.05	0.01			
广良甜21号	1 250.93	22.16	28.52	a	A	4.994	7	100.00
新美甜658	1 212.95	18.45	24.62	ab	AB	3.637	7	100.00
珍甜38号	1 166.69	13.94	19.86	bc	ABC	2.878	6	85.71
华美甜33号	1 166.67	13.93	19.86	bc	ABC	4.776 1	7	100.00
华美甜12号	1 160.57	13.34	19.23	bc	ABC	7.999 3	7	100.00
佛甜8号	1 149.98	12.30	18.15	bc	ABC	11.668 9	5	71.43
粤甜黑珍珠2号	1 129.41	10.30	16.03	c	BC	4.298 5	7	100.00
江甜028	1 101.83	7.60	13.20	cd	CD	5.288 5	6	85.71
粤甜16号（CK1）	1 023.98	—	5.20	de	DE	6.189	—	—
粤甜415	1 001.35	−2.21	2.88	e	DE	6.409	3	42.86
粤甜13号（CK2）	973.35	−4.94	—	e	E	5.516 5	1	14.29
粤白甜2号	846.02	−17.38	−13.08	f	F	12.322 8	0	—

（二）品质分析

对各品种籽粒进行可溶性糖含量和果皮厚度测定，并组织专家进行适口性品尝评分。根据专家适口性品尝鉴定结果，参试品种品尝评分≥88分的品种有15个，分别为华美甜26号、珍甜32号、泰美甜3号、清科甜1号、粤甜405、粤甜39号、粤甜高维E2号、广良甜21号、珍甜38号、华美甜33号、华美甜12号、佛甜8号、粤甜黑珍珠2号、粤甜415、粤白甜2号，品质均优于优质对照种粤甜13号（表8-6、表8-7）。

表 8-6　2021 年秋植甜玉米参试品种主要性状综合表（A 组）

品种	生育期（天）	植株高（厘米）	穗位高（厘米）	茎粗（厘米）	株型	植株整齐度	穗长（厘米）	穗粗（厘米）	秃尖长（厘米）	穗形	粒色	穗行数（行）	穗粒数（粒）	抗病性				接种鉴定		倒伏率（%）	倒折率（%）	单苞鲜重（克）	单穗净重（克）	单穗鲜粒重（克）	千粒重（克）	出籽率（%）	一级果穗率（%）	可溶性糖含量（%）	果皮厚度测定值（微米）	适口性品尝专家评分
														纹枯病	茎腐病	大、小斑病	南方锈病	纹枯病	小斑病											
华美甜 26 号	75	224	81	2.1	紧凑	好	19.0	5.3	2.2	筒	黄白	14～16	472	R	R	R	R	HR	R	1.83	1.98	392	283	196	396	69.1	74	32.4	50.51	88.4
珍甜 32 号	72	206	79	2.1	半紧凑	好	18.2	5.3	0.6	筒	黄白	14～16	488	HR	R	R	MR	R	R	1.88	0.55	387	285	201	391	69.4	71	35.9	49.98	88.4
华旺甜 9 号	75	228	78	2.0	紧凑	好	18.1	5.1	1.5	筒	黄白	14～18	484	R	R	MR	R	HR	R	2.28	0.29	369	266	183	357	68.9	69	32.1	59.10	87.2
泰美甜 3 号	72	204	79	2.0	紧凑	好	18.2	5.4	1.5	筒	黄	12～16	438	HR	HR	R	MR	MR	MR	0.82	0.40	376	288	200	420	69.6	70	29.6	64.71	88.1
清科甜 1 号	74	230	86	2.1	紧凑	好	20.1	5.2	0.9	筒	黄白	16～18	524	HR	R	R	MR	MR	R	9.30	3.82	382	294	202	350	68.5	80	29.6	70.53	88.4
浙甜 808	74	233	87	2.1	紧凑	好	20.1	5.2	1.2	筒	黄	14～16	518	HR	R	R	MR	HR	R	0.41	0.40	357	285	197	360	69.3	82	27.3	55.22	87.1
粤甜 405	73	211	79	2.1	半紧凑	好	20.3	5.0	1.8	筒	黄	14～16	526	R	R	R	R	HR	R	0.19	0.00	373	284	205	365	72.2	72	30.0	54.33	89.8
仲甜 9 号	74	218	81	2.0	紧凑	好	17.9	5.1	0.6	筒	黄	14～18	500	HR	R	R	R	HR	R	5.53	0.50	349	262	185	350	70.0	69	31.8	58.42	85.1
粤甜 39 号	71	178	67	2.1	半紧凑	好	18.2	5.0	0.5	筒	黄白	14～18	486	R	HR	R	MR	R	MR	1.11	0.00	333	255	183	363	71.9	75	43.0	54.84	89.8
粤甜高维 E2 号	71	203	59	2.0	半紧凑	好	18.9	4.9	1.5	筒	黄白	12～16	469	HR	HR	R	MR	MR	MR	0.19	0.19	327	253	173	330	67.9	74	20.1	65.40	89.2
粤甜 16 号（CK1）	71	204	82	1.8	半紧凑	好	17.6	5.1	0.8	筒	黄	14～18	494	R	R	R	MR	R	R	4.85	3.92	321	246	181	341	73.4	68	25.0	68.26	85.0
粤甜 13 号（CK2）	71	195	65	2.0	半紧凑	好	19.2	4.9	0.3	筒	黄白	14～16	480	R	R	R	MS	R	R	0.38	0.39	317	242	170	328	70.3	78	27.4	58.26	88.0

表8-7　2021年秋植甜玉米参试品种主要性状综合表（B组）

品种	生育期（天）	植株高（厘米）	穗位高（厘米）	茎粗（厘米）	株型	植株整齐度	穗长（厘米）	穗粗（厘米）	秃尖长（厘米）	穗形	粒色	穗行数（行）	穗粒数（粒）	抗病性				接种鉴定		倒伏率（%）	倒折率（%）	单苞鲜重（克）	单穗净重（克）	单穗鲜粒重（克）	千粒重（克）	出籽率（%）	一级果穗率（%）	可溶性糖含量（%）	果皮厚度测定值（微米）	适口性品尝专家评分
														纹枯病	茎腐病	大、小斑病	南方锈病	纹枯病	小斑病											
广良甜21号	76	228	76	2.2	紧凑	好	19.2	5.4	0.8	筒	黄	16～18	508	HR	R	R	R	HR	HR	0.65	0.10	407	302	201	363	66.6	76	32.2	48.43	88.3
新美甜658	76	224	86	2.1	紧凑	好	19.1	5.4	0.8	筒	黄	16～18	534	R	R	R	MR	R	R	0.82	0.06	397	318	210	359	65.7	80	35.4	64.54	85.9
珍甜38号	73	195	59	2.1	半紧凑	好	19.0	5.3	2.3	筒	黄白	14～18	466	HR	R	R	MR	R	R	0.90	0.04	381	281	189	374	67.2	69	27.9	57.20	88.6
华美甜33号	73	231	73	2.1	紧凑	好	18.7	5.3	2.8	筒	黄	16～18	445	HR	HR	R	R	HR	R	0.00	0.00	368	271	186	330	68.0	62	42.1	69.51	88.9
华美甜12号	73	232	95	2.1	紧凑	好	18.3	5.4	1.7	筒	黄白	14～16	445	R	R	R	R	HR	R	0.59	0.30	364	277	193	364	69.3	70	29.8	47.11	88.6
佛甜8号	75	215	78	2.1	紧凑	好	19.4	5.2	1.5	筒	黄	14～18	579	HR	R	R	MR	R	R	0.71	0.00	360	293	207	306	70.6	81	34.9	62.82	89.1
粤甜黑珍珠2号	71	205	64	2.0	紧凑	好	19.1	5.1	1.6	筒	紫黑	14～18	489	HR	R	R	MR	MR	R	0.00	0.00	334	272	190	337	69.7	74	22.7	76.26	89.2
江甜028	73	203	61	2.1	半紧凑	好	19.8	5.1	2.9	筒	黄白	14～16	479	HR	R	R	R	R	R	0.96	0.00	350	272	186	352	68.3	68	29.8	54.73	86.4
粤甜16号（CK1）	72	207	81	1.9	半紧凑	好	17.7	5.1	1.0	筒	黄	14～18	489	R	R	R	MR	HR	R	4.11	0.38	323	248	183	347	72.9	66	24.0	71.26	85.0
粤甜415	73	204	65	2.1	半紧凑	好	19.0	4.9	0.8	筒	黄	14～18	480	R	R	R	R	HR	R	0.00	0.00	321	248	178	331	71.9	75	32.2	42.14	90.8
粤甜13号（CK2）	72	199	64	2.0	半紧凑	好	19.0	4.7	0.5	筒	黄白	14～16	475	R	R	R	MR	R	R	0.41	0.19	306	241	169	338	69.6	64	23.4	58.28	88.0
粤白甜2号	66	155	46	1.9	半紧凑	好	17.3	4.6	0.9	筒	白	12～14	367	HR	HR	R	MR	MR	MR	0.00	0.00	257	196	142	374	71.9	58	28.4	55.48	90.9

综合2020年春、2021年秋区试专家品质评分结果，按照品质从优原则，参试品种品尝评分≥88分的品种有16个：华美甜26号、珍甜32号、泰美甜3号、清科甜1号、粤甜405、粤甜39号、粤甜高维E2号、广良甜21号、珍甜38号、华美甜33号、华美甜12号、佛甜8号、粤甜黑珍珠2号、粤甜415、粤白甜2号、华旺甜9号。

（三）抗病性

对各品种进行纹枯病和小斑病接种鉴定，各试点对纹枯病、茎腐病和大、小斑病进行田间调查鉴定（表8-6、表8-7）。

1. 接种鉴定

纹枯病：根据两年接种鉴定结果，按抗病性从差原则，华美甜26号、华旺甜9号、泰美甜3号、清科甜1号、浙甜808、仲甜9号、粤甜39号、粤甜高维E2号、广良甜21号、新美甜658、珍甜38号、华美甜33号、佛甜8号、粤甜黑珍珠2号、江甜028、粤甜415、粤白甜2号为中抗；珍甜32号、粤甜405、华美甜12号为抗病。

小斑病：根据两年接种鉴定结果，按抗病性从差原则，泰美甜3号、粤甜39号、粤甜高维E2号、粤白甜2号为中抗；华美甜26号、珍甜32号、华旺甜9号、清科甜1号、浙甜808、粤甜405、仲甜9号、新美甜658、珍甜38号、华美甜33号、华美甜12号、佛甜8号、粤甜黑珍珠2号、江甜028、粤甜415为抗病；广良甜21号为高抗。

2. 田间调查

纹枯病：根据两年调查结果，按抗病性从差原则，华美甜26号、珍甜32号、华旺甜9号、清科甜1号、浙甜808、粤甜405、仲甜9号、粤甜39号、新美甜658、珍甜38号、华美甜12号、佛甜8号、粤甜黑珍珠2号、江甜028、粤甜415、粤白甜2号为抗病；泰美甜3号、粤甜高维E2号、广良甜21号、华美甜33号为高抗。

茎腐病：根据两年调查结果，按抗病性从差原则，所有参试品种均为抗病。

大、小斑病：根据两年调查结果，按抗病性从差原则，华旺甜9号、粤白甜2号为中抗；华美甜26号、珍甜32号、泰美甜3号、清科甜1号、浙甜808、粤甜405、仲甜9号、粤甜39号、粤甜高维E2号、广良甜21号、新美甜658、珍甜38号、华美甜33号、华美甜12号、佛甜8号、粤甜黑珍珠2号、江甜028、粤甜415为抗病。

南方锈病：根据两年调查结果，按抗病性从差原则，华美甜26号、华旺甜9号、粤甜405、仲甜9号、广良甜21号、华美甜33号、华美甜12号、江甜028、粤甜415为抗，其余品种均为中抗。

（四）生育期

参试各品种的生育期为66～76天，品种间生育期相差10天。生育期最长的品种是广良甜21号、新美甜658，为76天；生育期最短的是粤白甜2号，为66天；对照种粤甜13号生育期为71～72天，对照种粤甜16号生育期为71～72天。

（五）生产试验农艺性状

秋植甜玉米参试品种生产试验农艺性状见表8-8。

表8-8　2021年秋植甜玉米生产试验主要性状综合表

品　种	生育期（天）	植株整齐度	倒伏率（%）	倒折率（%）	抗病性				空秆率（%）	双穗率（%）	亩鲜苞产量（公斤）	比CK1±（%）	比CK2±（%）
					纹枯病	大、小斑病	茎腐病	南方锈病					
华美甜26号	76	好	4.54	1.73	HR	HR	R	R	2.67	2.09	1 221.67	27.19	34.78
广良甜21号	79	好	1.89	0.00	HR	HR	R	R	2.36	0.47	1 215.77	26.47	34.13
华旺甜9号	76	好	3.29	0.23	HR	HR	R	R	0.50	2.11	1 214.74	26.95	34.01
清科甜1号	75	好	2.97	0.29	HR	HR	R	R	1.21	1.30	1 171.18	22.74	29.21
新美甜658	78	好	2.86	0.17	HR	HR	HR	R	1.34	1.34	1 151.45	21.19	27.03
粤甜405	76	好	0.00	0.00	HR	HR	R	R	1.20	1.27	1 122.12	16.66	23.80
江甜028	76	好	0.00	0.00	HR	HR	HR	R	1.66	0.69	1 121.73	17.31	23.75
华美甜33号	75	好	4.67	0.06	HR	HR	R	R	1.61	0.53	1 102.91	15.78	21.68
珍甜38号	74	好	0.00	0.00	HR	HR	R	R	2.11	0.91	1 090.54	14.31	20.31
佛甜8号	77	好	0.00	0.17	HR	HR	HR	R	5.90	2.10	1 089.24	14.02	20.17
浙甜808	75	好	0.29	0.00	HR	HR	HR	R	0.63	2.23	1 084.57	12.96	19.65
华美甜12号	75	好	0.00	0.17	HR	HR	HR	R	1.90	2.10	1 071.90	12.55	18.26
珍甜32号	75	好	0.00	0.40	HR	HR	R	R	1.56	1.69	1 070.89	11.91	18.14
粤甜黑珍珠2号	73	好	0.00	0.17	HR	HR	R	R	2.83	2.04	1 039.86	7.67	14.72
仲甜9号	78	好	4.29	0.46	HR	HR	R	R	1.11	1.37	1 030.83	8.57	13.72
粤甜高维E2号	73	好	0.00	0.00	HR	HR	R	R	4.37	1.84	1 006.87	5.54	11.08
泰美甜3号	72	好	0.00	0.00	HR	HR	R	R	10.74	0.39	981.63	0.70	8.30
粤甜39号	74	好	0.00	0.17	HR	HR	R	HR	0.87	0.64	978.71	1.84	7.97
粤甜415	78	好	0.00	0.11	HR	R	R	R	4.21	0.97	964.04	−0.17	6.36
粤甜16号（CK1）	76	好	0.13	0.27	HR	HR	R	R	0.85	0.33	956.91	—	5.57
粤甜13号（CK2）	76	好	0.00	0.07	HR	HR	R	R	2.00	0.67	906.43	−3.38	—
粤白甜2号	68	好	0.00	0.11	HR	HR	R	MR	0.90	1.84	793.47	−17.25	−12.46

三、讨论与结论

参试品种均为复试品种，根据参试品种两年的产量情况、品质评价和抗病性鉴定结果，以及各农艺性状综合分析，对各参试品种评述如下（序号不分先后）。

1. A组参试品种

（1）华美甜26号　春植生育期84天，比对照种粤甜16号迟熟3天；秋植生育期75天，比对照种粤甜16号迟熟4天。株型半紧凑，整齐度好，前、中期生长势强，后期保绿度好。植株高241～224厘米，穗位高81～96厘米，茎粗2.1厘米，穗长19.0厘米，穗粗5.3～5.4厘米，秃尖长2.1～2.2厘米。单苞鲜重392～399克，单穗净重283～291

克，千粒重396～426克，出籽率69.1%～71.92%，一级果穗率74%，果穗筒形，籽粒黄白色。可溶性糖含量32.4%～41.2%，果皮厚度测定值50.51～67.22微米，果皮较薄，专家品尝评分86.3～88.4分，品质优。抗病性接种鉴定抗小斑病，中抗纹枯病。田间表现抗茎腐病、纹枯病、南方锈病和大、小斑病，倒伏率1.83%～3.90%，倒折率0.62%～1.98%。同期生产试验田间调查高抗纹枯病和大、小斑病，抗茎腐病和南方锈病，倒伏率4.54%，倒折率1.73%。2020年春区试，平均亩产鲜苞1 252.82公斤，比对照种粤甜16号增产17.38%，增产达极显著水平，增产试点率100%。2021年秋区试，平均亩产鲜苞1 232.91公斤，比对照种粤甜16号增产22.36%，增产达极显著水平，增产试点率100%。2021年秋生产试验，平均亩产鲜苞1 221.67公斤，比对照种粤甜16号增产27.19%。

该品种经过两年区试和一年生产试验，株型半紧凑，整齐度好，丰产稳产性好，品质优，抗小斑病，中抗纹枯病，抗倒伏性中等。达到省甜玉米优质、高产、抗病品种审定标准，推荐省品种审定。

(2) 珍甜32号　春植生育期85天，比对照种粤甜16号迟熟4天；秋植生育期72天，比对照种粤甜16号迟熟1天。株型半紧凑，整齐度好，前、中期生长势强，后期保绿度好。植株高206～215厘米，穗位高76～79厘米，茎粗2.0～2.1厘米，穗长17.6～18.2厘米，穗粗5.2～5.3厘米，秃尖长0.5～0.6厘米。单苞鲜重353～387克，单穗净重268～285克，千粒重373～391克，出籽率69.4%～70.7%，一级果穗率71.0%，果穗筒形，籽粒黄白色。可溶性糖含量35.9%～40.1%，果皮厚度测定值49.98～67.62微米，果皮较薄，专家品尝评分88.4～89.6分，品质优。抗病性接种鉴定抗小斑病和纹枯病。田间表现抗茎腐病、纹枯病和大、小斑病，中抗南方锈病，倒伏率0.46%～1.88%，倒折率0.55%～0.57%。同期生产试验田间调查高抗纹枯病和大、小斑病，抗茎腐病和南方锈病，无倒伏，倒折率0.40%。2020年春区试，平均亩产鲜苞1 115.30公斤，比对照种粤甜16号增产5.64%，增产未达显著水平，增产试点率85.71%。2021年秋区试，平均亩产鲜苞1 195.81公斤，比对照种粤甜16号增产18.67%，增产达极显著水平，增产试点率100%。2021年秋生产试验，平均亩产鲜苞1 070.89公斤，比对照种粤甜16号增产11.91%。

该品种经过两年区试和一年生产试验，株型半紧凑，整齐度好，丰产稳产性较好，品质优，抗小斑病和纹枯病，抗倒伏性较强。达到省甜玉米优质、抗病品种审定标准，推荐省品种审定。

(3) 华旺甜9号　春植生育期85天，秋植生育期75天，均比对照种粤甜16号迟熟4天。株型半紧凑，整齐度好，前、中期生长势强，后期保绿度好。植株高228～239厘米，穗位高78～99厘米，茎粗2.0厘米，穗长18.1～18.9厘米，穗粗5.1～5.3厘米，秃尖长1.5～1.8厘米。单苞鲜重369～400克，单穗净重266～281克，千粒重357～365克，出籽率68.9%～69.5%，一级果穗率69%～73.0%，果穗筒形，籽粒黄白色。可溶性糖含量32.1%～34.5%，果皮厚度测定值56.29～59.10微米，果皮较薄，专家品尝评分87.2～89.8分，品质优。抗病性接种鉴定抗小斑病，中抗纹枯病。田间表现抗纹枯病、茎腐病和南方锈病，中抗大、小斑病，倒伏率1.48%～2.28%，倒折率0.26%～0.29%。

同期生产试验田间调查高抗纹枯病和大、小斑病，抗茎腐病和南方锈病，倒伏率3.29%，倒折率0.23%。2020年春区试，平均亩产鲜苞1 171.14公斤，比对照种粤甜16号增产10.93%，增产达极显著水平，增产试点率85.71%。2021年秋区试，平均亩产鲜苞1 179.92公斤，比对照种粤甜16号增产17.10%，增产达极显著水平，增产试点率100%。2021年秋生产试验，平均亩产鲜苞1 214.74公斤，比对照种粤甜16号增产26.95%。

该品种经过两年区试和一年生产试验，株型半紧凑，整齐度好，丰产稳产性好，品质优，抗小斑病，中抗纹枯病，抗倒伏性较强。达到省甜玉米优质、高产、抗病品种审定标准，推荐省品种审定。

（4）泰美甜3号　春植生育期83天，比对照种粤甜16号迟熟2天；秋植生育期72天，比对照种粤甜16号迟熟1天。株型半紧凑，整齐度好，前、中期生长势强，后期保绿度好。植株高204～206厘米，穗位高76～79厘米，茎粗1.9～2.0厘米，穗长18.2～19.3厘米，穗粗5.4厘米，秃尖长1.5～1.7厘米。单苞鲜重374～376克，单穗净重288～296克，千粒重358～420克，出籽率69.39%～69.60%，一级果穗率70.0%～83.0%，果穗筒形，籽粒黄色。可溶性糖含量29.6%～31.0%，果皮厚度测定值62.65～64.71微米，果皮较薄，专家品尝评分88.1～89.1分，品质优。抗病性接种鉴定中抗小斑病和纹枯病。田间表现高抗纹枯病，抗茎腐病和大、小斑病，中抗南方锈病，倒伏率0.13%～0.82%，倒折率0.09%～0.40%。同期生产试验田间调查高抗纹枯病和大、小斑病，抗茎腐病和南方锈病，无倒伏倒折。2020年春区试，平均亩产鲜苞1 152.72公斤，比对照种粤甜16号增产8.00%，增产达显著水平，增产试点率85.71%。2021年秋区试，平均亩产鲜苞1 165.35公斤，比对照种粤甜16号增产15.65%，增产达极显著水平，增产试点率100%。2021年秋生产试验，平均亩产鲜苞981.63公斤，比对照种粤甜16号增产0.70%。

该品种经过两年区试和一年生产试验，株型半紧凑，整齐度好，产量与对照相当，品质优，中抗小斑病和纹枯病，抗倒伏性较强。达到省甜玉米优质、抗病品种审定标准，推荐省品种审定。

（5）清科甜1号　春植生育期85天，比对照种粤甜16号迟熟4天；秋植生育期74天，比对照种粤甜16号迟熟3天。株型半紧凑，整齐度好，前、中期生长势强，后期保绿度好。植株高230～241厘米，穗位高86～91厘米，茎粗2.0～2.1厘米，穗长20.1～21.9厘米，穗粗5.2～5.3厘米，秃尖长0.9～1.3厘米。单苞鲜重382～415克，单穗净重294～330克，千粒重350～353克，出籽率68.10%～68.50%，一级果穗率80.0%，果穗筒形，籽粒黄白色。可溶性糖含量29.6%～38.4%，果皮厚度测定值70.53～74.24微米，果皮较薄，专家品尝评分87.4～88.4分，品质优。抗病性接种鉴定抗小斑病，中抗纹枯病。田间表现抗纹枯病、茎腐病和大、小斑病，中抗南方锈病，倒伏率7.91%～9.30%，倒折率0.29%～3.82%。同期生产试验田间调查高抗纹枯病和大、小斑病，抗茎腐病和南方锈病，倒伏率2.97%，倒折率0.29%。2020年春区试，平均亩产鲜苞1 208.67公斤，比对照种粤甜16号增产14.48%，增产达极显著水平，增产试点率85.71%。2021年秋区试，平均亩产鲜苞1 150.51公斤，比对照种粤甜16号增产

14.18%，增产达极显著水平，增产试点率100%。2021年秋生产试验，平均亩产鲜苞1 171.18公斤，比对照种粤甜16号增产22.74%。

该品种经过两年区试和一年生产试验，株型半紧凑，整齐度好，丰产稳产性好，品质优，抗小斑病，中抗纹枯病，抗倒伏性较弱。达到省甜玉米优质、高产、抗病品种审定标准，推荐省品种审定。

（6）浙甜808（2018年初试） 春植生育期80天，比对照种粤甜16号迟熟4天；秋植生育期74天，比对照种粤甜16号迟熟3天。株型半紧凑，整齐度好，前、中期生长势强，后期保绿度好。植株高233～236厘米，穗位高87～93厘米，茎粗2.1厘米，穗长20.1～21.6厘米，穗粗5.2厘米，秃尖长0.7～1.2厘米。单苞鲜重357～378克，单穗净重285～293克，千粒重352～360克，出籽率65.11%～69.30%，一级果穗率82.0%～84.0%，果穗筒形，籽粒黄色。可溶性糖含量27.3%～34.2%，果皮厚度测定值55.22～64.85微米，果皮较薄，专家品尝评分84.9～87.1分，品质良。抗病性接种鉴定抗小斑病，中抗纹枯病。田间表现抗纹枯病、茎腐病和大、小斑病，中抗南方锈病，倒伏率0.41%～4.97%，倒折率0.36%～0.40%。同期生产试验田间调查高抗纹枯病、茎腐病和大、小斑病，抗南方锈病，倒伏率0.29%，无倒折。2020年春区试，平均亩产鲜苞1 220.60公斤，比对照种粤甜16号增产11.80%，增产达极显著水平，增产试点率100%。2021年秋区试，平均亩产鲜苞1 149.98公斤，比对照种粤甜16号增产14.13%，增产达极显著水平，增产试点率100%。2021年秋生产试验，平均亩产鲜苞1 084.57公斤，比对照种粤甜16号增产12.96%。

该品种经过两年区试和一年生产试验，株型半紧凑，整齐度好，丰产稳产性好，品质良，抗小斑病，中抗纹枯病，抗倒伏性较强。达到省甜玉米高产、抗病品种审定标准，推荐省品种审定。

粤甜405 春植生育期85天，比对照种粤甜16号迟熟4天；秋植生育期73天，比对照种粤甜16号迟熟2天。株型半紧凑，整齐度好，前、中期生长势强，后期保绿度好。植株高211～224厘米，穗位高79～84厘米，茎粗2.1厘米，穗长19.6～20.3厘米，穗粗5.0厘米，秃尖长1.1～1.8厘米。单苞鲜重353～373克，单穗净重265～284克，千粒重341～365克，出籽率72.20%～72.40%，一级果穗率72.0%～80.0%，果穗筒形，籽粒黄色。可溶性糖含量30.0%～42.1%，果皮厚度测定值54.33～56.18微米，果皮较薄，专家品尝评分89.8分，品质优。抗病性接种鉴定抗小斑病和纹枯病。田间表现抗纹枯病、茎腐病、南方锈病和大、小斑病，倒伏率0.19%～3.14%，倒折率1.07%。同期生产试验田间调查高抗纹枯病和大、小斑病，抗茎腐病和南方锈病，无倒伏、倒折。2020年春区试，平均亩产鲜苞1 117.30公斤，比对照种粤甜16号增产5.83%，增产未达显著水平，增产试点率85.71%。2021年秋区试，平均亩产鲜苞1 148.36公斤，比对照种粤甜16号增产13.97%，增产达极显著水平，增产试点率100%。2021年秋生产试验，平均亩产鲜苞1 122.12公斤，比对照种粤甜16号增产16.66%。

该品种经过两年区试和一年生产试验，株型半紧凑，整齐度好，稳产性较好，品质优，抗小斑病和纹枯病，抗倒伏性较强。达到省甜玉米优质、抗病品种审定标准，推荐省品种审定。

（7）仲甜9号　春植生育期86天，比对照种粤甜16号迟熟5天；秋植生育期74天，比对照种粤甜16号迟熟3天。株型半紧凑，整齐度好，前、中期生长势强，后期保绿度好。植株高218～248厘米，穗位高81～93厘米，茎粗2.0～2.1厘米，穗长17.9～18.4厘米，穗粗5.1厘米，秃尖长0.4～0.6厘米。单苞鲜重349～374克，单穗净重262～269克，千粒重350～351克，出籽率70.00%～71.50%，一级果穗率69.0%～79.0%，果穗筒形，籽粒黄色。可溶性糖含量30.5%～31.8%，果皮厚度测定值56.17～58.42微米，果皮较薄，专家品尝评分85.1～86.1分，品质良。抗病性接种鉴定抗小斑病，中抗纹枯病。田间表现抗纹枯病、茎腐病、南方锈病和大、小斑病，倒伏率1.04%～5.53%，倒折率0.23%～0.50%。同期生产试验田间调查高抗纹枯病和大、小斑病，抗茎腐病和南方锈病，倒伏率4.29%，倒折率0.46%。2020年春区试，平均亩产鲜苞1 096.59公斤，比对照种粤甜16号增产3.86%，增产未达显著水平，增产试点率71.43%。2021年秋区试，平均亩产鲜苞1 088.84公斤，比对照种粤甜16号增产8.06%，增产达显著水平，增产试点率85.71%。2021年秋生产试验，平均亩产鲜苞1 030.83公斤，比对照种粤甜16号增产8.57%。

该品种经过两年区试和一年生产试验，株型半紧凑，整齐度好，稳产性较好，品质良，抗小斑病，中抗纹枯病，抗倒伏性较好。达到省甜玉米抗病品种审定标准，推荐省品种审定。

（8）粤甜39号　春植生育期82天，比对照种粤甜16号迟熟1天；秋植生育期71天，与对照种粤甜16号相当。株型半紧凑，整齐度好，前、中期生长势强，后期保绿度好。植株高178～188厘米，穗位高66～67厘米，茎粗2.1厘米，穗长18.2～19.0厘米，穗粗5.0厘米，秃尖长0.5～0.7厘米。单苞鲜重333～335克，单穗净重255～267克，千粒重363～379克，出籽率71.90%～75.02%，一级果穗率75.0%～88.0%，果穗筒形，籽粒黄白色。可溶性糖含量40.1%～43.0%，果皮厚度测定值54.84～60.74微米，果皮较薄，专家品尝评分89.4～89.8分，品质优。抗病性接种鉴定中抗小斑病和纹枯病。田间表现抗纹枯病、茎腐病和大、小斑病，中抗南方锈病，倒伏率0～1.11%，倒折率0～0.43%。同期生产试验田间调查高抗纹枯病、南方锈病和大、小斑病，抗茎腐病，无倒伏，倒折率0.17%。2020年春区试，平均亩产鲜苞1 033.47公斤，比对照种粤甜16号减产3.17%，减产未达显著水平，增产试点率57.14%。2021年秋区试，平均亩产鲜苞1 055.33公斤，比对照种粤甜16号增产4.73%，增产未达显著水平，增产试点率71.43%。2021年秋生产试验，平均亩产鲜苞978.71公斤，比对照种粤甜16号增产1.84%。

该品种经过两年区试和一年生产试验，株型半紧凑，整齐度好，产量与对照相当，品质优，中抗小斑病和纹枯病，抗倒伏性强。达到省甜玉米优质、抗病品种审定标准，推荐省品种审定。

（9）粤甜高维E2号　春植生育期81天，与对照种粤甜16号相当；秋植生育期71天，与对照种粤甜16号相当。株型半紧凑，整齐度好，前、中期生长势强，后期保绿度好。植株高203～214厘米，穗位高59～66厘米，茎粗2.0～2.1厘米，穗长18.9～19.3厘米，穗粗4.9～5.1厘米，秃尖长0.9～1.5厘米。单苞鲜重327～382克，单穗净重

253～280 克，千粒重 330～335 克，出籽率 67.90%～69.38%，一级果穗率 74.0%～79.0%，果穗筒形，籽粒黄白色。可溶性糖含量 20.1%～25.8%，果皮厚度测定值 60.11～65.40 微米，果皮较薄，专家品尝评分 87.0～89.2 分，品质优。抗病性接种鉴定中抗小斑病和纹枯病。田间表现高抗纹枯病，抗茎腐病和大、小斑病，中抗南方锈病，倒伏率 0.19%～0.84%，倒折率 0.14%～0.19%。同期生产试验田间调查高抗纹枯病和大、小斑病，抗茎腐病和南方锈病，无倒伏、倒折。2020 年春区试，平均亩产鲜苞 1 140.23 公斤，比对照种粤甜 16 号增产 6.83%，增产未达显著水平，增产试点率 85.71%。2021 年秋区试，平均亩产鲜苞 1 022.84 公斤，比对照种粤甜 16 号增产 1.51%，增产未达显著水平，增产试点率 57.14%。2021 年秋生产试验，平均亩产鲜苞 1 006.87 公斤，比对照种粤甜 16 号增产 5.54%。

该品种经过两年区试和一年生产试验，株型半紧凑，整齐度好，产量与对照相当，品质优，中抗小斑病和纹枯病，抗倒伏性较强。达到省甜玉米优质、抗病品种审定标准，推荐省品种审定。

2. B 组参试品种

（1）广良甜 21 号　春植生育期 86 天，比对照种粤甜 16 号迟熟 5 天；秋植生育期 76 天，比对照种粤甜 16 号迟熟 4 天。株型半紧凑，整齐度好，前、中期生长势强，后期保绿度好。植株高 228～250 厘米，穗位高 76～94 厘米，茎粗 2.2 厘米，穗长 19.2～19.9 厘米，穗粗 5.3～5.4 厘米，秃尖长 0.8～1.3 厘米。单苞鲜重 407～421 克，单穗净重 302～308 克，千粒重 363～379 克，出籽率 66.60%～68.11%，一级果穗率 76.0%～80.0%，果穗筒形，籽粒黄色。可溶性糖含量 32.2%～37.9%，果皮厚度测定值 48.43～63.11 微米，果皮较薄，专家品尝评分 88.3～88.4 分，品质优。抗病性接种鉴定高抗小斑病，中抗纹枯病。田间表现高抗纹枯病，抗茎腐病、南方锈病和大、小斑病，倒伏率 0.34%～0.65%，倒折率 0～0.10%。同期生产试验田间调查高抗纹枯病和大、小斑病，抗茎腐病和南方锈病，倒伏率 1.89%，无倒折。2020 年春区试，平均亩产鲜苞 1 236.38 公斤，比对照种粤甜 16 号增产 15.84%，增产达极显著水平，增产试点率 100%。2021 年秋区试，平均亩产鲜苞 1 250.93 公斤，比对照种粤甜 16 号增产 22.16%，增产达极显著水平，增产试点率 100%。2021 年秋生产试验，平均亩产鲜苞 1 215.77 公斤，比对照种粤甜 16 号增产 26.47%。

该品种经过两年区试和一年生产试验，株型半紧凑，整齐度好，丰产稳产性好，品质优，高抗小斑病，中抗纹枯病，抗倒伏性较强。达到省甜玉米优质、高产、抗病品种审定标准，推荐省品种审定。

（2）新美甜 658　春植生育期 85 天，秋植生育期 76 天，均比对照种粤甜 16 号迟熟 4 天。株型半紧凑，整齐度好，前、中期生长势强，后期保绿度好。植株高 224～246 厘米，穗位高 86～105 厘米，茎粗 2.1～2.2 厘米，穗长 19.1～19.6 厘米，穗粗 5.4 厘米，秃尖长 0.8 厘米。单苞鲜重 397～399 克，单穗净重 315～318 克，千粒重 359～374 克，出籽率 65.70%～70.42%，一级果穗率 80.0%～85.0%，果穗筒形，籽粒黄色。可溶性糖含量 34.3%～35.4%，果皮厚度测定值 64.01～64.54 微米，果皮较薄，专家品尝评分 85.9～87.2 分，品质良。抗病性接种鉴定抗小斑病，中抗纹枯病。田间表抗纹枯病、茎腐病和大、小斑病，中抗南方锈病，倒伏率0.82%～4.91%，倒折率0.06%～0.43%。同期生产试验田间调查高抗纹枯病、茎腐病和大、小斑病，抗南方锈病，倒伏率2.86%，倒折率0.17%。2020年春区试，平均亩产鲜苞1 206.12公斤，比对照种粤甜16号增产13.00%，增产达极显著水平，增产试点率85.71%。2021年秋区试，平均亩产鲜苞1 212.95公斤，比对照种粤甜16号增产18.45%，增产达极显著水平，增产试点率100%。2021年秋生产试验，平均亩产鲜苞1 151.45公斤，比对照种粤甜16号增产21.19%。

该品种经过两年区试和一年生产试验，株型半紧凑，整齐度好，丰产稳产性好，品质良，抗小斑病，中抗纹枯病，抗倒伏性中等。达到省甜玉米抗病品种审定标准，推荐省品种审定。

（3）珍甜38号　春植生育期82天，秋植生育期73天，均比对照种粤甜16号迟熟1天。株型半紧凑，整齐度好，前、中期生长势强，后期保绿度好。植株高195～212厘米，穗位高59～67厘米，茎粗2.1厘米，穗长19.0～19.6厘米，穗粗5.3厘米，秃尖长1.9～2.3厘米。单苞鲜重381～397克，单穗净重281～308克，千粒重374～397克，出籽率67.20%～72.62%，一级果穗率69.0%～72.0%，果穗筒形，籽粒黄白色。可溶性糖含量27.9%～36.1%，果皮厚度测定值57.20～61.00微米，果皮较薄，专家品尝评分88.1～88.6分，品质优。抗病性接种鉴定抗小斑病，中抗纹枯病。田间表现抗纹枯病、茎腐病和大、小斑病，中抗南方锈病，倒伏率0.61%～0.90%，倒折率0.04%～0.07%。同期生产试验田间调查高抗纹枯病和大、小斑病，抗茎腐病和南方锈病，无倒伏倒折。2020年春区试，平均亩产鲜苞1 190.23公斤，比对照种粤甜16号增产11.51%，增产达极显著水平，增产试点率85.71%。2021年秋区试，平均亩产鲜苞1 166.69公斤，比对照种粤甜16号增产13.94%，增产达极显著水平，增产试点率85.71%。2021年秋生产试验，平均亩产鲜苞1 090.54公斤，比对照种粤甜16号增产14.31%。

该品种经过两年区试和一年生产试验，株型半紧凑，整齐度好，丰产稳产性好，品质优，抗小斑病，中抗纹枯病，抗倒伏性较强。达到省甜玉米优质、抗病品种审定标准，推荐省品种审定。

（4）华美甜33号　春植生育期86天，比对照种粤甜16号迟熟5天；秋植生育期73天，比对照种粤甜16号迟熟1天。株型半紧凑，整齐度好，前、中期生长势强，后期保绿度好。植株高231～256厘米，穗位高73～95厘米，茎粗2.1～2.3厘米，穗长18.7～19.9厘米，穗粗5.3～5.4厘米，秃尖长2.2～2.8厘米。单苞鲜重368～406克，单穗净重271～291克，千粒重330～345克，出籽率68.00%～68.72%，一级果穗率62.0%～75.0%，果穗筒形，籽粒黄色。可溶性糖含量32.5%～42.1%，果皮厚度测定值69.51～71.86微米，果皮较薄，专家品尝评分87.6～88.9分，品质优。抗病性接种鉴定抗小斑病，中抗纹枯病。田间表现高抗纹枯病，抗茎腐病、南方锈病和大、小斑病，倒伏率0～6.21%，无倒折。同期生产试验田间调查高抗纹枯病和大、小斑病，抗茎腐病和南方锈病，倒伏率4.67%，倒折率0.06%。2020年春区试，平均亩产鲜苞1 264.68公斤，比对照种粤甜16号增产18.49%，增产达极显著水平，增产试点率100.00%。2021年秋区试，平均亩产鲜苞1 166.67斤，比对照种粤甜16号增产13.93%，增产达极显著水平，增产试点率100.00%。2021年秋生产试验，平均亩产鲜苞1 102.91公斤，比对照种粤甜16号增产15.78%。

该品种经过两年区试和一年生产试验，株型半紧凑，整齐度好，丰产稳产性好，品质优，抗小斑病，中抗纹枯病，抗倒伏性中等。达到省甜玉米优质、高产、抗病品种审定标准，推荐省品种审定。

（5）华美甜12号　春植生育期86天，比对照种粤甜16号迟熟5天；秋植生育期73天，比对照种粤甜16号迟熟1天。株型半紧凑，整齐度好，前、中期生长势强，后期保绿度好。植株高232～245厘米，穗位高95～102厘米，茎粗2.1厘米，穗长18.3～18.9厘米，穗粗5.3～5.4厘米，秃尖长1.5～1.7厘米。单苞鲜重364～376克，单穗净重277～293克，千粒重364～367克，出籽率69.30%～70.00%，一级果穗率70.0%～81.0%，果穗筒形，籽粒黄白色。可溶性糖含量29.8%～35.7%，果皮厚度测定值47.11～56.05微米，果皮较薄，专家品尝评分88.5～88.6分，品质优。抗病性接种鉴定抗小斑病和纹枯病。田间表现抗纹枯病、茎腐病、南方锈病和大、小斑病，倒伏率0.59%～0.69%，倒折率0.30%～0.61%。同期生产试验田间调查高抗纹枯病、茎腐病和大、小斑病，抗南方锈病，无倒伏，倒折率0.17%。2020年春区试，平均亩产鲜苞1 151.22公斤，比对照种粤甜16号增产9.04%，增产达极显著水平，增产试点率71.43%。2021年秋区试，平均亩产鲜苞1 160.57斤，比对照种粤甜16号增产13.34%，增产达极显著水平，增产试点率100.00%。2021年秋生产试验，平均亩产鲜苞1 071.90公斤，比对照种粤甜16号增产12.55%。

该品种经过两年区试和一年生产试验，株型半紧凑，整齐度好，丰产稳产性好，品质优，抗小斑病和纹枯病，抗倒伏性较强。达到省甜玉米优质、高产、抗病品种审定标准，推荐省品种审定。

（6）佛甜8号　春植生育期84天，秋植生育期75天，均比对照种粤甜16号迟熟3天。株型半紧凑，整齐度好，前、中期生长势强，后期保绿度好。植株高215～226厘米，穗位高78～85厘米，茎粗2.0～2.1厘米，穗长19.4～20.2厘米，穗粗5.1～5.2厘米，秃尖长1.4～1.5厘米。单苞鲜重360～365克，单穗净重293～300克，千粒重306～314克，出籽率70.60%～72.79%，一级果穗率78.0%～81.0%，果穗筒形，籽粒黄色。可溶性糖含量34.9%～38.1%，果皮厚度测定值57.60～62.82微米，果皮较薄，专家品尝评分89.1～89.4分，品质优。抗病性接种鉴定抗小斑病，中抗纹枯病。田间表现抗纹枯病、茎腐病和大、小斑病，中抗南方锈病，倒伏率0.23%～0.71%，倒折率0～0.91%。同期生产试验田间调查高抗纹枯病、茎腐病和大、小斑病，抗南方锈病，无倒伏，倒折率0.17%。2020年春区试，平均亩产鲜苞1 144.59公斤，比对照种粤甜16号增产7.24%，增产未达显著水平，增产试点率71.43%。2021年秋区试，平均亩产鲜苞1 149.98斤，比对照种粤甜16号增产12.30%，增产达极显著水平，增产试点率71.43%。2021年秋生产试验，平均亩产鲜苞1 089.24公斤，比对照种粤甜16号增产14.02%。

该品种经过两年区试和一年生产试验，株型半紧凑，整齐度好，丰产稳产性较好，品质优，抗小斑病，中抗纹枯病，抗倒伏性较强。达到省甜玉米优质、抗病品种审定标准，推荐省品种审定。

（7）粤甜黑珍珠2号　春植生育期82天，秋植生育期71天，生育期与对照种粤甜16号相当。株型半紧凑，整齐度好，前、中期生长势强，后期保绿度好。植株高205～217厘米，穗位高64～70厘米，茎粗2.0～2.1厘米，穗长19.1～19.7厘米，穗粗5.1～5.2厘米，秃尖长1.3～1.6厘米。单苞鲜重334～357克，单穗净重272～291克，千粒重337～364克，出籽率69.5％～69.7％，一级果穗率74.0％～84.0％，果穗筒形，籽粒紫黑色。可溶性糖含量22.7％～28.9％，果皮厚度测定值66.02～76.26微米，果皮较薄，专家品尝评分89.0～89.2分，品质优。抗病性接种鉴定抗小斑病，中抗纹枯病。田间表现抗纹枯病、茎腐病和大、小斑病，中抗南方锈病，倒伏率0～0.30％，倒折率0～0.44％。同期生产试验田间调查高抗纹枯病和大、小斑病，抗茎腐病和南方锈病，无倒伏，倒折率0.17％。2020年春区试，平均亩产鲜苞1 137.58公斤，比对照种粤甜16号增产7.75％，增产达极显著水平，增产试点率71.43％。2021年秋区试，平均亩产鲜苞1 129.41斤，比对照种粤甜16号增产10.30％，增产达极显著水平，增产试点率100.00％。2021年秋生产试验，平均亩产鲜苞1 039.86公斤，比对照种粤甜16号增产7.67％。

该品种经过两年区试和一年生产试验，株型半紧凑，整齐度好，丰产稳产性好，品质优，抗小斑病，中抗纹枯病，抗倒伏性较强。达到省甜玉米优质、抗病品种审定标准，推荐省品种审定。

（8）江甜028（2019年初试）　春植生育期77天，比对照种粤甜16号迟熟2天；秋植生育期73天，比对照种粤甜16号迟熟1天。株型半紧凑，整齐度好，前、中期生长势强，后期保绿度好。植株高203～207厘米，穗位高61～64厘米，茎粗2.1厘米，穗长19.8～20.1厘米，穗粗5.1～5.3厘米，秃尖长1.5～2.9厘米。单苞鲜重350～359克，单穗净重272～280克，千粒重352～354克，出籽率64.82％～68.30％，一级果穗率68.0％～83.0％，果穗筒形，籽粒黄白色。可溶性糖含量29.8％～35.8％，果皮厚度测定值54.73～66.73微米，果皮较薄，专家品尝评分86.4～87.4分，品质良。抗病性接种鉴定抗小斑病，中抗纹枯病。田间表现抗纹枯病、茎腐病、南方锈病和大、小斑病，倒伏率0.96％～1.33％，无倒折。同期生产试验田间调查高抗纹枯病、茎腐病和大、小斑病，抗南方锈病，无倒伏倒折。2020年春区试，平均亩产鲜苞1 148.51公斤，比对照种粤甜16号增产12.19％，增产达极显著水平，增产试点率100.00％。2021年秋区试，平均亩产鲜苞1 101.83斤，比对照种粤甜16号增产7.60％，增产未达显著水平，增产试点率85.71％。2021年秋生产试验，平均亩产鲜苞1 121.73公斤，比对照种粤甜16号增产17.31％。

该品种经过两年区试和一年生产试验，株型半紧凑，整齐度好，丰产稳产性较好，品质良，抗小斑病，中抗纹枯病，抗倒伏性较强。达到省甜玉米抗病品种审定标准，推荐省品种审定。

（9）粤甜415　春植生育期84天，比对照种粤甜16号迟熟3天；秋植生育期73天，比对照种粤甜16号迟熟1天。株型半紧凑，整齐度好，前、中期生长势强，后期保绿度好。植株高204～231厘米，穗位高65～79厘米，茎粗2.1厘米，穗长19.0～19.8厘米，穗粗4.9～5.0厘米，秃尖长0.4～0.8厘米。单苞鲜重321～343克，单穗净重248～264

克，千粒重331～325克，出籽率71.90%～74.00%，一级果穗率75.0%～82.0%，果穗筒形，籽粒黄色。可溶性糖含量32.2%～46.0%，果皮厚度测定值42.14～60.48微米，果皮较薄，专家品尝评分90.2～90.8分，品质优。抗病性接种鉴定抗小斑病，中抗纹枯病。田间表现抗纹枯病、茎腐病、南方锈病和大、小斑病，倒伏率0～1.39%，倒折率0～0.16%。同期生产试验田间调查高抗纹枯病，抗茎腐病、南方锈病和大、小斑病，无倒伏，倒折率0.11%。2020年春区试，平均亩产鲜苞1 095.70公斤，比对照种粤甜16号增产2.66%，增产未达显著水平，增产试点率71.43%。2021年秋区试，平均亩产鲜苞1 101.35斤，比对照种粤甜16号减产2.21%，减产未达显著水平，增产试点率42.86%；比对照种粤甜13号增产2.88%。2021年秋生产试验，平均亩产鲜苞964.04公斤，比对照种粤甜16号减产0.17%。

该品种经过两年区试和一年生产试验，株型半紧凑，整齐度好，产量与对照相当，特优质品种，抗小斑病，中抗纹枯病，抗倒伏性较强。达到省甜玉米优质、抗病品种审定标准，推荐省品种审定。

（10）粤白甜2号　春植生育期75天，秋植生育期66天，均比对照种粤甜16号早熟6天。株型半紧凑，整齐度好，前、中期生长势强，后期保绿度好。植株高149～155厘米，穗位高40～46厘米，茎粗1.8～1.9厘米，穗长16.9～17.3厘米，穗粗4.4～4.6厘米，秃尖长0.1～0.9厘米。单苞鲜重257～262克，单穗净重188～196克，千粒重323～374克，出籽率69.3%～71.9%，一级果穗率54.0%～58.0%，果穗筒形，籽粒白色。可溶性糖含量28.4%～40.7%，果皮厚度测定值55.48～64.76微米，果皮较薄，专家品尝评分89.3～90.9分，品质优。抗病性接种鉴定中抗小斑病和纹枯病。田间表现抗纹枯病和茎腐病，中抗南方锈病和大、小斑病，倒伏率0～0.71%，倒折率0～0.21%。同期生产试验田间调查高抗纹枯病和大、小斑病，抗茎腐病，中抗南方锈病，无倒伏，倒折率0.11%。2020年春区试，平均亩产鲜苞850.08公斤，比对照种粤甜16号减产19.48%，减产达极显著水平；比对照种粤甜13号减产14.20%，减产达极显著水平。2021年秋区试，平均亩产鲜苞846.02斤，比对照种粤甜16号减产17.38%，减产达极显著水平；比对照种粤甜13号减产13.08%。2021年秋生产试验，平均亩产鲜苞793.47公斤，比对照种粤甜16号减产17.25%。

该品种经过两年区试和一年生产试验，株型半紧凑，整齐度较好，特优质品种，中抗小斑病和纹枯病，抗倒伏性强。该品种丰产性差，两年减产均达到极显著水平。达到省甜玉米优质、抗病品种审定标准，推荐省品种审定。

秋植甜玉米参试品种各试点小区平均产量见表8-9、表8-10。

表8-9　2021年秋植甜玉米（A组）参试品种各试点小区平均产量（公斤）

品　种	广州市农业科学研究院	乐昌市现代农业产业发展中心	深圳市农业科技促进中心	阳江市农作物技术推广站	英德市农业科学研究所	湛江市农业科学研究院	肇庆市农业科学研究所	平均
粤甜39号	28.860 0	25.933 3	28.633 3	30.033 3	23.300 0	22.533 3	25.390 0	23.085 4
粤甜高维E2号	29.373 3	26.400 0	28.800 0	26.366 7	22.440 0	21.566 7	24.050 0	22.374 6
浙甜808	31.420 0	30.033 3	30.950 0	28.333 3	25.910 0	25.666 7	28.933 3	25.155 8

（续）

品　　种	广州市农业科学研究院	乐昌市现代农业产业发展中心	深圳市农业科技促进中心	阳江市农作物技术推广站	英德市农业科学研究所	湛江市农业科学研究院	肇庆市农业科学研究所	平均
华旺甜9号	33.720 0	27.833 3	32.250 0	29.500 0	27.916 7	25.900 0	29.366 7	25.810 8
华美甜26号	31.753 3	31.066 7	34.483 3	33.200 0	28.843 3	26.766 7	29.646 7	26.970 0
珍甜32号	32.106 7	30.500 0	32.466 7	30.500 0	26.273 3	25.433 3	31.986 7	26.158 3
清科甜1号	33.000 0	25.966 7	30.266 7	31.766 7	27.670 0	24.600 0	28.070 0	25.167 5
仲甜9号	32.940 0	27.466 7	31.033 3	23.766 7	25.766 7	21.433 3	28.140 0	23.818 3
泰美甜3号	30.120 0	28.933 3	35.033 3	31.300 0	24.686 7	23.966 7	29.896 7	25.492 1
粤甜405	32.440 0	28.900 0	31.900 0	31.333 3	23.270 0	22.500 0	30.620 0	25.120 4
粤甜16号（CK1）	27.170 0	24.300 0	29.300 0	26.733 3	21.756 7	21.233 3	25.843 3	22.042 1
粤甜13号（CK2）	26.133 3	22.366 7	27.116 7	26.300 0	22.550 0	21.333 3	26.126 7	21.490 8

注：小区计产面积为0.025亩。

表8-10　2021年秋植甜玉米（B组）参试品种各试点小区平均产量（公斤）

品　　种	广州市农业科学研究院	乐昌市现代农业产业发展中心	深圳市农业科技促进中心	阳江市农作物技术推广站	英德市农业科学研究所	湛江市农业科学研究院	肇庆市农业科学研究所	平均
华美甜33号	32.360 0	29.783 3	33.633 3	25.933 3	24.400 0	27.333 3	30.723 3	25.520 8
粤甜415	29.780 0	25.533 3	27.116 7	25.333 3	18.140 0	21.666 7	27.666 7	21.904 6
粤甜黑珍珠2号	31.140 0	28.416 7	33.033 3	27.200 0	24.203 3	22.433 3	31.220 0	24.705 8
粤白甜2号	25.766 7	20.583 3	21.983 3	20.600 0	13.786 7	20.766 7	24.566 7	18.506 7
江甜028	31.960 0	26.733 3	30.383 3	25.766 7	22.816 7	24.166 7	30.993 3	24.102 5
珍甜38号	31.800 0	30.266 7	32.466 7	29.533 3	25.266 7	24.200 0	30.636 7	25.521 3
佛甜8号	32.620 0	30.666 7	32.506 7	32.300 0	23.833 3	25.233 3	24.086 7	25.155 8
新美甜658	32.900 0	31.453 3	34.906 7	27.500 0	25.663 3	27.833 3	32.010 0	26.533 3
广良甜21号	33.420 0	31.583 3	37.690 0	30.800 0	28.033 3	26.833 3	30.553 3	27.364 1
华美甜12号	27.240 0	31.200 0	33.933 3	29.166 7	23.663 3	25.133 3	32.763 3	25.387 5
粤甜16号（CK1）	26.720 0	25.733 3	33.000 0	25.600 0	20.706 7	20.900 0	26.536 7	22.399 6
粤甜13号（CK2）	25.660 0	22.533 3	30.003 3	25.300 0	19.556 7	20.966 7	26.316 7	21.292 1
华美甜33号	32.360 0	29.783 3	33.633 3	25.933 3	24.400 0	27.333 3	30.723 3	25.520 8

注：小区计产面积为0.025亩。

第九章　广东省2021年春植糯玉米新品种区域试验总结

2021年春季广东省农业技术推广中心对广东省选育及外地引进的12个糯玉米新品种（含对照种），安排在广东省多个不同类型糯玉米种植区设点进行区域试验，同期对复试品种进行生产试验，用粤彩糯2号作对照种，对参试品种的产量、品质、抗病性、适应性与稳定性等主要性状进行鉴定和分析，试验结果及分析评价归纳如下。

一、材料与方法

（一）参试品种

春植糯玉米新品种区域试验参试品种见表9-1。

表9-1　糯玉米参试品种

	品种名称		品种名称
糯玉米区试品种	广良糯7号	糯玉米生产试验品种	广良糯7号
	珠玉糯3号		珠玉糯3号
	新美彩糯500		新美彩糯500
	华甜糯10号		华甜糯10号
	仲糯8号		仲糯8号
	粤白甜糯8号		粤白甜糯8号
	广彩糯10号		粤彩糯2号（CK）
	仲糯6号		
	广黑甜糯1803		
	粤白糯8号		
	兴糯99		
	粤彩糯2号（CK）		

（二）试验地点与承试单位

在广东省主要糯玉米种植类型区设置区域试验点8个、生产试验点7个、品质测定分析及抗病性鉴定点1个（表9-2、表9-3）。

表9-2　糯玉米小区试验试点与承试单位

试验点	承试单位	试验点	承试单位
梅州点	梅州市农业科学院	肇庆点	肇庆市农业科学研究所
英德点	英德市农业科学研究所	阳江点	阳江市农作物技术推广站
惠州点	惠州市农业科学研究所	潮州点	湛江市农业科学研究院
广州点	广州市农业科学研究院	深圳点	深圳市农业科技促进中心
品质分析及抗病性鉴定		广东省农业科学院作物研究所	

表9-3　糯玉米生产试验试点与承试单位

试验点	承试单位	试验点	承试单位
梅州点	蕉岭县农业科学研究所	云浮点	云浮市农业科学及技术推广中心
英德点	英德市农业科学研究所	阳江点	阳春市农业技术推广中心
惠州点	惠州市农业科学研究所	茂名点	茂名市良种繁育场
江门点	江门市农业科学研究所		

（三）试验设计与实施情况

1. 试验设计

各试验点统一按以下试验设计执行，并在试验区周围设置保护行。

排列方法：采用随机区组排列，按长6.4米、宽3.9米，分三畦六行一小区安排，每小区面积0.037 5亩（25米^2）。

重复次数：3次重复。

种植规格：每畦按1.3米（包沟）起畦，双行开沟移栽，畦面行距50厘米，每行22株，每小区132株，折合亩株数3 520株。

2. 试验实施情况

试验用地：各试验点均选用能代表当地生产条件的田块安排试验。

育苗移栽时间：各试验点均按方案要求安排在3月上、中旬育苗移栽。

栽培管理：各试验点按当地当前较高的生产水平进行栽培管理，全期除虫不防病。

（四）试验结果的处理方法

1. 各点试验结果的处理方法

各试验点在各生育时期对各品种的主要农艺性状进行田间调查登记，适收期每小区收获中间4行的鲜苞，计算产量和室内考种，并对产量进行方差分析。

2. 全省试验结果汇总与综合分析

产量结果综合分析采用一造多点的联合方差分析。

产量差异显著性和稳定性分析采用Shukla稳定性方差分析。

品质测定分析及抗病性鉴定委托广东省农业科学院作物研究所种植测定（鉴定），还原糖和总糖含量委托农业农村部蔬菜水果质量监督检验测试中心（广州）测定，同时组织行业专家对各品种果穗进行适口性品尝评价，并结合各试验点结果综合分析。

（五）天气影响

2021 年春植气候前中期寡照，气温不高，雨水少。中后期气温高，阳光足，光温条件对玉米生长有利，玉米生长壮旺，开花、授粉及灌浆正常，各品种特征特性表现正常。深圳点由于采收测产错误，不纳入统计。

二、结果与分析

（一）产量结果

纳入全省汇总的试验点 7 个点，参试 12 个品种（含对照种）。根据对各品种产量进行联合方差分析，结果表明地点间 F 值、品种间 F 值、品种与地点互作 F 值均达极显著水平，表明品种间产量存在极显著差异，同时品种在不同地点的产量也存在极显著差异，不同品种在不同地点的产量同样存在极显著差异（表 9－4）。

表 9－4　参试品种方差分析

变异来源	df	SS	MS	F
地点内区组	14	5.904 5	0.421 8	0.572 6
地点	6	872.459 4	145.409 9	21.782 5**
品种	11	1 462.785 6	132.980 5	19.920 6**
品种×地点	66	440.584 7	6.675 5	9.062 8**
试验误差	154	113.433 9	0.736 6	
总变异	251	2 895.168 1		

参试品种的鲜苞平均亩产为 1 004.44～1 256.61 公斤，对照种粤彩糯 2 号平均亩产鲜苞 996.95 公斤。所有参试品种均比对照种粤彩糯 2 号增产，增产幅度为 0.75%～26.05%，增产达极显著水平的有 7 个，增产不显著的有 4 个，名列第一的是新彩美糯 500（表 9－5）。

表 9－5　2021 年春植糯玉米参试品种区试产量及稳定性分析

品　　种	折合亩产（公斤）	比 CK ±（%）	差异显著性		Shukla 变异系数（%）	增产试点数（个）	增产试点率（%）
			0.05	0.01			
新美彩糯 500	1 256.61	26.05	a	A	3.565 1	7	100.00
广良糯 7 号	1 246.51	25.03	ab	A	8.170 6	7	100.00
兴糯 99	1 234.04	23.78	ab	A	6.292 1	7	100.00

（续）

品　　种	折合亩产（公斤）	比CK ±（%）	差异显著性		Shukla变异系数（%）	增产试点数（个）	增产试点率（%）
			0.05	0.01			
珠玉糯3号	1 207.92	21.16	ab	AB	3.335 1	7	100.00
广彩糯10号	1 191.22	19.49	bc	AB	5.407 2	7	100.00
广黑甜糯1803	1 132.84	13.63	c	BC	8.393 2	6	85.71
粤白甜糯8号	1 132.29	13.58	c	BC	1.534 9	7	100.00
粤白糯8号	1 057.18	6.04	d	CD	2.147 9	7	100.00
仲糯6号	1 041.16	4.43	d	D	5.874 5	5	71.43
华甜糯10号	1 008.61	1.17	d	D	3.960 6	3	42.86
仲糯8号	1 004.44	0.75	d	D	5.128 7	3	42.86
粤彩糯2号（CK）	996.95	—	d	D	2.642 7	—	—

（二）品质分析

根据对各品种直链淀粉含量（占总淀粉）和果皮厚度测定的结果，并组织专家进行适口性品尝评分，同时结合各试验点品质品尝评价结果综合分析，参试品种品质评分大于85分的优质品种9个，分别是粤白甜糯8号（复试）、广彩糯10号、仲糯6号、广黑甜糯1803、粤白糯8号、广良糯7号（复试）、珠玉糯3号（复试）、新美彩糯500（复试）、华甜糯10号（复试）；其他参试品种未达优质水平（表9-6）。

（三）抗病性

对各品种进行纹枯病和小斑病接种鉴定，小斑病接种鉴定结果为粤白甜糯8号、兴糯99、广良糯7号为高抗，其他品种为抗病；纹枯病接种鉴定结果为仲糯8号、兴糯99、广良糯7号、华甜糯10号为抗病，其他品种为高抗。各试验点对纹枯病、茎腐病和大、小斑病进行田间调查结果分析，华甜糯10号对纹枯病表现为抗病，其他品种对纹枯病表现为高抗；仲糯8号、粤白甜糯8号、广黑甜糯1803、兴糯99、珠玉糯3号对大、小斑病表现为抗病，其他品种为高抗；所有品种对茎腐病均表现为高抗（表9-6）。

（四）生育期

参试各品种的生育期均在68～77天，对照粤彩糯2号生育期为72天。其中新美彩糯500生育期最长，为77天；广黑甜糯1803生育期最短，为68天（表9-6）。

（五）农艺性状

春植糯玉米区域试验参试品种主要性状见表9-7、表9-8。

表9-6　2021年春植糯玉米参试品种主要性状综合表

品种	生育期（天）	植株高（厘米）	穗位高（厘米）	茎粗（厘米）	株型	植株整齐度	穗长（厘米）	穗粗（厘米）	秃尖长（厘米）	穗形	粒色	穗行数（行）	穗粒数（粒）	田间抗病性			接种鉴定		倒伏率（%）	倒折率（%）	单苞鲜重（克）	单穗净重（克）	单穗鲜粒重（克）	千粒重（克）	出籽率（%）	一级果穗率（%）	直链淀粉占总淀粉含量%	果皮厚度测定值（微米）	品质评分
														纹枯病	茎腐病	大、小斑病	纹枯病	小斑病											
仲糯8号	70	194.1	62.5	2.0	半	好	18.0	4.8	1.7	锥	白	15.0	478	HR	HR	R	R	R	0.0	0.0	300	207	123	275	59	75	2.8	71.40	83.0
粤白甜糯8号	74	217.7	87.8	2.0	紧	好	19.0	4.7	0.6	锥	白	13.0	508	HR	HR	R	HR	HR	0.0	0.0	333	223	144	306	65	80	1.8	56.67	86.2
广彩糯10号	72	227.2	86.0	2.0	半	好	21.0	4.8	0.8	筒	紫白	12.0	457	HR	HR	HR	HR	R	3.0	0.0	368	273	166	387	57	82	1.9	70.26	86.7
仲糯6号	72	222.1	86.7	2.0	半	好	19.0	4.8	1.0	锥	白	14.0	481	HR	HR	HR	HR	R	2.0	0.0	316	233	140	307	61	79	2.7	54.83	88.1
广黑甜糯1803	68	178.9	53.1	2.1	半	好	19.0	4.8	0.5	筒	紫	16.0	574	HR	HR	R	HR	R	1.0	0.0	333	234	146	280	63	84	3.0	75.28	86.4
粤白糯8号	72	195.2	78.0	2.1	紧	好	20.0	5.0	0.8	锥	白	14.0	512	HR	HR	HR	HR	R	0.0	0.0	317	245	157	351	64	88	2.2	73.59	87.3
兴糯99	75	224.0	85.2	2.1	半	好	20.0	5.1	0.4	筒	白	14.0	454	HR	HR	R	R	HR	1.0	0.0	390	261	152	344	58	82	3.0	61.82	81.8
广良糯7号	75	216.4	80.4	2.0	紧	好	22.0	5.1	0.7	筒	白	14.0	561	HR	HR	HR	R	HR	0.0	0.0	387	282	174	340	62	79	2.2	53.02	87.2
珠玉糯3号	71	201.7	66.8	1.9	紧	好	21.0	5.0	0.6	锥	白	15.0	549	HR	HR	R	HR	R	0.0	0.0	362	265	160	318	60	84	2.1	53.16	88.3
新美彩糯500	77	252.5	97.6	2.1	紧	好	21.0	4.7	0.4	筒	紫白	14.0	613	HR	HR	HR	HR	R	0.0	0.0	380	281	174	306	61	86	2.8	72.11	87.4
华甜糯10号	71	195.8	77.6	2.1	半	好	19.0	4.6	0.5	锥	白	13.0	461	R	HR	HR	R	R	0.0	0.0	309	214	126	323	59	79	3.0	63.00	85.4
粤彩糯2号(CK)	72	208.8	77.9	2.2	半	好	18.0	4.6	0.8	筒	紫白	12.0	460	HR	HR	HR	HR	R	0.0	0.0	303	208	134	328	65	77	1.8	62.97	85.0

表9－7　2021年春植糯玉米生产试验参试品种主要性状综合表

品　　种	生育期（天）	植株整齐度	倒伏率（%）	倒折率（%）	抗病性 纹枯病	大、小斑病	茎腐病	南方锈病	空秆率（%）	双穗率（%）	亩鲜苞产量（公斤）	比CK±（%）
广良糯7号	77	好	0	0	HR	HR	HR	R	0.68	5.56	1 333.75	31.66
珠玉糯3号	74	好	0	0	HR	HR	HR	HR	1.53	4.20	1 227.31	21.26
新美彩糯500	78	好	1	0	R	HR	R	HR	3.71	0.81	1 220.74	20.85
广彩糯10号	74	好	9	0	R	HR	R	HR	1.00	2.79	1 135.79	12.49
粤白甜糯8号	75	好	0	0	R	R	R	HR	1.14	7.07	1 038.18	2.68
仲糯8号	73	好	0	0	R	HR	R	R	1.06	2.69	1 032.2	1.83
华甜糯10号	74	好	3	0	HR	HR	R	HR	2.09	0.84	1 013.4	0.43
粤彩糯2号（CK）	75	好	1	0	R	R	HR	R	0.35	3.22	1 003.18	—

表9－8　2021年春植糯玉米生产试验参试品种主要性状调查登记表

品　种	试验点	生育期（天）	植株整齐度	倒伏率（%）	倒折率（%）	抗病性 纹枯病	大、小斑病	茎腐病	南方锈病	空秆率（%）	双穗率（%）	亩鲜苞产量（公斤）	比CK±（%）
广良糯7号	英德	76.0	好	0.00	0.00	1	1	0	0	0.00	0.00	1 113.00	15.43
	惠州	75.0	齐	0.00	0.00	0	0	0	0	1.67	0.00	1 040.66	7.86
	云浮	76.0	好	0.00	0.00	0	0	0	0	0.00	22.80	1 487.50	43.55
	蕉岭	75.0	齐	0.32	0.00	1	0	0	1	0.00	0.00	1 502.80	37.13
	江门	83.0	好	0.00	0.00	0	1	0	0	1.10	1.10	1 295.82	35.73
	阳春	85.0	好	0.00	0.00	0	0	1	0	0.00	0.00	1 471.50	51.80
	茂名	70.0	好	0.00	0.00	0	1	0	3	2.00	15.00	1 425.00	30.10
	平均	77.0	好	0.00	0.00	HR	HR	HR	R	0.68	5.56	1 333.75	31.66
珠玉糯3号	英德	71.0	好	0.00	0.00	1	1	0	0	0.00	0.00	1 097.25	13.79
	惠州	75.0	齐	0.00	0.00	0	0	0	0	5.00	0.00	1 144.03	18.58
	云浮	73.0	好	0.00	0.00	0	0	0	0	0.00	7.10	1 365.50	31.78
	蕉岭	75.0	齐	0.32	0.16	1	0	0	1	0.00	0.00	1 348.60	23.06
	江门	76.0	好	0.00	0.00	0	0	0	0	0.00	2.30	1 235.52	29.41
	阳春	79.0	好	0.00	0.00	0	0	1	0	5.70	0.00	1 095.30	13.00
	茂名	69.0	好	0.00	0.00	0	1	0	1	0.00	20.00	1 305.00	19.20
	平均	74.0	好	0.00	0.00	HR	HR	HR	HR	1.53	4.20	1 227.31	21.26
新美彩糯500	英德	78.0	好	0.00	0.00	3	1	0	0	0.00	0.00	1 274.00	32.12
	惠州	76.0	齐	0.00	0.00	0	0	0	0	10.00	0.00	1 001.41	3.79
	云浮	75.0	好	0.00	0.00	0	1	0	0	0.00	4.00	1 380.40	33.22

（续）

品　种	试验点	生育期（天）	植株整齐度	倒伏率（%）	倒折率（%）	抗病性				空秆率（%）	双穗率（%）	亩鲜苞产量（公斤）	比CK±（%）
						纹枯病	大、小斑病	茎腐病	南方锈病				
新美彩糯500	蕉岭	78.0	齐	3.70	0.16	1	0	0	1	0.00	0.00	1 227.20	11.98
	江门	83.0	好	0.00	0.00	0	0	0	0	2.30	1.70	1 253.26	31.27
	阳春	86.0	好	0.00	0.00	0	0	3	1	7.70	0.00	1 148.90	18.50
	茂名	70.0	好	0.00	0.00	0	1	1	1	6.00	0.00	1 260.00	15.10
	平均	78.0	好	1.00	0.00	R	HR	R	HR	3.71	0.81	1 220.74	20.85
华甜糯10号	英德	70.0	好	2.00	0.00	1	1	0	0	0.00	0.00	922.25	－4.36
	惠州	75.0	齐	0.00	0.00	0	0	0	0	5.00	0.00	1 019.68	5.69
	云浮	75.0	好	2.00	0.00	0	0	0	1	0.00	4.80	1 203.10	16.10
	蕉岭	73.0	齐	20.48	0.64	1	1	1	1	0.00	0.00	879.70	－19.73
	江门	76.0	好	0.00	0.00	0	0	0	0	1.70	1.10	1 026.38	7.51
	阳春	82.0	好	0.00	0.00	0	1	3	0	2.90	0.00	947.70	－2.20
	茂名	69.0	好	0.00	0.00	0	1	1	1	5.00	0.00	1 095.00	0.00
	平均	74.0	好	3.00	0.00	HR	HR	R	HR	2.09	0.84	1 013.40	0.43
仲糯8号	英德	70.0	中	0.00	0.00	3	1	0	0	0.00	0.00	915.25	－5.08
	惠州	75.0	齐	0.00	0.00	0	0	0	0	3.33	0.00	959.40	－0.56
	云浮	73.0	好	0.00	0.00	1	1	0	1	0.00	7.70	1 285.20	24.03
	蕉岭	72.0	齐	0.00	0.00	1	0	0	1	0.00	0.00	1 050.20	－4.17
	江门	76.0	中等	0.00	0.00	0	0	0	0	1.10	1.10	1 020.77	6.92
	阳春	78.0	较好	0.00	0.00	0	0	3	1	0.00	0.00	809.60	－16.50
	茂名	69.0	好	0.00	0.00	0	1	0	1	3.00	10.00	1 185.00	8.20
	平均	73.0	好	0.00	0.00	R	HR	R	R	1.06	2.69	1 032.20	1.83
粤白甜糯8号	英德	72.0	好	0.00	0.00	3	5	0	0	0.00	0.00	946.75	－1.81
	惠州	75.0	齐	0.00	0.00	0	0	0	0	5.00	3.00	934.76	－3.11
	云浮	76.0	好	0.00	0.00	0	1	0	1	0.00	37.00	1 211.10	16.88
	蕉岭	76.0	齐	2.74	0.32	1	0	0	1	0.00	0.00	1 133.80	3.46
	江门	76.0	好	0.00	0.00	0	0	0	0	0.00	4.50	1 032.73	8.17
	阳春	81.0	好	0.00	0.00	1	0	3	0	0.00	0.00	988.10	2.00
	茂名	69.0	好	0.00	0.00	0	1	0	1	3.00	5.00	1 020.00	－6.80
	平均	75.0	好	0.00	0.00	R	R	R	HR	1.14	7.07	1 038.18	2.68
广彩糯10号	英德	70.0	好	0.00	0.00	3	1	0	0	0.00	0.00	1 214.50	25.95
	惠州	75.0	齐	0.00	0.00	0	0	0	0	3.33	3.00	1 026.27	6.37
	云浮	75.0	好	15.00	0.00	0	1	0	1	0.00	3.10	1 231.70	18.87
	蕉岭	75.0	齐	36.53	2.98	1	0	0	1	0.00	0.00	1 125.30	2.68

（续）

品　种	试验点	生育期（天）	植株整齐度	倒伏率（%）	倒折率（%）	抗病性				空秆率（%）	双穗率（%）	亩鲜苞产量（公斤）	比CK±（%）
						纹枯病	大、小斑病	茎腐病	南方锈病				
广彩糯10号	江门	76.0	好	0.80	0.00	0	0	0	0	1.70	2.80	1 084.44	13.59
	阳春	81.0	较好	0.00	0.00	0	0	3	0	0.00	6.60	1 083.30	11.80
	茂名	69.0	好	10.00	0.00	0	1	1	1	2.00	4.00	1 185.00	8.20
	平均	74.0	好	9.00	0.00	R	HR	R	HR	1.00	2.79	1 135.79	12.49
粤彩糯2号（CK）	英德	72.0	好	0.00	0.00	3	1	0	0	0.00	0.00	964.25	—
	惠州	75.0	齐	0.00	0.00	0	0	0	0	1.75	2.00	964.81	—
	云浮	75.0	好	0.00	0.00	1	1	0	1	0.00	13.50	1 036.20	—
	蕉岭	76.0	齐	6.21	0.00	1	0	0	1	0.00	0.00	1 095.90	—
	江门	76.0	好	0.00	0.00	0	0	0	0	0.00	0.60	954.73	—
	阳春	81.0	好	0.00	0.00	0	1	0	1	1.30	0.00	969.10	—
	茂名	69.0	好	0.00	0.00	0	1	1	1	0.00	5.00	1 095.00	—
	平均	81.0	好	0.24	0.21	R	R	HR	R	0.44	0.12	957.25	—

三、讨论与结论

根据参试品种产量情况、品质测定评价和抗病性鉴定结果以及各项农艺性状综合分析，对各参试品种作出如下评述。

（一）复试品种

（1）广良糯7号　2020年春造参加省区试，平均亩产鲜苞1 255.39公斤，比对照种粤彩糯2号增产31.51%，增产达极显著水平，7个试点均比对照种增产，增产试点率100%；2021年春造参加省区试，平均亩产鲜苞1 246.51公斤，比对照种粤彩糯2号增产25.03%，增产达极显著水平，7个试点均比对照种增产，增产试点率100.00%。生育期75～84天，比对照粤彩糯2号迟熟2～3天。植株壮旺，整齐度好，株型紧凑，前、中期生长势强，后期保绿度好。植株高216.4～224.0厘米，穗位高80.4～84.0厘米，穗长21.6～22.0厘米，穗粗4.9～5.1厘米，秃尖长0.7～1.6厘米。单苞鲜重380～387克，单穗净重277～282克，单穗鲜粒重174克，千粒重340～341克，出籽率62%～63.11%，一级果穗率66%～79%。果穗锥形，籽粒白色，倒伏率0～1.26%，无倒折，抗倒力较强。直链淀粉含量2.2%～2.3%，果皮厚度测定值53.02～72.39微米，果皮薄，品质评分87.2分，品质优。抗病性接种鉴定高抗小斑病，中抗纹枯病；田间调查高抗纹枯病和茎腐病，抗大、小斑病。同期参加省糯玉米生产试验，平均亩产鲜苞1 333.75公斤，比对照种粤彩糯2号增产31.66%；无倒伏、倒折，7个试点均比对照种增产，田间表现高抗茎腐病、纹枯病、南方锈病和大、小斑病。

该品种表现生育期比对照粤彩糯2号晚熟2～3天，丰产性好，高抗小斑病，中抗纹枯病，抗倒力较强。纯糯类型，直链淀粉含量2.2%～2.3%，糯性好，果皮较薄，品质优。适宜广东省各地春、秋季种植。该品种达高产、优质、抗病标准，抗倒达标准，推荐省品种审定。

（2）珠玉糯3号　2020年春造参加省区试，平均亩产鲜苞1 211.32公斤，比对照种粤彩糯2号增产26.90%，增产达极显著水平，7个试点均比对照种增产，增产试点率100%。2021年春造参加省区试，平均亩产鲜苞1 207.92公斤，比对照种粤彩糯2号增产21.16%，增产达极显著水平，7个试点均比对照种增产，增产试点率100.00%。生育期71～80天，比对照粤彩糯2号早熟1～2天。植株壮旺，整齐度好，株型紧凑，前、中期生长势强，后期保绿度好。植株高201.7～209.0厘米，穗位高66.8～69.0厘米，穗长20.5～21.0厘米，穗粗4.9～5.0厘米，秃尖长0.6～1.1厘米。单苞鲜重357～362克，单穗净重265克，单穗鲜粒重160～177克，千粒重318～389克，出籽率60%～65.92%，一级果穗率76%～84%。果穗锥形，籽粒白色，无倒伏、倒折，抗倒力强。直链淀粉含量2.1%～3.0%，果皮厚度测定值53.16～63.15微米，果皮薄，品质评分88.3～88.9分，品质优。抗病性接种鉴定抗小斑病和纹枯病；田间调查高抗纹枯病和茎腐病，抗大、小斑病。同期参加省糯玉米生产试验，平均亩产鲜苞1 227.31公斤，比对照种粤彩糯2号增产21.26%；无倒伏、倒折，7个试点均比对照种增产，田间表现高抗茎腐病、纹枯病、南方锈病和大、小斑病。

该品种表现生育期比对照粤彩糯2号早熟1～2天，丰产性好，抗小斑病和纹枯病，抗倒力强。纯糯类型，直链淀粉含量2.1%～3.0%，糯性好，果皮薄，品质优。适宜广东省各地春、秋季种植。该品种达高产、优质、抗病标准，抗倒达标准，推荐省品种审定。

（3）新美彩糯500　2020年春造参加省区试，平均亩产鲜苞1 209.64公斤，比对照种粤彩糯2号增产26.72%，增产达极显著水平，7个试点均比对照种增产，增产试点率100%；2021年春造参加省区试，平均亩产鲜苞1 256.61公斤，比对照种粤彩糯2号增产26.05%，增产达极显著水平，7个试点均比对照种增产，增产试点率100.00%。生育期77～85天，比对照粤彩糯2号迟熟3～5天。植株壮旺，整齐度好，株型紧凑，前、中期生长势强，后期保绿度好。植株高252.5～270.0厘米，穗位高97.6～114.0厘米，穗长21.0厘米，穗粗4.7厘米，秃尖长0.4～1.2厘米。单苞鲜重380～389克，单穗净重272～281克，单穗鲜粒重174～178克，千粒重301～306克，出籽率61%～64.01%，一级果穗率81%～86%。果穗锥形，籽粒紫白色，倒伏率0～1.18%，倒折率0～0.01%，抗倒力较强。直链淀粉含量2.5%～2.8%，果皮厚度测定值71.23～72.11微米，果皮薄，品质评分87.4～87.5分，品质优。抗病性接种鉴定抗小斑病，中抗纹枯病；田间调查高抗纹枯病和茎腐病，抗大、小斑病。同期参加省糯玉米生产试验，平均亩产鲜苞1 220.74公斤，比对照种粤彩糯2号增产20.85%；倒伏率1%，无倒折率，7个试点均比对照种增产，田间表现高抗茎腐病、纹枯病、南方锈病和大、小斑病。

该品种表现生育期比对照粤彩糯2号迟熟3～5天，丰产性好，抗小斑病，中抗纹枯病，抗倒力较强。纯糯类型，直链淀粉含量2.5%～2.8%，糯性好，果皮薄，品质优。适宜广东省各地春、秋季种植。该品种达高产、优质、抗病标准，抗倒达标准，推荐省品种审定。

（4）广彩糯10号　2020年春造参加省区试，平均亩产鲜苞1 165.88公斤，比对照种粤彩糯2号增产22.14%，增产达极显著水平，7个试点均比对照种增产，增产试点率100%；2021年春造参加省区试，平均亩产鲜苞1 191.22公斤，比对照种粤彩糯2号增产19.49%，增产达极显著水平，7个试点均比对照种增产，增产试点率100.00%。生育期72～81天，比对照种粤彩糯2号早熟0～1天。植株壮旺，整齐度好，株型半紧凑，前、中期生长势强，后期保绿度好。植株高227.2～235.0厘米，穗位高86～99厘米，穗长20.4～21.0厘米，穗粗4.8厘米，秃尖长0.7～0.8厘米。单苞鲜重357～368克，单穗净重262～273克，单穗鲜粒重166～172克，千粒重387～407克，出籽率57%～65.11%，一级果穗率82%。果穗筒形，籽粒紫白色，倒伏率3.0%～14.61%，倒折率0～0.14%，抗倒力差。直链淀粉含量1.9%～2.8%，果皮厚度测定值62.90～70.26微米，果皮薄，品质评分86.7～87.1分，品质优。抗病性接种鉴定抗小斑病，中抗纹枯病；田间调查高抗纹枯病和茎腐病，抗大、小斑病。同期参加省糯玉米生产试验，平均亩产鲜苞1 135.79公斤，比对照种粤彩糯2号增产12.49%；倒伏率9%，无倒折率，7个试点均比对照种增产，田间表现高抗茎腐病、纹枯病、南方锈病和大、小斑病。

该品种表现生育期比对照种粤彩糯2号早熟0～1天，丰产性好，抗小斑病，中抗纹枯病，抗倒力较差。纯糯类型，直链淀粉含量1.9%～2.8%，糯性好，果皮薄，品质优。适宜广东省各地春、秋季种植。该品种达高产、优质、抗病标准，抗倒达标准，推荐省品种审定。

（5）华甜糯10号　2020年春造参加省区试，平均亩产鲜苞1 029.83公斤，比对照种粤彩糯2号增产7.88%，增产达极显著水平，7个试点均比对照种增产，增产试点率100%；2021年春造参加省区试平均亩产鲜苞1 008.61公斤，比对照种粤彩糯2号增产1.17%，增产未达显著水平，7个试点中有3个比对照种增产，增产试点率42.86%。生育期71～82天，比对照粤彩糯2号早熟0～1天。植株壮旺，整齐度好，株型半紧凑，前、中期生长势强，后期保绿度好，适应性较好。植株高195.8～198.0厘米，穗位高77.6～87.0厘米，穗长18.8～19.0厘米，穗粗4.6～4.7厘米，秃尖长0.4～0.5厘米。单苞鲜重309～340克，单穗净重214～236克，单穗鲜粒重126～154克，千粒重323～347克，出籽率59.00%～67.34%，一级果穗率72%～79%。果穗锥形，籽粒白色，无倒伏、倒折，抗倒力强。直链淀粉占总淀粉含量3%～9.5%，果皮厚度测定值57.13～63.00微米，果皮薄，品质评分83.4～85.4分，品质优。抗病性接种鉴定抗小斑病，中抗纹枯病；田间调查高抗大、小斑病，抗纹枯病和茎腐病。同期参加省糯玉米生产试验，平均亩产鲜苞1 013.40公斤，比对照种粤彩糯2号增产0.43%；倒伏率3%，无倒折率，7个试点中有3个比对照种增产，田间表现高抗茎腐病、纹枯病、南方锈病和大、小斑病。

该品种表现生育期比对照粤彩糯2号早熟0～1天，丰产性较好，抗小斑病，中抗纹枯病，抗倒力强。甜糯类型，直链淀粉含量3%～9.5%，糯性好，果皮薄，品质优。适宜广东省各地春、秋季种植。该品种达优质、抗病标准，抗倒达标准，推荐省品种审定。

(6)仲糯8号　2020年春造参加省区试，平均亩产鲜苞991.58公斤，比对照种粤彩糯2号增产3.88%，增产未达显著水平，7个试点中有5个比对照种增产，增产试点率71.4%；2021年春造参加省区试，平均亩产鲜苞1 004.44公斤，比对照种粤彩糯2号增产0.75%，增产未达显著水平，7个试点中有3个比对照种增产，增产试点率42.86%。生育期70～79天，比对照种粤彩糯2号早熟2～3天。植株壮旺，整齐度好，株型半紧凑，前、中期生长势强，后期保绿度好，适应性较好。植株高187.0～194.1厘米，穗位62.5～64.0厘米，穗长17.4～18.0厘米，穗粗4.6～4.8厘米，秃尖长1.7～1.9厘米。单苞鲜重300～323克，单穗净重200～207克，单穗鲜粒重123克，千粒重275～303克，出籽率59%～61.27%，一级果穗率58～75%。果穗锥形，籽粒白色，倒伏率0～2.73%，倒折率0～0.54%，抗倒力中等。直链淀粉占总淀粉含量2.4%～2.8%，果皮厚度测定值57.22～71.40微米，果皮薄，品质评分83.0～85.6分，品质优。抗病性接种鉴定抗小斑病，中抗纹枯病；田间调查高抗纹枯病和茎腐病，抗大、小斑病。同期参加省糯玉米生产试验，平均亩产鲜苞1 032.20公斤，比对照种粤彩糯2号增产1.83%；无倒伏、倒折，7个试点中有3个比对照种增产，田间表现高抗茎腐病、纹枯病、南方锈病和大、小斑病。

该品种表现生育期比对照种粤彩糯2号早熟2～3天，产量与对照相当，抗小斑病，中抗纹枯病，抗倒力中等。纯糯类型，直链淀粉含量2.4%～2.8%，糯性好，果皮薄，品质优。适宜广东省各地春、秋季种植，该品种达优质、抗病标准，抗倒达标准，推荐省品种审定。

(7)粤白甜糯8号　2021年春造参加省区试，平均亩产鲜苞991.24公斤，比对照种粤彩糯2号增产3.84%，增产未达显著水平，7个试点中有5个比对照种增产，增产试点率71.4%；2021年春造参加省区试，平均亩产鲜苞1 132.29公斤，比对照种粤彩糯2号增产13.58%，增产达极显著水平，7个试点均比对照种增产，增产试点率100%。生育期74～82天，比对照粤彩糯2号迟熟0～2天。植株壮旺，整齐度好，株型紧凑，前、中期生长势强，后期保绿度好，适应性较好。植株高196.0～217.7厘米，穗位高85.0～87.8厘米，穗长18.8～19.0厘米，穗粗4.7～4.9厘米，秃尖长0.6～1.2厘米。单苞鲜重303～333克，单穗净重223～238克，单穗鲜粒重144～161克，千粒重306～337克，出籽率65%～67.09%，一级果穗率77%～80%。果穗锥形，籽粒白色，倒伏率0～6.29%，倒折率0～0.90%，抗倒力中等。直链淀粉含量1.8%～3.4%，果皮厚度测定值56.67～67.87微米，果皮薄，品质评分86.2～88.0分，品质优。抗病性接种鉴定高抗小斑病，中抗纹枯病；田间调查高抗纹枯病和茎腐病，抗大、小斑病。同期参加省糯玉米生产试验，平均亩产鲜苞1 038.18公斤，比对照种粤彩糯2号增产2.68%；无倒伏、倒折，7个试点中有4个比对照种增产，田间表现高抗茎腐病、纹枯病、南方锈病和大、小斑病。

该品种表现生育期比对照粤彩糯2号迟熟0～2天，丰产性较好，高抗小斑病，中抗纹枯病，抗倒力中等。甜糯类型，直链淀粉含量1.8%～3.4%，糯性好，果皮薄，品质优。适宜广东省各地春、秋季种植。该品种达优质、抗病标准，抗倒达标准，推荐省品种审定。

（二）初试品种

（1）兴糯99　2021年春造参加省区试，平均亩产鲜苞1 234.04公斤，比对照种粤彩糯2号增产23.78%，增产达极显著水平，7个试点均比对照种增产，增产试点率100.00%。生育期75天，比对照种粤彩糯2号晚熟3天。植株壮旺，整齐度好，株型半紧凑，前、中期生长势强，后期保绿度好。植株高224.0厘米，穗位高85.2厘米，穗长20.0厘米，穗粗5.1厘米，秃尖长0.4厘米。单苞鲜重390.0克，单穗净重261.0克，单穗鲜粒重152.0克，千粒重344.0克，出籽率58.0%，一级果穗率82.0%，果穗筒形，籽粒白色，倒伏率1.0%，无倒折率，抗倒力较强。直链淀粉含量3.0%，果皮厚度测定值61.82微米，果皮薄，品质评分81.8分，品质良。抗病性接种鉴定高抗小斑病，抗纹枯病；田间表现高抗茎腐病和纹枯病，抗大、小斑病。该品种达高产、抗病标准，抗倒达标准，推荐复试并进行生产试验。

（2）广黑甜糯1803　2021年春造参加省区试，平均亩产鲜苞1 132.84公斤，比对照种粤彩糯2号增产13.63%，增产达极显著水平，7个试点中有6个比对照种增产，增产试点率85.71%。生育期68天，比对照种粤彩糯2号早熟4天。植株壮旺，整齐度好，株型半紧凑，前、中期生长势强，后期保绿度好。植株高178.9厘米，穗位高53.1厘米，穗长19.0厘米，穗粗4.8厘米，秃尖长0.5厘米。单苞鲜重333.0克，单穗净重234.0克，单穗鲜粒重146.0克，千粒重280.0克，出籽率63.0%，一级果穗率84.0%，果穗筒形，籽粒紫色，倒伏率1.0%，无倒折率，抗倒力较强。直链淀粉含量3.0%，果皮厚度测定值75.28微米，果皮较薄，品质评分86.4分，品质优。抗病性接种鉴定抗小斑病，高抗纹枯病；田间表现高抗茎腐病和纹枯病，抗大、小斑病。该品种达优质、高产和抗病标准，抗倒达标准，推荐复试并进行生产试验。

（3）粤白糯8号　2021年春造参加省区试，平均亩产鲜苞1 057.18公斤，比对照种粤彩糯2号增产6.04%，增产未达显著水平，7个试点均比对照种增产，增产试点率100.00%。生育期72天，与对照种粤彩糯2号相当。植株壮旺，整齐度好，株型紧凑，前、中期生长势强，后期保绿度好。植株高195.2厘米，穗位高78.0厘米，穗长20.0厘米，穗粗5.0厘米，秃尖长0.8厘米。单苞鲜重317.0克，单穗净重245.0克，单穗鲜粒重157.0克，千粒重351.0克，出籽率64.0%，一级果穗率88.0%，果穗锥形，籽粒白色，无倒伏、倒折，抗倒力强。直链淀粉含量2.2%，果皮厚度测定值73.59微米，果皮薄，品质评分87.3分，品质优。抗病性接种鉴定抗小斑病，高抗纹枯病；田间表现高抗茎腐病、纹枯病和大、小斑病。该品种达优质、抗病标准，抗倒达标准，推荐复试并进行生产试验。

（4）仲糯6号　2021年春造参加省区试，平均亩产鲜苞1 041.16公斤，比对照种粤彩糯2号增产4.43%，增产未达显著水平，7个试点中有5个比对照种增产，增产试点率71.43%。生育期72天，与对照种粤彩糯2号相当。植株壮旺，整齐度好，株型半紧凑，前、中期生长势强，后期保绿度好。植株高222.1厘米，穗位高86.7厘米，穗长19.0厘米，穗粗4.8厘米，秃尖长1.0厘米。单苞鲜重316.0克，单穗净重233.0克，单穗鲜粒重140.0克，千粒重307.0克，出籽率61.0%，一级果穗率79.0%，果穗锥形，籽粒白色，倒伏率2.0%，无倒折率，抗倒力较强。直链淀粉含量2.7%，果皮厚度测定值54.83微米，果皮薄，品质评分88.1分，品质优。抗病性接种鉴定抗小斑病，高抗纹枯病；田间表现高抗茎腐病、纹枯病和大、小斑病。该品种达优质、抗病标准，抗倒达标准，推荐复试并进行生产试验。

春植糯玉米参试品种各试点小区平均产量见表9-9。

表9-9 2021年春植糯玉米参试品种各试点小区平均产量（公斤）

品　种	广州市农业科学研究院	惠州市农业科学研究所	梅州市农林科学院	阳江市农作物技术推广站	英德市农业科学研究所	湛江市农业科学研究院	肇庆市农业科学研究所	平均值
仲糯8号	27.250 0	22.900 0	26.716 7	28.000 0	22.573 3	22.186 7	26.150 0	25.111 0
粤白甜糯8号	27.953 3	25.870 0	28.443 3	32.666 7	26.416 7	27.250 0	29.550 0	28.307 1
广彩糯10号	29.496 7	28.823 3	32.036 7	32.766 7	29.976 7	26.413 3	28.950 0	29.780 5
仲糯6号	26.753 3	23.633 3	27.230 0	31.900 0	21.733 3	24.633 3	26.320 0	26.029 0
广黑甜糯1803	29.920 0	30.240 0	27.450 0	28.633 3	26.340 0	25.923 3	29.740 0	28.320 9
粤白糯8号	26.606 7	24.626 7	26.313 3	31.233 3	24.010 0	25.266 7	26.950 0	26.429 5
兴糯99	30.123 3	26.313 3	29.780 0	35.900 0	30.783 3	30.463 3	32.593 3	30.850 9
广良糯7号	26.163 3	30.536 7	31.640 0	34.466 7	29.410 0	31.756 7	34.166 7	31.162 9
珠玉糯3号	29.333 3	30.770 0	31.406 7	33.466 7	27.600 0	27.850 0	30.960 0	30.198 1
新美彩糯500	30.273 3	28.090 0	33.430 0	36.200 0	29.466 7	29.920 0	32.526 7	31.415 2
华甜糯10号	26.636 7	24.243 3	26.673 3	28.300 0	22.390 0	22.396 7	25.866 7	25.215 2
粤彩糯2号（CK）	24.960 0	23.723 3	24.060 0	28.900 0	23.900 0	22.956 7	25.966 7	24.923 8

第十章 广东省2021年春植普通玉米新品种区域试验总结

2021年春季，广东省农业技术推广中心对本省选育的1个普通玉米品种，安排在全省多个不同类型区设点进行区域试验，同期进行生产试验，以华玉8号为对照种，对参试品种的产量、品质、抗病性、适应性与稳定性等主要性状进行鉴定和分析，试验结果及分析评价归纳如下。

一、材料与方法

（一）参试品种

参试品种1个，对照种为华玉8号，同期进行生产试验（表10-1）。

表10-1 普通玉米参试品种

<table>
<tr><td rowspan="3">普通玉米区试品种</td><td>序号</td><td>品　种</td><td rowspan="3">普通玉米生产试验品种</td><td>序号</td><td>品　种</td></tr>
<tr><td>1</td><td>华穗2号（复试）</td><td>1</td><td>华穗2号</td></tr>
<tr><td>2</td><td>华玉8号（CK）</td><td>2</td><td>华玉8号（CK）</td></tr>
</table>

（二）试验地点与承试单位

在广东省主要普通玉米种植类型区设置试验点6个、生产试验试验点有5个、品质测定分析及抗病性鉴定点1个（表10-2、表10-3）。

表10-2 区域试验地点及承试单位

试验点	承试单位	试验点	承试单位
茂名点	信宜市农业技术推广中心	清远点	英德市农业科学研究所
韶关点	乐昌市农业科学研究所	云浮点	云浮市农业科学及技术推广中心
河源点	东源县农业科学研究所	肇庆点	肇庆市农业科学研究所
品质测定分析及抗病性鉴定		广东省农业科学院院作物研究所	

表10-3 生产试验地点及承试单位

试验点	承试单位	试验点	承试单位
茂名点	信宜市农业技术推广中心	清远点	英德市农业科学研究所
韶关点	乐昌市农业科学研究所	云浮点	云浮市农业科学及技术推广中心
河源点	东源县农业科学研究所		

（三）试验设计与实施情况

1. 试验设计

各试验点统一按以下试验设计执行，并在试验区周围设置保护行。

排列方法：采用随机区组排列，按长6.4米，宽3.9米，分三畦六行一小区安排，每小区面积0.037 5亩（25米^2）。

重复次数：3次重复。

种植规格：每畦按1.3米（包沟）起畦，双行开沟移栽种植，每小区132株，折合每亩3 520株。

2. 试验实施情况

试验用地：各试验点均选用能代表当地生产条件的田块安排试验。

育苗移栽时间：各试验点均按方案要求安排在3月上、中旬育苗移栽。

栽培管理：各试验点按当地当前较高的生产水平进行栽培管理，全期除虫不防病。

（四）试验结果的处理方法

1. 各点试验结果处理

各试验点均在各生育时期对各品种的主要性状进行田间调查和登记，成熟期全区实收计产，同时进行室内考种，并对产量进行方差分析。

2. 结果汇总

产量结果综合分析采用一造多点的联合方差分析；产量差异显著性和稳定性分析采用Shukla稳定性方差分析；委托广东省农作物遗传改良重点实验室测定容重，委托农业农村部蔬菜水果质量监督检验测试中心/农产品公共监测中心（广州）测定粗淀粉、粗蛋白、粗脂肪。

（五）天气影响

2021年春植气候前中期寡照，气温不高，雨水少。中后期气温高，阳光足，光温条件对玉米生长有利，玉米生长壮旺，开花、授粉及灌浆正常，品种特征特性表现正常。

二、结果与分析

（一）产量结果

纳入全省汇总的试验点6个点，仅1个品种（不含对照种）。对2个品种产量进行联合方差分析，结果表明地点间 F 值、品种间 F 值、品种与地点互作 F 值均达极显著水平，表明品种间产量存在极显著差异，同品种在不同地点的产量也存在极显著差异，不同品种在不同地点的产量同样存在极显著差异（表10－4）。

参试品种的平均亩产627.36公斤，对照种华玉8号平均亩产521.89公斤。参试品种比对照种增产20.21%，达到极显著水平（表10－5）。

表 10-4　参试品种方差分析

变异来源	df	SS	MS	F
地点内区组	12	3.571 9	0.297 7	2.873 9
地点	5	357.014 6	71.402 9	35.670 6**
品种	1	71.825 6	71.825 6	35.881 7**
品种×地点	5	10.008 7	2.001 7	19.326 9**
试验误差	12	1.242 9	0.103 6	
总变异	35	443.663 7		

表 10-5　2021年春植甜玉米参试品种区试产量及稳定性分析

品　　种	折合亩产（公斤）	比 CK ±（%）	差异显著性		Shukla 变异系数（%）	增产试点数（个）	增产试点率（%）
			0.05	0.01			
华穗 2 号	627.36	20.21	a	A	—	5	100.00
华玉 8 号（CK）	521.89	—	b	B	—	—	—

（二）品质分析

根据品质检测分析结果，参试品种的籽粒品质普遍较好。

参试品种华穗 2 号（复试）及对照种华玉 8 号容重均大于《国家农作物品种审定规范——玉米》1 等级标准 710 克/升，华穗 2 号容重最大为 724.7 克/升。

粗淀粉含量，参试品种华穗 2 号及对照种华玉 8 号粗淀粉含量分别为 62.2%、60.3%，略低于 3 等级标准。

粗蛋白含量，参试品种华穗 2 号粗蛋白含量超过饲料用玉米 2 等级标准，对照种华玉 8 号超过饲料用玉米 1 等级标准。参试品种华穗 2 号粗蛋白含量超过食用玉米 3 等级标准，对照种华玉 8 号超过食用玉米 1 等级标准，以对照种华玉 8 号粗蛋白含量最高为 12%。

粗脂肪含量，参试品种华穗 2 号及对照种华玉 8 号的粗脂肪含量均达到食用玉米 2 等级标准，以华穗 2 号粗蛋白含量最高为 4.8%。

（三）抗病性

根据对参试品种进行纹枯病和小斑病接种鉴定，华穗 2 号表现为抗小斑病，高抗纹枯病；各试点对纹枯病、茎腐病和大、小斑病进行田间调查鉴定，华穗 2 号表现为抗纹枯病和大、小斑病，高抗茎腐病（表 10-6）。

（四）生育期

参试品种的生育期在 101 天，比对照种晚熟 4 天（表 10-6）。

（五）生产试验农艺性状

春植普通玉米参试品种生产试验农艺性状见表 10-7、表 10-8。

表 10-6　2021 年春植普通玉米参试品种主要性状综合表

品种	生育期（天）	植株高（厘米）	穗位高（厘米）	茎粗（厘米）	株型	植株整齐度	穗长（厘米）	穗粗（厘米）	秃尖长（厘米）	穗形	粒型	粒色	穗行数（行）	穗粒数（粒）	抗病性			接种鉴定		倒伏率（%）	倒折率（%）	穗粒重（克）	千粒重（克）	出籽率（%）	淀粉含量（%）	脂肪含量（%）	蛋白质含量（%）	容重（克/升）
															纹枯病	茎腐病	大、小斑病	纹枯病	小斑病									
华穗2号	101.0	300.8	146.1	2.2	紧	好	22.0	4.7	1.1	筒	半马齿型	黄白	15.0	568.0	R	HR	R	HR	R	0.0	0.0	176.0	304.0	85.0	62.2	4.8	9.92	724.7
华玉8号（CK）	97.0	247.0	96.7	2.2	紧	好	18.0	4.7	1.2	筒	硬粒型	黄	14.0	480.0	R	R	R	HR	R	0.0	0.0	146.0	294.0	82.0	60.3	4.0	12.0	776.7

表 10-7　2021 年春植普通玉米参试品种生产试验主要性状综合表

品种	生育期（天）	植株整齐度	倒伏率（%）	倒折率（%）	抗病性					空秆率（%）	双穗率（%）	亩干粒产量（公斤）	比CK±（%）
					纹枯病	大、小斑病	茎腐病	南方锈病	穗粒腐病				
华穗2号	102	好	1.0	0.0	R	HR	R	MR	R	0.38	1.08	551.00	15.25
华玉8号（CK）	98	好	0.0	0.0	R	R	MR	MR	HR	0.74	0.16	478.34	—

表 10-8　2021 年春植普通玉米生产试验参试品种主要性状调查登记表

品种	试点	生育期（天）	植株整齐度	倒伏率（%）	倒折率（%）	抗病性					空秆率（%）	双穗率（%）	亩千粒产量（公斤）	比CK±（%）
						纹枯病	大、小斑病	茎腐病	南方锈病	穗粒腐				
华穗2号	英德	108	好	0.00	0.00	3	1	1	3	0	0.00	0.30	512.48	17.57
	东源	104	好	4.10	0.00	1	1	0	0	3	1.90	0.00	480.10	12.80
	乐昌	97	好	0.00	0.00	0	0	0	0	1	0.00	0.00	583.50	9.70
	信宜	103	好	0.00	0.00	1	1	0	1	1	0.00	0.00	566.40	17.30
	云浮	98	好	0.00	0.00	0	1	0	3	1	0.00	5.10	612.50	18.86
	平均	102	好	0.82	0.00	R	R	HR	MR	R	0.38	1.08	551.00	15.25
华玉8号（CK）	英德	105	好	0.00	0.20	3	1	1	1	0	0.00	0.20	435.88	—
	东源	100	好	0.00	0.00	1	1	3	1	0	3.70	0.00	425.60	—
	乐昌	94	好	0.00	0.00	0	0	0	0	1	0.00	0.00	532.10	—
	信宜	98	好	0.00	1.10	1	3	1	3	1	0.00	0.00	482.80	—
	云浮	92	好	0.00	0.00	1	3	0	3	1	0.00	0.60	515.30	—
	平均	98	好	0.00	0.26	R	MR	R	MR	R	0.74	0.16	478.34	—

三、讨论与结论

根据参试品种产量情况、品质检测和抗病性鉴定结果，以及各农艺性状综合分析，对各参试品种评述如下。

华穗 2 号：2020 年春季参加省区试，平均亩产鲜苞 592.40 公斤，比对照种华玉 8 号增产 22.60%，增产达极显著水平；参试 6 个试点均比对照增产，增产试点率 100.00%。2021 年春季参加省区试，平均亩产 627.36 公斤，比对照种华玉 8 号增产 20.21%，增产达极显著水平；参试 5 个试点均比对照增产，增产试点率 100%。生育期 101～106 天，比对照种华玉 8 号晚熟 4 天。植株壮旺，株型紧凑，整齐度好，前、中期生长势强，适应性好。植株高 297.0～300.8 厘米，穗位高 124.0～146.1 厘米，穗长 21.5～22.0 厘米，穗粗 4.7 厘米，秃尖长 1.0～1.1 厘米。果穗锥形，籽粒黄白色，半马齿型，倒伏率0～1.64%，倒折率 0～0.68%。穗粒重 167～176 克，千粒重 281～304 克，出籽率 85%～86.84%。淀粉含量 62.2%～69.4%，脂肪含量 4.4%～4.8%，蛋白质含量 9.92%～10.5%，容重 724.7～808.1 克/升。抗病性接种鉴定抗小斑病和纹枯病，区试田间表现高抗茎腐病，抗纹枯病和大、小斑病。同期参加省普通玉米生产试验，平均亩产 551.00 公斤，比对照种华玉 8 号增产 15.25%，倒伏率 0.82%，无倒折。生产试验田间表现中抗南方锈病，抗纹枯病、茎腐病和穗粒腐病，高抗大、小斑病。

该品种生育期比对照种华玉 8 号迟熟 4 天，丰产性好，品质中等，抗小斑病和纹枯病，抗倒力强。适宜广东省各地春、秋季种植。该品种的丰产性、稳产性、抗病性、抗倒性均达标准，推荐省品种审定。

春植普通玉米参试品种各试点小区平均产量见表 10-9。

表10-9　2021年春植普通玉米参试品种各试点小区平均产量（公斤）

品　　种	东源	乐昌	信宜	英德	云浮	肇庆	平均
华穗2号（复试）	11.0333	13.3667	12.8333	10.1533	19.5000	11.1833	13.0117
华玉8号（CK）	12.6000	14.5333	16.6000	13.7667	22.6667	14.8533	15.8367
平均	11.8167	13.9500	14.7167	11.9600	21.0833	13.0183	14.4240